镁/铝双金属材料消失模复合铸造技术

蒋文明 李广宇 樊自田 ◎ 著

U0362827

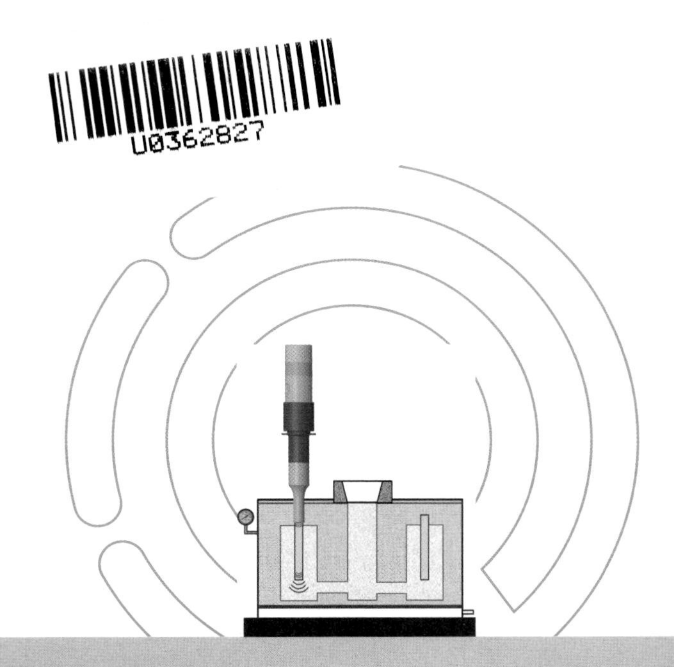

Lost foam compound casting technology of Mg/Al bimetallic material

华中科技大学出版社
http://press.hust.edu.cn
中国·武汉

内 容 简 介

本书详细介绍了镁/铝双金属材料消失模复合铸造成形原理与控制、双金属充型与凝固行为、界面组织性能及形成机制、界面强化方法与理论等。本书共6章，第1章为绪论；第2章为铸造工艺参数对镁/铝双金属界面组织和性能的影响，分析了双金属充型与凝固行为，建立了消失模复合铸造工艺设计理论模型，揭示了镁/铝双金属界面组织形成和调控机理；第3章至第6章分别为固态嵌体成分和形貌、嵌体表面涂层、振动场以及稀土元素对镁/铝双金属界面组织和性能的影响，探索了界面组织对不同界面强化方法的响应，弄清了不同界面强化方法的影响机理，揭示了镁/铝双金属的强化机制，提出了镁/铝双金属界面强化的方法和理论。

本书将为从事镁/铝双金属材料、复合铸造以及消失模铸造的科研工作者提供基本理论知识和借鉴作用，对双金属材料制备与成形以及消失模复合铸造技术的发展起到推动作用。由于镁/铝双金属材料在航空航天、汽车、核工业等领域有着广阔的应用前景，因此本书也可作为其相关行业从业者的参考书籍。

图书在版编目(CIP)数据

镁/铝双金属材料消失模复合铸造技术/蒋文明，李广宇，樊自田著. —武汉：华中科技大学出版社，2023.11

ISBN 978-7-5772-0079-8

Ⅰ.①镁…　Ⅱ.①蒋…　②李…　③樊…　Ⅲ.①双金属-熔模铸造-复合铸造　Ⅳ.①TG249

中国国家版本馆 CIP 数据核字(2023)第 227825 号

镁/铝双金属材料消失模复合铸造技术　　蒋文明　李广宇　樊自田　著

Mei/Lü Shuangjinshu Cailiao Xiaoshimo Fuhe Zhuzao Jishu

策划编辑：张少奇
责任编辑：杨赛君
封面设计：廖亚萍
责任监印：周治超
出版发行：华中科技大学出版社(中国·武汉)　　电话：(027)81321913
　　　　　武汉市东湖新技术开发区华工科技园　　邮编：430223
录　　排：武汉三月禾文化传播有限公司
印　　刷：武汉科源印刷设计有限公司
开　　本：710mm×1000mm
印　　张：21.75
字　　数：356 千字
版　　次：2023 年 11 月第 1 版第 1 次印刷
定　　价：138.00 元

本书若有印装质量问题，请向出版社营销中心调换
全国免费服务热线：400-6679-118　竭诚为您服务
版权所有　侵权必究

作者简介

蒋文明　华中科技大学教授，博士生导师。材料科学与工程学院材料成型及控制工程专业教研室主任，入选全球前2%顶尖科学家榜单，曾获全国铸造行业最美科技工作者、江苏省双创人才荣誉，以及国家级、省部级科研教学成果奖2项。担任中国材料研究学会镁合金分会理事、中国机械工程学会铸造分会理事、中国机械工程学会铸造分会消失模与V法铸造技术委员会常务副秘书长等，同时担任*Materials*、*Metals*、*China Foundry*、《铸造》等期刊编委。主要研究方向为轻合金精密铸造成形理论与技术、双金属复合铸造成形理论与技术、3D打印快速铸造技术。主持了国家自然科学基金项目、国防基础科研计划项目、国家重点研发计划项目子课题、国家基础加强重点研究计划项目子课题等20余项。

李广宇　大连理工大学副教授，博士生导师，硕士生导师，入选大连市高层次人才“青年才俊”。主要研究方向为轻金属的强化、双金属的界面调控、增材制造和数字化成型。主持了国家自然科学基金青年项目和中国博士后科学基金项目，作为骨干参与了国家自然科学基金项目、国家基础加强重点研究计划项目、校企合作项目等10余项。

樊自田　华中科技大学二级教授，博士生导师，享受国务院特殊津贴，曾获全国宝钢优秀老师、华中科技大学教学名师荣誉。现兼任中国机械工程学会铸造分会副理事长、中国铸造协会专家委员会副主任、全国机械工程专业认证专家、世界铸造组织造型材料委员会委员等，担任《铸造》《特种铸造及有色合金》等期刊编委副主任和*China Foundry*、《中国铸造装备与技术》等期刊编委。主要研究方向为绿色铸造技术与理论、3D打印技术及应用等。主持完成了国家级科研、教研项目等30余项，省部级及企业合作项目70余项，获得国家级、省部级科研教学成果奖11项。

前言

镁/铝双金属材料兼具镁和铝的优点，在航空航天、汽车、核工业等领域有着广阔的应用前景，镁/铝双金属材料及其制备成形对推动国家“双碳”战略的实施和满足轻量化重大需求具有重要作用。消失模复合铸造可低成本精确成形复杂铸件，在制造镁/铝双金属零件方面颇具优势，将消失模复合铸造技术应用于镁/铝双金属材料制备与成形中具有重要应用价值。当前，镁/铝双金属材料制备与成形、界面调控等是研究热点。本书总结归纳了作者十余年来在镁/铝双金属材料消失模复合铸造成形技术与理论领域取得的主要研究成果，介绍了镁/铝双金属材料消失模复合铸造技术，可为从事镁/铝双金属材料消失模复合铸造研究的科研工作者提供基本理论知识和借鉴作用，推动消失模复合铸造技术的进步与发展。

本书主要包括镁/铝双金属材料的发展概况以及目前存在的问题、镁/铝双金属材料消失模复合铸造成形原理与控制、双金属充型与凝固行为、界面组织性能及形成机制、界面强化方法与理论等内容，重点介绍了消失模复合铸造工艺参数对镁/铝双金属界面组织和性能的影响、固态嵌体成分和形貌对镁/铝双金属界面组织和性能的影响、嵌体表面涂层对镁/铝双金属界面组织和性能的影响、振动场对镁/铝双金属界面组织和性能的影响、稀土元素对镁/铝双金属界面组织和性能的影响等。

本书共 6 章，由华中科技大学蒋文明、大连理工大学李广宇、华中科技大学樊自田撰写，具体分工为：第 1 章（蒋文明、李广宇、樊自田）；第 2 章（蒋文明、李广宇、樊自田）；第 3 章（蒋文明、李广宇）；第 4 章（蒋文明、李广宇）；第 5 章（蒋文明、李广宇、樊自田)；第 6 章(蒋文明、李广宇)。全书由蒋文明和樊自田整理、审定。

由于本书内容繁多，作者水平有限，书中难免还有不当之处，敬请读者批评指正，不吝赐教。

蒋文明　李广宇　樊自田

2023 年 7 月

目录

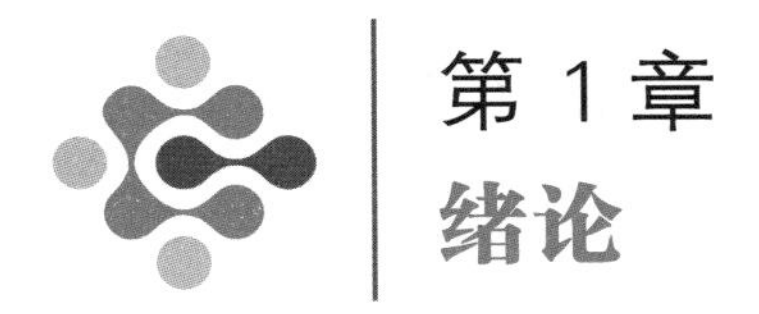

第 1 章 绪论

1.1 引言

随着现代工业的迅猛发展，汽车、武器装备和航空航天等领域对材料的轻量化、结构整体化以及综合性能提出越来越高的要求。镁合金和铝合金是重要的工程用轻金属，各有优缺点。镁合金具有密度低、电磁屏蔽能力良好和加工性能优良等优点，但是塑性和耐磨性差。铝合金塑性好，而且具有优良的耐磨性，正好能够弥补镁合金的不足，但密度相较镁合金高。因此，在很多情况下，单一的铝合金或者镁合金很难满足综合性能要求。如果将铝和镁复合制备出镁/铝双金属，就可以兼备铝和镁的优点，实现铝和镁在性能上的互补。相较于单一金属而言，双金属能更好地满足工程应用的要求。

镁/铝双金属的制备方法主要有轧制连接、焊接和复合铸造等。轧制连接可以大批量、快速地制备层状或棒状的双金属坯料。焊接方法制备的双金属具有优良的刚度和连接性能。但是这两种方法都很难制备具有复杂轮廓和大面积接触的双金属铸件。复合铸造适用于低成本制备形状复杂的双金属铸件。

但是，复合铸造在制备镁/铝双金属的过程中也存在一些问题。例如，德国宝马公司已经通过固-液复合铸造的方法，即先制备出固态的过共晶铝硅合金(A390)的发动机缸套，然后通过压铸的方法将液态的镁合金(AJ62)浇注在固态铝合金周围，制备出镁/铝双金属发动机缸体(见图 1-1-1)，其铝合金缸套部分满足耐磨耐高温要求，外侧的镁合金部分进一步降低了部件的整体质量，并能够起到减震和降噪的作用。但是，由于该镁/铝双金属发动机缸体是使用压铸方式制备的，固态嵌体表面容易发生氧化，同时铸件降温速度快，不利于双金属的冶金结合，并且铸件不能进行热处理，造成结合强度不够高，因此该种类型发动机在宝马后续的车型以及其他车企中并未得到广泛的应用。

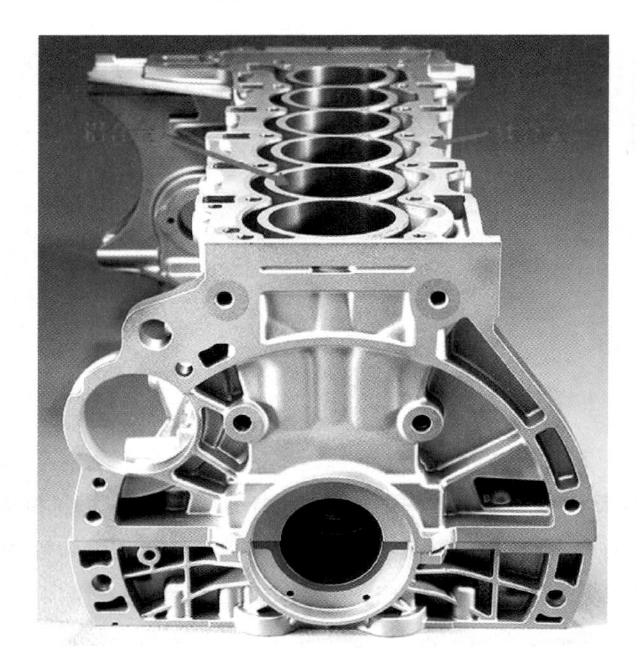

图 1-1-1　镁/铝双金属发动机缸体

消失模铸造是一种近净成形的方法，在制备镁/铝双金属上有一些独特的优势：首先，可以结合消失模铸造的技术特点，如无须分型面、砂芯，尺寸精度高，设计自由度高，无污染，成本低，十分适合制备形状复杂的零件；其次，能够直接将固态合金部分直接嵌入泡沫模型里面，无须额外固定；然后，在泡沫模型融化分解过程中，产生的还原性气体能够防止嵌体表面氧化，并且消失模铸造的铸型为无黏结剂散砂，铸件冷却速度较慢，有利于实现冶金结合；最后，消失模铸造制备的零件可以进行热处理强化，能进一步提高双金属铸件的性能。因此，消失模复合铸造技术是一种很有潜力的制备复杂镁/铝双金属铸件的方法。

由于消失模铸造的特殊性，其铸造过程中的影响因素较多，存在固、液、气三相的交互作用，其充型、凝固过程以及双金属复合的界面行为尤为复杂，双金属铸件界面的控制难度大，而镁/铝双金属铸件的界面直接决定了双金属的性能。因此，如何实现对界面的良好调控，是获得具有优良结合界面及高性能的镁/铝双金属铸件的关键。同时，由于铝和镁的复合界面主要由脆硬的 Al-Mg

金属间化合物组成，过多脆性相的存在容易造成应力集中，明显削弱镁/铝双金属铸件的结合强度。因此，如何采取有效措施来减少或者消除界面中的脆性相，从而强化双金属铸件的界面，对制备高性能镁/铝双金属铸件至关重要。

本书针对镁/铝双金属材料消失模复合铸造技术存在的问题与难点，首先阐述了消失模铸造工艺参数对镁/铝双金属复合材料组织与性能的影响，并探究了消失模铸造固-液复合镁/铝双金属材料的充型凝固过程以及界面结合机理，实现对镁/铝双金属铸件界面的调控；然后通过改变固态嵌体成分和形貌、改变固态铝嵌体表面涂层处理方法（Ni涂层、Ni基复合涂层）、施加振动场（机械振动和超声振动）、改变液态镁合金稀土合金化处理方法（La、Ce、Gd）来强化镁/铝双金属，并阐释了不同强化处理方法下界面形成机理和强化机制。本书为消失模复合铸造镁/铝双金属界面调控及强化提供了诸多新思路，并为其工业应用提供理论指导与技术支持，有利于推动镁/铝双金属在汽车、航空航天、武器装备、核工业等领域的应用，具有重要理论和现实意义。

1.2 镁/铝双金属的应用

镁/铝双金属具有综合性能优良和轻量化的双重优势，目前，其应用领域主要在以下方面。

镁/铝双金属材料应用最广泛的是复层管材领域。例如，S. M. Hosseini等人和Y. Tian等人分别使用平行管状通道角压技术（PTCAP）和管挤压剪切方法（TES）制备了铝包镁复层双金属圆管，如图1-2-1(a)所示。L. Q. Zhan等人采用气体胀形和差异冷却连接相结合的方法制备了六边形截面铝包镁双金属管，如图1-2-1(b)所示。

德国宝马公司制备了直列六缸镁/铝双金属发动机缸体，如图1-2-2所示。其内部与活塞接触的缸套部分为AlSi17Cu4Mg过共晶铝硅合金，满足耐磨、耐高温、耐腐蚀的要求，外部的缸体部分为AJ62镁合金，满足导热、减震和轻量化的要求。目前，该类型发动机缸体已应用于宝马6系双门跑车、宝马3系轿车、宝马Z4系列概念车中。

X. Lin等人开发了一种用于核工程上的铝包镁双金属核燃料承载元件，如图1-2-3所示。该承载元件内部为镁合金，作为U3Si核燃料颗粒的承载体，外部的铝合金起到保护核燃料扩散的目的。

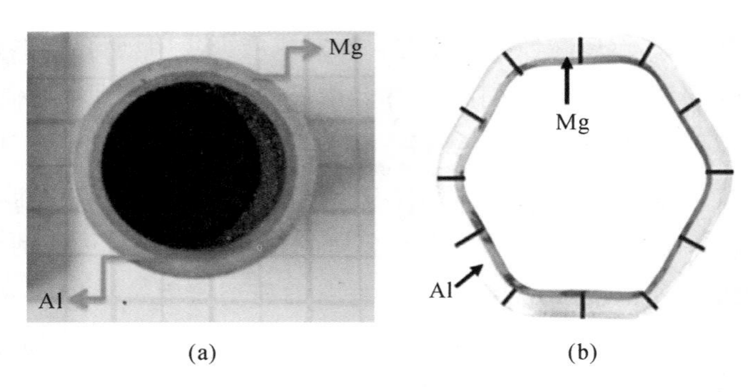

图 1-2-1　双金属复合管：(a)圆管；(b)六边形管

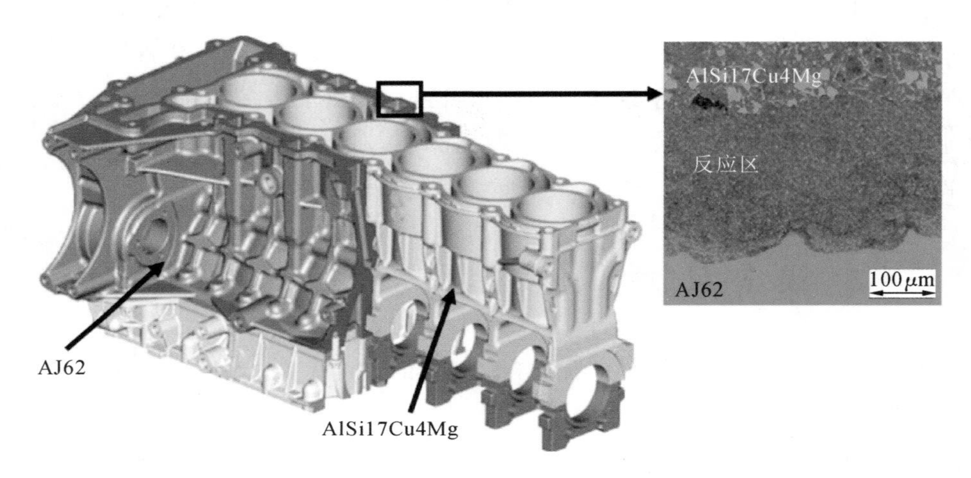

图 1-2-2　直列六缸镁/铝双金属发动机缸体

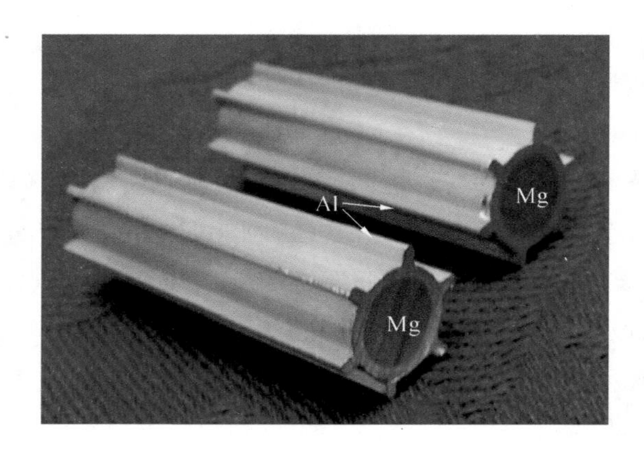

图 1-2-3　铝包镁双金属核燃料承载元件

S. Mróz 等人先使用爆炸焊获得镁/铝双金属棒材,然后通过螺旋压力机对上面的棒材进行锻造处理,制备了直升机用铝包镁复合门把手,如图 1-2-4 所示。

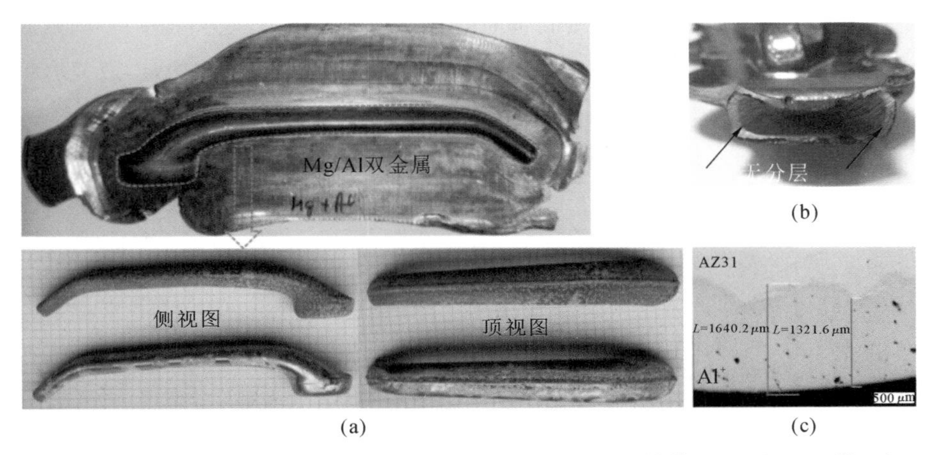

图 1-2-4　直升机用铝包镁复合门把手:(a)锻造后外观;(b)横截面;(c)界面显微组织

C. Binotsch 等人先采用静压共挤工艺获得铝包镁坯料,然后对这些坯料进行锻造,获得了具有不同形状和横截面的铝包镁锻件,如图 1-2-5 所示。W. Förster 等人也采用锻造的方法制备了铝包镁双金属锻件。

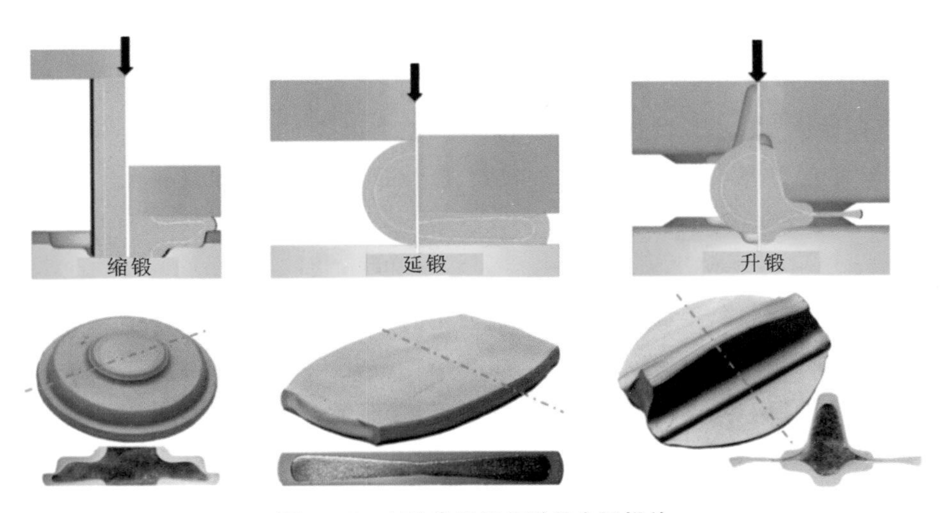

图 1-2-5　各种类型铝包镁双金属锻件

1.3 镁/铝双金属材料制备方法

镁/铝双金属的制备方法按制备前的状态可分为以下三类:(1) 固-固复合,包括轧制、焊接、锻造等;(2) 固-液复合,主要是指复合铸造;(3) 液-液复合,主要是指复合铸造。表 1-3-1 列出了三种方法的优缺点。

表 1-3-1 不同镁/铝双金属制备方法的优缺点

制备方法	具体工艺名称	优点	缺点
固-固复合	焊接、复合轧制、复合锻造等	操作简单,适合简单形状的连接	较难实现复杂连接界面的连接,零件连接强度低,设备投资成本高
固-液复合	砂型铸造、压铸、金属型铸造、真空滴注、嵌入模型、石墨型铸造、消失模铸造等	适用于制造连接强度高、成本低的复杂界面的零件	操作复杂,工艺流程长
液-液复合	砂型铸造、金属型铸造、消失模铸造等	工艺流程短,成本低,一次成型整体零件	工艺复杂,影响因素多,界面控制困难

1.3.1 固-固复合

1.3.1.1 焊接

焊接是最常用的连接两种固态金属的方式,包括爆炸连接、扩散焊、摩擦焊、气体保护焊、点焊、转移焊和激光焊等。使用焊接方式连接异种金属的优点是操作简单,效率高,但是对于尺寸较大、接触面复杂的零件难度较大。

(1) 爆炸连接。

爆炸连接(又称爆炸焊)是指利用爆炸产生的冲击波使需要连接的两个零部件发生高速碰撞,接触面在高速碰撞产生的压力和热量作用下发生局部熔化和塑性变形,最终通过冶金结合或者机械结合的方式实现两种金属的连接。在通过爆炸实现两种金属的连接中,爆炸时间短,能量大且集中,因此爆炸连接对母材热影响较小,连接质量较高,其原理如图 1-3-1 所示。

X. Y. Zeng 等人研究了嵌入气体保护层(氦气)对于 Al/Mg 爆炸连接复合板界面和机械性能的影响。研究表明,爆炸连接前在两种金属之间嵌入氦气作为保护气体可以很好地防止连接过程中的氧化问题,最大剪切强度可以达到 64.5 MPa。

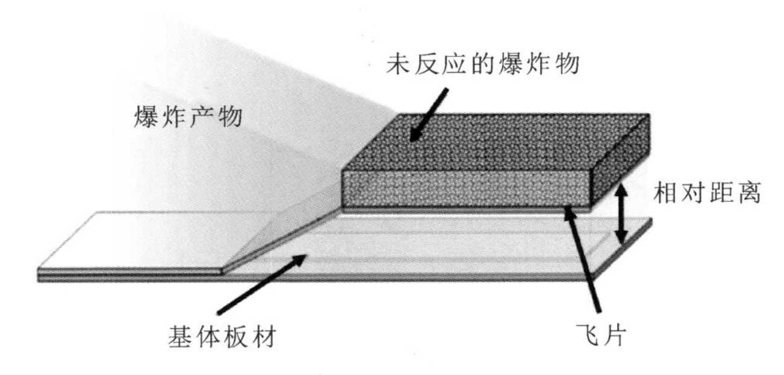

图 1-3-1 爆炸连接原理图

V. N. Arisova 等人研究了热处理对爆炸焊铝/镁复合材料机械性能和相组成的影响。研究结果显示，直接爆炸焊后的镁/铝双金属复合材料连接区域没有产生金属间化合物，而热处理后产生了扩散层，这个扩散层主要由 Al_3Mg_2、$Al_{12}Mg_{17}$ 和 Mg_3Al_2 组成。

P. Chen 等人研究了爆炸连接过程中的不同参数(爆炸厚度、相对距离、冲击速度、接触角度、冲击能量等)对爆炸连接铝/镁复合板材组织及性能的影响。

Z. Q. Chen 等人研究了多次轧制和后续的时效处理对爆炸焊 Mg/Al 复合板材界面组织和机械性能的影响。

S. Y. Yang 等人研究了 5083 Al/1065 Al/AZ31 Mg 多层复层板爆炸焊的组织和性能。

(2) 扩散连接。

扩散连接(又称扩散焊)是指将两个金属零件在一定的温度(低于母材熔点温度)和压力条件下，经过保温和扩散，在两种金属间形成冶金反应层，从而达到连接的目的，其原理如图 1-3-2 所示。

Y. Wang 等人研究了铝和镁在扩散焊过程中金属间化合物的形成机理、织构、残余应力和双金属机械性能。研究发现，界面处存在三种金属间化合物(γ-$Al_{12}Mg_{17}$、β-Al_3Mg_2 和 ε-$Al_{30}Mg_{23}$)，这在之前的研究中还从未发现。M. Jafarian等人在 430～450 ℃、保温时间 60 min 和 29 MPa 的压力下使用扩散连接制备了 AZ31/6061 Al 复合材料，研究发现，在加热温度为 440 ℃时，连接强度最大，为 42 MPa。

M. J. Fernandus 等人优化了 AA6061/AZ31D 扩散偶扩散连接的参数，得

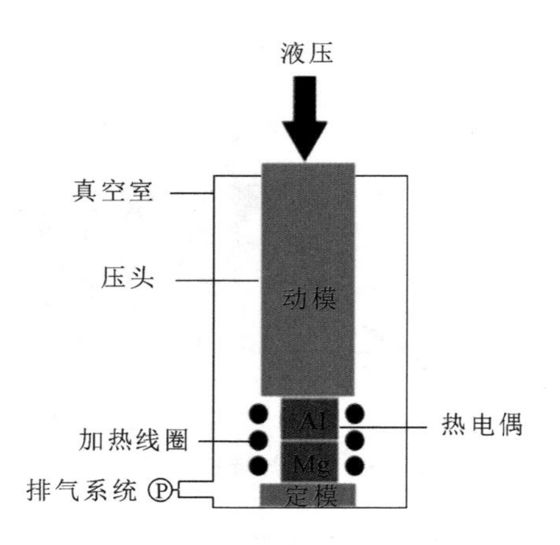

图 1-3-2　扩散连接原理图

到了在加热温度为 430 ℃、连接压力为 13.84 MPa、保压时间为 32.5 min 下，能够获得最大剪切强度，为 70.04 MPa。

G. Mahendran 等人开发了一个 AZ31B/AA2024 扩散连接的工艺窗口。

B. Zhu 和 X. R. Li 等人也研究了扩散焊连接的 Al/Mg 复合材料的组织、性能、界面组成以及形成机制，得到了与上面类似的结论。

(3) 搅拌摩擦焊。

搅拌摩擦焊是指将搅拌头放置于两个零件连接处，通过搅拌头的轴肩和被焊零件的摩擦产生热量，零件在该热量下发生热塑性变形，然后迅速给一个压力，最终完成两个零件的连接，其原理如图 1-3-3 所示。

A. Dorbane 等人研究了旋转方向和旋转速度对搅拌摩擦焊制备的 AZ31B/6061 Al 复合材料的显微组织和机械性能的影响，并分析了断口的组织和形貌。研究结果显示，把铝合金放置在受控制部分将会得到更好的焊接质量。拉伸测试和断口分析结果表明，断裂主要发生在界面层区域。

W. Guo 等人使用搅拌摩擦焊制备 7A04/AZ31 双金属材料，研究了焊接压力对其微观组织和机械性能的影响。研究结果表明，随着摩擦压力增加，金属间化合物层厚度减小，而拉伸强度随之增加，当摩擦压力为 124 MPa 时，剪切强度达到最大值 96 MPa。

M. Kimura 研究了焊后热处理对搅拌摩擦焊纯 Al/纯 Mg 连接性能的影响。研究发现，随着热处理时间的延长和温度的提高，界面层厚度逐渐增加，并

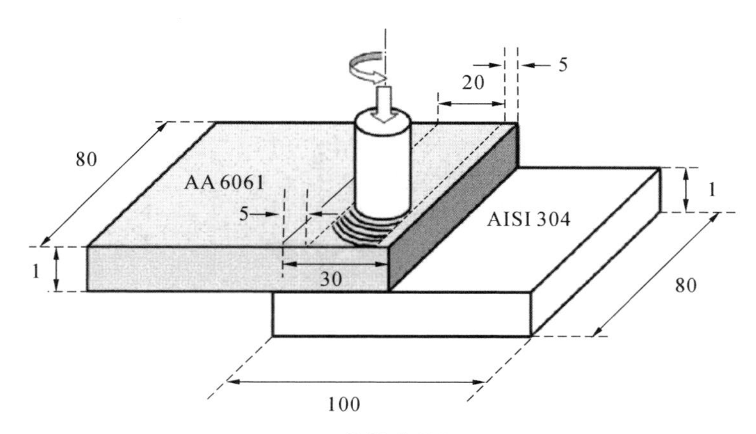

图 1-3-3　搅拌摩擦焊原理图

且 Al_3Mg_2 层的厚度大于 $Al_{12}Mg_{17}$ 层，热处理后圆周方向的焊后应力大于轴向的焊后应力。

Z. D. Liang 和 R. P. Mahto 等人研究了不同材质镁/铝双金属搅拌摩擦焊界面特性、微观组织和机械性能。研究发现，不论铝合金和镁合金是哪一系列的合金，界面产物主要是 Al_3Mg_2 和 $Al_{12}Mg_{17}$。

P. Venkateswaran 等人系统地研究了镁/铝双金属搅拌摩擦焊的影响因素，得出搅拌速度、摩擦压力是影响双金属性能的主要因素。

除了爆炸焊、扩散焊和搅拌摩擦焊这几种常用的铝和镁的连接方法外，还有熔焊方式，例如激光焊、TIG 焊（非熔化极惰性气体保护电弧焊）、激光胶结技术等。此外，用于铝和镁连接的焊接方式还有超声波焊接、转移焊、钎焊等。

1.3.1.2　复合轧制

轧制连接（又称挤压成型）是指将不同材料的金属板材或者棒材同时通过轧制机，在轧辊的巨大压力下，两种金属板材或者线材的表面会发生大的塑性变形，变形过程中材料表面破裂，得到一层活化的金属层，这些相互接触的活化金属层在强大的压强作用下实现机械或者冶金连接，其原理如图 1-3-4 所示。其优点是适合大批量、快速制备形状简单的板材或者棒材，但是不适合制备复杂零件，且很难实现冶金结合，需要后续的热处理才能实现冶金结合，初始连接强度不高。

B. Feng 等人使用挤出成型工艺沿着挤压方向（ED）在压缩力作用下制备

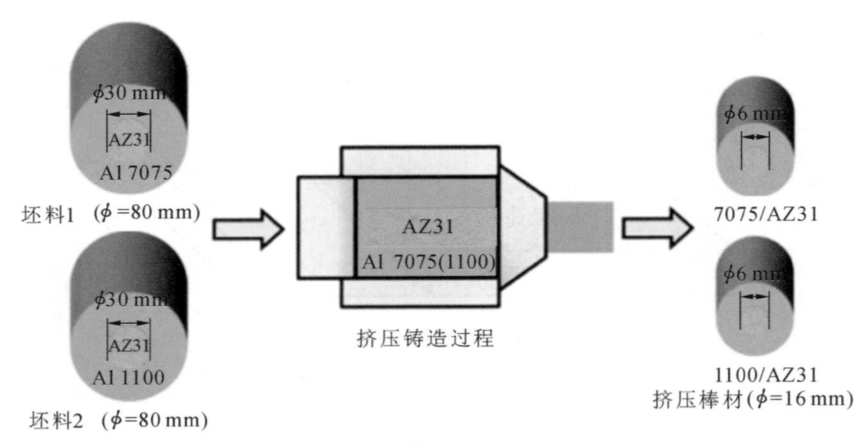

图 1-3-4 挤压成型工艺制备镁/铝双金属棒材原理图

了 Mg AZ31 芯/Al 1100 套筒和 Mg AZ31 芯/Al 7050 套筒两种镁/铝双金属复合棒材。研究发现,铝套筒的强度和比例极大地影响着镁/铝双金属棒材的流动曲线的形状,而铝合金的种类不对镁合金的孪晶造成影响。这种镁/铝双金属棒材的最大压缩强度可以达到 36 MPa。

J. S. Kim 等人通过时效处理和二次轧制提高了 Mg/Al 复合板的连接强度,并且发现有两种类型的反应层(γ-$Al_{12}Mg_{17}$ 和 β-Al_3Mg_2)在铝和镁连接处形成,反应层的厚度随着时效时间的增加而增加。

H. Chang 等人研究了多次轧制过程中 Mg/Al 复层板材的织构演变规律。研究发现,Mg 层的织构类型是典型的轧制织构,而 Al 层的织构类型主要是分散在理想方向的 β 纤维织构。同时,剪切带引起的显著的波浪状结构降低了轧制织构的强度和锐度。

C. Y. Liu 等人研究了不同轧制比率的热轧制连接的 Mg/Mg 和 Mg/Al/Mg 层状复合材料的组织和机械性能。研究结果表明,铝和镁连接区域未产生新的金属间化合物层,但是轧制过程中铝基体和镁基体晶粒得到了细化,复层板材在轧制比率为 35%时的拉伸强度最大,为 300 MPa。

P. Ren 等人开发了一种创新的冷喷涂+热轧后处理柔性轧制方法来制备 Mg/Al 复合板,其原理如图 1-3-5 所示。

1.3.1.3 复合锻造

复合锻造是指先将铝和镁连接在一起获得形状简单的镁/铝双金属坯料,

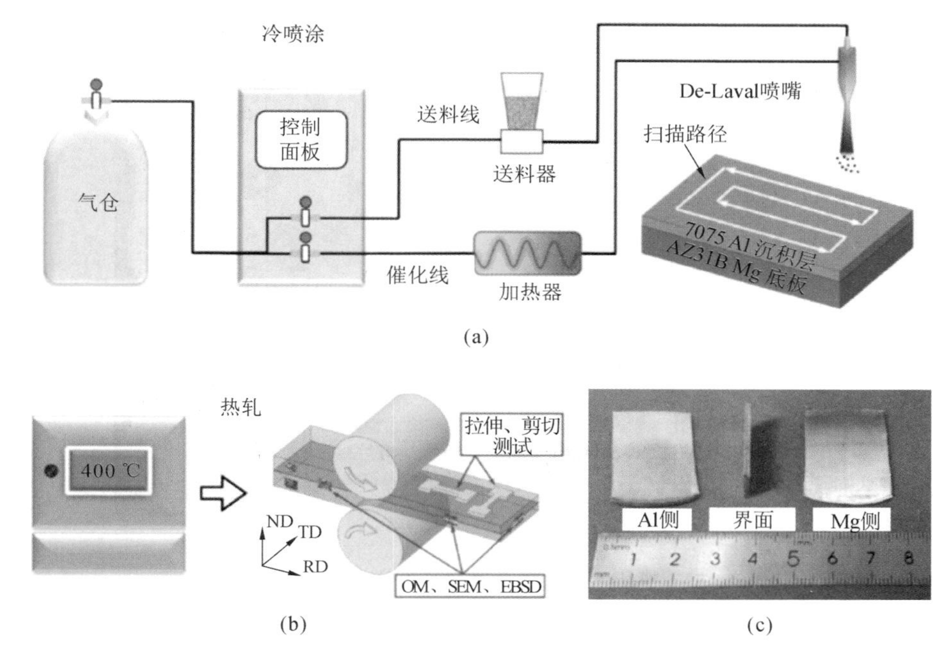

图 1-3-5　冷喷涂＋热轧后处理制备镁/铝双金属原理图

然后通过锻造工艺使其连接得更加紧密并形成复杂的形状。例如,S. Mróz 等人先采用爆炸焊将 AZ31 镁合金与 1050A 铝合金连接,再采用螺旋压机锻造铝包镁坯料,生产直升机用镁/铝双金属门把手。C. Binotsch 等人采用静态共挤压法制备铝包镁半成品,然后采用锻造工艺制备不同形状和截面的镁/铝双金属零件,如图 1-3-6 所示。W. Förster 等人对镁/铝双金属零件的锻造过程进行了数值模拟。他们发现锻模几何形状和冲头尺寸显著影响双金属的结构和性能。A. Razi 等人采用旋锻法获得 Al 7025/CP-Mg 双金属棒,并对双金属的高周疲劳行为进行了研究,其原理及制品见图 1-3-7。

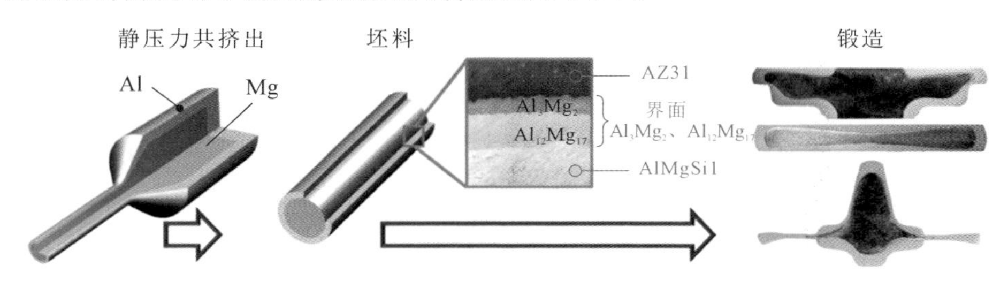

图 1-3-6　锻造工艺制备镁/铝双金属零件流程图

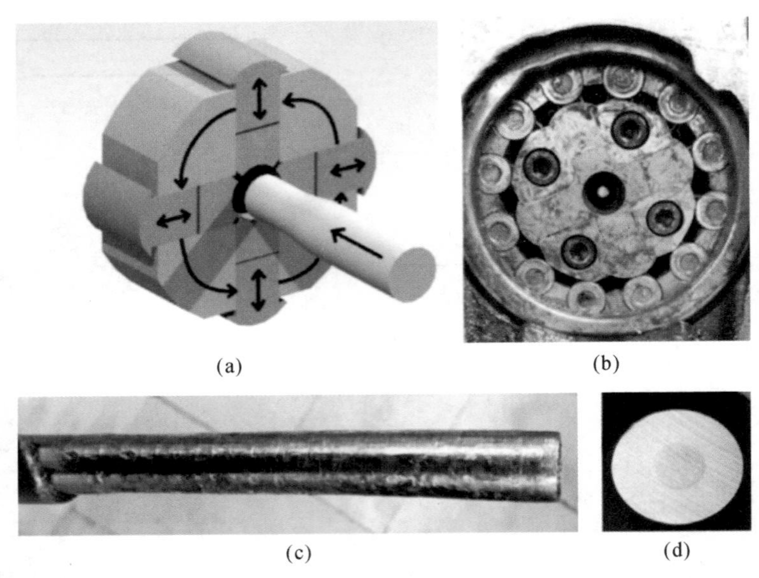

图 1-3-7　旋转模压工艺及双金属制品示意图:(a)旋转模压工艺;(b)使用的机器;(c)双金属棒;(d)锻压试样的磨削截面

1.3.1.4　其他固-固复合方法

除上述方法外,固-固复合方法还包括多次塑性变形。例如,S. M. Hosseini 等人使用平行管状通道角压技术(PTCAP)制备了镁/铝双金属管,原理如图 1-3-8 所示。Y. Tian 等人采用管道挤压剪切法(TES)制备了 Al/Mg 双金属管,原理如图 1-3-9 所示。L. Q. Zhan 等人采用气胀与差速冷却相结合的方法制备了六边形 Al/Mg 双金属管,如图 1-3-10 所示。Y. Liu 等人采用火花等离子烧结法制备 Al/Mg 复合材料,原理如图 1-3-11 所示。

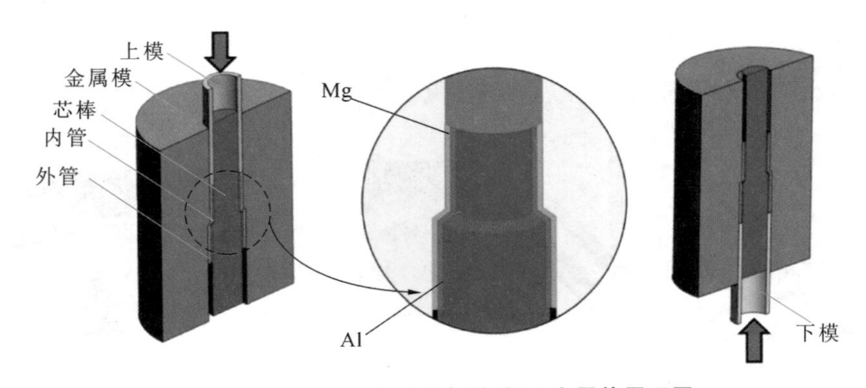

图 1-3-8　PTCAP 方法制备镁/铝双金属管原理图

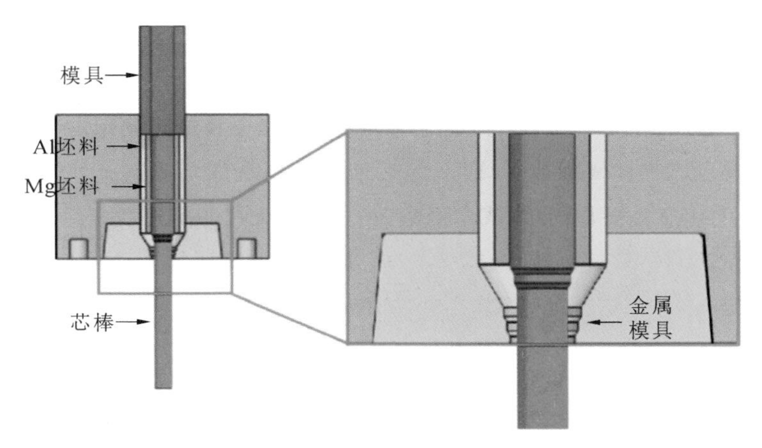

图 1-3-9　TES 方法制备镁/铝双金属管原理图

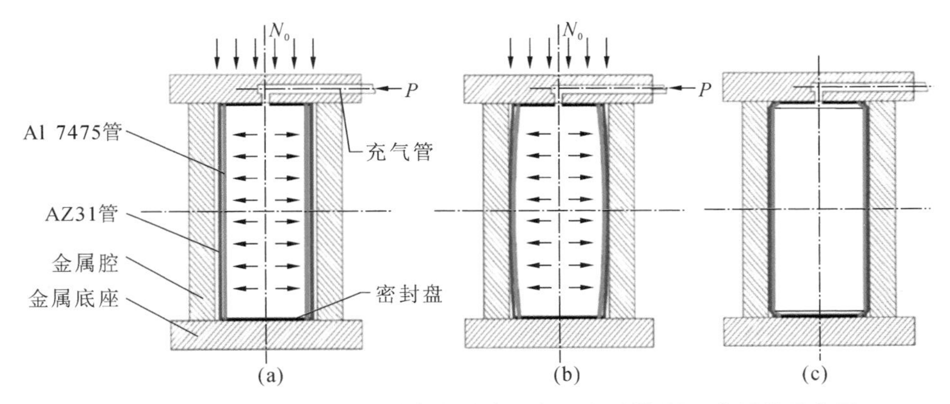

图 1-3-10　气体胀形与差速冷却相结合制备六边形镁/铝双金属管示意图

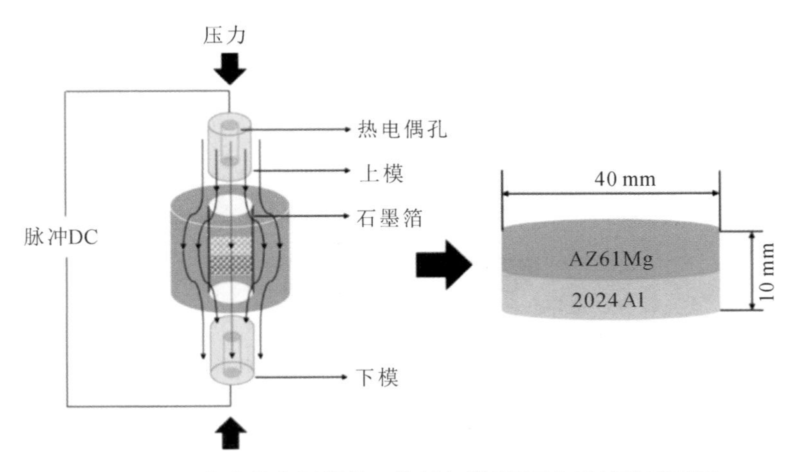

图 1-3-11　火花等离子烧结工艺制备镁/铝双金属材料原理图

1.3.2 固-液复合

固-液复合是指一种金属作为固态嵌体，另一种金属加热到熔融状态，将液态金属浇注在固态嵌体表面或者周围，最后液态金属凝固与固态金属连接在一起。固-液复合的优点是操作简单，成本低廉，利于制备大尺寸的形状复杂的零件。固-液复合的工艺包括砂型铸造、金属型铸造、挤压铸造、高压铸造、连续铸造等。

E. Hajjari 等人使用砂型复合铸造的方式实现了纯铝和纯镁的固-液复合，原理如图 1-3-12 所示。研究发现，在铝和镁的连接界面处存在缝隙或者孔洞缺陷，这是因铝合金表面存在氧化膜而引起的。样品上、中、下不同截面的组织和性能也有差别，顶部截面形成了连续的冶金反应层，而且其剪切强度最高，为 39.9 MPa。

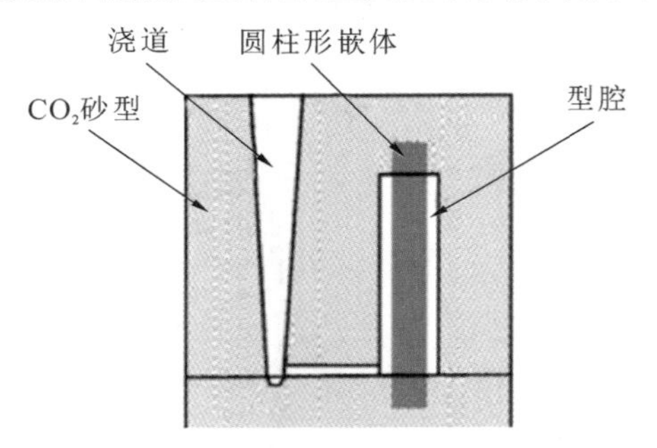

图 1-3-12 砂型复合铸造原理图

J. C. Liu 等人使用嵌入模型工艺制备了 6061 Al/AZ31 复合材料，原理如图 1-3-13 所示。研究结果显示，界面主要由 Al_3Mg_2、$Al_{12}Mg_{17}$ 和 $Al_{12}Mg_{17}$ + δ-Mg共晶组织组成，其剪切强度为 20 MPa。

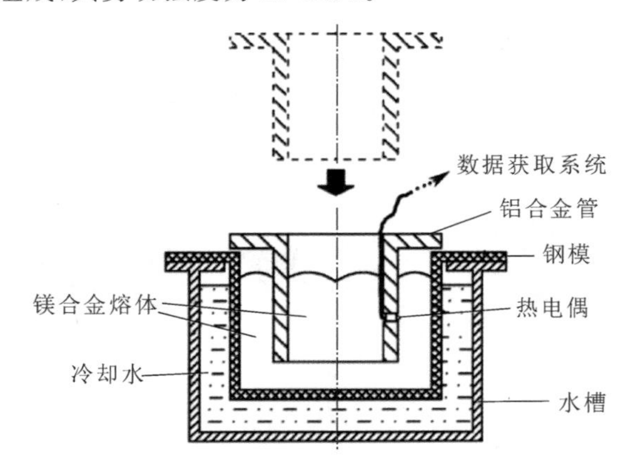

图 1-3-13 嵌入模型法制备 Mg/Al 复合材料原理图

K. He 等人研究了使用金属型复合铸造方式制备的 Al/AZ91D 双金属复合材料的组织和性能，其原理如图 1-3-14 所示。研究发现，相较于单纯的镁合金，该复合材料的抗腐蚀性能和剪切性能都得到了提高。

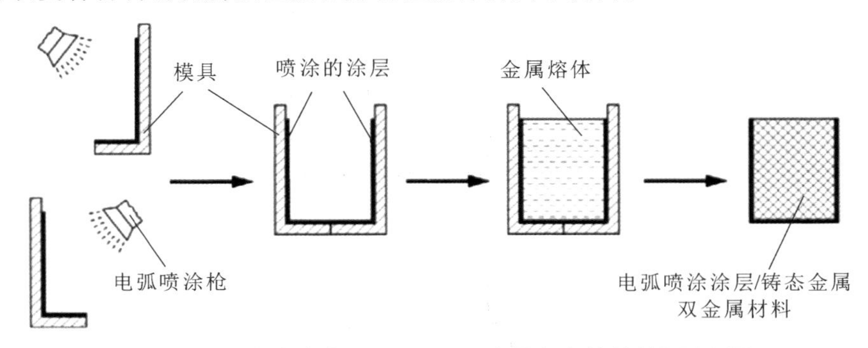

图 1-3-14　激光喷涂 Al/AZ91D 双金属复合材料制备原理图

赵成志等人将 ZL105 铝合金固体放在石墨模具中，然后浇注 AZ91D 镁合金液体制备出镁/铝双金属复合材料，并研究了双金属的界面及相组成，其制备原理如图 1-3-15 所示。研究结果显示，当浇注温度为 660～680 ℃，将液态的 AZ91D 作为浇注金属，浇注在 ZL105 铝合金固体上可以获得界面结合良好的镁/铝双金属。双金属的界面由靠近 AZ91D 侧的 $Al_{12}Mg_{17}$ 层、靠近 ZL105 侧的 Al_3Mg_2 层和这两层中间的 $Al_3Mg_2+Mg_2Si$ 层三个反应层组成。

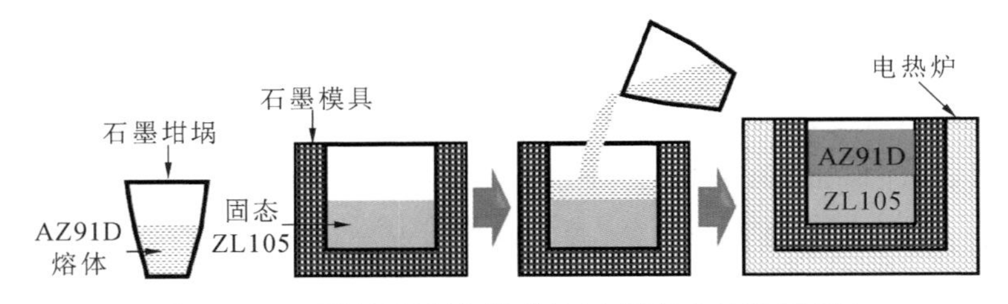

图 1-3-15　石墨模具制备镁/铝双金属复合材料原理图

M. Paramsothy 等人使用喷射沉积和顶部浇注的方式制备了不同种类的镁/铝双金属复合材料，然后对该双金属材料进行热挤压，研究发现经过热挤压之后其晶粒得到了细化，拉伸强度得到了提高。

付莹使用连续铸造的方式，先将固态 AZ31 镁合金放在铸型底部，然后浇注液态 Al-10%Si 合金，浇注温度为 650 ℃，并且在凝固过程中加超声振动，其原理如图 1-3-16 所示。研究发现，经过超声振动后，铝合金和镁合金界面处产生

了过渡层，这是由于超声振动破坏了镁合金表面的氧化膜，使铝熔体和新鲜的镁合金表面直接接触发生反应，最终实现了冶金结合。

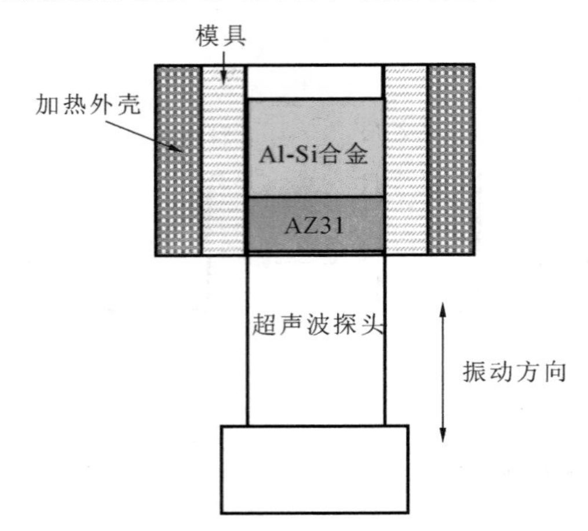

图 1-3-16　连续铸造方式制备镁/铝双金属复合材料原理图

1.3.3　液-液复合

液-液复合是指同时浇注两种液态熔融合金，实现两种金属的结合。液-液复合的优点是可以一次制备零件的不同部位，减少了工艺步骤和成本。然而，两种金属液的界面控制难度大，容易造成混液现象。

关于液-液复合技术的研究较少，特别是针对镁/铝双金属的研究。例如，M. Pintore 等人先倒入 Cu 液，待 Cu 液凝固后再倒入 Al 液，最终制备出 Al/Cu 复合材料，其原理如图 1-3-17(a)所示。肖晓峰等人采用无夹层的消失模液-液复合铸造方法制备高铬白口铸铁/碳钢双金属湿磨衬板，其原理如图 1-3-17(b)所示。J. B. Sun 等人先将液态 Al-1% Mn 合金液倒入铸型，待合金液冷却至固态后，去除中间的惰性中间层，然后浇注 Al-10% Si 合金，最终制备出 Al/Al 双金属复合材料，其原理如图 1-3-17(c)所示。J. O. Richard 等人开发了一项利用消失模铸造工艺制备过共晶 Al-Si 合金/亚共晶 Al-Si 合金复合发动机缸体的专利，其原理如图 1-3-17(d)所示。

而仅有 Z. L. Jiang 等人和 G. Y. Li 等人对液-液复合 Al/Mg 双金属进行了初步探索。Z. L. Jiang 等人采用消失模复合铸造工艺同时浇注铝液和镁液的方法制备了 A356/AZ91D 双金属材料，采用 Al 和 Zn 金属板作为阻挡层，以

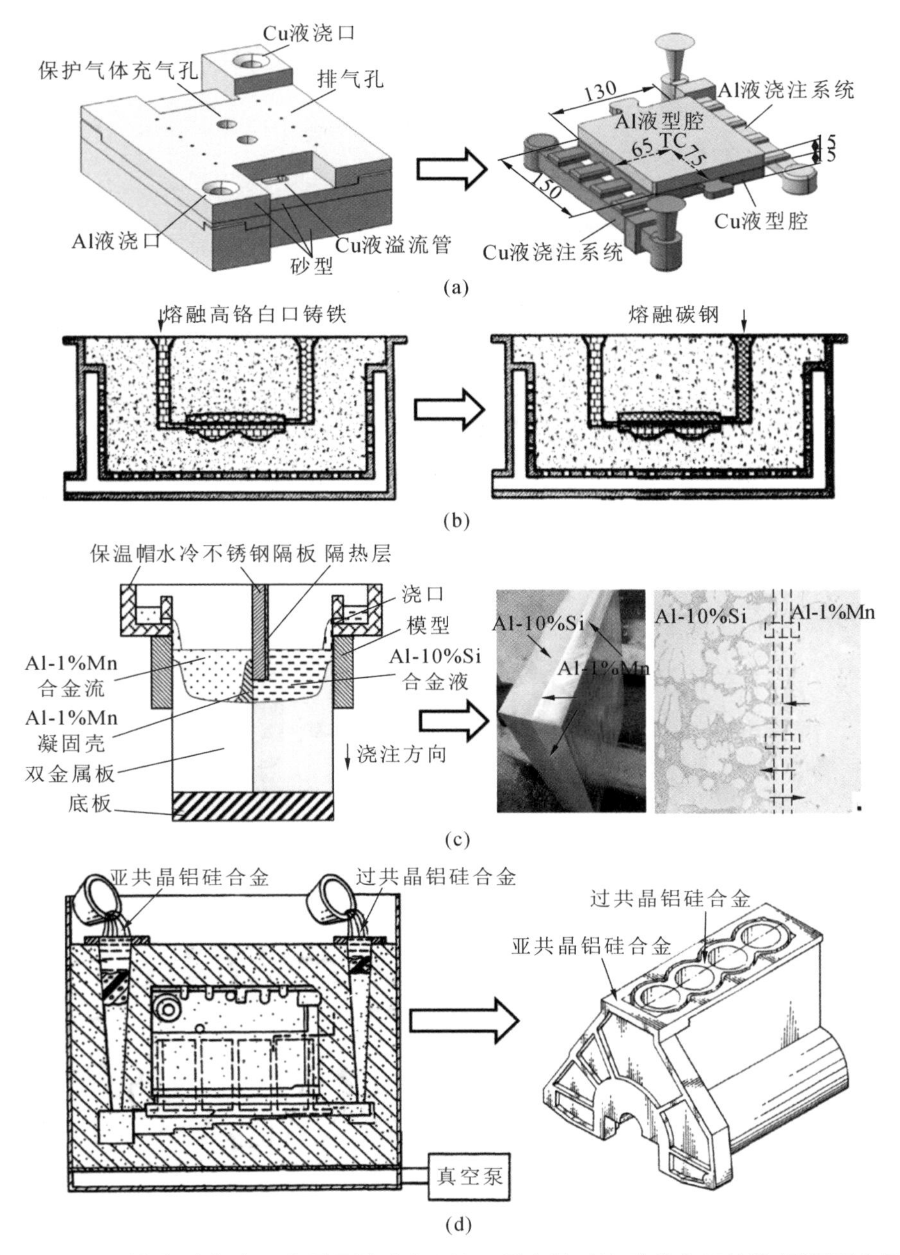

图 1-3-17　不同液-液复合工艺原理图：(a) Al/Cu **双金属；**(b) **高铬白口铸铁/碳钢双金属；**(c) Al-1%Mn/Al-10%Si **双金属；**(d) **过共晶** Al-Si **合金/亚共晶** Al-Si **合金双金属**

防止混液，其原理如图 1-3-18 所示。该方法已获得专利授权。G. Y. Li 等通过泡沫表面共沉积 Cu-Ni 合金涂层的方法实现了液-液复合铸造制备 Al/Mg 双金属材料，制备工艺如图 1-3-19 所示。

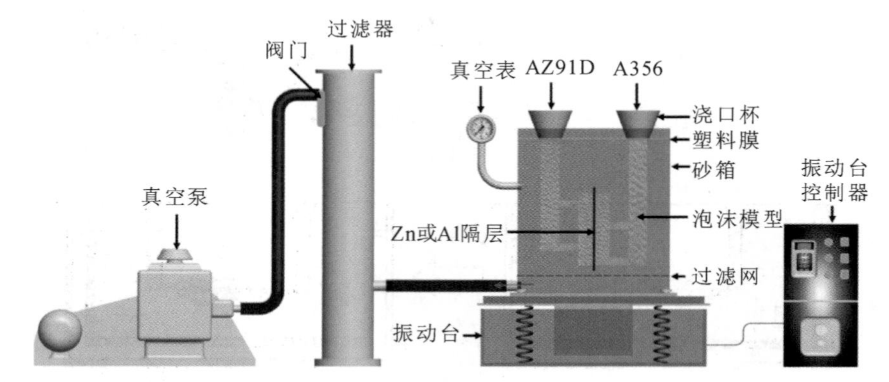

图 1-3-18　消失模液-液复合铸造制备镁/铝双金属材料原理图

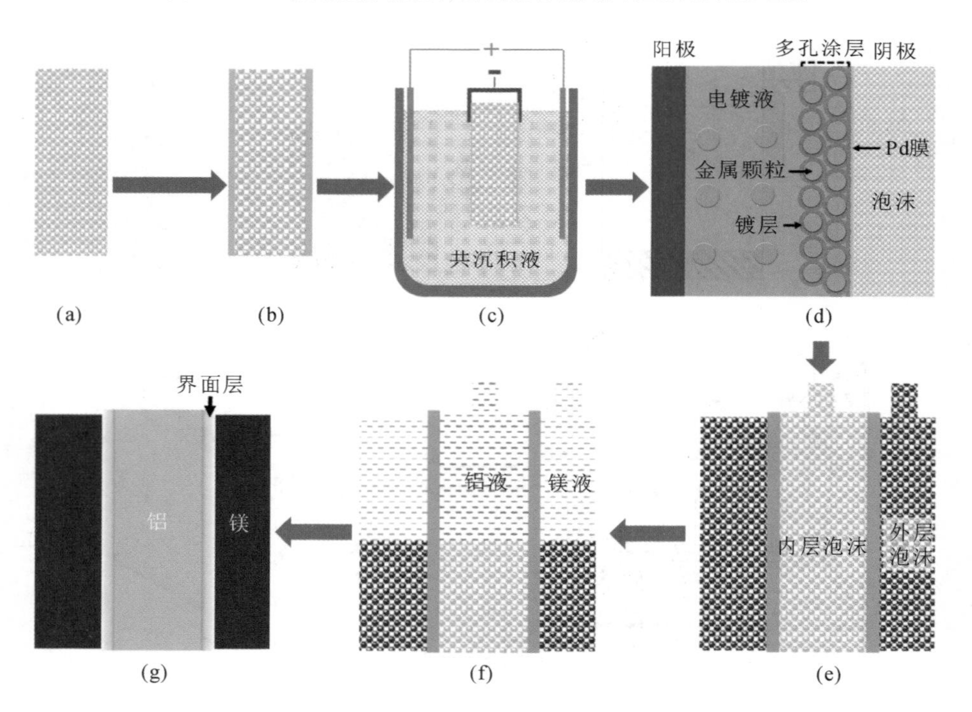

图 1-3-19　基于共沉积 Cu-Ni 合金涂层的液-液复合铸造制备镁/铝双金属材料工艺示意图：(a) 泡沫模型；(b) 泡沫表面金属化；(c) 共沉积过程；(d) 共沉积 Cu-Ni 合金涂层形成原理；(e) 泡沫模型组合；(f) 浇注 A356 和 AZ91D 液体；(g) 镁/铝双金属

1.4　消失模复合铸造镁/铝双金属材料研究现状

1.4.1　消失模复合铸造镁/铝双金属材料原理

消失模复合铸造制备镁/铝双金属的原理如图 1-4-1 所示。首先制备固态嵌体部分和泡沫模型，然后将二者组合形成复合模型，再将复合模型埋箱造型，最后浇注液态金属。泡沫模型在液态金属的高温作用下分解并排出型腔，液态金属与固态金属接触，从而实现连接。

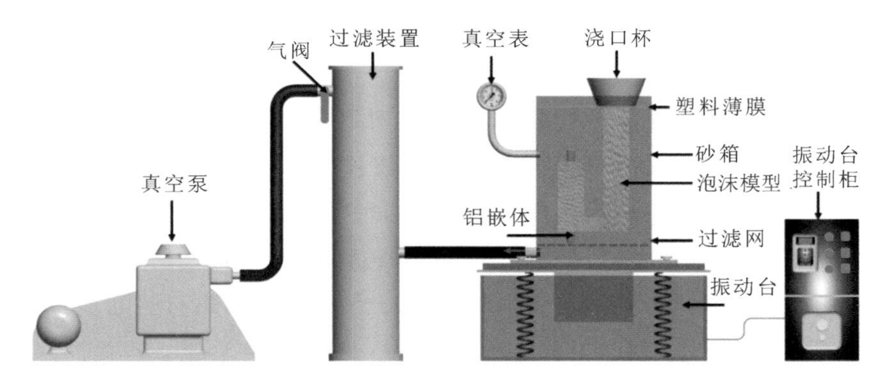

图 1-4-1　消失模复合铸造制备镁/铝双金属原理图

1.4.2　消失模复合铸造镁/铝双金属材料的优势

消失模铸造是一种近净成形的方法，在制备镁/铝双金属铸件方面具有许多独特的优点。

(1) 消失模铸造具有结构设计自由度大、尺寸精度高、无须砂芯和分模、表面粗糙度小的优点，适合制备各类复杂零件，例如汽车发动机缸体、导弹壳体、汽车进气歧管等。

(2) 固态嵌体无须额外的固定装置，易于放置在模型的任意位置。由于消失模铸造使用泡沫模型作为型腔，因此，只要将固态嵌体和泡沫模型组合起来就可以直接放入砂型中，不需要额外固定，操作简便，定位准确。而且泡沫模型的存在也可以防止嵌体表面的再次氧化。

(3) 泡沫分解产物为还原性气体,可以防止或者减少铝合金或者镁合金在浇注时的氧化。董选普等人的研究表明聚苯乙烯(EPS)泡沫的降解产物主要由小分子气体、挥发性烃和少量固体残留物组成,这些降解产物大多数被认为是还原性或非氧化性的。此外,这些降解产物大多数都不会与熔融的镁反应,从而显示出良好的阻燃性。并且镁合金在消失模铸造中形成了由 MgO、Al_2O_3、SiO_2、C 组成的表面膜,提高了镁表面的密度和耐蚀性。

(4) 消失模铸造的铸型为无黏结剂散砂,铸件冷却速度较慢,有利于实现冶金结合。消失模铸造使用的铸型是无黏结剂的散砂,相比于金属型铸造或者压铸,铸型的导热速率小,铸件冷却速率慢,而铝和镁的连接依靠冶金结合的效果一般要好于机械连接。这样,较慢的冷却速率有利于界面处元素的扩散,有利于双金属的冶金结合。

(5) 消失模铸造制备的零件可以进行热处理强化,能进一步提高双金属铸件的性能。前文提到德国宝马公司通过压铸技术制备镁/铝双金属发动机缸体,由于其结合强度不高,后续的车型中不再使用这种发动机缸体。压铸的铸件不能进行热处理,因此,如果能够对双金属铸件进行热处理,将会提高双金属的结合强度。而消失模铸造制备的镁/铝双金属铸件可以进行热处理,如果选择合适的热处理工艺对镁/铝双金属铸件进行热处理,将会进一步提高双金属的结合强度。

1.4.3 消失模复合铸造镁/铝双金属材料的研究现状

从上面的介绍我们可以发现,消失模复合铸造是一种有潜力的制备复杂形状的镁/铝双金属铸件的方法。但是目前关于使用消失模铸造制备镁/铝双金属材料的研究较少。例如,S. M. Emami 等人提出了使用消失模铸造固-液复合技术制备镁/铝双金属。研究发现,使用消失模复合铸造技术制备的镁/铝双金属相较于砂型铸造固-液复合技术制备的镁/铝双金属的界面层厚度减小了,最大剪切强度可以达到 47.67 MPa。

1.5 镁/铝双金属界面调控及强化的研究现状

前文主要介绍了铝和镁连接的各种方法和消失模铸造制备镁/铝双金属材

料的研究现状，这些方法各有优缺点和应用领域，但是，不管用哪种方法实现铝和镁的连接，都必然要面临一个重要的问题，那就是铝和镁的界面结合质量。铝和镁的连接界面是否产生冶金结合、界面产物的组成和性质、界面层的厚度、界面区域是否有缺陷等都将极大地影响着双金属最终的使用性能。因此，如何调控及强化双金属的界面，使其性能有所改善，是一个极具研究意义的问题。

1.5.1 镁/铝双金属复合的主要问题

不论使用何种方式连接铝合金和镁合金，在连接过程中都存在以下几方面的难点。

(1) 相比于同种材料的连接，铝和镁物理性质存在差异，例如熔点不同、线膨胀系数差别较大、比热容和热导率不同、电磁性差异等，这些差异使得在连接过程中会产生各种类型的不匹配，增加了连接的难度。铝和镁的常见性质见表1-5-1。一般地，两种金属熔点、线膨胀系数、比热容和导热系数相差越大，焊接难度就越大。例如，镁合金和铝合金的线膨胀系数存在较大差异，就会造成冷却过程中接头产生较大的热应力。

表1-5-1　镁和铝的物理性质

物理性质	镁	铝
原子序数	12	13
原子半径/nm	0.160	0.143
晶格结构	hcp	fcc
晶格常数/nm	$a=b=0.321, c=0.521$	$a=b=c=0.405$
密度/(g/cm³)	1.736	2.698
熔点/℃	650	660
比热容/(J/(kg·K))	1.36×10^{3}	1.08×10^{3}
导热系数/(W/(m·K))	78	94.03
热膨胀系数/(1/K)	2.5×10^{-5}	2.4×10^{-6}
热扩散系数/(m²/s)	3.73×10^{-5}	3.65×10^{-5}

(2) 铝合金和镁合金都属于极易氧化的金属，置于空气中的铝合金和镁合金表面存在一层氧化膜，这层氧化膜稳定且难去除，即使通过机械或者化学的

方法去除，如果不及时采取其他措施保护，合金表面也会极快地再次氧化，并且镁合金表面的氧化膜（氧化镁）极不致密且容易吸水。铝和镁表面的氧化膜的存在：一方面造成连接过程中两种金属的新鲜表面不能直接接触，二者润湿性较差；另一方面使得连接过程中产生许多金属氧化物并形成气孔等缺陷，这些金属氧化膜进一步弱化了连接性能。

（3）根据铝-镁二元相图，铝和镁之间容易发生反应并生成 Al-Mg 金属间化合物，这些 Al-Mg 金属间化合物主要是 $Al_{12}Mg_{17}$、Al_3Mg_2 和 $Al_{30}Mg_{23}$ 等，这些 Al-Mg 金属间化合物的硬度远高于 Al 基体和 Mg 基体，表现出明显的脆性特征，再加上热应力的作用，断裂极易从该处发生，降低了接头的连接强度。

由于消失模铸造的特殊性，相比于其他的镁/铝双金属的制备方法，其具有独特的难点，如何克服这些难点从而提高双金属的性能是本书的研究重点。

（1）消失模复合铸造制备镁/铝双金属铸件的浇注过程中存在固、液、气三相的交互作用，其充型和凝固过程极其复杂，如何通过调节浇注参数来控制其充型和凝固过程是一个难点。

（2）消失模铸造的影响因素较多，其中很多影响因素是其他制备方法不具有的，例如泡沫模型密度、真空度、涂料厚度和透气性等，这些因素对双金属性能的影响还没有一个系统的研究。

（3）消失模铸造的充型和凝固过程复杂，并且影响因素较多，这增大了双金属界面的调控难度。

（4）消失模铸造过程中泡沫模型分解产生的气体容易吸附在嵌体周围形成气孔等缺陷，如何消除这些缺陷是一个值得研究的问题。

1.5.2 镁/铝双金属界面调控及强化的方法

铝和镁的连接存在上面这些难点，造成镁/铝双金属性能低。为了改善镁/铝双金属的性能，最重要的一点就是控制双金属的界面。研究人员从各个方面对镁/铝双金属的连接界面控制问题进行了研究，总结成以下几点。

（1）工艺参数控制。

铝和镁在连接过程中涉及一系列的工艺参数，这些工艺参数对双金属的界面具有较大影响。

G. Mahendran 等人研究了连接温度、连接压力和保压时间对扩散连接

AZ31B/AA2024 双金属复合材料界面的影响。研究发现，这些扩散连接的工艺参数对双金属界面的扩散层厚度及缺陷有较大影响，最终影响双金属的剪切强度，在连接温度为 425 ℃、连接压力为 20 MPa、保压时间为 45 min 时可以获得最大剪切强度，为 56 MPa。

谢吉林等人研究了焊接速度和旋转速度对搅拌摩擦焊 2A12-T4/AZ31 双金属复合材料组织和性能的影响。研究发现，焊接速度为 23.5 mm/min、旋转速度为 375 r/min 时，双金属剪切强度最大，为 5.5 kN。

刘婧等人研究了焊接能量、焊接振幅和焊接压力对超声波焊 Mg/Al 双金属界面及组织性能的影响。研究发现，在焊接能量为 1400 J、振幅为 9.5 μm、压力为 0.4 MPa 时获得 30.38 MPa 的最大剪切强度。

S. M. Emami 等人研究了液-固体积比对砂型铸造镁/铝双金属界面及组织性能的影响。研究发现，当液-固体积比为 1.25 时获得最大剪切强度，为 27.1 MPa。

（2）去氧化膜。

由于合金表面氧化膜的存在影响了双金属的结合性能，因此，如果能够去除合金氧化膜，将会有效改善双金属的性能。马立坤等人和张浩等人研究发现，锌酸盐浸镀可以去除铝合金表面氧化膜，并能够在铝合金表面形成 Zn 层，抑制了铝合金表面氧化膜的产生。然后使用固-液复合方式制备了 AM60/A390 双金属复合材料。研究结果表明，锌酸盐处理可以有效去除铝合金表面氧化膜，改善了双金属的连接性能。徐光晨等人使用二次浸锌＋电镀 Zn-La 合金的方式进一步去除合金表面氧化膜，同时 La 元素的存在还能细化镁/铝双金属界面处组织的晶粒，进一步提高了双金属的连接性能。张辉等人使用电解抛光＋阳极氧化的方式使 Al-Ga 合金表面的氧化膜破损。阳极氧化破膜原理如图 1-5-1 所示。

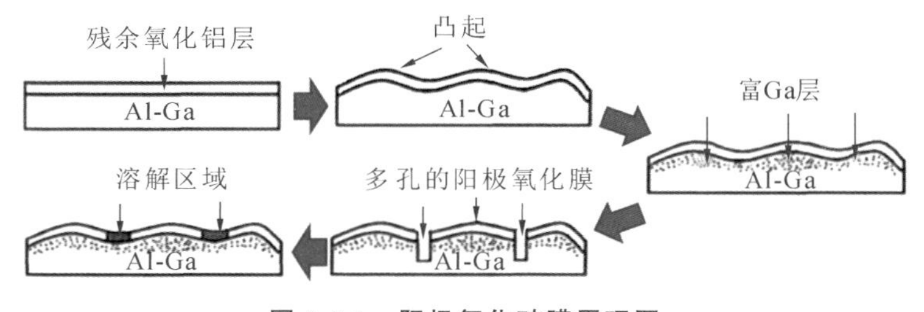

图 1-5-1　阳极氧化破膜原理图

(3) 使用夹层。

研究表明,Al-Mg 金属间化合物的硬度较高,在 240～300 HV 之间,因此其脆性也较大。这些脆硬的金属间化合物在受力的过程中容易发生断裂,成为断裂源,因此大量的金属间化合物不利于界面的连接性能。一个好的解决方法是在铝和镁之间放置一个不同于基体的金属涂层,这个金属涂层可以使双金属在复合的过程中不产生 Al-Mg 金属间化合物,或者减少 Al-Mg 金属间化合物,或者产生脆性低于 Al-Mg 金属间化合物的其他相,从而改善双金属的连接性能。

目前,使用夹层的方式改善铝/镁连接性能的研究在焊接领域比较普遍,夹层种类如 Zn、Sn、Al、Ni、Cu、Fe、Ti、Ag、Ag-Cu-Zn、SiC、Au、Zr 和 Ce 等,而在复合铸造领域则应用较少,夹层种类主要是 Zn、Sn、Ni 和 Mn 等。相应的夹层、制备方式和剪切强度见表 1-5-2。

表 1-5-2 不同种类夹层

夹层种类	双金属种类	制备方法	剪切强度/MPa
Zn	AZ31B/6061 Al	扩散连接	38.6～42
	AZ31/6061 Al	搅拌摩擦焊	170
	AM60/A390	复合铸造	60.6
	AZ31/6060 Al	复合铸造	46.6
Sn	AZ31B/纯 Al	超声波焊	23.4
	AM60/A380	复合铸造	68.56
Al	AZ31B/6061 Al	气体保护焊	104
Al/Ni	纯 Mg/纯 Al	扩散连接	24.8
Al-Mg 共晶合金	纯 Mg/纯 Al	扩散连接	22.7
Ni	纯 Mg/纯 Al	扩散连接	5.8～19.5
	AZ31/AA6022	激光焊	—
	AM60/6061 Al	复合铸造	47.5
	纯 Mg/纯 Al	复合铸造	25.4
Cu	AZ31B/6061 Al	转移焊	34.7
	AZ31B/5757 Al	点焊	—
Fe	纯 Mg/纯 Al	激光焊	100

续表

夹层种类	双金属种类	制备方法	剪切强度/MPa
Ti	AZ31B/6061 Al	激光焊	78.2
Ag	纯 Mg/纯 Al	扩散连接	11.8～14.5
Ag-Cu-Zn	AZ31/3003 Al	钎焊	90
CuNi/Ag/CuNi	纯 Mg/纯 Al	扩散连接	50.2
SiC	AZ31/6061 Al	搅拌摩擦焊	170
Ce	AZ31B/6061 Al	激光焊	55.8
Mn	纯 Mg/AA5005	复合铸造	—
Cu/Ni	纯 Mg/纯 Al	扩散连接	22.4
Au	AZ31B/5757 Al	点焊	127
Sn 涂层钢	AZ31B/5757 Al	点焊	—
Zn 涂层钢	AZ31B/5757 Al	点焊	94
Zr	AZ31/6061 Al	搅拌摩擦焊	—

从表 1-5-2 中可以看出，这些夹层大致可以分成三类：第一类是低熔点的纯金属，例如 Zn、Sn 和 Al 等，该类金属夹层一般起到增强铝和镁的润湿性的作用，在连接过程中会熔化，主要通过熔融和扩散实现铝和镁的连接；第二类是高熔点的纯金属，例如 Ni、Cu、Fe、Ti、Ag、Ce、Mn 和 Zr 等，这一类金属夹层在复合的过程中一般不会熔化，主要通过元素扩散来实现铝和镁的连接；第三类为复合金属，例如 Al-Mg 共晶合金、Al/Ni、Ag-Cu-Zn、CuNi/Ag/CuNi、Cu/Ni、Sn 涂层钢、Zn 涂层钢等，这类金属夹层在连接过程中部分熔化部分不熔化，通过熔融和扩散两种方式实现铝和镁的连接。这些金属夹层的存在，一方面避免了合金表面的氧化，另一方面减少或消除了 Al-Mg 金属间化合物，从而达到提高镁/铝双金属性能的目的。

(4) 合金化。

合金化是指通过对合金本身的成分进行一定的调控，从而改善合金的组织及性能。在双金属的复合过程中，影响双金属性能的因素既包括界面处的组织和性能，也包含基体本身的组织和性能。因此，如果能够通过合金化的方法改善基体的组织和性能，达到控制界面组织和性能的目的，将是一种有效的措施。

例如，铝合金和镁合金直接连接，如果界面处形成了冶金反应层，这个冶金反应层主要是 Al-Mg 金属间化合物，如果能够细化冶金反应层的组织，或者在冶金反应层中增加一些强化相，将能提高双金属的连接性能。

从表 1-5-2 中也可以看出，连接过程中使用的铝合金和镁合金一般都是现有的牌号，镁合金主要有纯 Mg、AZ31、AZ31B 和 AM60，铝合金主要有纯 Al、A380、A390、3003 Al、AA5005、5757 Al、6061 Al 和 AA6022 等，但是关于对镁合金和铝合金本身的成分进行改性，进而达到改善双金属连接性能的研究较少。

徐光晨等人在镁合金中加入稀土 La 元素形成 Mg-La 合金，La 元素的存在细化了双金属的界面组织，并且由于 La 与 Al 能够优先结合，生成 $Al_{11}La_3$ 相，因此连续网状的 $Al_{12}Mg_{17}$ 相发生了破坏，剪切强度提高了 54%，达到 88.5 MPa。马立坤等人研究了添加 Ca 元素对 AM60/6061 Al 双金属组织和性能的影响，发现 Ca 元素的添加能够减小过渡层厚度，减少低熔点脆性相，剪切性能得到了提高，达到了 45.2 MPa。房虹姣等人研究了在镁合金中添加 Sn 对 AM60/6061 Al 双金属组织与性能的影响，发现 Sn 的加入可以改善双金属的界面组织，界面组织中新产生了 Mg_2Sn 相。当 Sn 的加入量达到 1%时，剪切强度达到了 35.9 MPa。

张辉等人研究了在铝合金中加 Ga 元素对镁/铝双金属组织及性能的影响，发现加入 Ga 并结合阳极氧化的方式可以起到破坏铝合金表面氧化膜的作用，增强了铝合金和镁合金的润湿性，提高了双金属的连接性能。胡焕东等人研究了铝合金中不同的 Si 含量(1.7%、5.5%、12.5%)对镁/铝双金属组织及性能的影响，发现当 Si 的含量达到 12.5%时，镁/铝双金属界面处产生了一层致密的 Mg_2Si 相，起到了阻碍 Al-Mg 金属间化合物形成的作用，改善了双金属的性能。

(5) 热处理。

零件在完成连接之后一般都会进行热处理，从而消除残余应力，细化晶粒或者调控界面及基体组织。但是双金属零件有其特殊性，因为一般热处理都是针对单一合金，合金的组织是均匀的，性质是一致的，而双金属零件是两种金属相连接而制成的，以前适用于单一金属的热处理工艺将不再完全适用于双金属零件。双金属的热处理工艺需要满足现有零件独特的要求，如何通过控制热处理工艺达到进一步改善双金属性能的目的是研究重点。目前，关于双金属零件的热处理工艺的研究还比较少。

徐光晨等人研究了热处理对AM60/A390双金属组织及性能的影响，发现经过425 ℃固溶处理3 h后，网状的$Al_{12}Mg_{17}$团球化，剪切强度提高至84 MPa。马立坤等人研究发现热处理可以使镁/铝双金属界面区域的片状Mg_2Si相变成球状，提高了力学性能。占小奇等人研究了热处理对AZ31/A390双金属组织及性能的影响，发现经过420 ℃、3 h固溶处理和165 ℃、12 h时效处理后，界面处的Mg_2Si相由连续的片状转变为分散的团球状，剪切强度得到了提高。

J. S. Kim等人研究了热处理工艺对轧制连接Mg/Al板材组织及性能的影响，发现经过300 ℃、60 min时效处理后，双金属剪切强度达到18 MPa。V. N. Arisova等人研究了热处理对爆炸焊Mg/Al双金属组织及性能的影响，发现热处理后界面处由无冶金反应层变成有冶金反应层，且随着热处理时间的延长，其厚度逐渐增加。邓清洪等人研究了退火对搅拌摩擦焊镁/铝双金属组织及性能的影响，发现退火处理反而削弱了双金属的连接性能，并随着退火时间的延长削弱效果加强。

第 2 章 铸造工艺参数对镁/铝双金属界面组织和性能的影响

2.1 引言

在消失模复合铸造制备镁/铝双金属铸件过程中，影响镁/铝双金属界面组织和性能的因素有很多，包括熔体参数（熔体材料、浇注速度、浇注温度）、泡沫参数（泡沫密度、泡沫材料）、嵌体参数（表面处理方式、嵌体材料）、真空参数（真空度）和其他参数（振动参数、液-固体积比、型砂粒度），如图 2-1-1 所示。为了探究工艺参数对消失模复合铸造镁/铝双金属界面组织和性能的影响，本章首先通过实验和数值模拟的方法对消失模复合铸造镁/铝双金属的充型和凝固过程进行了分析，然后选取了浇注温度、真空度和液-固体积比三个对双金属界面组织和性能影响较大的工艺参数进行单因素和多因素实验，最后结合实验结果、热力学分析和动力学分析阐明其界面结合机理。

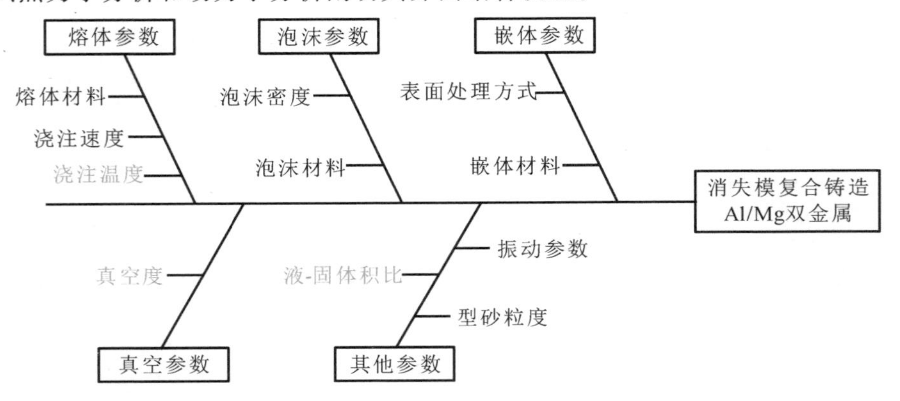

图 2-1-1　消失模固-液复合铸造镁/铝双金属界面组织和性能影响因素鱼骨图

2.2 实验材料及方法

2.2.1 实验材料

本实验采用消失模固-液复合铸造的方式制备镁/铝双金属铸件，铝合金选用 A356，镁合金选用 AZ91D，其成分如表 2-2-1 所示。使用聚苯乙烯（EPS）材料制作泡沫模型，EPS 的密度为 12 kg/m^3。泡沫模型使用荷兰 AA 902/5 BL 消失模专用冷胶粘贴在一起。消失模铸造涂料选用山西晋水涂料厂生产的有色金属专用消失模铸造涂料。散砂选用 50～100 目的大林砂。与金属接触的工具需要涂刷一层涂料，防止金属工具与金属液接触而污染金属液，该涂料的配比为水∶ZnO∶水玻璃＝4∶2∶1（质量比）。镁合金在熔炼过程中容易发生燃烧，因此需要通入保护气体，该保护气体为 CO_2∶SF_6＝99.5∶0.5 的混合气体。并且镁合金还需要使用覆盖剂进行灭火与精炼，覆盖剂型号为 RJ-2。

表 2-2-1　A356 铝合金和 AZ91D 镁合金化学成分

元素	质量分数/（wt.％）						
	Si	Ti	Fe	Mn	Zn	Mg	Al
A356	6.81	0.017	0.205	—	—	0.439	92.529
AZ91D	—	—	—	0.23	0.62	90.07	9.08

注：wt.％表示质量分数，下同。

2.2.2 实验过程

本实验使用消失模固-液复合铸造技术制备镁/铝双金属，实验过程如图 2-2-1所示，主要包括嵌体表面处理、复合模型制作、合金化和铸造过程。

实验中使用的主要设备有以下几种：

（1）上海昂尼 AM450L-H 数显电动搅拌机，主要用于配制消失模铸造涂料；

（2）火把科技泡沫切割机，主要用来切割泡沫模型；

（3）XR841-5 烘干箱，主要用于烘干涂刷涂料后的泡沫模型、散砂和浇口杯等；

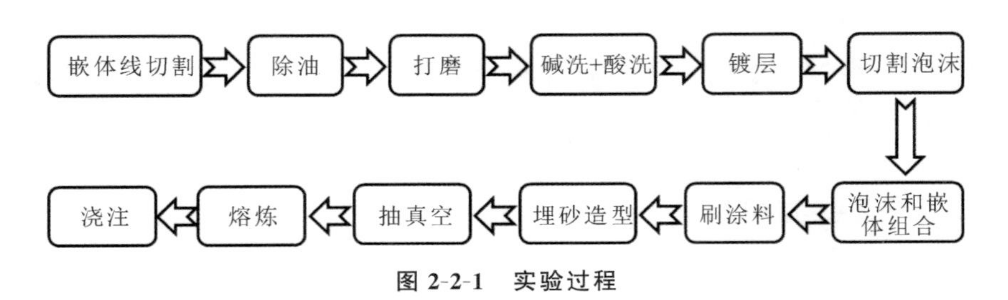

图 2-2-1　实验过程

(4) 武汉亚华 SG2-7.8-10 井式电阻炉,主要用于镁合金和铝合金的熔炼;

(5) 消失模铸造相关设备,主要有底抽式砂箱、XF/ZDT-50VT 多功能振动试验台、SK 水环式真空泵。

详细的实验过程介绍如下。

2.2.2.1　嵌体表面处理

首先使用线切割切出不同直径(6 mm、10 mm、14 mm)的长度为 110 mm 的圆柱形铝棒,由于线切割在切割的时候会使嵌体表面产生线切割的痕迹和沾染许多油,因此需要对嵌体表面进行处理。

使用除油剂清洗嵌体表面去除油污,然后依次使用 100 目、200 目、500 目、1000 目砂纸分别打磨嵌体表面,去除表面的线切割痕迹并使嵌体表面光滑,最后使用丙酮超声波清洗 10 min,去除嵌体表面杂质。为了去除铝合金表面的一层 Al_2O_3 薄膜,需要先用 10 g/L 的 NaOH 溶液清洗 10 min,再用 0.5mol/L 的盐酸清洗 10 min,取出后用去离子水冲洗,烘干放入试样袋保存。

2.2.2.2　复合模型制备

复合模型的制作首先需要将泡沫切割成各种尺寸,泡沫模型包括与嵌体组合的部分、直浇道和内浇道,各部分尺寸见图 2-2-2。因为泡沫具有良好的退让性,为使泡沫与嵌体结合紧密,使用钻头将泡沫模型打出一个直径比铝棒直径小 1 mm 的圆孔。将嵌体嵌入泡沫模型中,最后用消失模铸造专用胶水黏接浇道部分。在复合模型上均匀地涂刷消失模铸造专用涂料,然后用 50 ℃烘干。

2.2.2.3　消失模复合铸造过程

消失模固-液复合铸造镁/铝双金属的实验原理图如图 2-2-3 所示。

将坩埚放在 200 ℃的烘箱中预热 10 min,然后刷上涂料,再次放入烘箱中烘 10 min,取出后刷第二遍涂料,再次烘干,将坩埚放入熔炼炉中。将镁合金金

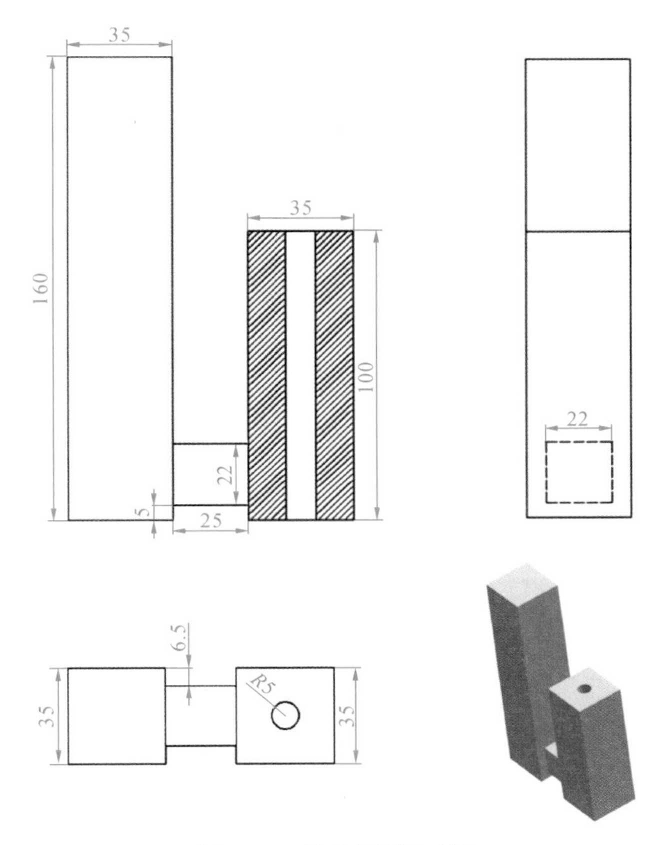

图 2-2-2 泡沫模型尺寸图

属锭切割成小块，表面打磨掉氧化层，放入坩埚中，在坩埚中撒入覆盖剂。将熔炼炉温度设定为 780 ℃，等待镁合金熔化。熔炼镁合金过程中要持续通入 0.5% SF_6 + CO_2混合气体。待镁合金完全熔化后，通入氩气精炼 5 min。精炼后撒上覆盖剂并继续通入保护气体，等待浇注。将复合模型放入砂箱中，埋砂造型，边填砂边振动，振动频率为 50 Hz。当砂子填到模型直浇道顶部后，盖上一层塑料薄膜，然后抽真空。在浇口处放上浇口杯，周围填砂固定。将镁合金液从浇口杯倒入模型中，浇满后等待金属凝固，凝固后取出并切割浇道，得到镁/铝双金属样品。

2.2.2.4 镁/铝双金属充型凝固行为实验过程

充型特性包括充型前沿的形态和充型速度。目前，对铸造过程的充型特性的研究方法主要有冷淬法、电极触点法、X 射线法、水模拟法、电阻模拟法、

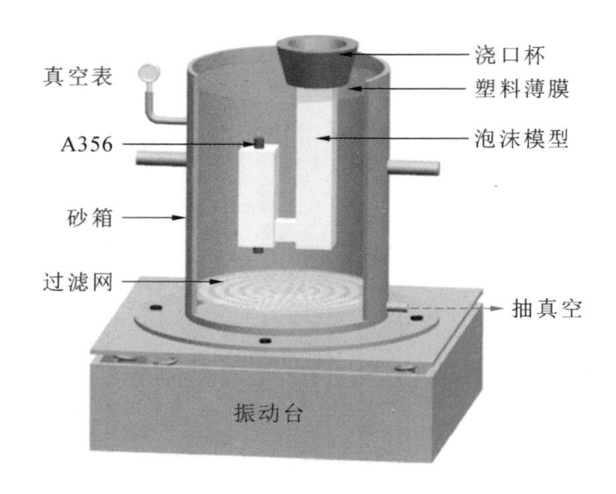

图 2-2-3 消失模固-液复合铸造镁/铝双金属实验原理图

高速摄影法、热分析法和软件模拟法，其中高速摄影法和电极触点法最为常用。本实验选用高速摄影法对消失模固-液复合铸造过程中的充型特性进行研究，并利用热电偶对镁/铝双金属的温度场进行测量，实验原理如图 2-2-4 所示。

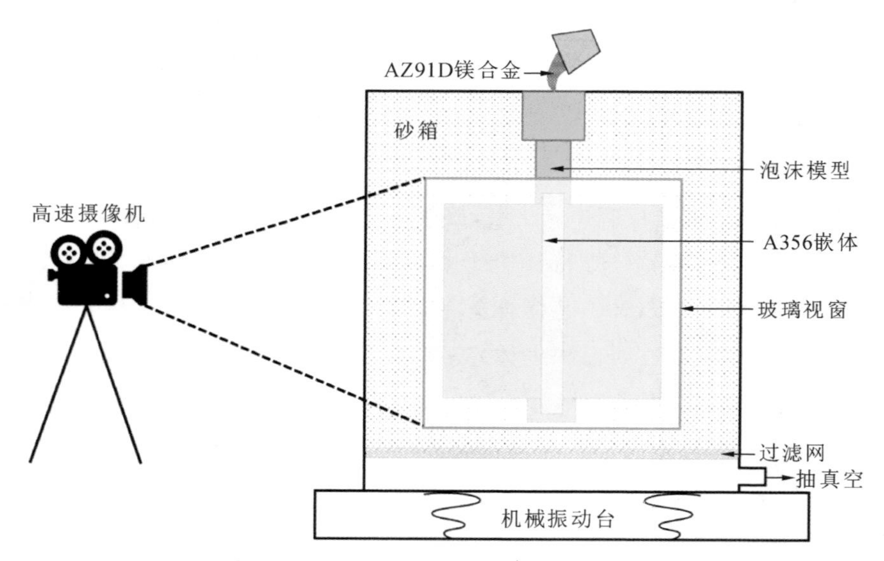

图 2-2-4 高速摄影法观察镁/铝双金属充型过程的实验原理图

图 2-2-5 显示了实验所使用的复合模型的结构和关键尺寸。复合模型包括铝嵌体、泡沫模型和石英玻璃三部分。为了便于对消失模铸造镁/铝双金属的

充型过程进行观察，实验过程中采用方形的铝嵌体，增大嵌体与石英玻璃间的贴合面积，以扩大固-液接触界面的观察区域。同时，增大了复合模型试样部分的泡沫尺寸，以改善充型的平稳性和延长观察充型的时间。

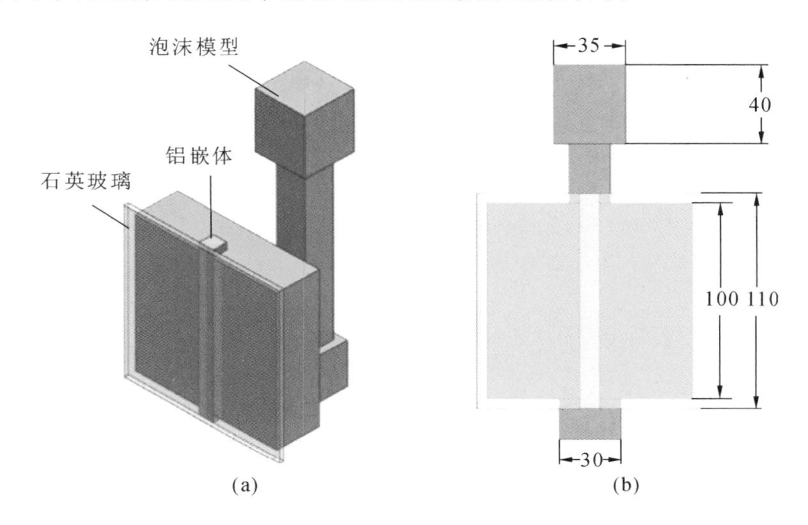

图 2-2-5 复合模型的形状和尺寸：(a)复合模型的 3D 模型；(b)复合模型结构示意图

制作复合模型时，首先根据泡沫模型尺寸和结构，分别切割出直浇道、内浇道以及试样部分对应尺寸的泡沫，切割好的泡沫用消失模铸造专用胶水进行黏接。随后在泡沫模型上预留的孔内插入固态嵌体，并粘贴耐热石英玻璃，即可得到实验用的复合模型。最后在复合模型上均匀刷涂消失模铸造专用涂料，自然风干后放入烘箱中在 50 ℃下烘干备用。

浇注过程中利用高速摄像机透过玻璃视窗对镁/铝双金属铸件的充型过程进行拍摄，并利用温度采集系统对铸件不同区域的凝固温度曲线进行测量，温度采集的位置如图 2-2-6 所示。

2.2.3 分析测试

2.2.3.1 组织测试

使用线切割将镁/铝双金属样品中间截面位置切割出来，得到金相试样。将该金相试样依次用从小到大目数的砂纸打磨，直至打磨到 2000 目，然后依次使用粒度为 3 μm 和 1.5 μm 的 Al_2O_3 抛光液进行抛光，抛光到样品表面无明显划痕为止。抛光后，将样品清洗干净，使用 1%HF 溶液腐蚀铝合金侧 5 s，使用

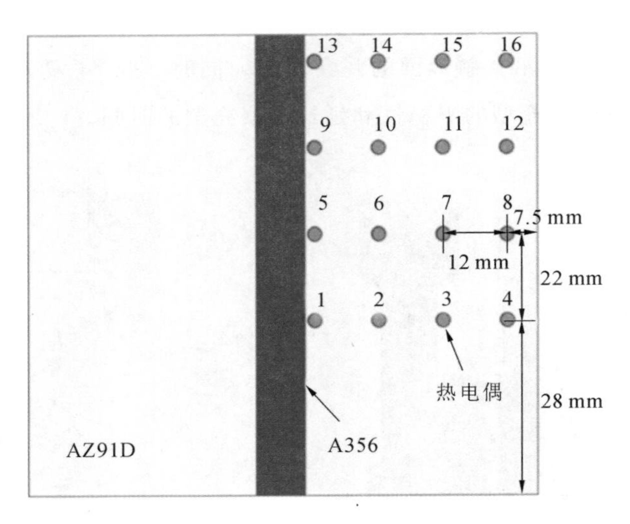

图 2-2-6　测温热电偶的布置位置

4%硝酸酒精溶液腐蚀镁合金侧 5 s，腐蚀后使用乙醇溶液用超声波清洗，烘干后放入试样盒中保存。

使用 VHX-5000 3D 超景深显微镜观察镁/铝双金属试样宏观形貌。使用光学显微镜（DMM-490C，Caikon）观察镁/铝双金属试样的金相组织。使用 Quanta 200 扫描电子显微镜（SEM）和岛津 EPMA-8050G 电子探针（EPMA）观察镁/铝双金属的微观组织，并使用 SEM 上配备的能谱仪（EDS）进行成分分析。使用 XRD-7000（日本岛津公司）X 射线衍射仪（XRD）测试界面处的相组成。

使用配备 Oxford 探头的日立 S-3400 N 扫描电子显微镜进行电子背散射（EBSD）测试。EBSD 测试需要将样品先切割成 8 mm×8 mm×8 mm 的小块试样，经过 2000 目的砂纸研磨后，使用 Al_2O_3 悬浊液进行抛光，再经过振动抛光，最后使用离子刻蚀 30 min，制样过程中全程不要碰水，需要溶剂的时候使用乙醇。扫描步长为 1 μm，使用 Channel 5 软件分析 EBSD 测试的数据。

使用 Tecnai G2 F30（FEI，荷兰）透射电子扫描电镜（TEM）更深入地分析界面处的相成分与微观结构。TEM 测试试样的制备：先将样品切成 2 mm 厚的薄片，然后使用砂纸打磨直至薄片的厚度达到 50 μm，再使用冲片机冲出一个直径为 3 mm 的薄片，最后使用 Gatan 691 离子减薄仪（美国 Gatan 公司）减薄，直至薄片中心位置出现凹坑。

2.2.3.2 性能测试

使用 HV-1000 显微硬度仪测试试样维氏硬度，加载压力为 300 g，保压时间为 15 s。使用 TI 750 原位纳米压痕仪（美国 Bruker 公司）进行纳米压痕测试，测试中采用恒定的 6000 μN 的力，保压时间为 15 s。使用 Zwick Z100 通用测试仪（德国 Zwick/Roell 集团公司）测试双金属试样的剪切强度，其原理如图 2-2-7 所示，压缩速率为 1 mm/min。

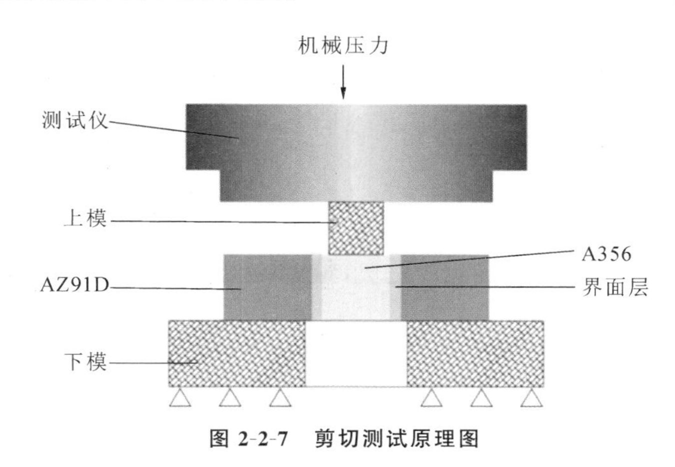

图 2-2-7　剪切测试原理图

2.3 消失模复合铸造镁/铝双金属充型和凝固过程

2.3.1 消失模复合铸造镁/铝双金属充型过程

图 2-3-1 显示了消失模固-液复合铸造镁/铝双金属的充型过程。从图 2-3-1 中可以看出，嵌体表面与型壁之间金属液以凹形的形态向上充型，在嵌体和型壁表面间区域金属液充型存在领先现象，这种现象称为附壁效应，其出现与消失模铸造过程中真空的作用有关。

抽真空浇注时，铸型中的负压使模型外壁区域金属液前沿从内向外形成了一负的压力梯度，靠近外壁区域由于真空度更高，金属液前沿的充型阻力较小，因此充型速率增大，形成附壁效应。但是，铝嵌体的引入产生了一些不同的现象，金属液的充型不是以一个整体的凹形形态进行，而是在铝嵌体的两侧分别呈凹形进行，且型壁侧的附壁效应较铝嵌体侧更加明显。

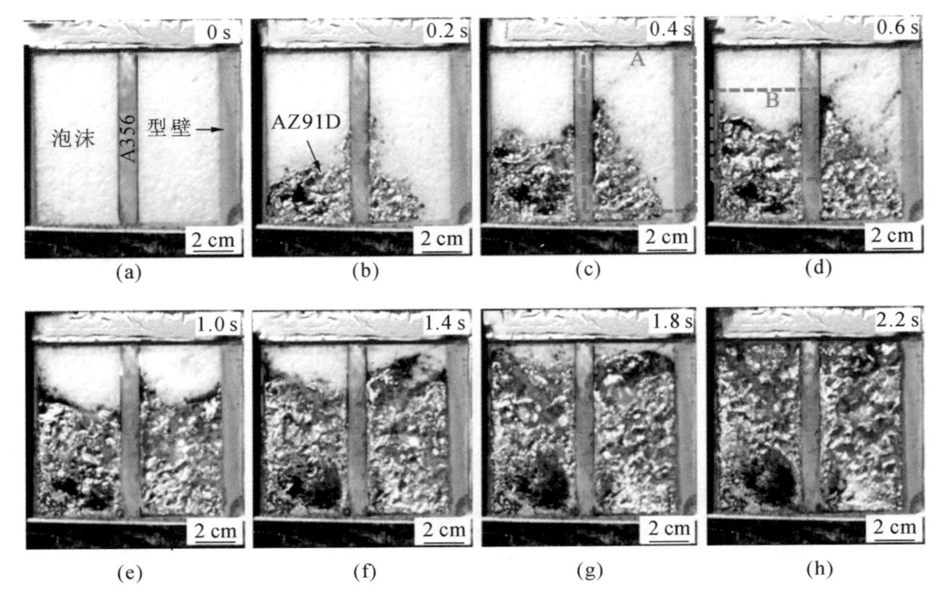

图 2-3-1　消失模复合铸造镁/铝双金属的充型过程:(a) 0 s;(b) 0.2 s;(c) 0.4 s;(d) 0.6 s;(e) 1.0 s;(f) 1.4 s;(g) 1.8 s;(h) 2.2 s

对镁/铝双金属充型过程的不同阶段进行分析,发现在 2.2 s 的充型过程中,充型速率先快后慢。随着充型过程的进行,镁合金液流动前沿的温度逐渐降低,导致镁合金液的流动性减弱,这可能是充型后期充型速率下降的主要原因。此外,在充型后期铝嵌体两侧区域出现了黑色阴影,产生这一现象的原因是镁/铝双金属采用了底侧注式浇注系统,黑色阴影出现的区域正对内浇道,会受到高温金属液的持续冲刷,在高温作用下石英玻璃表面附着的由泡沫分解所产生的液态产物发生了碳化。

此外,在充型的初始阶段到中间阶段(0～0.6 s),铝嵌体两侧金属液的充型速率明显不一致,如图 2-3-1(a)～(d)所示,而在充型的后半段(1.0～2.2 s),铝嵌体两侧金属液的充型速率相近,如图 2-3-1(e)～(h)所示。铝嵌体两侧金属液的充型速率出现明显差异的原因与镁/铝双金属采用的浇注系统形式有关。镁/铝双金属采用底侧注式浇注系统,内浇道位于镁/铝双金属铸件底部的中间位置,由于存在不可避免的实验误差,充型初期(0～0.2 s)铝嵌体两侧会出现金属液流量不一致的情况,使得铝嵌体一侧的金属液首先与型壁接触,如图 2-3-1(b)所示。当铝嵌体一侧金属液与型壁接触后,受到真空的影响,其充型速率会加快,导致铝嵌体两侧金属液充型速率的差异进一步加大，如图 2-3-1(c)所示。当铝嵌体另外一侧金属液同样与型壁接触后，铝嵌体两侧金属液充型均受到真空的影响，充型过程开始变得稳定，最终在重力作用下，铝嵌体两侧的金属液充型高度逐渐趋于一致。

将图 2-3-1(c)中区域 A 放大来进一步观察铝嵌体、镁合金熔体和泡沫三者之间的交互作用，如图 2-3-2 所示。消失模铸造充型过程中，泡沫会在金属液的高温作用下分解为气态和液态产物，这些分解产物可以通过型壁(透气性涂料)排出铸型。但是从图 2-3-2 中可以发现，EPS 泡沫分解后产生的液态产物(深灰色部位)和气态产物(黑色部位)在铝嵌体表面区域发生聚集。这是由于在充型的初始阶段，嵌体表面与泡沫贴合面之间存在间隙，真空作用导致这一区域形成负压，使 EPS 泡沫分解后的液态产物向铝嵌体表面聚集。当这一部分分解产物被金属液包裹住就容易导致气隙的形成，气隙的存在会阻碍这一位置的镁合金液与固态嵌体之间的直接接触，不利于铝和镁的良好结合。若这些聚集在铝嵌体表面的分解产物在凝固过程中仍无法完全排出，就会残留在镁/铝双金属界面中，从而导致缺陷的形成。

图 2-3-2　充型过程中铝嵌体表面区域的放大图像

2.3.2 消失模复合铸造镁/铝双金属凝固过程

2.3.2.1 镁/铝双金属凝固过程的数值模拟

凝固是物质由液相向固相转变的相变过程，材料处于液相时的物理性质与处于固相时完全不同，属于流体范畴。流体范畴主要以流体力学为基本理论进行数值模拟研究。

计算流体力学（computational fluid dynamics，CFD）的基本原理是将时间或空间域上连续的物理量的场用一系列有限离散点上的变量值进行代替，然后通过一定的方式建立这些离散点之间的关系，最后进行方程组的求解，从而获得场变量的近似值。基于 CFD 理论，本节内容选择 Fluent 软件对机械振动作用下镁/铝双金属凝固过程温度场、流场进行模拟，其流程如图 2-3-3 所示。

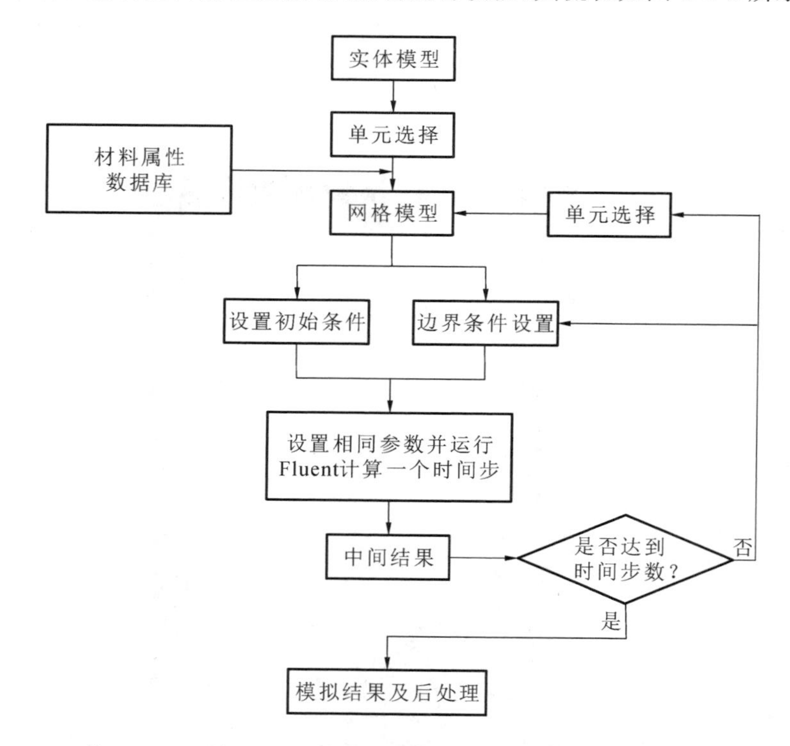

图 2-3-3 基于 Fluent 的机械振动作用下镁/铝双金属凝固过程的数值模拟流程图

数值模拟过程分为前处理、求解过程和后处理三个部分。前处理主要针对研究对象进行几何建模、网格划分，并设置模型的初始条件和边界条件。求解过程是指根据边界条件、初始条件、模型参数、求解算法的设定来求解各种数学方程的计算过程，求解过程的可靠性、稳定性、效率以及准确性受到前处理的直接影响。后处理则是运用图像、表格等形式对求解结果进行呈现的过程。

1. 数值模拟的基本方程

（1）连续性方程。

流体运动首先必须满足连续性方程。连续性方程的物理意义是控制单元体内增加的质量等于从其他控制单元流入该单元的质量。其方程如下：

$$\frac{\partial \rho}{\partial t}+\frac{\partial(\rho u_x)}{\partial x}+\frac{\partial(\rho u_y)}{\partial y}+\frac{\partial(\rho u_z)}{\partial z}=0 \tag{2-3-1}$$

$$\frac{\partial \rho}{\partial t}+\nabla(\rho u)=0 \tag{2-3-2}$$

式中：u_x、u_y、u_z分别是 x、y、z 三个方向上的速度分量，m/s；ρ 表示密度，kg/m^3；t 表示时间，s；∇为微分算子，$\nabla=\frac{\partial}{\partial x}i+\frac{\partial}{\partial y}j+\frac{\partial}{\partial z}k$。

（2）动量方程。

动量方程的物理意义是，对于流体微元体，动量随时间的变化率等于流体微元体上各种力的总和，即 Navier-Stokes 方程。数值模拟所采用的动量方程如下：

$$\rho\left(\frac{\partial u_x}{\partial t}+u_x\frac{\partial u_x}{\partial x}+u_y\frac{\partial u_x}{\partial y}+u_z\frac{\partial u_x}{\partial z}\right)=-\frac{\partial P}{\partial x}+Pg_x+\mu\left(\frac{\partial^2 u_x}{\partial x^2}+\frac{\partial^2 u_x}{\partial y^2}+\frac{\partial^2 u_x}{\partial z^2}\right) \tag{2-3-3}$$

$$\rho\left(\frac{\partial u_y}{\partial t}+u_x\frac{\partial u_y}{\partial x}+u_y\frac{\partial u_y}{\partial y}+u_z\frac{\partial u_y}{\partial z}\right)=-\frac{\partial P}{\partial y}+Pg_y+\mu\left(\frac{\partial^2 u_y}{\partial x^2}+\frac{\partial^2 u_y}{\partial y^2}+\frac{\partial^2 u_y}{\partial z^2}\right) \tag{2-3-4}$$

$$\rho\left(\frac{\partial u_z}{\partial t}+u_x\frac{\partial u_z}{\partial x}+u_y\frac{\partial u_z}{\partial y}+u_z\frac{\partial u_z}{\partial z}\right)=-\frac{\partial P}{\partial z}+Pg_z+\mu\left(\frac{\partial^2 u_z}{\partial x^2}+\frac{\partial^2 u_z}{\partial y^2}+\frac{\partial^2 u_z}{\partial z^2}\right) \tag{2-3-5}$$

式中：μ 是动态黏度，Pa·s；P 为流体的压力，Pa。动量方程可以理解为惯性力等于压力、重力和黏性力之和，其本质是牛顿第二定律。

（3）能量方程。

金属液在凝固过程中与铸型间发生热交换，导致其温度不断降低。凝固过程的传热是热力学的热场与流体力学的流场两场间的相互作用。除满足连续性方程和动量方程外，发生热交换的流体系统还须满足能量方程。能量方程的本质是热力学第一定律，根据傅里叶导热定律和能量守恒原理，流体传热的能量守恒方程如下：

$$\rho c\frac{\partial T}{\partial t}+\rho cu_x\frac{\partial T}{\partial x}+\rho cu_y\frac{\partial T}{\partial y}+\rho cu_z\frac{\partial T}{\partial z}=\frac{\partial}{\partial x}\left(k\frac{\partial T}{\partial x}\right)+\frac{\partial}{\partial y}\left(k\frac{\partial T}{\partial y}\right)+\frac{\partial}{\partial z}\left(k\frac{\partial T}{\partial z}\right)+S \tag{2-3-6}$$

式中：T 为温度；c 为比热容；k 为导热系数；S 为体积热源。

(4) 湍流模型。

流体的运动方式有层流和湍流两种。雷诺数较低时，流体运动状态为层流，表现为流线平滑、流体有层次地流动。雷诺数较高时，流体的速度、压强随时间和空间随机变化，流体运动状态为湍流，湍流轨迹是曲折紊乱的。通常，流体流动过程中层流和湍流是同时存在的，受周围环境、温度和振动等因素的影响，二者之间能够发生相互转化。当雷诺数 Re 小于临界雷诺数 Re_c 时，流体流动变为层流；反之，当雷诺数 Re 大于临界雷诺数时，流体流动变为湍流。目前常用的湍流模拟包括直接数值模拟(DNS)、雷诺时均模拟(RANS)和大涡模拟(LES)。本实验采用雷诺时均模拟(RANS)中应用最为广泛的标准 k-ε 模型进行速度场的模拟，该模型适用于初始迭代计算，具有适应性强的优点。其中，湍流动能 k 和湍流动能耗散率 ε 由式(2-3-7)～式(2-3-10)求解。

湍流动能 k 方程：

$$\frac{\partial}{\partial t}(k\rho)+\frac{\partial}{\partial x_j}(\rho u_j)=\frac{\partial}{\partial x_j}\left[\left(\mu+\frac{\mu_t}{\sigma_k}\right)\frac{\partial k}{\partial x_j}\right]+P-\rho\varepsilon \tag{2-3-7}$$

湍流动能耗散率 ε 方程：

$$\frac{\partial}{\partial t}(\rho\varepsilon)+\frac{\partial}{\partial x_j}(\rho u_j\varepsilon)=\frac{\partial}{\partial x_j}\left[\left(\mu+\frac{\mu_t}{\sigma_\varepsilon}\right)\frac{\partial \varepsilon}{\partial x_j}\right]+\frac{\varepsilon}{k}(c_1P_k-c_2\rho\varepsilon) \tag{2-3-8}$$

其中

$$P_k=\mu_t\frac{\partial u_i}{\partial x_i}\left(\frac{\partial u_i}{\partial x_j}+\frac{\partial u}{\partial x_i}\right) \tag{2-3-9}$$

$$\mu_t=c_\mu\rho k^2/\varepsilon \tag{2-3-10}$$

式中：c_1、c_2、c_μ 为湍流模型的经验参数；σ_k、σ_ε 为湍流动能和湍流动能耗散率的普朗特系数。其值按照标准参考值进行设置，见表 2-3-1。

表 2-3-1　标准 k-ε 湍流模型的经验参数设置

系数	c_1	c_2	c_μ	σ_k	σ_ε
设置	1.44	1.92	0.09	1.0	1.33

2. 数值模拟的前处理设置

(1) 几何模型的建立及网格划分。

高速摄影法仅能观察到充型过程中金属液的流动。在充型结束后，铸件表面会快速形成一层薄薄的凝固壳层，从而阻碍了对后续过程中金属液流动状态的观察。本实验的目的在于采用数值模拟的方法对凝固过程中金属的流动场和温度场进行模拟，以研究镁/铝双金属凝固过程。为了缩短数值模拟所需要的时间，本实验对镁/铝双金属的凝固过程采用图 2-3-4 所示的简化模型。模拟过程忽略了固态嵌体可能发生的相变以及嵌体与金属液间的物质交换和冶金反应，仅考虑凝固过程中金属液与嵌体和铸型间的热交换。

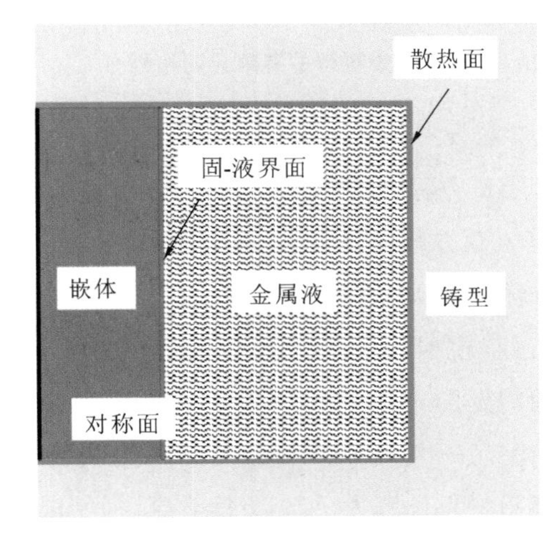

图 2-3-4　镁/铝双金属凝固过程的简化模型

镁/铝双金属的制备过程中，为了尽量降低热量输入，减少界面中金属间化合物的生成，双金属的液-固体积比不易过大。为了更好地分析镁/铝双金属界面微观组织演化过程，综合考虑后采用图 2-3-5(a)所示的二维模型作为模拟的对象。模型的左侧为 A356 铝合金嵌体，模型的右侧为 AZ91D 镁合金熔体。采用四边形网格对模型进行划分，结果如图 2-3-5(b)所示。

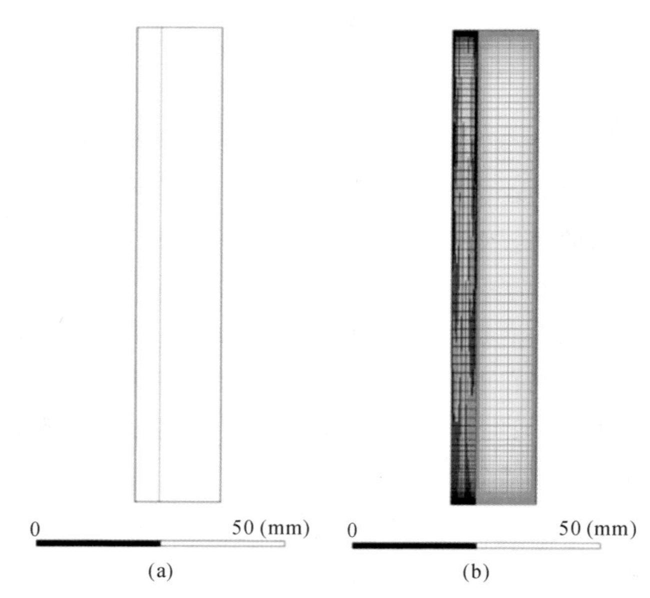

图 2-3-5　双金属结构模型示意图：(a) 数值模拟采用的二维模型；(b) 二维模型的有限元网格划分

(2) 模拟计算和参数设置。

模拟过程中开启能量方程、凝固熔化模型。由于温度场模型属于非定常湍流模型，故采用标准 k-ε 双方程模型，近壁面则通过标准近壁函数进行处理。铸型与镁/铝双金属的接触面被设定为 wall 型边界，嵌体左侧对称面设定为 symmetry 型边界。打开网格模型，弹簧系数设置为零。为保证模拟过程的准确性，时间步长需小于振动周期的 1/6，以捕获运动的细节。本实验中时间步长设置为 0.005 s，每 200 步保存一次文件；其余设置均采用默认设置。嵌体材料设置为 A356 铝合金，金属液材料设置为 AZ91D 镁合金，初始温度分别设置为 473 K 和 923 K(273.15 K＝0 ℃)。

3. 数值模拟结果

图 2-3-6 为镁/铝双金属凝固过程中镁合金熔体的速度矢量图，箭头长度与速度大小无关，其指向代表这一区域镁合金熔体的流动方向。图 2-3-6(a)所示结果表明，凝固时间为 2 s 时，铸型壁区域镁合金熔体向上流动，熔体流动至铸型顶部后沿嵌体表面发生下沉，形成了一个大的逆时针的环流。图 2-3-6(b)显示了凝固时间为 5 s 时镁合金熔体的流动状态。可以看出，凝固时间为 5 s 时，

熔体中心部分向上流动，沿铸型壁和嵌体表面的熔体则向下流动，在熔体中形成了多个小的环流。凝固时间为 50～100 s 时，熔体的流动状态趋于稳定，嵌体表面区域镁合金熔体向上流动，铸型壁区域金属液则向下流动，在整个熔体中形成了一个大的顺时针的环流，如图 2-3-6(c)和(d)所示。

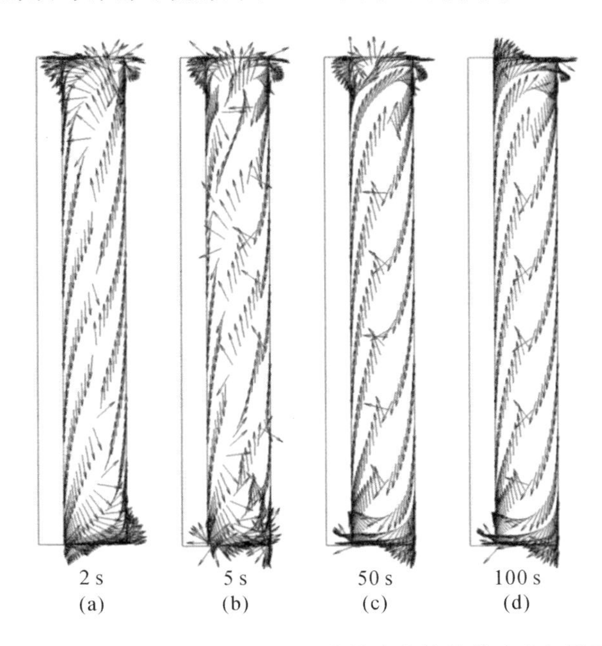

图 2-3-6　镁/铝双金属凝固过程中镁合金熔体的速度矢量图：

(a) 2 s；(b) 5 s；(c) 50 s；(d) 100 s

以上针对镁合金熔体流动状态的分析表明，镁合金熔体中金属液流动主要是自然对流。镁合金熔体因自身温度场不均匀而形成密度差，在重力作用下高温金属液密度较低发生上浮，低温金属液密度较大发生下降，从而使金属液发生流动。

图 2-3-7 为镁/铝双金属凝固过程中镁合金熔体的流场云图。从图中可以看出，凝固时间为 2 s 时，镁合金熔体中形成了一个大的环流，两侧壁面位置的流速较高，最大流速为 29.65 mm/s；凝固时间为 5s 时，嵌体表面和镁/铝双金属的铸型壁处镁合金熔体形成了多个流速较高的小环流，最大流动速度为 3.749 mm/s，相比凝固初始时刻流速大幅降低；当凝固时间增加至 50 s 时，镁合金熔体在整个熔体中再次形成了一个大的环流，在铝嵌体表面和铸型壁附近

流速较高，最大流速分别为 4.526 mm/s 和 3.168 mm/s；当凝固时间增加至 100 s 时，自然对流形成的环流的流速快速下降，最大流速仅为 0.8888 mm/s。

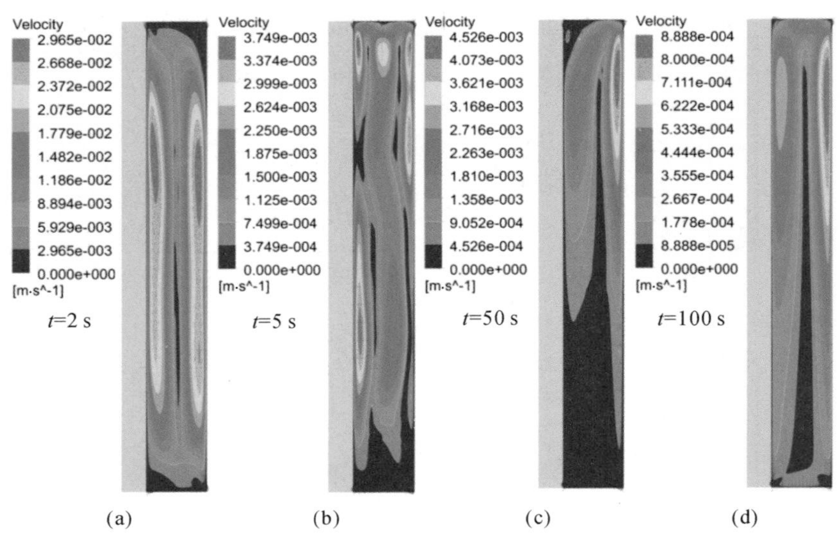

图 2-3-7　镁/铝双金属凝固过程中镁合金熔体的流场云图：

(a) 2 s；(b) 5 s；(c) 50 s；(d) 100 s

图 2-3-8 为镁/铝双金属凝固过程中的温度场云图。凝固时间为 5 s、50 s 和 100 s 时，双金属中的最大温差分别 37.44 K、36.518 K 和 32.7 K。

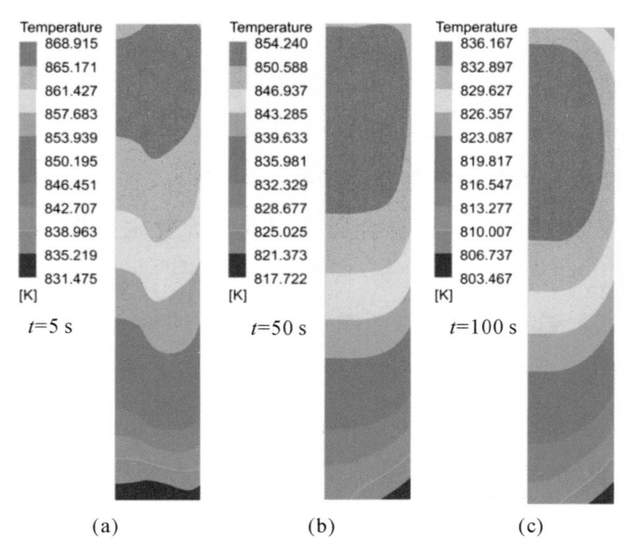

图 2-3-8　镁/铝双金属凝固过程中的温度场云图：(a) 5 s；(b) 50 s；(c) 100 s

为了更进一步研究镁/铝双金属凝固过程的温度场和流动场，对固-液界面中心位置水平方向温度梯度及嵌体表面区域流场的雷诺数进行了分析。嵌体表面区域流场的雷诺数(Re)可以根据公式(2-3-11)进行计算。

$$Re = \frac{l v \rho}{\eta} \tag{2-3-11}$$

镁合金熔体中的流动属于自然对流，式(2-3-11)中 l 为嵌体表面至铸型壁距离的一半，v 为嵌体表面区域镁合金熔体的最大流速，ρ 为熔体的密度，η 为熔体的动力学黏度。

表 2-3-2 显示了靠近嵌体一侧流场的雷诺数(Re)。结果表明，凝固初期嵌体表面区域的Re最大，随着凝固过程的进行，Re逐渐减小。凝固时间为 5 s 时，嵌体表面区域的 Re 为 18，均大幅小于 2300，但金属液的流动状态仍属于层流流动。

表 2-3-2　靠近嵌体一侧流场的雷诺数(Re)

实验参数	凝固时间		
	5 s	50 s	100 s
雷诺数(Re)	18	14	3

表 2-3-3 显示了固-液界面中心位置水平方向温度梯度。可以看出，当凝固过程中镁合金熔体温度场趋于稳定时，水平方向上的温度梯度较大。

表 2-3-3　固-液界面中心位置水平方向温度梯度

实验参数	凝固时间		
	5 s	50 s	100 s
温度梯度 G_L/(K/mm)	0.2228	0.0087	0.0126

数值模拟结果显示，镁/铝双金属凝固过程中金属液的流动属于自然对流。镁合金熔体由于自身温度场不均匀而形成密度差，在重力作用下高温金属液密度较低发生上浮，低温金属液密度较大发生下降，从而使金属液发生自然对流。在凝固初期，自然对流最大流速为 29.65 mm/s，随着凝固过程中温度的降低，金属液的流动性减弱，自然对流的速度出现大幅的降低，当凝固时间增大至 100 s时，熔体的最大流速仅为 0.8888 mm/s。

2.3.2.2 镁/铝双金属凝固过程实验研究

为了研究消失模固-液复合铸造镁/铝双金属材料凝固过程，选取位于同一水平和垂直位置的热电偶测温结果进行进一步的对比分析。图 2-3-9 为镁/铝双金属位于同一高度位置的 9 号、10 号、11 号和 12 号热电偶的温度曲线。结果表明，在凝固初始阶段，水平方向不同测温点之间存在较大的温度差异，随着温度的逐渐下降，不同测温点之间的温度逐渐趋于一致。

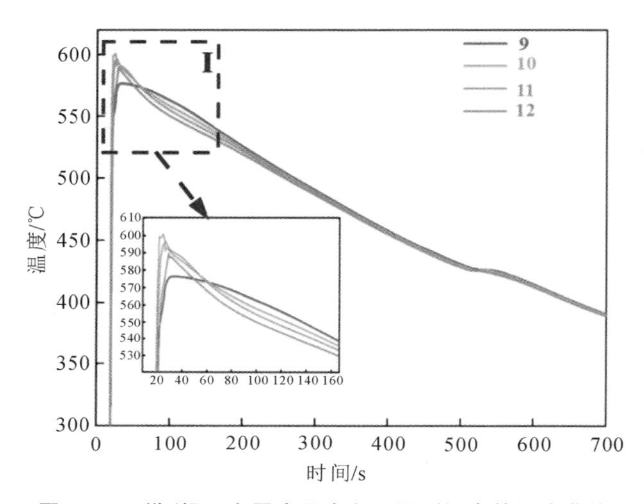

图 2-3-9 镁/铝双金属水平方向不同测温点的温度曲线

对图 2-3-9 所示的镁/铝双金属水平方向不同测温点温度曲线的最高温度进行统计，结果如表 2-3-4 所示。可以发现，镁/铝双金属的流动前沿温度下降速率较快，在充型后期流动前沿温度较低，金属液流动性减弱，导致充型速率出现明显下降。

表 2-3-4 镁/铝双金属水平方向测得的最高温度

热电偶编号	9	10	11	12
最高温度/℃	576.50	600.89	596.39	589.60

选取同一水平位置的 1 号、5 号、9 号和 13 号热电偶的测温结果对镁/铝双金属凝固过程中嵌体表面区域垂直方向温度分布进行分析，结果如图 2-3-10 所示。可以看出，嵌体表面不同高度测温点之间，在凝固初始阶段存在较大的温度差异，随着温度的下降，不同测温点之间的温度逐渐趋于一致。

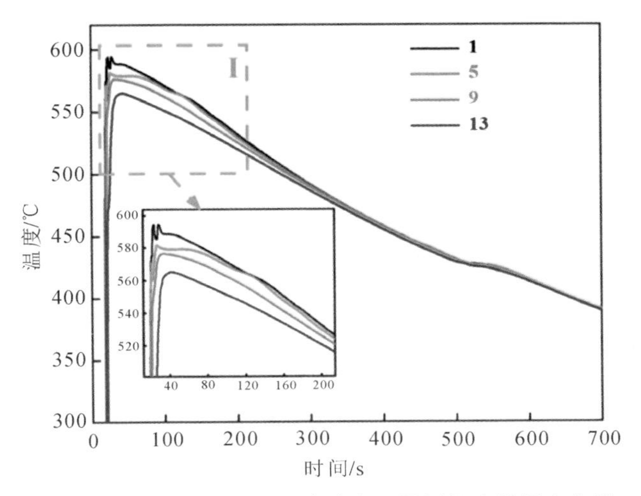

图 2-3-10　镁/铝双金属垂直方向不同测温点的温度曲线

对图 2-3-10 所示的嵌体表面不同高度的测温曲线的最高温度进行统计，结果如表 2-3-5 所示。该结果表明，金属液前沿的温度随高度增加在不断降低，这与金属液充型过程的前沿流动状态相符合。

表 2-3-5　镁/铝双金属垂直方向测得的最高温度

热电偶编号	1	5	9	13
最高温度/℃	594.4	581.76	576.50	565.44

为了进一步分析镁/铝双金属界面区域凝固过程，选择图 2-3-11 所示区域，对凝固过程中嵌体表面垂直和水平方向的温度梯度变化进行分析。

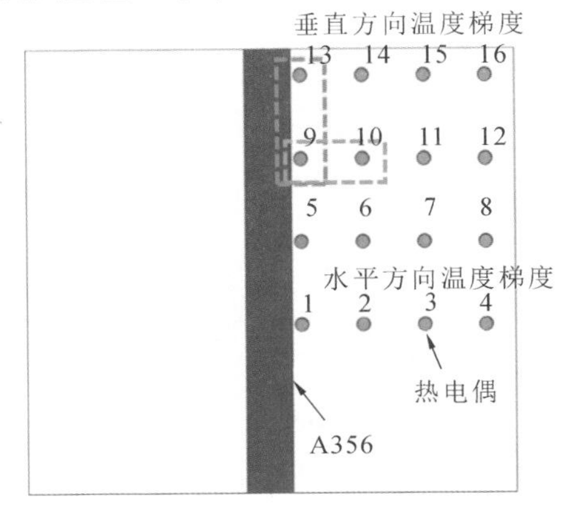

图 2-3-11　镁/铝双金属界面处温度梯度分析的位置

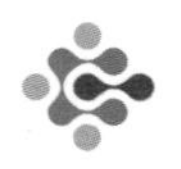

图 2-3-12(a)显示了嵌体表面垂直方向温度梯度的变化情况，结果表明，充型过程刚完成时，镁/铝双金属在垂直方向存在较大的温度梯度，随着凝固过程的进行，温度梯度逐渐减小。

图 2-3-12(b)为浇注完成后不同时刻嵌体表面水平方向的温度梯度。同样地，充型过程刚完成时，镁/铝双金属表面水平方向存在较大的温度梯度，随着凝固过程的进行，温度梯度逐渐减小。

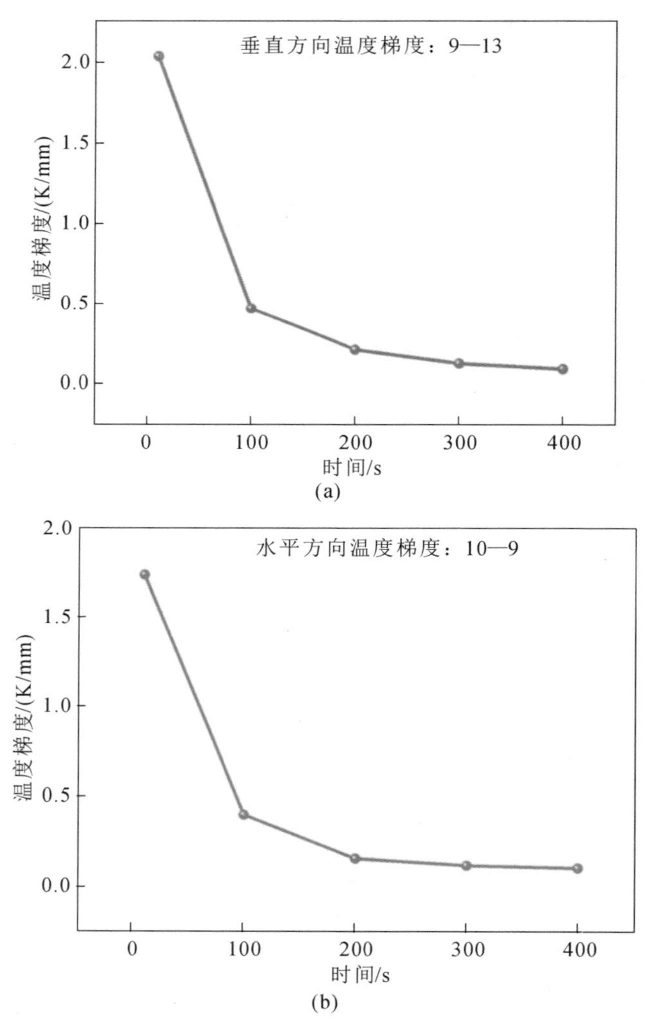

图 2-3-12　嵌体表面的温度梯度：(a) 垂直方向温度梯度；(b) 水平方向温度梯度

2.4 单因素工艺参数对镁/铝双金属界面组织和性能的影响

本节主要研究浇注温度、液-固体积比和真空度这三个单因素参数对消失模铸造镁/铝双金属组织及性能的影响。

2.4.1 浇注温度对镁/铝双金属界面组织和性能的影响

为了研究浇注温度对消失模固-液复合铸造镁/铝双金属组织及性能的影响，需要保持其他参数不变，本小节中真空度保持为 0.03 MPa，液-固体积比保持为 7.0。浇注温度分别选择 710 ℃、730 ℃和 750 ℃。

图 2-4-1 展示了不同浇注温度下镁/铝双金属的宏观图像。从图 2-4-1 中可以看出，在不同的浇注温度下，铝合金和镁合金之间都形成了一层和基体组织不同的界面层，基体通过这层界面层实现连接，即冶金结合。基体组织本身并无明显的缺陷，然而在不同的浇注温度下，界面层形貌有所不同。当浇注温度为 710 ℃时，界面层厚度均匀，但是在界面层区域观察到比较明显的孔隙缺陷，如图 2-4-1(a)所示。在浇注温度为 750 ℃时，虽然界面层区域没有孔隙或者宏观缝隙缺陷，但是界面层厚度极不均匀，如图 2-4-1(c)所示。只有当浇注温度为 730 ℃时，界面层厚度均匀一致，且没有缺陷存在，如图 2-4-1(b)所示。

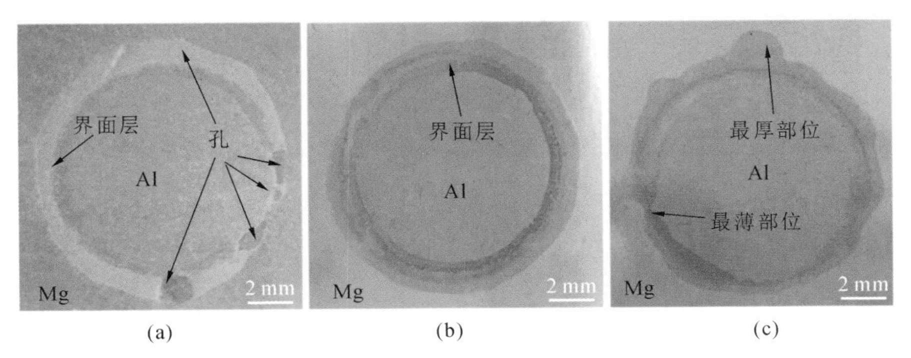

图 2-4-1 不同浇注温度下的镁/铝双金属宏观图像：(a) 710 ℃；(b) 730 ℃；(c) 750 ℃

图 2-4-2 是不同浇注温度下消失模铸造镁/铝双金属界面区域显微组织及 EDS 结果，从图中可以看到明显不同于铝合金和镁合金基体的显微组织在连接

处生成，我们称之为界面层。在不同的浇注温度下双金属的结合区域都形成了这种界面层。同时，从SEM图像中还可以看出，该界面层并不是由单一或者均匀的化合物组成的，界面层的不同区域存在不同的形态，表明该界面层也是由不同的反应层组成的。EDS线扫描结果和面扫描结果更加清楚地表明这个界面层由不同的反应层组成。

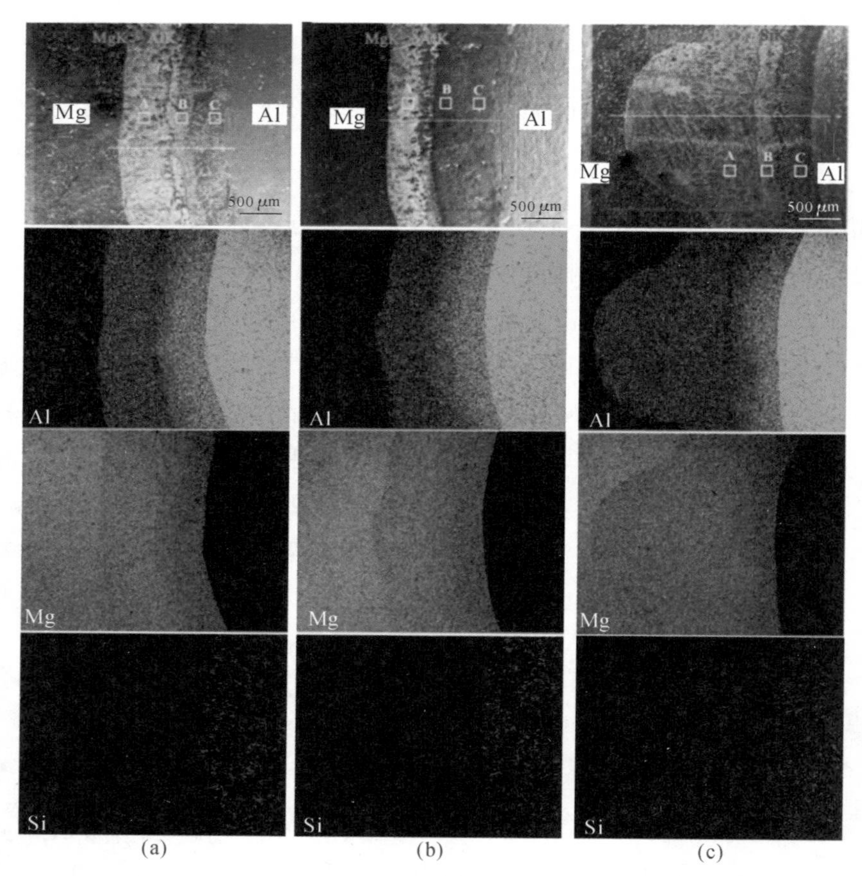

图 2-4-2　不同浇注温度下消失模铸造镁/铝双金属界面区域显微组织及EDS结果：(a) 710 ℃；(b) 730 ℃；(c) 750 ℃

测量不同温度下的镁/铝双金属界面层的厚度，结果如图2-4-3所示。该结果表明，当浇注温度为710 ℃时，界面层的平均厚度为1440 μm；当浇注温度为730 ℃时，界面层的平均厚度约为1480 μm；当浇注温度提高到750 ℃时，界面层最薄位置的厚度为345 μm，最厚位置的厚度为2650 μm，平均厚度约为1700

μm。上面的统计数据表明，界面层的平均厚度随着浇注温度的增加而增加，因此，浇注温度对界面层厚度有显著的影响。

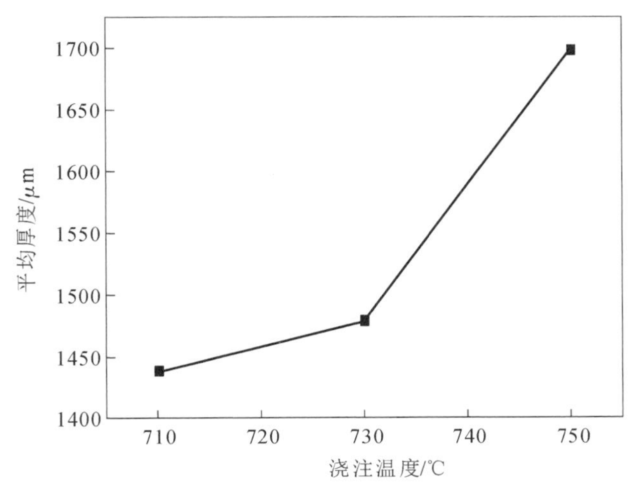

图 2-4-3　浇注温度和界面层平均厚度的关系

为了分析不同浇注温度下镁/铝双金属界面层的相组成，将图 2-4-2 中的不同区域(图 2-4-2 中用黄色方框标示的 A、B、C 区域)进行局部放大，结果如图 2-4-4 所示。使用 EDS 对图 2-4-4 中的不同的相进行点分析，其结果如表 2-4-1 所示。

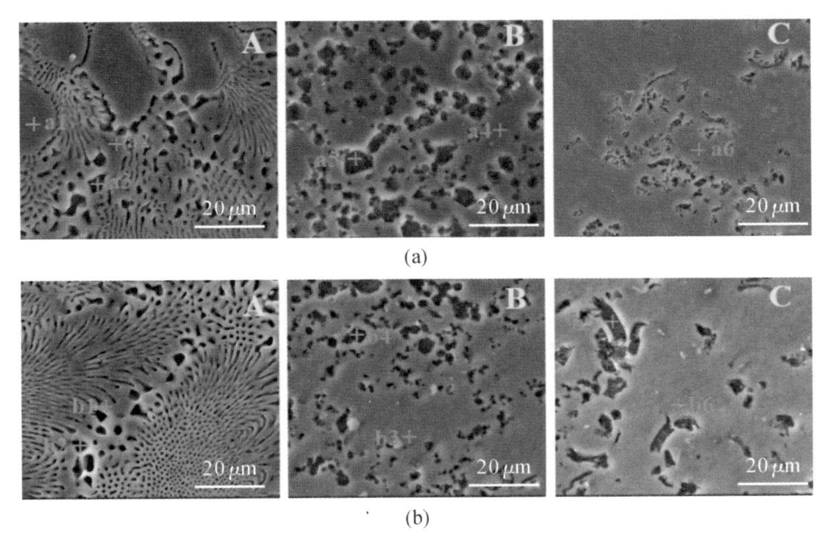

图 2-4-4　不同浇注温度下界面组织局部放大图：(a) 图 2-4-2(a)中 A、B、C 区域；(b) 图 2-4-2(b)中 A、B、C 区域；(c) 图 2-4-2(c)中 A、B、C 区域

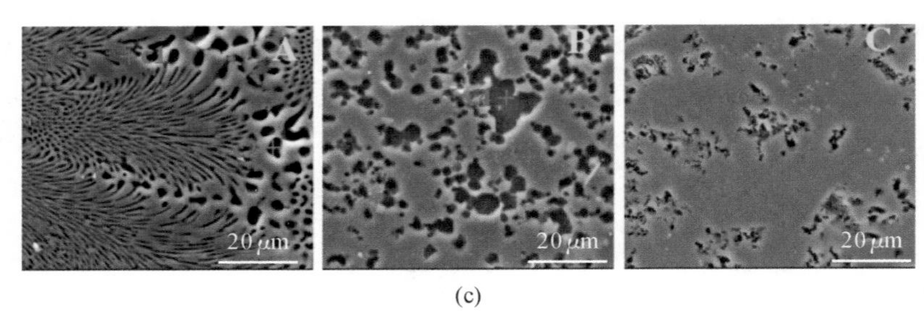

(c)

续图 2-4-4

表 2-4-1 图 2-4-4 中不同位置 EDS 点分析结果

序号	浇注温度/℃	元素含量/(at.%)			元素比例(Al/Mg)	元素比例(Mg/Si)	可能的相
		Al	Mg	Si			
a1	710	39.99	60.01	—	0.67	—	$Al_{12}Mg_{17}$
a2		41.07	58.93	—	0.70	—	$Al_{12}Mg_{17}$
a3		19.37	80.63	—	0.24	—	δ-Mg
a4		49.25	50.57	0.18	0.97	—	$Al_{12}Mg_{17}$
a5		10.99	58.71	30.30	—	1.94	Mg_2Si
a6		61.61	38.39	—	1.60	—	Al_3Mg_2
a7		18.44	55.00	26.56	—	2.07	Mg_2Si
b1	730	38.92	61.08	—	0.64	—	$Al_{12}Mg_{17}$
b2		14.48	85.52	—	0.17	—	δ-Mg
b3		44.28	55.72	—	0.79	—	$Al_{12}Mg_{17}$
b4		6.61	66.3	27.09	—	2.45	Mg_2Si
b5		55.47	44.53	—	1.25	—	Al_3Mg_2
b6		12.09	63.1	24.81	—	2.54	Mg_2Si
c1	750	38.44	61.56	—	0.62	—	$Al_{12}Mg_{17}$
c2		14.22	85.78	—	0.17	—	δ-Mg
c3		45.36	54.64	—	0.83	—	$Al_{12}Mg_{17}$
c4		10.28	58.36	31.36	—	1.86	Mg_2Si
c5		55.78	44.22	—	1.26	—	Al_3Mg_2
c6		14.25	55.72	30.03	—	1.86	Mg_2Si

注：at.%表示原子百分数，下同。

从图 2-4-4 中可以看出，虽然浇注温度不同，但是界面层都是由三种相组成不同的反应层构成的，靠近铝基体的一侧是由大片的灰色相夹杂弥散分布的蠕虫状深灰色相组成，靠近镁基体的一侧是菊花状的共晶组织并含有部分枝晶，这两个反应层中间还有一个反应层，该反应层主要由灰色的块状组织和深灰色的多边形组织组成，二者交错分布。

为了确认不同反应层的相组成，使用 EDS 点分析对不同的相进行成分分析，分析结果展示在表 2-4-1 中。根据表 2-4-1 中的结果，a1、a2、b1 和 c1 的成分主要是铝元素和镁元素，其 Al 和 Mg 的原子比在 0.62～0.70 之间波动，结合 Al-Mg 二元相图，推测该相可能为 $Al_{12}Mg_{17}$；a3、b2 和 c2 的成分主要是 Al 元素和 Mg 元素，其 Al 和 Mg 的原子比在 0.17～0.24 之间波动，结合 Al-Mg 二元相图，推测该相可能为 δ-Mg；因此，结合 A 区域的组织为共晶组织，可以确定 A 区域为 $Al_{12}Mg_{17}$ + δ-Mg 共晶组织。

a4、b3 和 c3 的成分主要是 Al 元素和 Mg 元素，其 Al 和 Mg 的原子比在 0.79～0.97 之间波动，结合 Al-Mg 二元相图，推测该相可能为 $Al_{12}Mg_{17}$；a5、b4 和 c4 的成分主要是 Si 元素和 Mg 元素，其 Mg 和 Si 的原子比在 1.86～2.45 之间波动，结合 Mg-Si 二元相图，推测该相可能为 Mg_2Si；因此，B 区域的相组成是 $Al_{12}Mg_{17}$ + Mg_2Si。

a6、b5 和 c5 的成分主要是 Al 元素和 Mg 元素，其 Al 和 Mg 的原子比在 1.25～1.60 之间波动，结合 Al-Mg 二元相图，推测该相可能为 Al_3Mg_2；a7、b6 和 c6 的成分主要是 Si 元素和 Mg 元素，其 Mg 和 Si 的原子比在 1.86～2.54 之间波动，结合 Mg-Si 二元相图，推测该相可能为 Mg_2Si；因此，C 区域的相组成是 Al_3Mg_2 + Mg_2Si。

因此，在不同的浇注温度下，镁/铝双金属的界面层都是由与镁基体相连接的 $Al_{12}Mg_{17}$ + δ-Mg 共晶组织（A 区域）、与铝基体相连接的 Al_3Mg_2 + Mg_2Si（C 区域）和两个反应层中间的 $Al_{12}Mg_{17}$ + Mg_2Si 组成的。

图 2-4-5 是不同浇注温度下镁/铝双金属界面区域的显微硬度分布。从图 2-4-5中可以看出，铝基体和镁基体的硬度在 50～60 HV 之间，而界面层的显微硬度在 180～280 HV 之间，界面层的显微硬度显著高于铝基体和镁基体。而界面层中不同反应层的硬度也有差别，其中 $Al_{12}Mg_{17}$ + δ-Mg 共晶组织硬度最低，在 180 HV 左右，Al_3Mg_2 + Mg_2Si 反应层的硬度最高，在 280 HV 左右，$Al_{12}Mg_{17}$ + Mg_2Si 层的硬度处于上述两者之间，在 220～250 HV 之间波动。

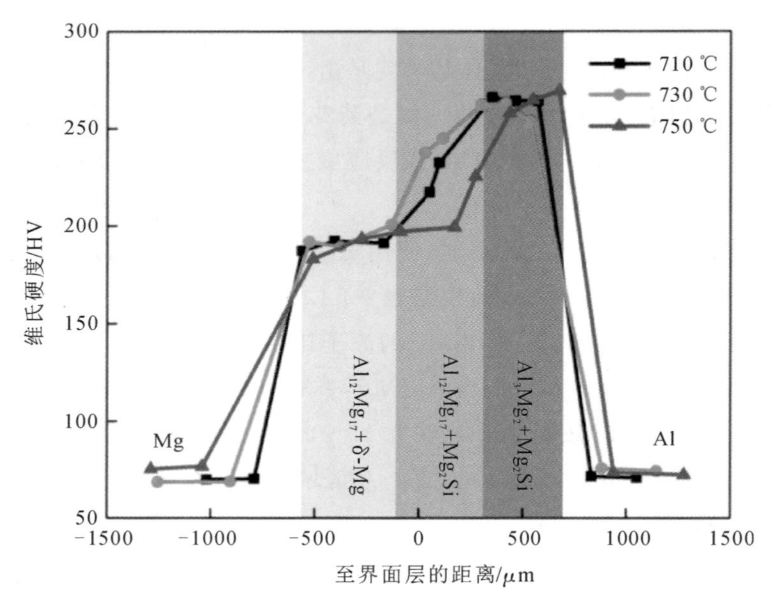

图 2-4-5　不同浇注温度下双金属界面区域的显微硬度分布

图 2-4-6 是不同浇注温度下镁/铝双金属的剪切强度。从图 2-4-6 中可以看出，在不同的浇注温度下，镁/铝双金属的剪切强度是不同的。在浇注温度为 710 ℃时镁/铝双金属的剪切强度最小，为 26.49 MPa；在浇注温度为 730 ℃时剪切强度最大，为 40.32 MPa；当浇注温度为 750 ℃时，剪切强度处于两者之间，为 35.03 MPa。这表明随着浇注温度的提高，剪切强度会增加，但是不是浇注温度越高剪切强度越大，当浇注温度升高到一定程度，再提高浇注温度，剪切强度反而会降低，因此存在一个最合适的使剪切强度最大的浇注温度。

图 2-4-7 是不同浇注温度下镁/铝双金属剪切断口的 SEM 图像。从图中可以看出，在不同的浇注温度下镁/铝双金属的断裂面上都存在大量的解理面，无明显韧窝存在，表明该断裂属于脆性断裂。并且，在浇注温度为 710 ℃和750 ℃时其脆性断裂形貌比浇注温度为 730 ℃时明显。在浇注温度为 710 ℃时我们还在断口上发现了明显的缝隙，这些缝隙的存在将会显著地降低双金属的剪切强度，并成为断裂源，因此，浇注温度为 710 ℃时镁/铝双金属剪切强度最低。使用 EDS 分析断口上不同位置的相组成，测试结果显示，断裂主要发生在 $Al_{12}Mg_{17}+Mg_2Si$ 反应层和 $Al_3Mg_2+Mg_2Si$ 反应层之间。不同的地方在于，当浇注温度为 730 ℃时，在断口处还检测到了少量的 δ-Mg，说明在浇注温度为

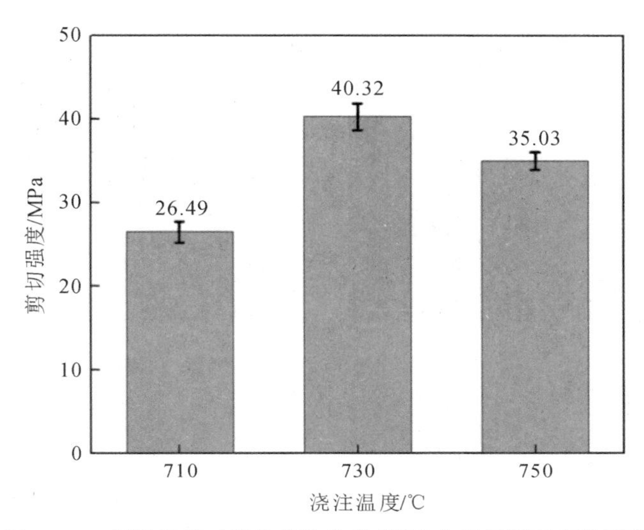

图 2-4-6　浇注温度对消失模铸造镁/铝双金属剪切强度的影响

730 ℃时裂纹扩展至了 $Al_{12}Mg_{17}$ + δ-Mg 共晶组织区域。

为了揭示不同浇注温度下镁/铝双金属的充型及凝固过程，使用模拟软件进行模拟。选取双金属铸件的一个截面进行分析，温度取样位置为图 2-4-8 中标示出来的 a、b、c、d 四个点。这四个点刚与镁合金熔体接触的时间和温度如图 2-4-9 所示。

从图 2-4-9 中可以发现，不同浇注温度下，镁合金与相同截面的四个点的接触时间不同，这表明金属液不是同时充满整个截面的。由图 2-4-9 还可看出，在浇注温度为 710 ℃和 730 ℃的条件下，镁合金液与相同截面的四个位置刚接触的时间和温度差异较小。但当浇注温度达到 750 ℃时，镁合金液与相同截面不同位置刚接触的时间和温度差异较大，b 点与 c 点温度相差 16.77 ℃，金属液到达不同点的时间的最大差值约为 1 s。这表明金属液的流动很不稳定，进而导致不同界面位置的扩散时间与能力存在差异，这解释了为什么当浇注温度为 750 ℃时界面层厚度各处差异较大。同时，浇注温度越高，元素扩散能力就越强，这解释了为什么浇注温度为 750 ℃的时候双金属界面层的厚度最大。从界面的形态还可以推测，铝的表面可能发生了熔化。所以，镁/铝双金属的界面结合机制是熔融+扩散，具体的界面形成机理将在 2.6 节进行深入分析。

镁/铝双金属铸件的剪切强度主要取决于界面处的气孔缺陷与界面层的厚度。界面处气孔的存在导致 Al 和 Mg 不能相互接触。另外，界面层越厚，铝和

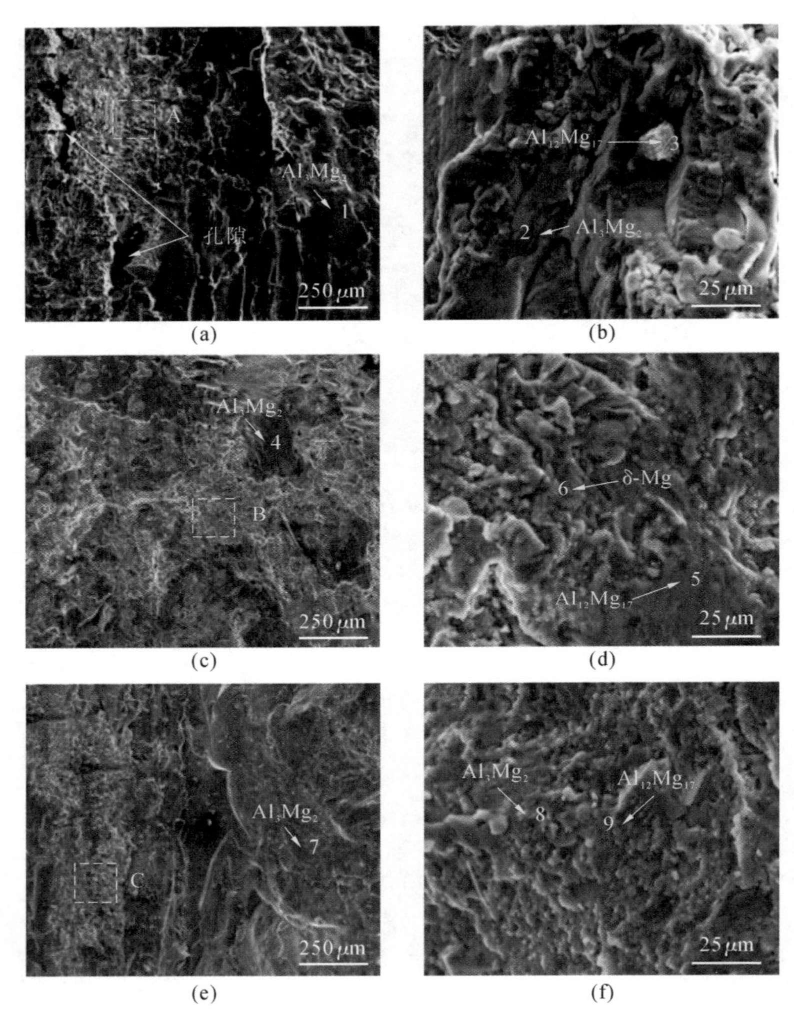

图 2-4-7　不同浇注温度下镁/铝双金属剪切断口的 SEM 图像：(a) 710 ℃；(b) **图 2-4-7**(a)**中** A **区域放大图；**(c) 730 ℃；(d) **图 2-4-7**(c)**中** B **区域放大图；**(e) 750 ℃；(f) **图 2-4-7**(e)**中** C **区域放大图**

镁之间的连接强度越弱。需要注意的是，相比于界面层的厚度，气孔对界面结合的强度影响更大。当浇注温度为 730 ℃和 750 ℃时，镁/铝双金属的界面层无孔隙存在，而浇注温度为 710 ℃时，镁/铝双金属的界面层存在气孔，所以浇注温度为 730 ℃和 750 ℃时样品的剪切强度要高于 710 ℃时的样品。另外，当浇注温度为 750 ℃时，镁/铝双金属的界面层厚度较大且不均匀，所以，当浇注

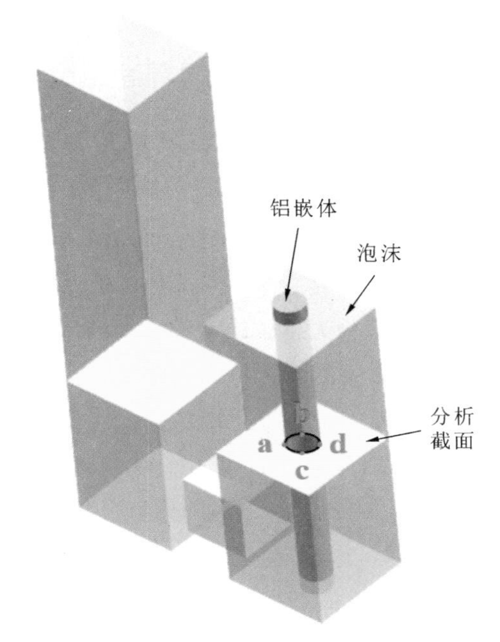

图 2-4-8　数值模拟分析位置

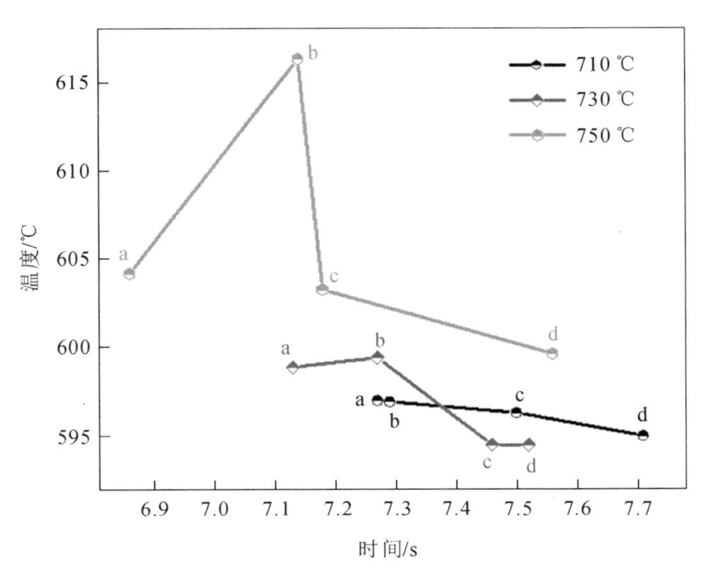

图 2-4-9　镁熔体刚与铝嵌体接触的时间和温度

(a、b、c、d 对应于图 2-4-8 中的 a、b、c、d)

温度为 730 ℃时,镁/铝双金属铸件获得较高的剪切强度。

2.4.2 液-固体积比对镁/铝双金属界面组织和性能的影响

在双金属复合的方法中,液-固体积比(VR)是固-液复合独有的参数,液-固体积比是指浇注的液体体积与嵌入的固体体积的比例。在本书中,液体是指熔融的 AZ91D 镁合金,固体是指 A356 铝合金。液-固体积比的计算公式如下:

$$\mathrm{VR}_{\mathrm{L\text{-}S}} = V_{\mathrm{L}}/V_{\mathrm{S}} = a^2/\pi r^2 - 1 \tag{2-4-1}$$

式中:$\mathrm{VR}_{\mathrm{L\text{-}S}}$表示液-固体积比,为无单位的量纲;$V_{\mathrm{L}}$表示液体的体积,$mm^3$;$V_{\mathrm{S}}$表示固体的体积,$mm^3$;$a$ 是泡沫模型的边长,mm;r 是嵌体的直径,mm。

泡沫模型的边长固定为 35 mm,通过改变嵌体的直径来改变液-固体积比。本实验选择的嵌体的直径分别为 6 mm、10 mm 和 14 mm。因此,通过计算可得液-固体积比分别为 42.4、14.6 和 7.0。为了研究单因素的液-固体积比对镁/铝双金属组织和性能的影响,固定浇注温度为 730 ℃,真空度为 0.03 MPa。

图 2-4-10 是在不同的液-固体积比下得到的镁/铝双金属的宏观图像。从图 2-4-10 中可以看出,在液-固体积比为 7.0 的时候,虽然铝和镁之间存在界面层,但是界面层不均匀,部分位置界面层的厚度特别薄;当液-固体积比达到14.6时,铝和镁通过一个均匀的且无明显缺陷的界面层连接,该界面层的厚度也比液-固体积比为 7.0 时要厚;当液-固体积比为 42.4 时,界面层的厚度进一步增加,但是固态嵌体的形状原来为圆形,现在发生了明显的熔化,好在界面处没有明显的缺陷。

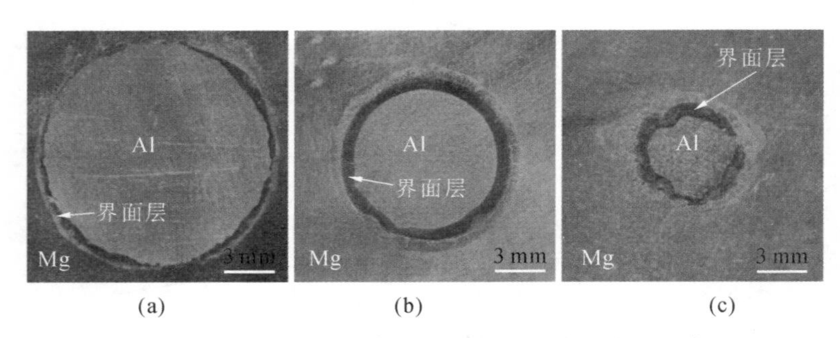

图 2-4-10　不同液-固体积比下镁/铝双金属宏观图像:

(a) $\mathrm{VR}_{\mathrm{L\text{-}S}}=7.0$;(b) $\mathrm{VR}_{\mathrm{L\text{-}S}}=14.6$;(c) $\mathrm{VR}_{\mathrm{L\text{-}S}}=42.4$

图 2-4-11 是不同液-固体积比下得到的镁/铝双金属界面区域的显微组织图像和相应的线扫描结果。从图 2-4-11 中可以看出,在液-固体积比为 7.0 的

时候，界面层较薄，且界面层存在孔隙缺陷。当液-固体积比增大到 14.6 的时候，双金属界面层的厚度相较于液-固体积比为 7.0 时增加了，并且界面层区域没有缺陷存在。当液-固体积比增大到 42.4 的时候，界面层厚度进一步增加，但是界面层厚度不均匀。

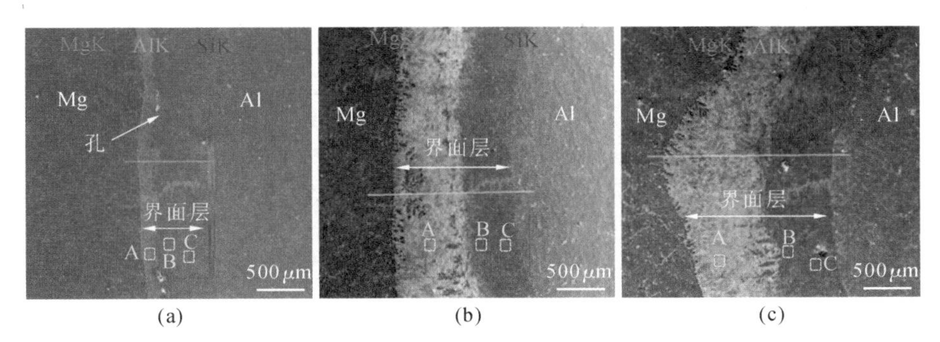

图 2-4-11　不同液-固体积比下镁/铝双金属界面区域的显微组织图像和线扫描结果：

(a) VR_{L-S} = 7.0；(b) VR_{L-S} = 14.6；(c) VR_{L-S} = 42.4

从不同液-固体积比下镁/铝双金属界面区域的线扫描结果可以看出，界面层主要是 Al、Mg 和 Si 元素，界面层这三种元素的含量在不同位置是不同的，Al 元素从 A356 侧到 AZ91D 侧含量不断减少，而 Mg 元素则相反，呈增加的趋势，Si 元素主要存在于靠近 A356 的区域，界面层中的 Si 元素呈不规则的波动形态。这些线扫描结果表明界面层存在不同的反应层。因此，下面对界面层的不同区域进行放大观察和进一步的 EDS 分析。

为了分析不同液-固体积比下镁/铝双金属界面层的相组成，将图 2-4-11 中的不同区域(图 2-4-11 中用黄色方框标示的 A、B、C 区域)进行局部放大，结果如图 2-4-12 所示。使用 EDS 对不同的相进行点分析，结果如表 2-4-2 所示。

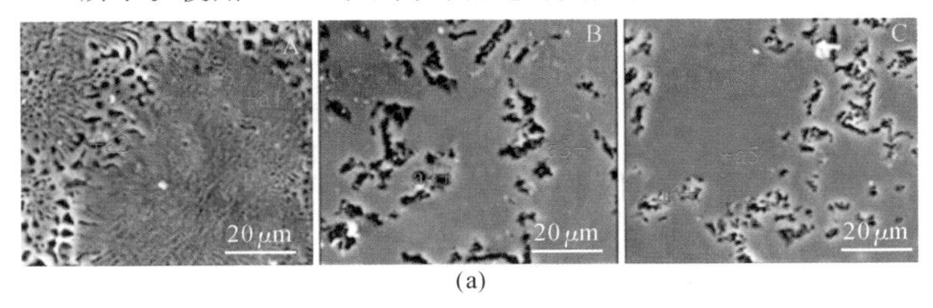

图 2-4-12　不同液-固体积比下界面组织局部放大图：(a) **图 2-4-11**(a)**中 A、B、C 区域；**

(b) **图 2-4-11**(b)**中 A、B、C 区域；**(c) **图 2-4-11**(c)**中 A、B、C 区域**

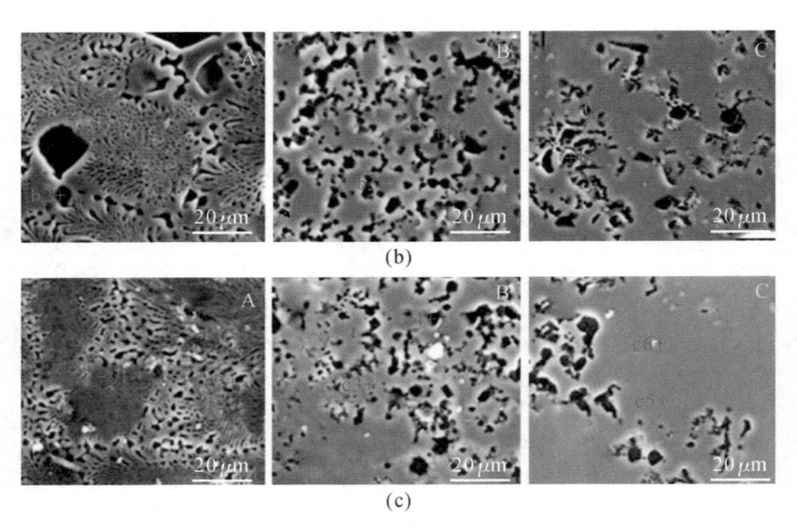

(b)

(c)

续图 2-4-12

表 2-4-2 图 2-4-12 中不同位置 EDS 点分析结果

序号	$VR_{L\text{-}S}$	元素含量/(at. %)			元素比例(Al/Mg)	元素比例(Mg/Si)	可能的相
		Al	Mg	Si			
a1	7.0	51.99	48.01	—	1.08	—	$Al_{12}Mg_{17}$
a2		8.05	91.95	—	0.09	—	δ-Mg
a3		52.53	47.47	—	1.11	—	$Al_{12}Mg_{17}$
a4		10.99	58.71	30.30	—	1.94	Mg_2Si
a5		60.63	39.37	—	1.54	—	Al_3Mg_2
a6		18.44	55.00	26.56	—	2.07	Mg_2Si
b1	14.6	49.17	50.83	—	0.97	—	$Al_{12}Mg_{17}$
b2		10.82	89.18	—	0.12	—	δ-Mg
b3		49.35	50.65	—	0.97	—	$Al_{12}Mg_{17}$
b4		6.61	66.3	27.09	—	2.45	Mg_2Si
b5		62.08	37.92	—	1.64	—	Al_3Mg_2
b6		12.09	63.1	24.81	—	2.54	Mg_2Si

续表

序号	$VR_{L\text{-}S}$	元素含量/(at. %)			元素比例(Al/Mg)	元素比例(Mg/Si)	可能的相
		Al	Mg	Si			
c1	42.4	42.49	57.51	—	0.74	—	$Al_{12}Mg_{17}$
c2		6.41	93.59	—	0.07	—	δ-Mg
c3		45.56	54.44	—	0.84	—	$Al_{12}Mg_{17}$
c4		10.28	58.36	31.36	—	1.86	Mg_2Si
c5		60.62	39.38	—	1.54	—	Al_3Mg_2
c6		14.25	55.72	30.03	—	1.86	Mg_2Si

由图 2-4-12 可以看出，虽然液-固体积比不同，但是界面层都是由三种相组成不同的反应层构成的，靠近铝基体的一侧是由大片的灰色相夹杂弥散分布的蠕虫状深灰色相组成，靠近镁基体的一侧是菊花状的共晶组织并含有部分枝晶，这两个反应层中间还有一个反应层，该反应层主要由灰色的块状组织和深灰色的多边形组织组成，二者交错分布。

为了确认不同反应层的相组成，使用 EDS 点分析对不同的相进行成分分析，分析结果展示在表 2-4-2 中。根据表 2-4-2 中的结果以及 2.4.1 节的分析结果，界面层的相组成几乎没有变化。不同液-固体积比条件下镁/铝双金属的界面层相组成和 2.4.1 节的研究结果相同。

图 2-4-13 是不同液-固体积比下镁/铝双金属界面区域的显微硬度分布。从图 2-4-13 中可以看出，铝基体和镁基体的硬度在 50～60 HV 之间，而界面层的显微硬度在 180～280 HV 之间，界面层的显微硬度显著高于铝基体和镁基体。界面层中不同反应层的硬度也有差别，其中 $Al_{12}Mg_{17}$ + δ-Mg 共晶组织硬度最低，在 180 HV 左右，Al_3Mg_2 + Mg_2Si 反应层的硬度最高，在 280 HV 左右，$Al_{12}Mg_{17}$ + Mg_2Si 层的硬度处于上述两者之间，在 220～250 HV 之间波动。

图 2-4-14 是不同液-固体积比下镁/铝双金属的剪切强度。从图 2-4-14 中可以看出，在不同的液-固体积比下，镁/铝双金属的剪切强度是不同的。在液-固体积比为 7.0 时镁/铝双金属的剪切强度最小，为 12.49 MPa；在液-固体积比为 14.6 时剪切强度最大，为 40.32 MPa；当液-固体积比为 42.4 时，剪切强度处于两者之间，为 35.98 MPa。这表明随着液-固体积比的提高，镁/铝双金属的剪切强度会增

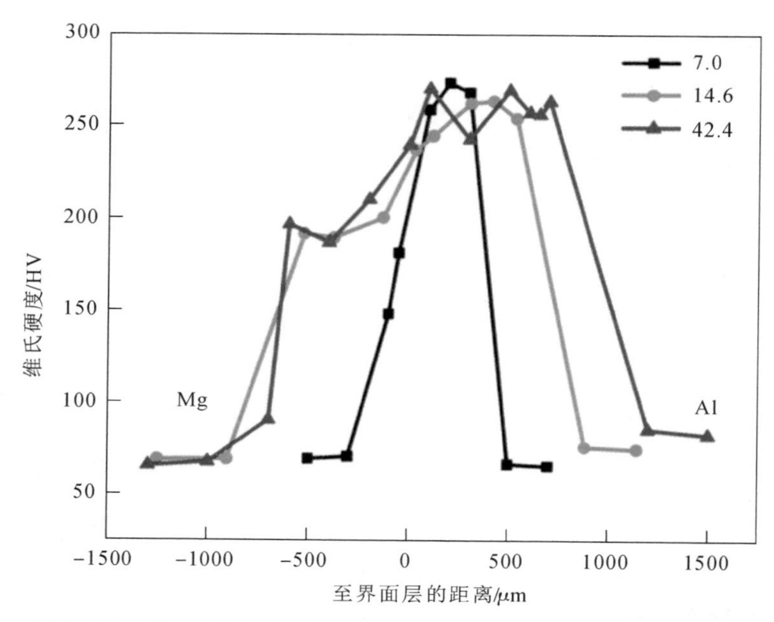

图 2-4-13　不同液-固体积比下镁/铝双金属界面区域的显微硬度分布

加,但是不是液-固体积比越高剪切强度越大,当液-固体积比升高到一定程度,再增大液-固体积比,剪切强度反而会降低,因此存在一个最合适的使剪切强度最大的液-固体积比。

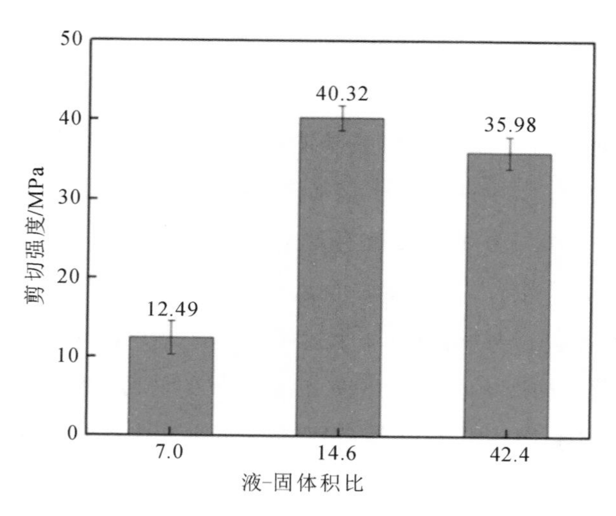

图 2-4-14　不同液-固体积比下镁/铝双金属的剪切强度

图 2-4-15 是不同液-固体积比下镁/铝双金属剪切断口的 SEM 图像。从图 2-4-15中可以看出，在不同的液-固体积比下镁/铝双金属的断裂面上都存在大量的解理面，无明显韧窝存在，表明该断裂属于脆性断裂。并且，在液-固体积比为 7.0 和 42.4 时其脆性断裂形貌比液-固体积比为 14.6 时明显。在液-固体积比为 7.0 和 42.4 时我们在断口上还发现了明显的缝隙和孔隙缺陷，这些缺陷的存在将会显著地降低双金属的剪切强度，并成为断裂源。而液-固体积比为 14.6 的断口表面没有明显的缺陷，因此，液-固体积比为 14.6 时镁/铝双金属剪切强度高于液-固体积比为 7.0 和 42.4 时的。

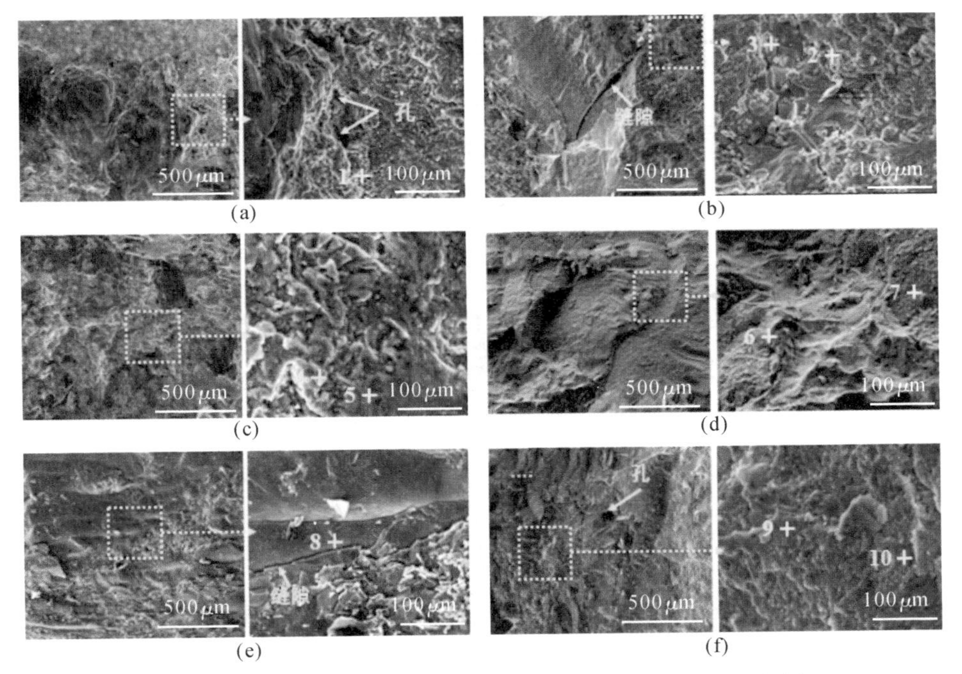

图 2-4-15　不同液-固体积比下镁/铝双金属剪切断口的 SEM 图像：(a) **铝侧**，$VR_{L\text{-}S}=7.0$；(b) **镁侧**，$VR_{L\text{-}S}=7.0$；(c) **铝侧**，$VR_{L\text{-}S}=14.6$；(d) **镁侧**，$VR_{L\text{-}S}=14.6$；(e) **铝侧**，$VR_{L\text{-}S}=42.4$；(f) **镁侧**，$VR_{L\text{-}S}=42.4$

使用 EDS 分析断口上不同位置的相组成，结果如表 2-4-3 所示。可以发现，液-固体积比为 7.0 时，断裂主要发生在镁基体和共晶组织之间；液-固体积比为 42.4 时，断裂主要发生在 $Al_{12}Mg_{17}+Mg_2Si$ 和 $Al_3Mg_2+Mg_2Si$ 反应层之间；而当液-固体积比为 14.6 时，断口处检测到少量 δ-Mg，这说明在液-固体积比为 14.6 时断裂发生在 $Al_{12}Mg_{17}+Mg_2Si$ 和 $Al_3Mg_2+Mg_2Si$ 反应层之间，并扩展至 $Al_{12}Mg_{17}+\delta$-Mg 共晶组织。

表 2-4-3　图 2-4-15 中不同位置的 EDS 分析结果

序号	液-固体积比	Al/(at. %)	Mg/(at. %)	可能的相
1	7.0	36.75	63.25	$Al_{12}Mg_{17}$
2		2.96	97.04	Mg
3		32.35	67.65	$Al_{12}Mg_{17}$
4	14.6	11.20	88.80	δ-Mg
5		40.94	59.06	$Al_{12}Mg_{17}$
6		19.71	80.29	δ-Mg
7		36.91	63.09	$Al_{12}Mg_{17}$
8	42.4	61.57	38.43	Al_3Mg_2
9		64.18	35.82	Al_3Mg_2
10		48.29	51.71	$Al_{12}Mg_{17}$

在研究浇注温度对镁/铝双金属铸件组织及性能的影响时，已经指出熔融镁合金与固态铝棒嵌体的结合机制是熔融结合与扩散结合的共同作用。在本研究中，铝合金与镁合金分别被视为固态嵌体与熔融体，它们相互接触后就会形成一个扩散反应层，即发生从一种合金到另一种合金的连续的金属转变。由于 $VR_{L\text{-}S}$ 值对应着熔融镁合金和固态铝合金嵌体的接触时间及凝固时间，所以它对镁合金与铝合金之间界面的形成有着较大影响。当 $VR_{L\text{-}S}$ 值较小时，过热值也相应较小，因此缩短了熔融镁合金与铝棒嵌体的接触时间，从而削弱了熔体与嵌体之间的反应与扩散，所以形成了一个较薄且厚度不均匀的反应层，同时界面处也产生了缝隙。

随着 $VR_{L\text{-}S}$ 值的增加，过热值也随之增加，更多热量的存在导致更多的熔体与固态嵌体发生接触。在这种情况下，熔体与固态嵌体之间反应与扩散能力增强，直接导致了反应层厚度的增加。这里应该注意到，过大的 $VR_{L\text{-}S}$ 值将导致更多的固态嵌体发生熔化，此时熔融结合机制是熔融镁合金与嵌体铝合金之间反应层形成的主要原因，从而形成了一个厚度更大的界面层，意味着有更多的金属间化合物形成了。此外，在界面处同时检测到了气孔的存在，这证实了熔融结合机制的存在。所以只有将 VR_{L-S} 值控制在一个合理的水平时才能获得一个均一而紧致的界面。另外，熔融镁合金与存在于固态铝嵌体表面的硅相接触并反应，导致了金属间化合物 Mg_2Si 的形成，形成的 Mg_2Si 逐步在整个双金属界面中分散开来。

值得注意的是，铝、镁之间界面层的反应层厚度过大会极大地提高镁/铝双金属的脆性，削弱双金属铸件的强度，这是因为反应层厚度的增加意味着 $Al_{12}Mg_{17}$ 和 Al_3Mg_2 这些脆性相的增加。更重要的是，界面处气孔和缝隙的存在会极大地降低镁/铝双金属的力学性能。因此，与 VR_{L-S} 值为 14.6 相比，VR_{L-S} 值为 7.0 和 42.4（尤其是 7.0）时，镁/铝双金属的结合强度很弱。

2.4.3 真空度对镁/铝双金属界面组织和性能的影响

真空度是消失模铸造相较于其他铸造方法所独有的参数，对金属液的充型和凝固以及铸件最终的质量具有较大影响，因此，本小节研究真空度对消失模铸造镁/铝双金属铸件组织及性能的影响。

本小节主要研究四个真空度水平（分别为 0 MPa、0.01 MPa、0.03 MPa 和 0.05 MPa）对消失模铸造镁/铝双金属组织及性能的影响。浇注温度为 730 ℃，液-固体积比为 14.6，这两个参数在不同的真空度下都保持不变。不同真空度下镁/铝双金属的宏观图像如图 2-4-16 所示。从图 2-4-16 中可以看出，不同真空度下镁/铝双金属界面处都产生了不同于基体组织形貌的界面层，但是在真空度为 0 MPa、0.01 MPa 和 0.05 MPa 的条件下，镁/铝双金属界面区域均存在缝隙和孔隙缺陷，如图 2-4-16(a)、(b)和(d)所示。只有在真空度为 0.03 MPa 的情况下，镁/铝双金属界面区域没有明显的缺陷，并且界面层厚度均匀一致，展现出一个优良的结合效果，如图 2-4-16(c)所示。

为了方便统计界面区域的界面层和缺陷所占的比例，人为地将不同真空度下的界面区域面积定义为内、外两个白色圆圈之间区域的面积，如图 2-4-17 所示。两个白色圆圈之间所包裹的区域应该包含所有的界面层和缺陷，通过计算和对比发现在内圈直径为 7.5 mm、外圈直径为 11 mm 的情况下可以达到这个要求。因此，缺陷的比例（f_{defect}）和界面层的比例（$f_{interface}$）可以用式(2-4-2)和式(2-4-3)计算：

$$f_{defect} = S_{defect}/S_{loop} \tag{2-4-2}$$

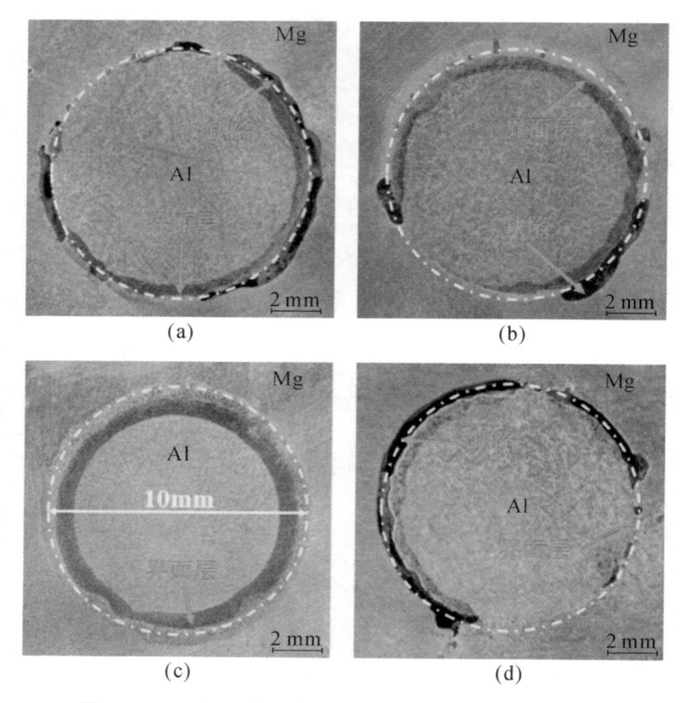

图 2-4-16　不同真空度下镁/铝双金属的宏观图像：

(a) 0 MPa;(b) 0.01 MPa;(c) 0.03 MPa;(d) 0.05 MPa

$$f_{\text{interface}} = S_{\text{interface}} / S_{\text{loop}} \tag{2-4-3}$$

式中，S_{defect}、$S_{\text{interface}}$和S_{loop}分别是缺陷区域面积、界面层区域面积和环形区域面积。其中环形区域面积可以直接计算获得，为 50.83 mm^2；S_{defect}和$S_{\text{interface}}$可以使用 Image-Pro Plus (IPP) 软件获得，每个真空度至少测试三个样品，以获得更准确的区域面积。

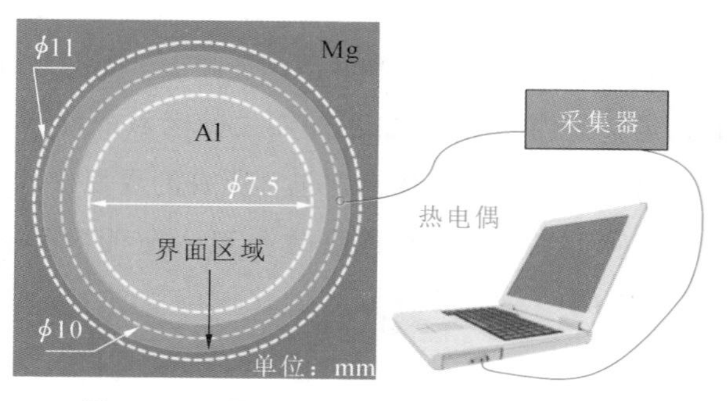

图 2-4-17　界面区域统计和温度测量原理图

不同真空度下界面区域的缺陷比例（f_{defect}）和界面层比例（$f_{interface}$）如图 2-4-18所示。从图 2-4-18 中可以看出，界面区域的缺陷比例随着真空度的增大而减小，当真空度为 0.03 MPa 时达到最小值，当真空度继续增大，缺陷比例反而增加了。界面层的比例正好相反，随着真空度的增大，界面层的比例增加，当真空度为 0.03 MPa 时达到最大值，之后，随着真空度的增大，界面层的比例反而减小了。如图 2-4-16 所示，直径为 10 mm 的黄色圆环在镁/铝双金属的宏观图像中被标出，我们知道液-固体积比为 14.6 的镁/铝双金属的铝嵌体的直径也是 10 mm。从图 2-4-16 中可以明显地看出，铝嵌体表面部分区域被界面层替代。同时，缺陷主要集中在这个直径为 10 mm 的圆环附近，表明缺陷倾向于在铝嵌体的表面形成。

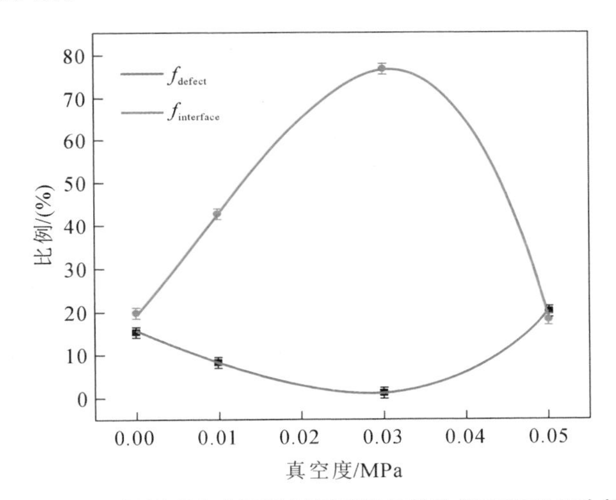

图 2-4-18　不同真空度下界面区域的缺陷比例和界面层比例

图 2-4-19 是不同真空度下镁/铝双金属界面区域显微组织图像。从图 2-4-19 中可以看出，不同真空度下镁/铝双金属都存在界面层，界面层不同区域的组织形貌存在差别。将界面层的不同区域局部放大，大概可以分成 A、B 和 C 三个区域，这三个区域的组织形貌都有差别。

从图 2-4-19 中 A、B 和 C 三个区域的放大图可以看出，界面层都是由三种相组成不同的反应层构成的，靠近铝基体的一侧是由大片的灰色相夹杂弥散分布的蠕虫状深灰色相组成，靠近镁基体的一侧是菊花状的共晶组织并含有部分枝晶，这两个反应层中间还有一个反应层，该反应层主要由灰色的块状组织和

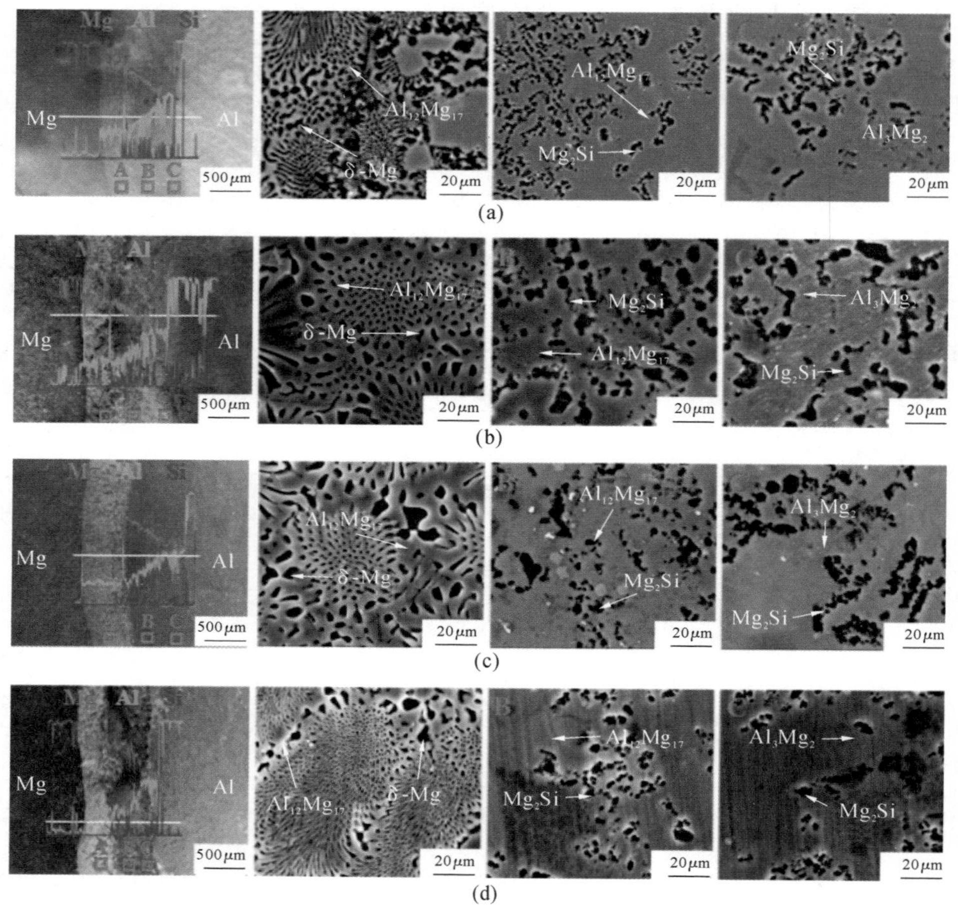

图 2-4-19　不同真空度下镁/铝双金属界面区域的 SEM 图像：

(a) 0 MPa;(b) 0.01 MPa;(c) 0.03 MPa;(d) 0.05 MPa

深灰色的多边形组织组成，二者交错分布。根据 EDS 结果及上面的研究，在不同的真空度下，镁/铝双金属界面层的相组成和 2.4.1 节的研究结果相同。这表明真空度对镁/铝双金属界面层的相组成几乎没有影响。

从图 2-4-19 的线扫描结果可以清楚地看出不同真空度下 Al、Mg 和 Si 元素在界面区域的元素分布。Mg 元素从 AZ91D 基体一侧向 A356 基体一侧扩散，含量不断减少；而 Al 元素则相反，Al 元素从 A356 基体一侧向 AZ91D 基体一侧扩散；Si 元素主要存在于区域 B 和区域 C 中，元素含量在不同位置波动较大。这些结果进一步表明了界面处不同反应层和化合物的存在。

图 2-4-20 展示了不同真空度下镁/铝双金属界面区域的显微硬度。从图 2-4-20中可以看到，不同真空度下镁/铝双金属界面区域的显微硬度展现出相同的规律。铝基体和镁基体的硬度在 50～60 HV 之间，相对较低，而界面层的显微硬度在 180～270 HV 之间，界面层的显微硬度显著高于铝基体和镁基体。而界面层中不同反应层的硬度有差别，其中 $Al_{12}Mg_{17}$ + δ-Mg 共晶组织硬度最低，在 180 HV 左右，Al_3Mg_2 + Mg_2Si 反应层的硬度最高，在 250～270 HV，$Al_{12}Mg_{17}$ + Mg_2Si 层的硬度处于两者之间，在 220～250 HV 之间波动。这表明脆硬的金属间化合物在界面处形成了。

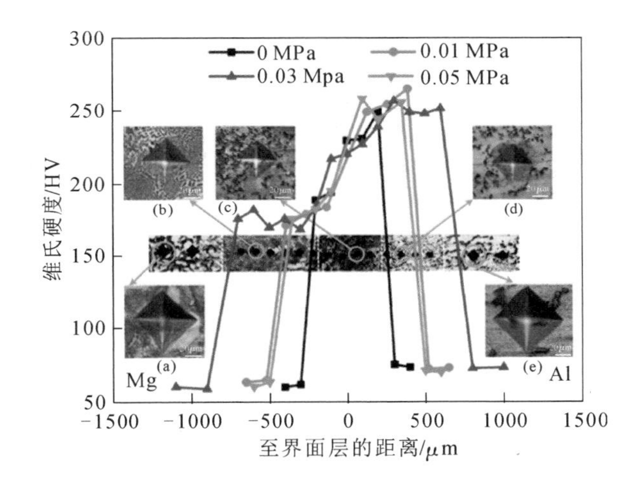

图 2-4-20　不同真空度下镁/铝双金属界面区域的显微硬度：

(a)～(e) **镁基体、区域 A、区域 B、区域 C、铝基体硬度点放大图**

图 2-4-21 是不同真空度下镁/铝双金属的剪切强度。从图 2-4-21 中可以看出，在不同的真空度下，镁/铝双金属的剪切强度是不同的。在真空度为 0 MPa 和 0.05 MPa 时镁/铝双金属的剪切强度最小，为 8.16 MPa；在真空度为 0.03 MPa 时剪切强度最大，为 40.32 MPa；当真空度为 0.01 MPa 时，剪切强度处于两者之间，为 22.4 MPa。这表明随着真空度的提高，剪切强度会增加，但是不是真空度越高剪切强度越大，当真空度升高到一定程度，再增加真空度，剪切强度反而会降低，因此存在一个最合适的使剪切强度最大的真空度。

图 2-4-22 是不同真空度下镁/铝双金属剪切断口的 SEM 图像。从图 2-4-22 中可以看出，在不同的真空度下镁/铝双金属的低倍断裂面的 SEM 图像上都存

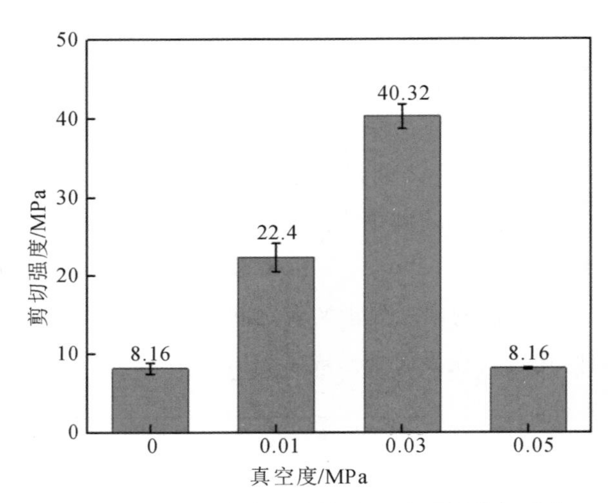

图 2-4-21　不同真空度下镁/铝双金属的剪切强度

在大量的解理面,无明显韧窝存在,表明该断裂属于脆性断裂,如图 2-4-22(a)、(c)、(e)和(g)所示。在真空度为 0 MPa 和 0.05 MPa 时我们在断口上还发现了明显的缝隙和孔隙缺陷,这些缺陷的存在将会明显地降低双金属的剪切强度,并成为断裂源,如图 2-4-22(a)、(b)和(g)、(h)所示。

断口处的相组成主要是 Al_3Mg_2、$Al_{12}Mg_{17}$ 和 Mg_2Si,表明断裂主要源于 $Al_3Mg_2+Mg_2Si$ 反应层和 $Al_{12}Mg_{17}+Mg_2Si$ 反应层之间,这是因为这两个反应层的硬度高,在剪切力作用下容易发生断裂。除此之外,在真空度为 0.03 MPa 时我们在断口处还发现了 $Al_{12}Mg_{17}+\delta$-Mg 共晶组织,并且断裂面上部分位置存在韧性断裂形貌,而在真空度为 0.01 MPa 的时候未发现共晶组织和韧性断裂形貌,因此在真空度为 0.03 MPa 的时候能够获得最大的剪切强度。

为了研究真空度对消失模铸造镁/铝双金属组织及性能的影响,使用 K 型热电偶测量在浇注和凝固过程中铝嵌体表面的温度随时间变化的情况,其原理如图 2-4-17 所示。不同真空度下铝嵌体表面温度随时间变化的测试结果如图 2-4-23所示。该测温曲线可以分成三个状态,分别命名为状态Ⅰ、状态Ⅱ、状态Ⅲ。

状态Ⅰ为升温阶段,当真空度为 0 MPa 的时候,升温速率最快;真空度为0.03 MPa 的时候升温速率随着时间的延长逐渐达到最大。同时,真空度为 0.03 MPa 的时候,升温过程最平稳,这有利于冶金反应层的形成,如图 2-4-23(b)所示。状态

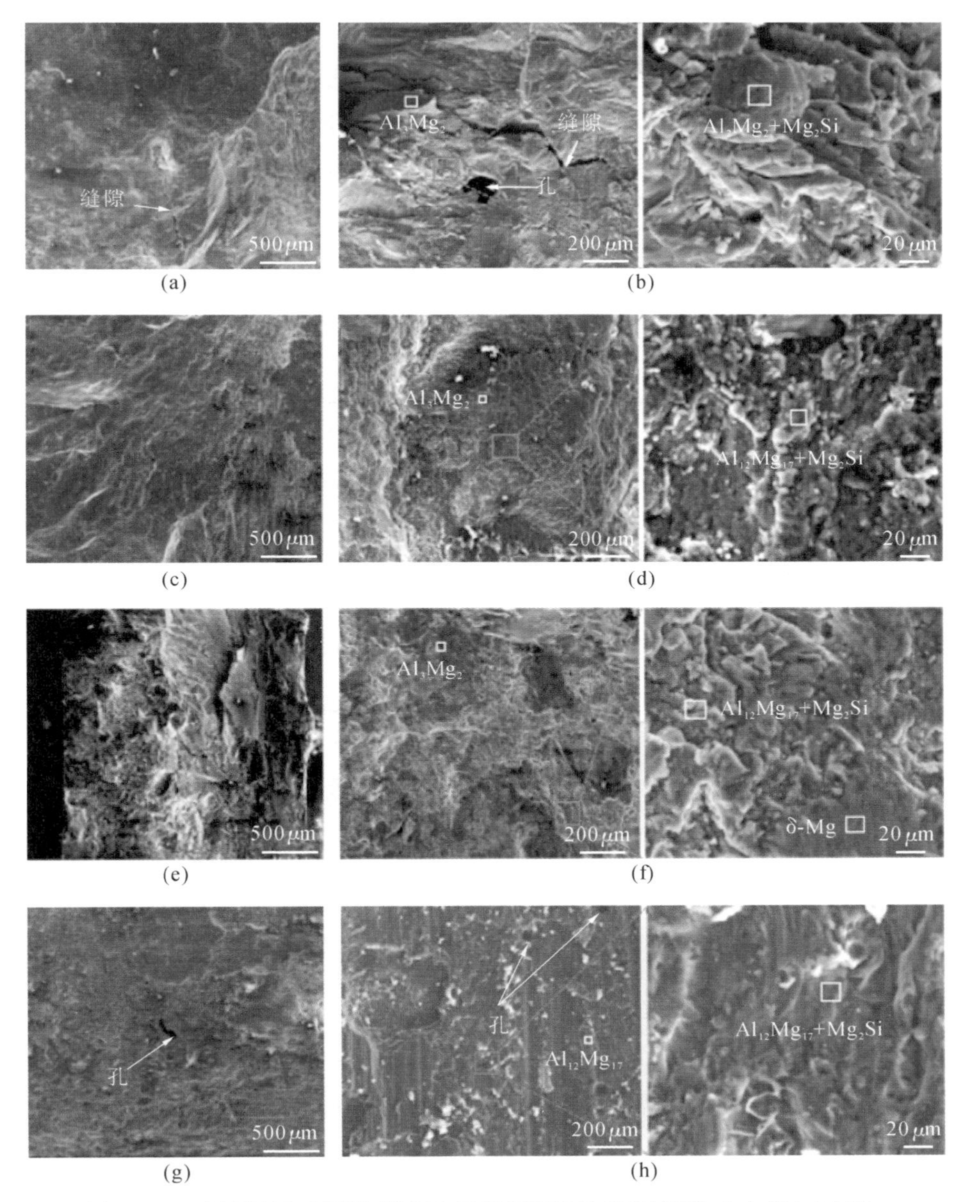

图 2-4-22　不同真空度下镁/铝双金属剪切断口的 SEM 图像：(a),(b) 0 MPa；(c),(d) 0.01 MPa；(e),(f) 0.03 MPa；(g),(h) 0.05 MPa

Ⅱ为高温阶段，考虑到误差的存在，不同真空度下最高温度几乎没有差别。然而，随着真空度的增加，温度扰动加剧了，如图 2-4-23(c)所示。状态Ⅲ为降温阶段，不同真空度下的冷却速率差别不大，但是当真空度为 0 MPa 的时候，铝嵌体表面的温度在同一时刻相较其他真空度下要低一些，如图 2-4-23(d)所示。

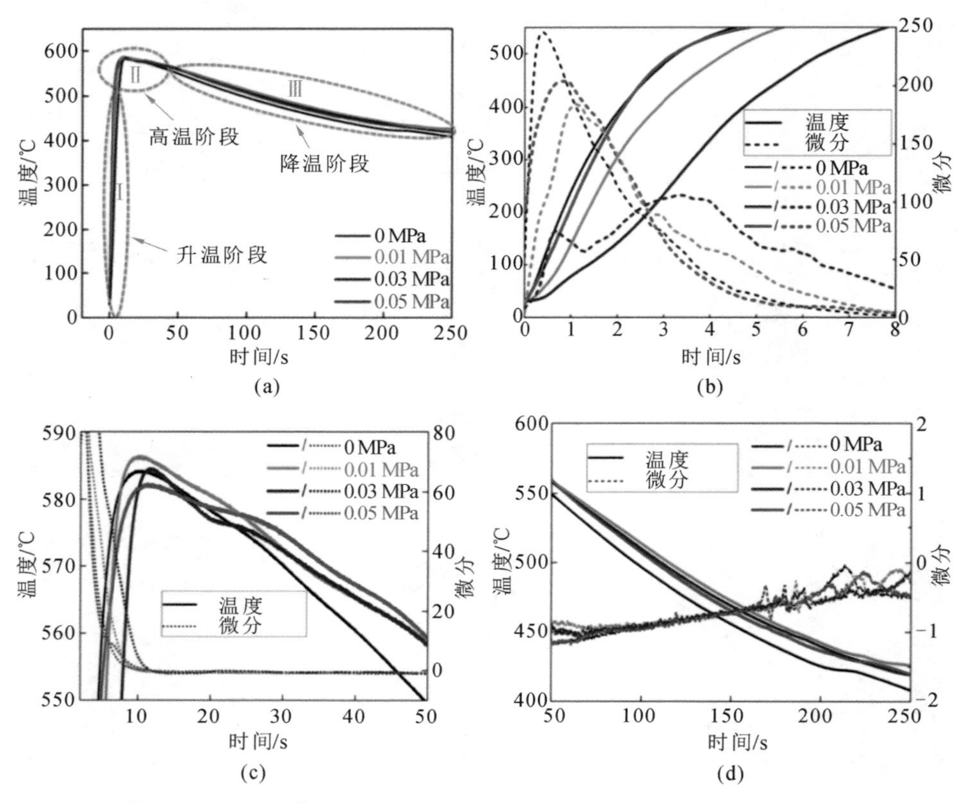

图 2-4-23　不同真空度下热电偶测温结果：(a) 温度随时间变化曲线；(b)～(d) 图 2-4-23(a)中Ⅰ、Ⅱ、Ⅲ三个区域的温度随时间变化曲线和相应的一阶微分

在消失模铸造镁/铝双金属的过程中，真空度可能对镁/铝双金属的组织及性能存在三个方面的影响。第一，在浇注的过程中，真空度的存在，使得在早期阶段大量的冷空气随着金属液从浇口杯处被吸进型腔中，这将导致金属液温度和升温速率的降低。第二，抽真空的过程，可以使散砂之间的空隙减小，并使散砂紧实，这将降低热导率。第三，真空度对金属液的充型过程有较大影响。充型速率的增加不仅会降低金属液的热量损失，还会造成金属液的紊流。

当真空度较小的时候，金属液流动前沿以凸形充型，如图 2-4-24(a)所示。然而，当真空度增加到某一程度时，充型中金属液的前沿优先沿着型壁流动，这将造成金属液呈凹形流动，即产生附壁效应，如 2-4-24(b)所示。随着真空度的增加，流动前沿空隙和砂箱中的压力差增加，泡沫分解的产物可以更容易地排出型腔。因此，不同真空度下金属液在充型过程中的温度变化受上面诸多因素的综合影响，这将极大地影响界面层的形成。

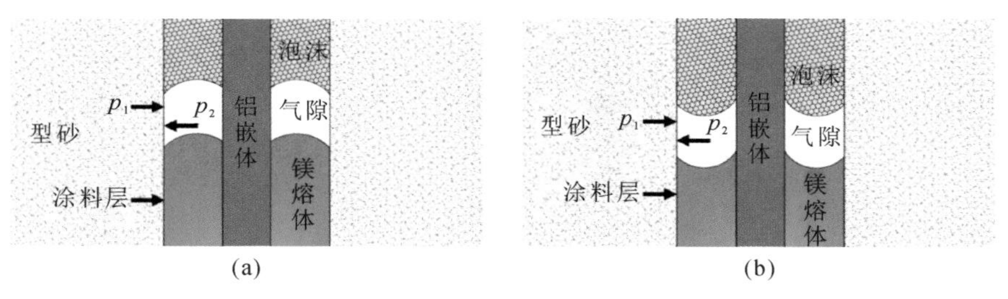

图 2-4-24 不同真空度下消失模铸造镁/铝双金属的充型过程原理图：(a) 低真空度；(b) 高真空度

为了从理论上解释不同真空度对镁/铝双金属铸件的影响，需要构建理论模型，理论模型如图 2-4-24 所示。真空度可以用式(2-4-4)表示：

$$P = p_0 - p_1 \tag{2-4-4}$$

式中：P 为真空度，p_0 为大气压强，p_1 为砂箱中气体的压强。

所以砂箱中气体的压强 p_1 可以用式(2-4-5)表示为

$$p_1 = p_0 - P \tag{2-4-5}$$

根据李继强等人的研究，气隙的压力 p_2 可以用式(2-4-6)表示：

$$p_2 = \left(p_1^2 + \frac{2\mu T_m p_0 lm\alpha F \tau^{m-1}}{273C\delta S}\right)^{\frac{1}{2}} \tag{2-4-6}$$

式中：T_m 为厚 δ 的气隙中气体的绝热温度，K；α 为单位时间内模型单位表面积上的发气量，$m^3/(m^2 \cdot s)$；F 为液态金属与模型相互作用的表面积，m^2；τ 为浇注时间，s；m 为发气系数；l 为涂料层厚度，m；μ 为气体的运动黏度，m^2/s；C 为涂料层的透气性系数，$m^4/(Pa \cdot s^2)$；δ 为气隙的厚度，m；S 为与金属相互作用区域内模型的周长，m。

当铸件几何尺寸和浇注合金类型确定以后，m、F、S 为常数，则式(2-4-6)可表示为

$$p_2 = \left(p_1^2 + K\frac{\mu T_m l\alpha \tau^{m-1}}{C\delta}\right)^{\frac{1}{2}} \tag{2-4-7}$$

式中，$K = 2mFp_0/(273S)$。

假定在浇注过程中其他参数一致，即 μ、T_{m}、l、α、τ、C、δ、m 均一致，只有真空度 P 发生变化，则式(2-4-7)可以表示为

$$p_2 = (p_1{}^2 + A)^{\frac{1}{2}} \tag{2-4-8}$$

式中，$A = K\dfrac{\mu T_{\mathrm{m}} l\alpha\tau^{m-1}}{C\delta}$。

气隙的压强 p_2 与砂箱中气体压强 p_1 的差值可以表示为

$$\Delta p = p_2 - p_1 = (p_1{}^2 + A)^{\frac{1}{2}} - p_1 \tag{2-4-9}$$

对式(2-4-9)求导：

$$\Delta p' = \frac{p_1}{\sqrt{p_1{}^2 + A}} - 1 < 0 \tag{2-4-10}$$

所以式(2-4-9)是一个减函数。当真空度 P 增大，由式(2-4-5)可知砂箱中气体压力 p_1 减小，根据式(2-4-9)则 Δp 增大，即随着真空度的增加，气隙压强与砂箱中气体压强的差值增大，气体更容易排出型腔。

在真空度为 0 MPa 的时候，泡沫分解产物在凝固前很难排出型腔，这些遗留的分解产物容易聚集在铝嵌体周围，最终形成孔隙或者缝隙缺陷，导致双金属的连接强度比较低。随着真空度的提高，泡沫分解产物在凝固前容易排出型腔，因此双金属缺陷会减少。当真空度为 0.01 MPa 的时候，缺陷的比例明显少于无真空度的时候，因此其剪切强度提高了。当真空度增加到 0.03 MPa，界面处没有明显缺陷，并且界面层致密均匀，因此获得了最大的剪切强度。

然而，随着真空度进一步增加到 0.05 MPa，由于附壁效应的存在，型壁周围的金属液阻碍了泡沫分解产物的排出，最终，这些分解产物还是聚集在铝嵌体周围，凝固后形成缺陷，造成其剪切强度降低。一个有趣的现象是，当真空度为 0 MPa 的时候，孔隙缺陷比较小并且弥散分布在界面层中，而当真空度为 0.05 MPa的时候，孔隙缺陷比较大且集中。这可能是由于在较低的真空度下，泡沫分解产物受力较小，因此很难聚集在一起，而当真空度较大的时候，这些分解产物在压力的作用下容易聚集在一起，最终形成较大的孔隙缺陷。

2.5 基于响应面法的消失模复合铸造镁/铝双金属工艺参数优化

根据前文的浇注温度、液-固体积比和真空度对消失模铸造镁/铝双金属组

织及性能影响的单因素实验结果,我们可以得到每个参数的最优选择范围及影响。但是消失模铸造镁/铝双金属的组织和性能往往是由这三个工艺参数共同作用影响的,因此,为了得到工艺参数对双金属性能的多因素影响结果和使双金属获得最优性能的最佳工艺参数,现使用响应曲面设计方法,选取浇注温度、液-固体积比和真空度三个工艺参数作为自变量,双金属的剪切强度作为因变量,根据 Box-Behnken 实验设计原理,构建三因素三水平实验,同时对得到的实验结果进行回归拟合,得到相关拟合方程,并对方程进行求导得出最优解,最后通过对相应曲面图进行分析,结合实际测定情况,选出最优的工艺参数。

2.5.1 Box-Behnken 设计模型

本章主要研究浇注温度、液-固体积比和真空度三个工艺参数对消失模铸造镁/铝双金属组织及性能的影响,因此,自变量选为浇注温度、液-固体积比和真空度,为了方便进行实验设计,将这三个参数用英文符号表示如下:

(1) 浇注温度——PT,℃;

(2) 液-固体积比——LS;

(3) 真空度——VD,MPa。

因变量选择最能体现双金属性能的剪切强度,使用英文符号“SS”表示,单位为 MPa。自变量为 3 个,因素数量较少;从单因素实验大致知道最优参数的范围,每个参数选择三个变量,因此为三因素三水平实验;实验次数也较少,因此,可以选用 Box-Behnken 设计原理进行三因素三水平实验。本实验工艺参数和水平如表 2-5-1 所示。

表 2-5-1 工艺参数

参数	范围	水平 1	水平 2	水平 3
PT/℃	710～750	710	730	750
LS	7～42.4	7	14.6	42.4
VD/MPa	0.01～0.05	0.01	0.03	0.05

将表 2-5-1 中的实验参数范围输入软件计算,根据软件计算结果,得到共需进行 17 次试验,每次实验的参数如表 2-5-2 所示。按照表 2-5-2 中的实验参数进行实验,17 组实验在两天完成,考虑到不同日期会对实验造成不可控的影响,

因此，在 Design Expert 8.0.6 软件中将“block”值设置为 2。将由实验得到的镁/铝双金属的剪切强度输入“Response 1”中，结果见表 2-5-2。

表 2-5-2　实验设计与结果

序号	A(PT,℃)	B(LS)	C(VD,MPa)	Response 1 (SS, MPa)
1	730	7	0.01	29.50
2	730	14.6	0.03	41.98
3	730	14.6	0.03	40.25
4	710	7	0.03	30.20
5	750	14.6	0.05	5.00
6	710	14.6	0.01	22.90
7	730	14.6	0.03	43.06
8	730	14.6	0.03	43.67
9	710	14.6	0.05	12.53
10	730	14.6	0.03	42.38
11	730	7	0.05	10.20
12	730	42.4	0.05	9.90
13	750	7	0.03	28.30
14	710	42.4	0.03	29.12
15	750	14.6	0.01	27.77
16	730	42.4	0.01	18.20
17	750	42.4	0.03	20.80

2.5.2　回归模型分析

使用软件对得到的实验结果进行回归分析与拟合，拟合方程模式选择三元二次方程，最终得到因变量与自变量的回归方程，并进行方差分析(ANOVA)，方差分析结果如表 2-5-3 所示。

表 2-5-3 响应曲面二次式模型方差分析

来源	平方和	df	均方差	F 值	p 值 (Prob>F)	显著性
Model	2.59×10^3	9	2.87×10^2	2.0971×10^2	<0.0001	**
A-PT	3.20×10	1	3.20×10	2.34×10	0.0019	**
B-LS	5.09×10	1	5.09×10	3.72×10	0.0005	**
C-VD	3.26×10^2	1	3.26×10^2	2.38×10^2	<0.0001	**
AB	1.58×10	1	1.58×10	1.15×10	0.0115	*
AC	3.84×10	1	3.84×10	2.81×10	0.0011	**
BC	3.40×10	1	3.40×10	2.48×10	0.0016	**
A^2	2.39×10^2	1	2.39×10^2	1.74×10^2	$<0.000\ 1$	**
B^2	1.38×10^2	1	1.38×10^2	1.01×10^2	<0.0001	**
C^2	1.32×10^3	1	1.32×10^3	9.61×10^2	<0.0001	**
残差	9.59	7	1.37			
失拟项	2.83	3	9.44×10^{-1}	5.58×10^{-1}	0.6702	
纯误差	6.76	4	1.69			
和总	2.60×10^3	16				
拟合度	9.96×10^{-1}	校正决定系数	9.92×10^{-1}	信噪比	4.21×10	

注：** 表示在 $p<0.01$ 水平显著；* 表示在 $p<0.05$ 水平显著。

二次式模型的 p 值小于 0.0001，F 值为 209.71，说明该模型显著。同时，A、B、C、AC、BC、A^2、B^2 和 C^2 都是极其显著($p<0.01$)，AB 为显著($p<0.05$)。进一步地，残差的正态概率分布点几乎都是靠近直线的，如图 2-5-1(a)所示；预测值与实验实际值关系图中，所有点几乎都是靠近直线的，如图 2-5-1(b)所示；残差与方程预测值对应关系图中，各点的分布无明显规律，如图 2-5-1(c)所示。这些结果更加证明了该方程能够准确地反映工艺参数与剪切强度的关系。最终，获得工艺参数与剪切强度的理论关系式：

$$SS = -10213.97 + 27.747 \times PT + 4.88 \times LS + 7780.71 \times VD - 5.21 \times 10^{-3} \times PT \times LS - 7.75 \times PT \times VD + 7.64 \times LS \times VD - 0.02 \times PT^2 - 0.03 \times LS^2 - 44216.25 \times VD^2 \quad (2\text{-}5\text{-}1)$$

式中：SS 是双金属的剪切强度，MPa；PT 是浇注温度，℃；LS 是液-固体积比；VD 是真空度，MPa。

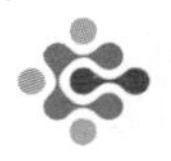

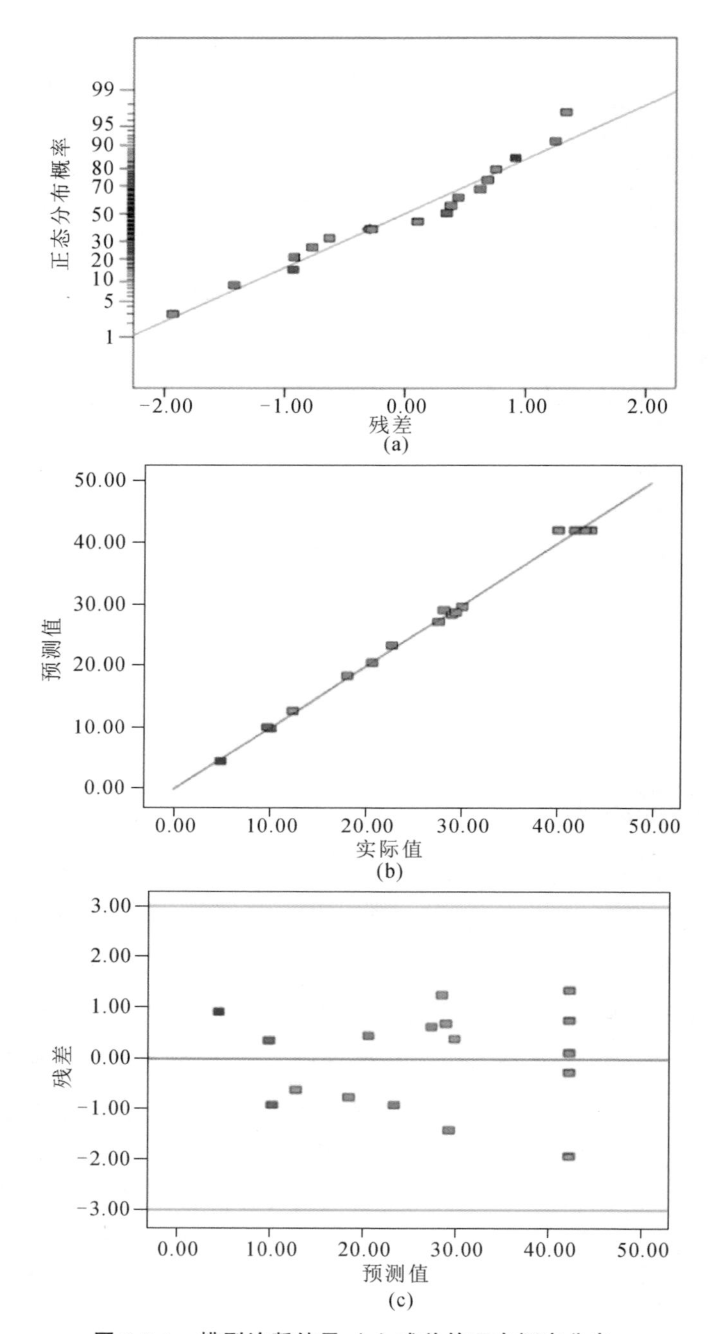

图 2-5-1　模型诊断结果:(a) 残差的正态概率分布;(b) 预测值与实验实际值关系图;(c) 残差与方程预测值对应关系图

其中,F 值的失拟项(lack of fit F-value)的值为0.558,意味着与纯误差(pure error)相比,拟合中存在的不足并不显著 。拟合度 R-Squared=0.996,校正决定系数 Adj. R-Squared=0.992,信噪比(Adeq Precision)为42.1,远远大于要求的数值4,拟合度和可信度都相对较高,证明该模型可以用于预测工艺参数对双金属的剪切强度的影响。

2.5.3 响应面分析与优化

为了研究不同的工艺参数以及两种工艺参数的交互作用对消失模铸造镁/铝双金属剪切性能影响的显著性,利用 Design Expert 8.0.6 软件得到各参数之间的响应面曲线图,如图2-5-2所示。

根据响应面交互作用的等高线可以判断不同参数对实验结果的交互作用。等高线的形状越偏向于椭圆形,表示这两个参数之间的交互作用越强,即两个参数的共同作用较明显;相反,等高线的形状越偏向于圆形,表示两个参数之间的交互作用越弱。根据响应面交互作用的3D曲面也可以得到不同参数之间的交互作用强弱,曲面的坡度越大,两个参数之间的交互作用越显著;反之,表示两个参数之间的交互作用越不明显。

从图2-5-2(a)、(c)和(e)中可以看出,等高线形状几乎都显示为椭圆形,说明这三个工艺参数两两之间的交互作用显著。进一步地,从图2-5-2(b)、(d)和(f)中可以发现,3D曲面坡度最大的为VD对LS,表明真空度和液-固体积比的交互作用最显著,而PT对LS的3D曲面坡度最小,说明浇注温度和液-固体积比的交互作用相对来说最不显著。使用 Design Expert 8.0.6 软件的"Optimization"功能,得到在浇注温度为727.57 ℃、液-固体积比为22.78、真空度为0.03 MPa的时候可获得最优的剪切强度,其值为44.75MPa。考虑到实际的实验条件,选取浇注温度为730 ℃,液-固体积比为20,真空度为0.03 MPa,在此条件下进行三次实验,得到剪切强度的平均值为43.75 MPa,相对标准偏差为2.23%,与拟合结果匹配度较高,说明该拟合公式可靠,可以用于实际实验分析与测量中。

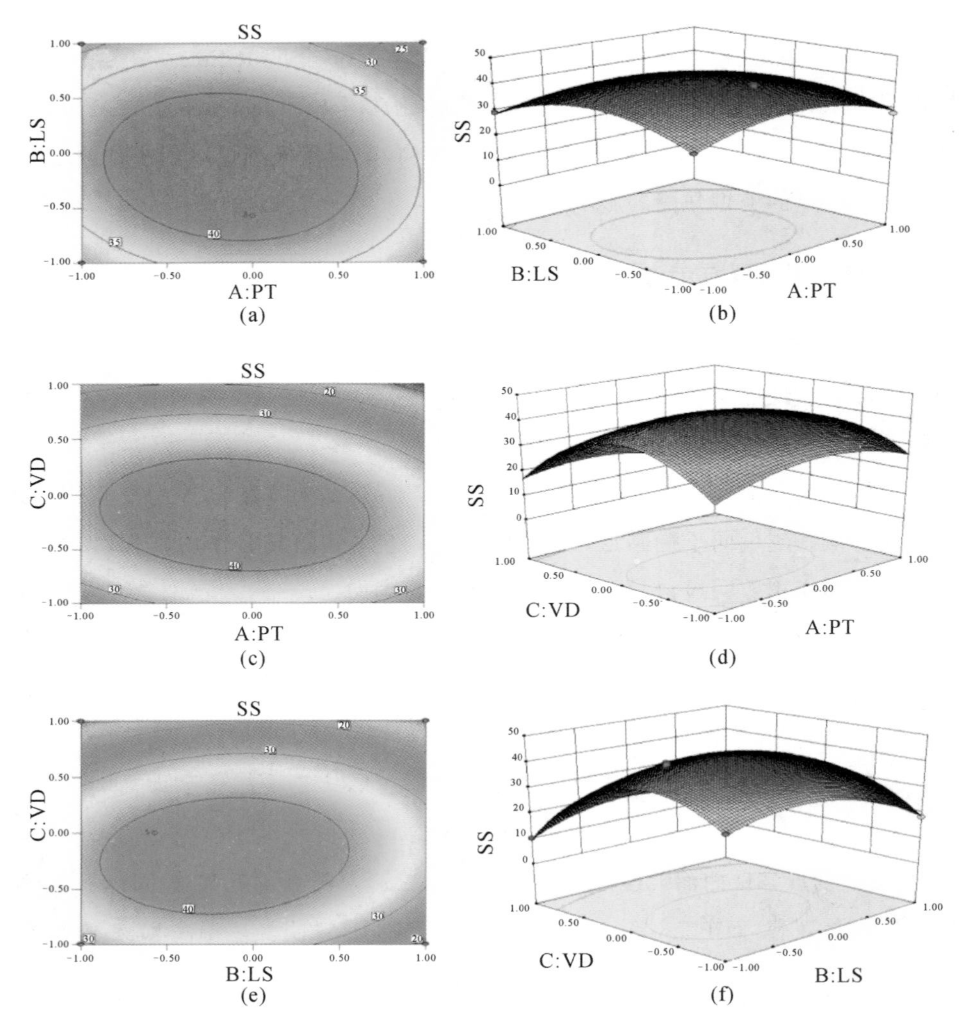

图 2-5-2 不同工艺参数对镁/铝双金属剪切强度影响的响应面优化条件交互图：(a) PT 对 LS 的等高线；(b) PT 对 LS 的 3D 曲面；(c) PT 对 VD 的等高线；(d) PT 对 VD 的 3D 曲面；(e) VD 对 LS 的等高线；(f) VD 对 LS 的 3D 曲面

2.6 消失模固-液复合铸造镁/铝双金属界面的形成机制

上文的研究主要关注工艺参数对消失模铸造镁/铝双金属组织及性能

的影响，而对界面层的形成机制暂时还没有一个准确的描述，本节主要深入研究界面层的特点和形成机制。通过前文的单因素和多因素实验及分析，我们可以发现，工艺参数对消失模铸造镁/铝双金属的性能影响较大，但是对界面处的组织影响较小，主要对界面处的缺陷比例及界面层比例有影响，而对界面处的相组成几乎没有影响。因此，本节选择浇注温度为 730 ℃、液-固体积比为 14.6 和真空度为 0.03 MPa 条件下制备的镁/铝双金属进行界面组织与性能的深入分析，并使用热力学与动力学的手段分析界面的形成机制。

2.6.1 界面组织特性

图 2-6-1 是镁/铝双金属界面区域的组织图像。从界面区域的宏观图像可以清楚地看见一个圆环形的区域在 A356 和 AZ91D 基体之间形成，如图 2-6-1(a)所示，这个环形的区域就是界面层。从宏观图像上没有发现明显的孔隙或者缝隙等缺陷，界面层的厚度均匀一致，表明具有优良的连接效果。根据上面的研究，该界面层主要由靠近 A356 侧的 $Al_3Mg_2+Mg_2Si$ 层（Ⅰ层）、靠近 AZ91D 的 $Al_{12}Mg_{17}+\delta\text{-}Mg$ 层（Ⅲ层）和处于两者之间的 $Al_{12}Mg_{17}+Mg_2Si$ 层（Ⅱ层）组成。

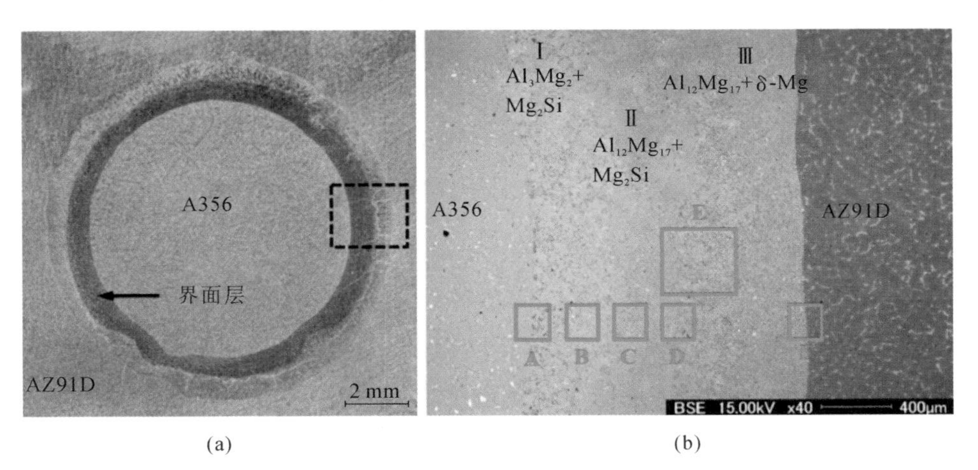

(a) (b)

图 2-6-1 双金属界面区域的组织图像：(a) 宏观图像；(b) 显微组织

图 2-6-2 是图 2-6-1(b)中界面区域元素的 EDS 面扫描结果。从图 2-6-2(b)和(c)中可以看出，Al 元素和 Mg 元素从 A356 基体到 AZ91D 基体呈现出明显

的浓度梯度。而 Si 元素在靠近 AZ91D 侧的反应层处的分布没有显示出明显的浓度梯度，如图 2-6-2(d)所示。

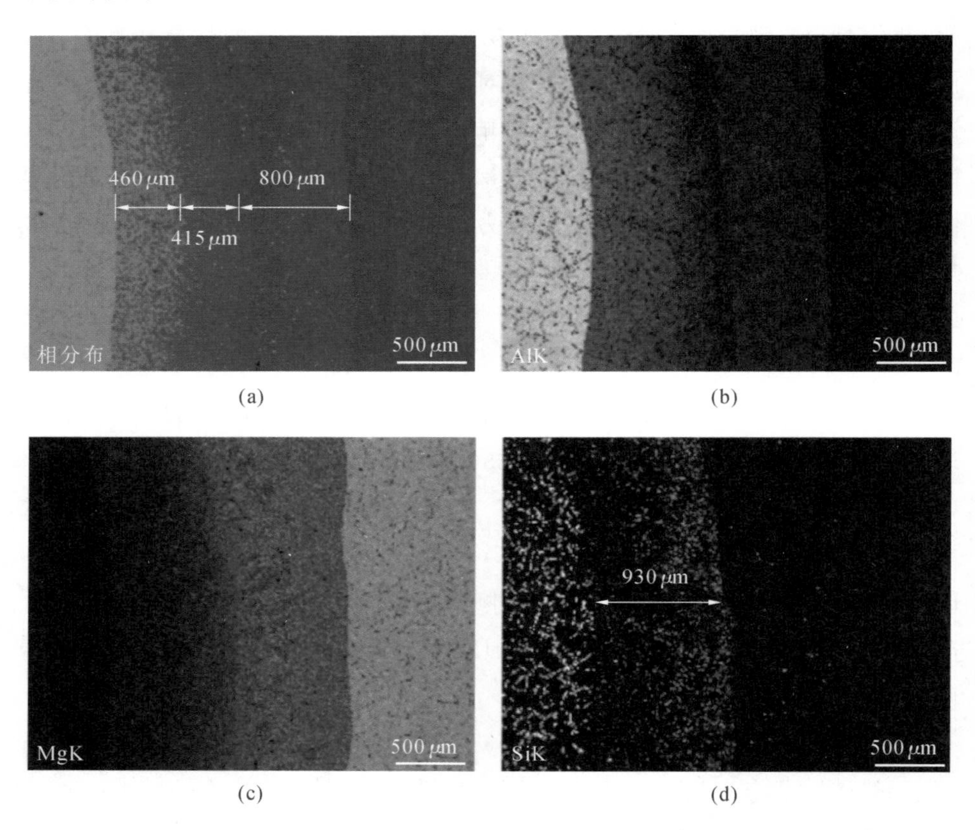

图 2-6-2　图 2-6-1(b)**中界面区域的** EDS **面扫描结果：**(a) **混合图谱；**(b) Al **元素分布图；**(c) Mg **元素分布图；**(d) Si **元素分布图**

Si 元素的浓度梯度从反应层Ⅰ到反应层Ⅱ呈现出下降的趋势。同时，还发现少量的 Si 元素弥散分布在反应层Ⅲ的区域中，这表明反应层Ⅲ也可能存在少量的 Mg_2Si。根据图 2-6-2(a)所示的混合图谱，我们可以估测每个反应层的厚度：反应层Ⅰ的厚度大约为 460 μm，反应层Ⅱ的厚度大约为 415 μm，反应层Ⅲ的厚度大约为 800 μm，反应层Ⅲ最厚。

为了更好地展示界面层中不同金属间化合物层的显微组织和扩散模型，对图 2-6-1(b)中用红色方框标示的 A 到 F 区域进行更详细的观察和成分分析，其结果如图 2-6-3 和表 2-6-1 所示。

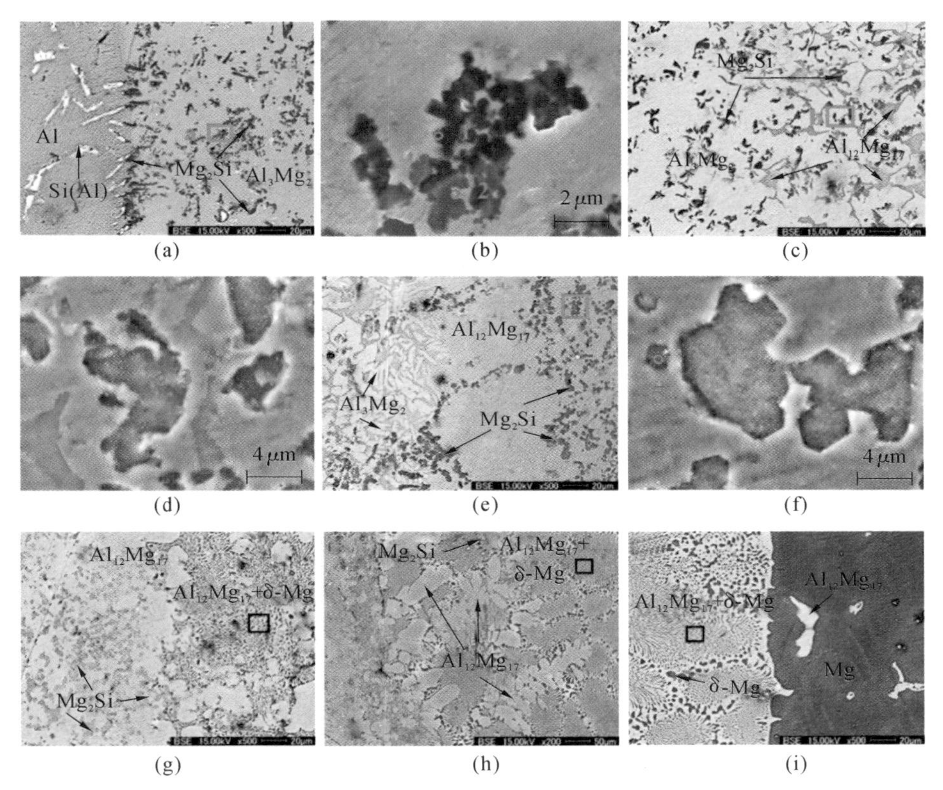

图 2-6-3　图 2-6-1(b)中 A 到 F 区域的 SEM 图像：(a) A 区域；(b) 图 2-6-3(a)中 a 区域；(c) B 区域；(d) 图 2-6-3(c)中 b 区域；(e) C 区域；(f) 图 2-6-3(e)中 c 区域；(g) D 区域；(h) E 区域；(i) F 区域

表 2-6-1　图 2-6-3 中 Mg_2Si 的 EDS 点分析结果

序号	原子比/(at. %)		
	Al	Mg	Si
1	31.54	48.5	19.96
2	43.78	38.97	17.25
3	29.62	52.92	17.46
4	2.25	65.74	32.01
5	1.23	66.16	32.61

从图 2-6-3(a)中可以看出，A356 基体和反应层Ⅰ紧密相连，无缝隙或者孔

隙缺陷。同时,大量蠕虫状 Mg_2Si 颗粒分布在 Al_3Mg_2 相之间,如图 2-6-3(b)所示,并且一些 Mg_2Si 颗粒呈现出从 A356 向反应层Ⅰ生长的趋势。从图 2-6-3(c)中可以看出,该区域处于反应层Ⅰ和反应层Ⅱ的交界处,为包含有 Mg_2Si、Al_3Mg_2 和 $Al_{12}Mg_{17}$ 三个相的混合区域。该区域中 Mg_2Si 颗粒相比于反应层Ⅰ中的 Mg_2Si 展示出更规则的形态,如图 2-6-3(d)所示。

该混合相区域和反应层Ⅱ之间的边界十分明显,如图 2-6-3(e)所示,并且 Mg_2Si 相呈不连续的状态扩散至反应层Ⅱ。反应层Ⅱ中的 Mg_2Si 呈规则的多边形,并且弥散分布在 $Al_{12}Mg_{17}$ 之间,如图 2-6-3(f)所示。从图 2-6-3(g)和(h)中可以看出,反应层Ⅱ和反应层Ⅲ的结合区域主要由 $Al_{12}Mg_{17}+Mg_2Si$ 菊花状共晶组织和初生的 $Al_{12}Mg_{17}$ 枝晶组成,并且初生的 $Al_{12}Mg_{17}$ 枝晶表现出枝晶重熔现象。在反应层Ⅲ中也发现了一些 Mg_2Si 颗粒,证实了反应层Ⅲ中 Si 元素的存在。共晶区与 AZ91D 基体的界面如图 2-6-3(i)所示,连接处紧密且无明显缺陷。

因此,消失模铸造镁/铝双金属的界面层可以更加详细地分成四个区域:$Mg_2Si+Al_3Mg_2$、$Mg_2Si+Al_3Mg_2+Al_{12}Mg_{17}$、$Mg_2Si+Al_{12}Mg_{17}$ 和 $Al_{12}Mg_{17}+\delta$-Mg 共晶组织 $+Mg_2Si$。图 2-6-3 中 Mg_2Si 在不同区域的 EDS 点分析结果如表 2-6-1 所示,可以看出,不同位置的 Mg_2Si 的原子百分数存在差异,说明不同区域的 Mg_2Si 存在差异。

为了进一步确定镁/铝双金属界面区域的相成分,对镁/铝双金属界面区域的相进行 TEM 测试,结果如图 2-6-4 所示。图 2-6-4(a)为 Mg 基体附近界面层的 TEM 亮场图像(BF 图像),图 2-6-4(b)和(c)为图 2-6-4(a)中选定区域的电子衍射图像(SAED 图像)。SAED 图像结果表明,Mg 基体附近反应层的相组成为 $Al_{12}Mg_{17}$ 和 Mg。

$Al_{12}Mg_{17}$ 和 Mg 之间的晶体取向如图 2-6-4(d)和(e)所示,$[010]_{Mg}$ 和 $[\bar{1}10]_{\gamma}$ 晶带轴的夹角是 45°。使用透射电镜分析研究 $Al_{12}Mg_{17}+Mg_2Si$ 层与 $Al_3Mg_2+Mg_2Si$ 层交界处的相组成,结果如图 2-6-4(f)至(i)所示,这也进一步证明了 Al_3Mg_2、Mg_2Si 和 $Al_{12}Mg_{17}$ 相的存在。Al_3Mg_2、Mg_2Si 和 $Al_{12}Mg_{17}$ 的晶体取向如图 2-6-4(j)和(k)所示,从取向关系可发现 Al_3Mg_2 和 $Al_{12}Mg_{17}$ 都不与 Mg_2Si 存在共格关系。

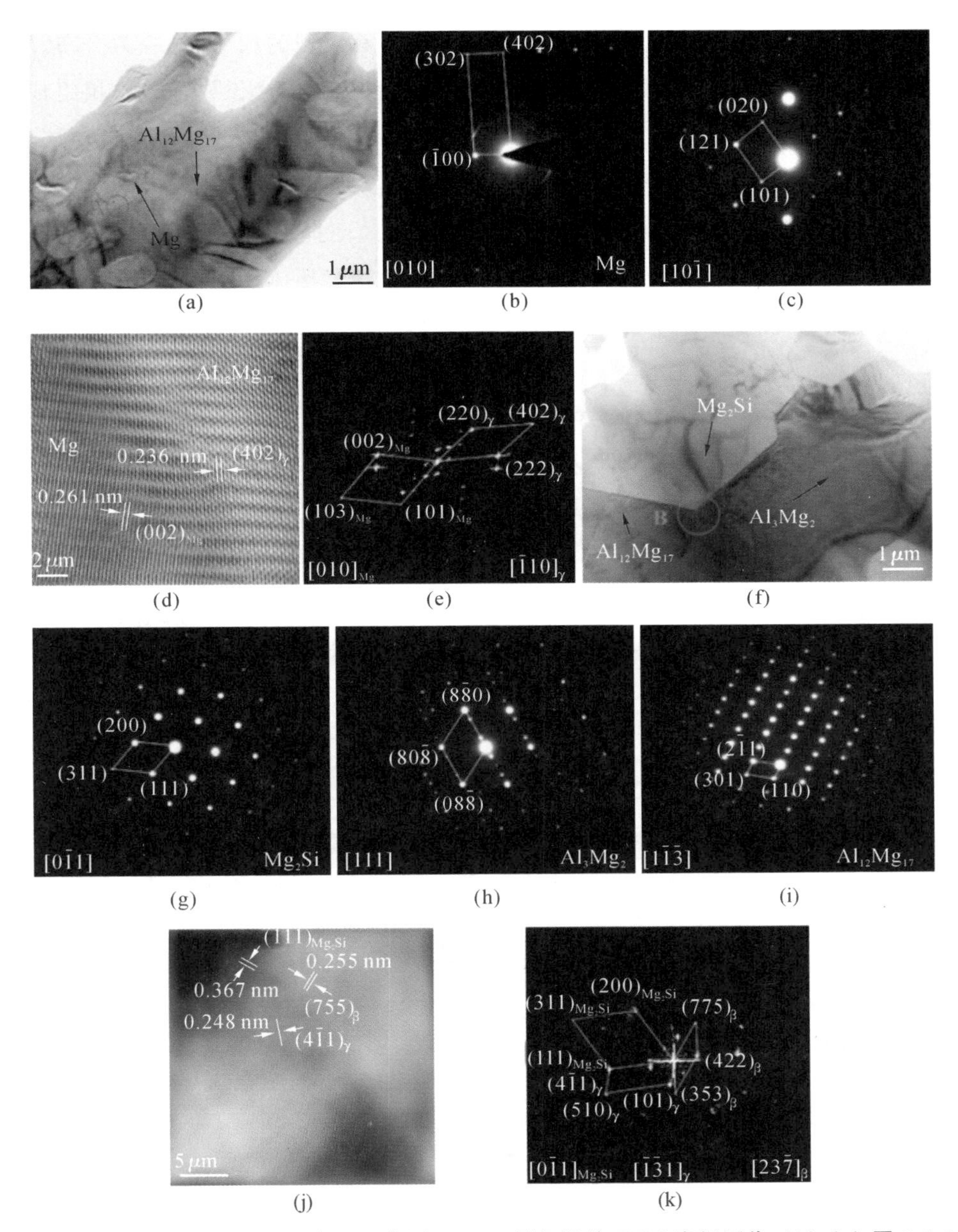

图 2-6-4 不同相的 TEM 图像:(a) 靠近 AZ91D 侧组织的 TEM 亮场图像;(b),(c) 图 2-6-4(a)中 $Al_{12}Mg_{17}$ 和 Mg 的 SAED 图像;(d),(e) 图 2-6-4(a)中 A 区域的高分辨率 TEM 图像和 FFT 图像;(f) 界面层中间区域的 TEM 亮场图像;(g),(h),(i) 图 2-6-4(f)中的 Mg_2Si、Al_3Mg_2 和 $Al_{12}Mg_{17}$ 的 SAED 图像;(j),(k) 图 2-6-4(f)中 B 区域的高分辨率 TEM 图像和 FFT 图像

进一步使用EBSD技术分析镁/铝双金属界面区域的相分布、应力分布、取向分布，其结果如图2-6-5所示。图2-6-5(b)清楚地显示出界面层的相组成。从图2-6-5(c)中可以看出，$Al_3Mg_2+Mg_2Si$和$Al_{12}Mg_{17}+Mg_2Si$两个反应层连接处的应力集中情况最严重，这可能使得此处容易开裂。从图2-6-5(d)中的取向分布结果可以看出，$Al_3Mg_2+Mg_2Si$层沿(001)面择优取向，$Al_{12}Mg_{17}+Mg_2Si$层沿(111)面择优取向，共晶层的取向各位置不同，整体呈现出无择优取向的分布结果。由图2-6-6的每一相的极图也能得到上面的结论。

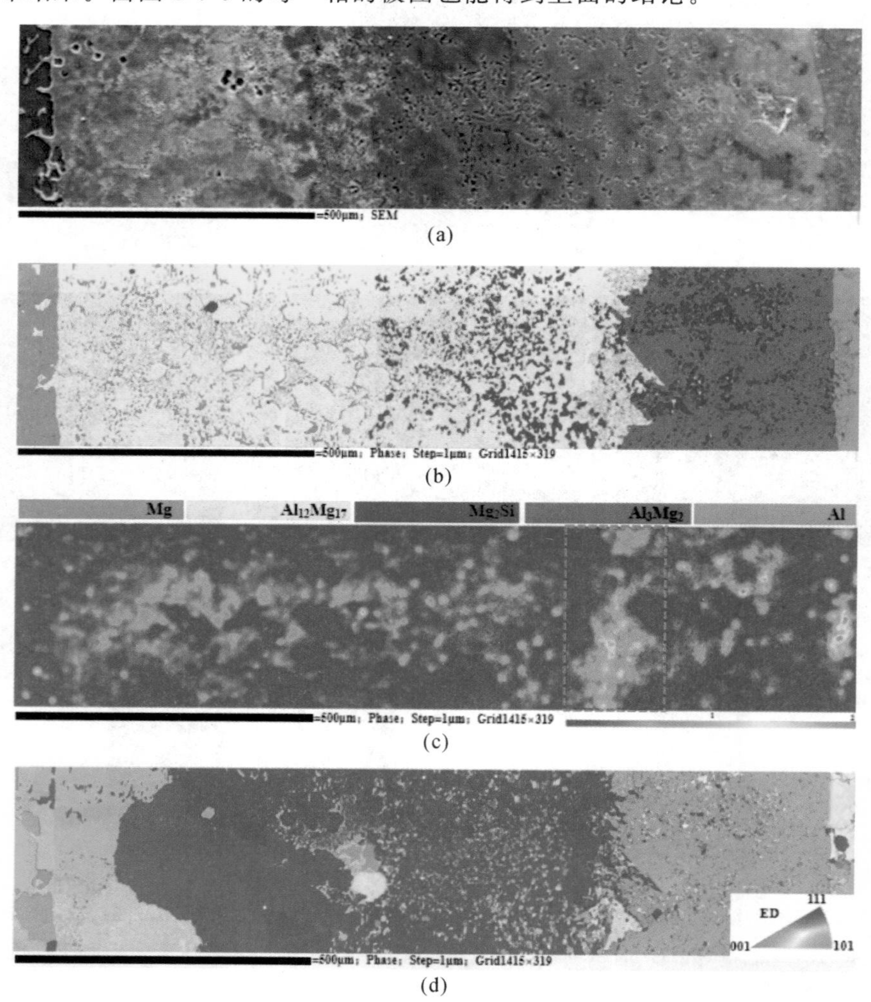

图2-6-5　界面区域EBSD技术分析结果：(a) SEM图像；(b) 相分布；(c) 应力分布；(d) 取向分布

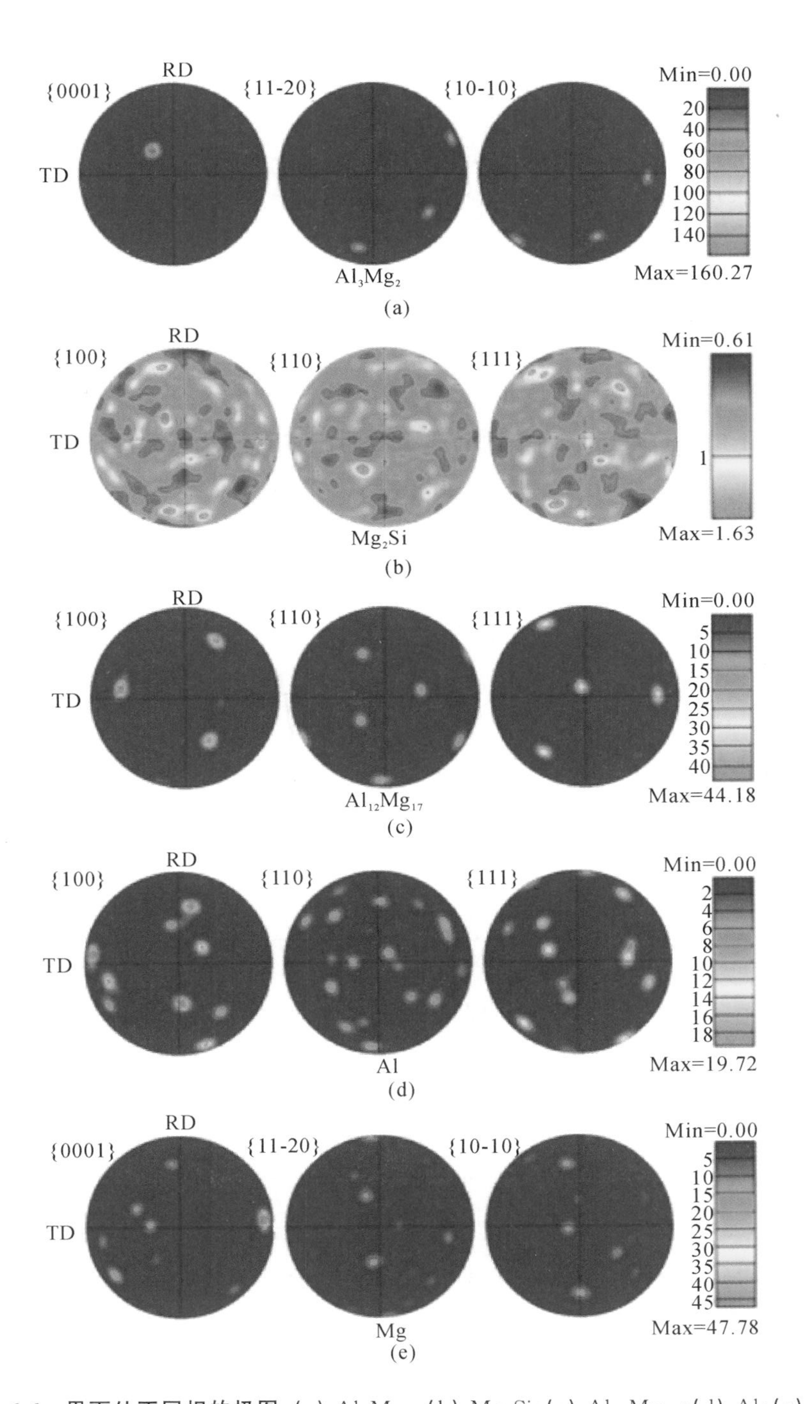

图 2-6-6　界面处不同相的极图：(a) Al_3Mg_2；(b) Mg_2Si；(c) $Al_{12}Mg_{17}$；(d) Al；(e) Mg

2.6.2 界面形成热力学

为了研究镁/铝双金属界面形成的热力学，首先需要了解充型与凝固过程中的温度变化。在浇注过程中，利用 K 型热电偶和计算机数据采集系统对铝嵌体表面的温度变化进行实时测量。

为了深入研究这一过程中温度的变化趋势，绘出相应的温度随时间变化的一阶导数曲线，如图 2-6-7 所示。从图 2-6-7 中可以看出，在温度达到峰值 $T_p=859$ K(585.85 ℃)之后，温度出现了第一次快速降低，这可能是由于金属液触碰到常温下的铝嵌体表面而快速降温引起的。然而，一个短暂的温度升高发生在 850 K (576.85 ℃) (T_{SS})，这是由于凝固释放出结晶潜热，G. P. Liu 等人的研究也证实了这一现象。

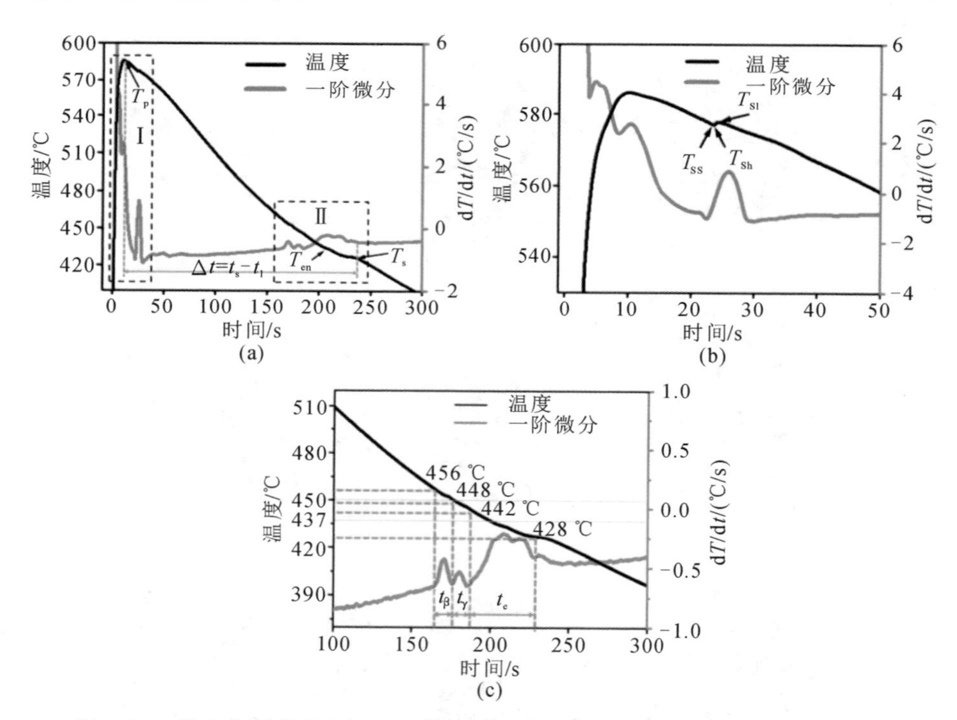

图 2-6-7 热电偶测温结果：(a)温度随时间变化的曲线及相应的一阶导数曲线；(b)图 2-6-7(a)中区域Ⅰ；(c)图 2-6-7(a)中区域Ⅱ

同时，根据图 2-6-7(b)也可以获得再炽点之前的最低温度和最高温度，分

别是 T_{Sl}＝850 K (576.85 ℃)和 T_{Sh}＝851 K(577.85 ℃)。从 220 s 到 235 s，一个小的温度平台 T_{en}＝703 K (429.85 ℃)在接近共晶反应温度 710 K(437 ℃)附近被观察到，如图 2-6-7(c)所示，表明在该时间发生了共晶反应，这与 O. Fornaro 等人的研究一致。根据 I. U. Haq 等人的研究，一阶导数曲线数值的增加意味着一个新相的形成，当相变结束时该数值会减小。在 163 s、176 s、186 s 时，导数曲线发生明显的上升，如图 2-6-7(c)所示，说明在这三个时间点发生了相变。之后，一阶导数曲线恢复常数，表明相变结束。

因此，可以据此估计界面层的形成时间 Δt 约为 221 s。结合铝/镁二元相图、界面区域的 EDS 线扫描结果(见图 2-6-8)、图 2-6-3 中的微观组织结构以及上面分析的温度随时间变化曲线和相应的一阶导数曲线，界面层中不同相形成可能所需的时间如下：

(1) Al_3Mg_2，t_β＝12 s；

(2) $Al_{12}Mg_{17}$，t_γ＝10 s；

(3) $Al_{12}Mg_{17}$＋δ-Mg 共晶组织，t_e＝46 s。

t_e区间出现的轻微波动可能是由于初生的 α-$Al_{12}Mg_{17}$造成的，图 2-6-3(h)中存在初生的 α-$Al_{12}Mg_{17}$可以证明这一点。

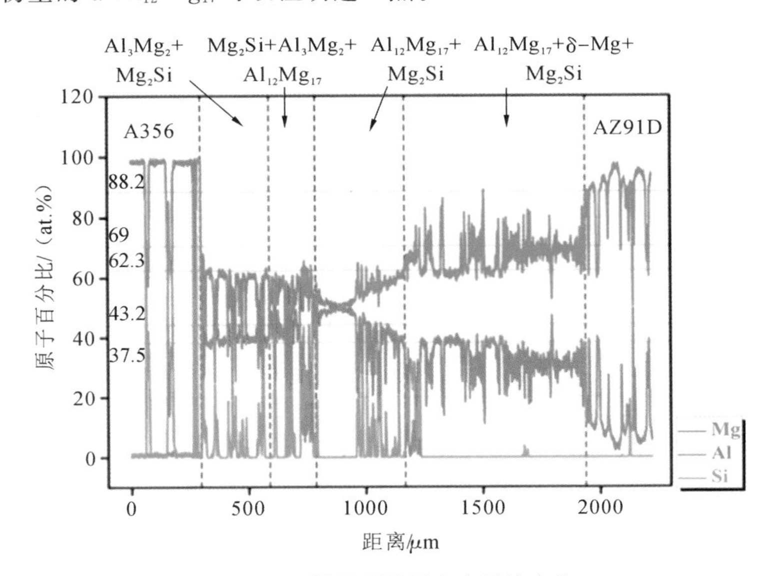

图 2-6-8　界面区域元素含量的变化

使用热力学评估手段来进一步分析界面层中不同相的形成顺序。三元体系中金属间化合物的吉布斯自由能可以用式(2-6-1)定义：

$$G_m^{\varnothing} = \sum_{i=1}^{3} x_i\ {}^0G^i + RT(x_1 \ln x_1 + x_2 \ln x_2 + x_3 \ln x_3) + {}^{ex}G \quad (2\text{-}6\text{-}1)$$

式中：x_1、x_2和x_3是每一相的摩尔分数；${}^0G_i$是纯元素i的吉布斯自由能；$RT(x_1 \ln x_1 + x_2 \ln x_2 + x_3 \ln x_3)$是理想混合物吉布斯自由能所占的比例；${}^{ex}G$是额外吉布斯自由能。根据式(2-6-1)，$Al_3Mg_2$、$Al_{12}Mg_{17}$、$Al_{30}Mg_{23}$和$Mg_2Si$的吉布斯自由能能够用式(2-6-2)～式(2-6-5)来评估：

$$G_m^{Al_3Mg_2} = -1037119.82 + 284.663T + 3\ {}^0G_{Al}^{fcc} + 2\ {}^0G_{Mg}^{hcp} \quad (2\text{-}6\text{-}2)$$

$$G_m^{Al_{12}Mg_{17}} = -108099.027 + 7.290T + 12\ {}^0G_{Al}^{fcc} + 17\ {}^0G_{Mg}^{hcp} \quad (2\text{-}6\text{-}3)$$

$$G_m^{Al_{30}Mg_{23}} = -211586.254 + 13.383T + 30\ {}^0G_{Al}^{fcc} + 23\ {}^0G_{Mg}^{hcp} \quad (2\text{-}6\text{-}4)$$

$$G_m^{Mg_2Si} = -85584.06 + 379.8697T + 2\ {}^0G_{Mg}^{hcp} + {}^0G_{Si}^{diamond} \quad (2\text{-}6\text{-}5)$$

上面的式子中，纯元素的吉布斯自由能，即${}^0G_{Al}^{fcc}$、${}^0G_{Mg}^{hcp}$和${}^0G_{Si}^{diamond}$，可以从欧洲热力学数据科学组织(SGTE)获得。金属间化合物的形成是由于不同原子间的化学反应，因此，金属间化合物形成过程中吉布斯自由能ΔG的变化可以用式(2-6-6)来表达：

$$\Delta G = G_m^{\varnothing} - x\ {}^0G_{Al}^{fcc} - y\ {}^0G_{Mg}^{hcp} - z\ {}^0G_{Si}^{diamond} \quad (2\text{-}6\text{-}6)$$

式中，x、y、z为相应化学反应的化学计量数。

因此，可获得不同金属间化合物的吉布斯自由能ΔG随温度变化的关系，如图2-6-9所示。从图2-6-9中可以看出在一定温度范围内的Al_3Mg_2、$Al_{30}Mg_{23}$、$Al_{12}Mg_{17}$、Mg_2Si的形成顺序。然而，在当前的实验中并没有发现$Al_{30}Mg_{23}$相，这可能是因为$Al_{30}Mg_{23}$是亚稳态相，在凝固过程中生成的$Al_{30}Mg_{23}$转变为Al_3Mg_2。

根据上面的热力学评估，在$Al_3Mg_2 + Mg_2Si$反应层和$Al_{12}Mg_{17} + Mg_2Si$反应层中，Al_3Mg_2和$Al_{12}Mg_{17}$先于Mg_2Si形成。不同区域Mg_2Si形态和组成的差异可能是由于Al-Mg-Si三元体系的温度和组成不同造成的。

2.6.3 界面形成动力学

为了研究消失模铸造镁/铝双金属界面形成的动力学，首先需要弄清楚浇注过程中金属液的流动。而可以描述金属液流动的模型是金属液前端的流动

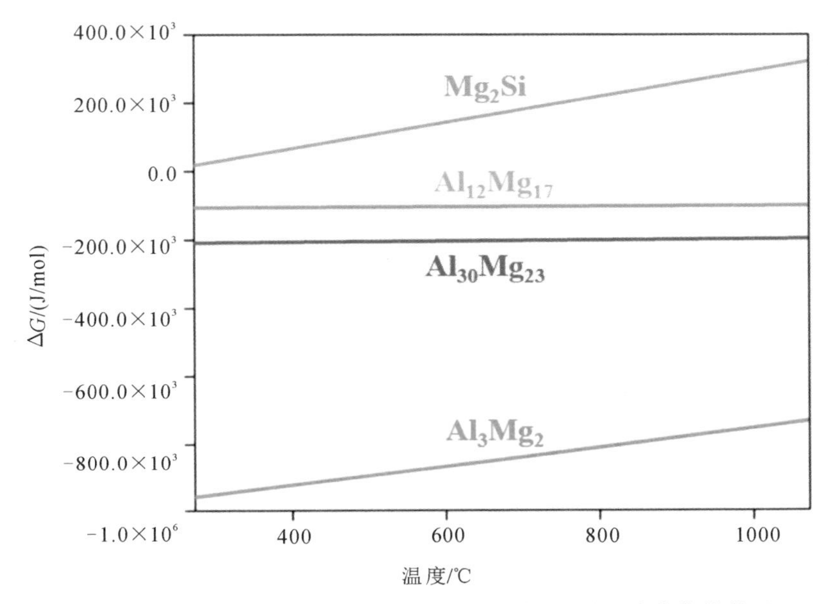

图 2-6-9　不同金属间化合物的吉布斯自由能 ΔG 随温度变化的关系

长度，因此，我们需要推导消失模铸造镁/铝双金属流动前沿的长度。

消失模铸造不同于普通的砂型铸造或者金属型铸造，其金属液流动过程由于存在泡沫分解产物而变得更加复杂，为了简化推导流程，我们做出下面几点假设：

(1) 金属液等速流动；

(2) 金属液的导热方式为热传导，无辐射传导；

(3) 金属液前沿各点温度一致；

(4) 金属液前沿以平面方式推进；

(5) 型腔内干砂的温度保持不变。

图 2-6-10 是消失模铸造镁/铝双金属的充型原理图。为了方便计算，我们选取金属液前端的一个微元体进行分析。图 2-6-10 中，ΔL 是金属液最前端的熔融镁液微元体所占长度，a 为泡沫和金属液前端之间的泡沫热解产物所占长度，b 是泡沫模型的边长，d 是铝嵌体的直径。因此，镁合金液体的充型长度 L 可以用式(2-6-7)表示：

$$L = \int_0^t v(t)\,\mathrm{d}t \tag{2-6-7}$$

式中：$v(t)$是熔融镁合金的充型速度，cm/s；t 是镁合金液体流动的时间，s。由于我们假设金属液的充型速度不变，即 $v(t)$为常数，因此式(2-6-7)可以写成：

$$L = \bar{v}t \tag{2-6-8}$$

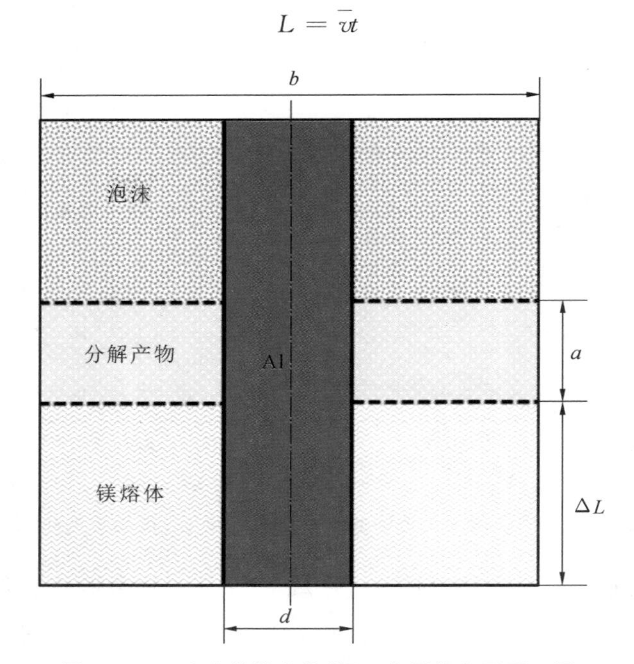

图 2-6-10　消失模铸造镁/铝双金属的充型原理图

在金属液冷却阶段，该微元体存在下面的热平衡：镁合金液体微元体在 dt 时间内温度下降放出的热量$Q_{\Delta L}$等于微元体向砂型传导的热量Q_{Sand}、微元体向铝嵌体传导的热量Q_{Al}及泡沫热解吸收的热量Q_{Foam}之和，即

$$Q_{\Delta L} = Q_{\mathrm{Sand}} + Q_{\mathrm{Al}} + Q_{\mathrm{Foam}} \tag{2-6-9}$$

其中，Q_{Sand}可以用下面的公式得到：

$$Q_{\mathrm{Sand}} = 4\Delta Lb\,H_{\mathrm{Mg\text{-}S}}(T_{\mathrm{Mg}} - T_{\mathrm{S}})\mathrm{d}t \tag{2-6-10}$$

式中：$H_{\mathrm{Mg\text{-}S}}$是镁合金液体和砂型之间的传热系数，W/(m² · ℃)；T_{Mg}是镁合金的平均温度，℃；T_{S}是砂型与镁合金接触时的初始温度，℃。

Q_{Al}可以用下面的公式得到：

$$Q_{\mathrm{Al}} = \pi\Delta Lb H_{\mathrm{Mg\text{-}Al}}(T_{\mathrm{Mg}} - T_{\mathrm{Al}})\mathrm{d}t \tag{2-6-11}$$

式中：$H_{\mathrm{Mg\text{-}Al}}$是镁合金液体和铝嵌体之间的传热系数，W/(m² · ℃)；T_{Mg}是镁合金的平均温度，℃；T_{Al}是镁合金与铝嵌体接触时的初始温度，℃；b 是泡沫模型的边长，cm。

Q_{Foam}可以用下面的公式得到：

$$Q_{Foam}=a\left[b^2-\pi\left(\frac{d}{2}\right)^2\right]\rho_F\ H_F\mathrm{d}t \tag{2-6-12}$$

式中：a 是金属液前沿的泡沫分解产物所占长度，cm；b 是泡沫模型的边长，cm；d 是铝嵌体的直径，cm；ρ_F是泡沫模型的密度，g/cm³；H_F是泡沫模型热解吸热量，W/g；t 是时间，s。

$Q_{\Delta L}$还可以用下面的公式得到：

$$Q_{\Delta L}=-\Delta L\left[b^2-\pi\left(\frac{d}{2}\right)^2\right]\rho_{Mg}\ C_{Mg}\mathrm{d}T_{Mg} \tag{2-6-13}$$

式中：ΔL 是金属液微元体的长度，cm；b 是泡沫模型的边长，cm；d 是铝嵌体的直径，cm；ρ_{Mg}是镁合金的密度，g/cm³；C_{Mg}是镁合金的比热，J/(g·℃)；T_{Mg}是镁合金液体的温度，℃。

因此，式(2-6-9)可以写成：

$$-\Delta L\left[b^2-\pi\left(\frac{d}{2}\right)^2\right]\rho_{Mg}\ C_{Mg}\mathrm{d}T_{Mg}=4\Delta Lb\ H_{Mg\text{-}S}(T_{Mg}-T_S)\mathrm{d}t+$$
$$\pi\Delta LbH_{Mg\text{-}Al}(T_{Mg}-T_{Al})\mathrm{d}t+a\left[b^2-\pi\left(\frac{d}{2}\right)^2\right]\rho_F H_F\mathrm{d}t \tag{2-6-14}$$

由于泡沫分解产物的长度比较小，$a\approx\Delta L$，所以式(2-6-14)可以写成：

$$-\left[b^2-\pi\left(\frac{d}{2}\right)^2\right]\rho_{Mg}\ C_{Mg}\mathrm{d}T_{Mg}=4b\ H_{Mg\text{-}S}(T_{Mg}-T_S)\mathrm{d}t+$$
$$\pi\ bH_{Mg\text{-}Al}(T_{Mg}-T_{Al})\mathrm{d}t+\left[b^2-\pi\left(\frac{d}{2}\right)^2\right]\rho_F\ H_F\mathrm{d}t \tag{2-6-15}$$

因此式(2-6-15)可以写成：

$$\mathrm{d}t=\frac{(\pi\ d^2-4\ b^2)\rho_{Mg}\ C_{Mg}\mathrm{d}T_{Mg}}{16b\ H_{Mg\text{-}S}(T_{Mg}-T_S)+4\pi\ bH_{Mg\text{-}Al}(T_{Mg}-T_{Al})+(4\ b^2-\pi\ d^2)\ \rho_F\ H_F} \tag{2-6-16}$$

当 $t=0$ 时，镁液的温度 $T_{Mg}=T_0$，当 $t=t_1$ 时，$T_{Mg}=T_{Mg}$，对式(2-6-16)积分，得到下面的公式：

$$t_1=\frac{(\pi\ d^2-4\ b^2)\ \rho_{Mg}\ C_{Mg}}{(16b\ H_{Mg\text{-}S}+4\pi\ bH_{Mg\text{-}Al})}\cdot$$
$$\ln\frac{(16b\ H_{Mg\text{-}S}+4\pi\ bH_{Mg\text{-}Al})T_{Mg}-16b\ H_{Mg\text{-}S}\ T_S-4\pi\ bH_{Mg\text{-}Al}\ T_{Al}+(4\ b^2-\pi\ d^2)\ \rho_F\ H_F}{(16b\ H_{Mg\text{-}S}+4\pi\ bH_{Mg\text{-}Al})T_0-16b\ H_{Mg\text{-}S}\ T_S-4\pi\ bH_{Mg\text{-}Al}\ T_{Al}+(4\ b^2-\pi\ d^2)\ \rho_F\ H_F} \tag{2-6-17}$$

考虑到除了T_{Mg}外其他量都是常数，因此，金属液前沿温度达到T_{Mg}时的时间为

$$t_1 = m\ln\frac{nT_{Mg}-l}{p} \tag{2-6-18}$$

其中，m、n、l和p都为常数。

此时，金属液的流动长度L可以用下式表示：

$$L = \bar{v}m\ln\frac{nT_{Mg}-l}{p} \tag{2-6-19}$$

其中，流动速度$\bar{v}$与升压常数、气阻率变化速率、气阻沿程变化系数和镁液重度有关，关系式如下：

$$\bar{v} = \frac{(1.62Q-k_E)\mathrm{d}v_E}{\gamma_{Mg}\mathrm{d}t} \tag{2-6-20}$$

式中：Q是升压常数；k_E是气阻沿程变化系数；γ_{Mg}是镁液重度；$\frac{\mathrm{d}v_E}{\mathrm{d}t}$是气阻率变化速率。

因此，金属液的流动长度和浇注温度有关，和真空度有关，和热容量有关，和模型尺寸有关。

为了研究铝嵌体表面在浇注过程中的变化，对A356铝合金进行DSC测试，A356合金的DSC曲线如图2-6-11所示。峰值1、峰值2和峰值3分别在831.93 K (558.78 ℃)、851.93 K (578.78 ℃)和888.93 K (615.78 ℃)出现，说明在这三个温度存在相转变，根据文献可知，这三个温度发生的相转变分别是Al+Si+Mg_2Si三元共晶反应、Al-Si共晶反应和初级α(Al)枝晶生成。

从上面的研究可以知道，AZ91D熔体与A356嵌体接触时的最高温度为859 K(585.85 ℃)，高于A356合金的固相线的温度。因此，在浇注过程中A356嵌体表面将会发生部分熔化，这意味着界面层的形成机制是熔融结合和扩散结合的复合作用。

根据上面的研究结果，我们可以总结消失模复合铸造镁/铝双金属的界面形成机制，其界面形成过程如图2-6-12所示。

当镁合金熔体接触泡沫时，EPS泡沫在高热量下迅速分解。一旦熔融镁合金接触A356嵌体，一层薄薄的激冷区首先形成，这是因为A356铝嵌体表面温度比镁合金液体温度低太多，根据相图，激冷区由α-Mg组成，如图2-6-12(b)

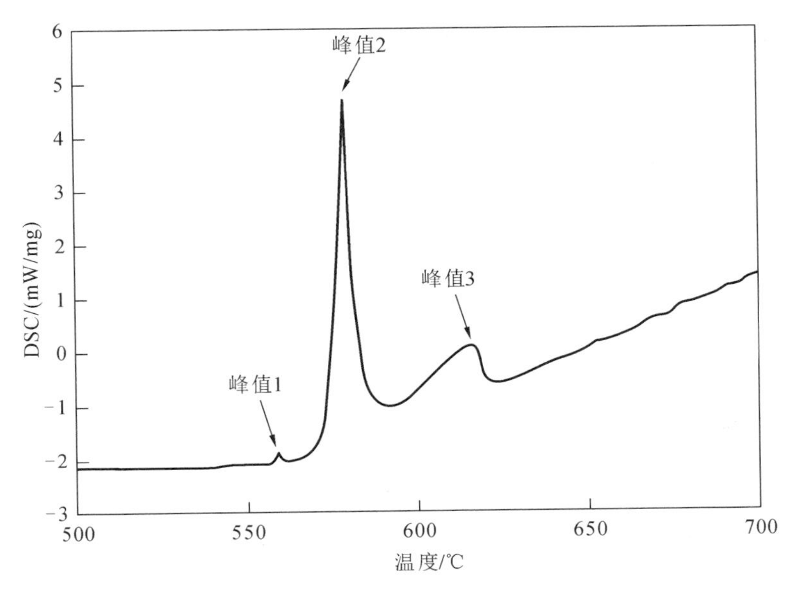

图 2-6-11 A356 铝合金的 DSC 曲线

所示。

同时，A356 嵌体和 AZ91D 熔体之间的元素扩散继续进行。在潜热释放和镁熔体的高温作用下，铝嵌体表面熔化和激冷区重熔发生了，如图 2-6-12(c)所示。根据 Al-Mg 二元相图，由于存在浓度梯度和凝固顺序，Al_3Mg_2、Al_3Mg_2 + $Al_{12}Mg_{17}$ 和 $Al_{12}Mg_{17}$ 金属间化合物层依次形成，如图 2-6-12(d)～(f)所示。

随后，$Al_{12}Mg_{17}$ 呈树枝晶状优先生长，如图 2-6-12(g)所示。最后，由于共晶反应，$Al_{12}Mg_{17}$ + δ-Mg 共晶组织形成，并且共晶反应所产生的结晶潜热使 α-$Al_{12}Mg_{17}$ 枝晶的根部和枝晶臂部分重熔，如图 2-6-12(h)所示。最终，AZ91D 镁合金凝固，整个界面反应层形成。由 EPMA 测试得到的 Mg 的原子百分数在界面处的数值(见图 2-6-8)与 Al-Mg 二元图吻合良好，表明该动力学过程准确度较高。

此外，由于 A356 合金中 Si 含量较高，Si 元素几乎分布在整个界面层中。由 Al-Mg-Si 三元相图可知，Si 原子与 Mg 原子发生反应，主要形成 Mg_2Si 相。因此，Mg_2Si 可以在整个界面层中找到。

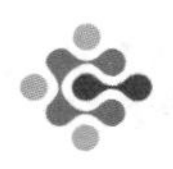

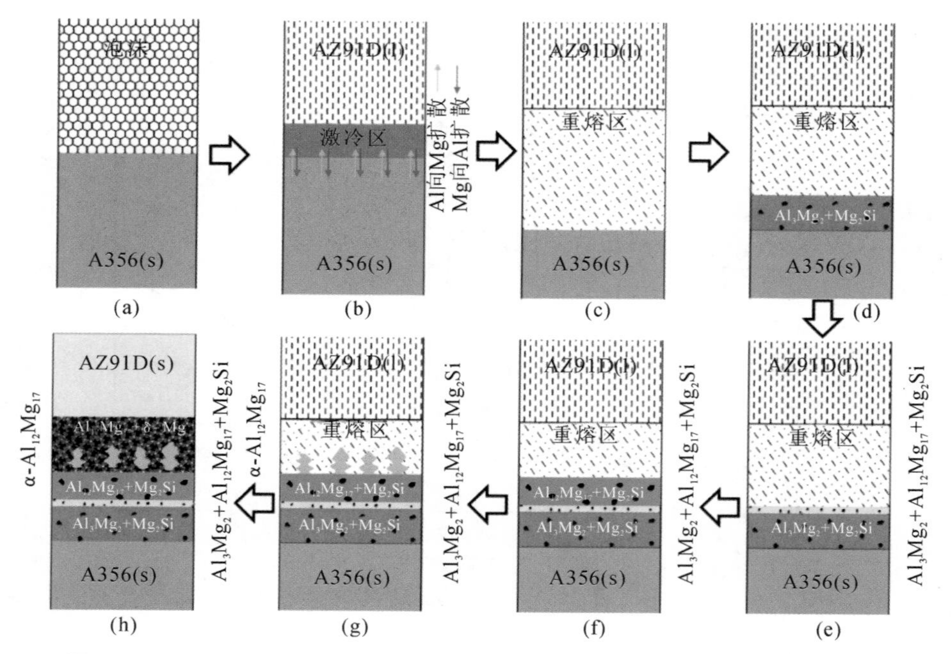

图 2-6-12　消失模铸造镁/铝双金属界面形成原理图：(a) **浇注前；**(b) **激冷区的形成和元素扩散；**(c) **激冷区重熔；**(d)～(f) $Al_3Mg_2+Mg_2Si$、$Al_3Mg_2+Al_{12}Mg_{17}+Mg_2Si$、$Al_{12}Mg_{17}+Mg_2Si$ **依次形成；**(g) $Al_{12}Mg_{17}$ **枝晶形成；**(h) $Al_{12}Mg_{17}$ **枝晶重熔和** $Al_{12}Mg_{17}+\delta\text{-}Mg$ **共晶组织生成**

第3章 固态嵌体成分和形貌对镁/铝双金属界面组织和性能的影响

3.1 引言

在前面章节的研究中，选择 A356 铝合金作为固态嵌体，但在实际应用中，可能会选择 AZ91D 镁合金作为固态嵌体，而对不同合金材料作为固态嵌体时双金属界面组织和性能的差别目前还未有系统的研究。此外，选择 A356 铝合金作为固态嵌体时，发现界面中含有较多的 Mg_2Si 相，Mg_2Si 在界面中是一种强化相，对双金属界面性能的提高具有较大作用，而 Mg_2Si 主要是由 A356 铝合金中的 Si 相和 AZ91D 熔体中的 Mg 元素结合形成的，因此，铝嵌体中 Si 的含量也会影响双金属界面的组织和性能。另外，固态嵌体表面形貌也会对双金属界面的组织和性能产生较大影响。因此，本章研究了不同合金材料(AZ91D 和 A356)作为固态嵌体、固态嵌体的 Si 含量以及固态嵌体形貌对双金属界面组织和性能的影响。

3.2 铝嵌体和镁嵌体条件下镁/铝双金属界面的组织特征与性能

在使用复合铸造工艺制备镁/铝双金属铸件的过程中，固态嵌体材料是一个非常重要的影响因素。一方面，在一些实际应用的零件中，零件的不同位置需要使用不同的材料来满足不同部位所需的性能要求。在这种情况下，通常使用不同的材料在不同的部位作为固态嵌体。另一方面，固态嵌体材料对双金属的微观结构和力学性能也有很大的影响。因此，研究嵌体材料在铝合金与镁合金的结合中所起的作用是十分必要的，可为双金属制备中嵌体的选择提供指导。本节分别选择了铝合金和镁合金作为固态嵌体,另外一种金属作为液态熔体,研究不同材料作为固态嵌体时对双金属组织和性能的影响。

3.2.1 实验材料与方法

实验方法和检测方法与上一章相同,差异在于分别选择铝合金和镁合金作为固态嵌体,另一种金属作为液态合金。镁合金作为固态嵌体的消失模固-液复合铸造镁/铝双金属的整个工艺过程和铝合金作为固态嵌体时相同,不同的是,由于镁合金和铝合金的性质不同,例如镁合金的熔点低于铝合金等,因此原来适用于铝合金作为固态嵌体的工艺参数需要变化。本实验参数如表 3-2-1 所示,主要改变的参数是浇注温度和液-固体积比,真空度恒定为0.03 MPa。

表 3-2-1 不同嵌体材料的镁/铝双金属的制备参数

样品	嵌体材料	熔体材料	浇注温度/℃	$VR_{L\text{-}S}$
1	A356	AZ91D	730	14.60
2	AZ91D	A356	730	14.60
3	AZ91D	A356	710	3.01
4	AZ91D	A356	710	4.85
5	AZ91D	A356	710	6.96
6	AZ91D	A356	690	3.01
7	AZ91D	A356	690	4.85
8	AZ91D	A356	690	6.96
9	AZ91D	A356	670	3.01
10	AZ91D	A356	670	4.85
11	AZ91D	A356	670	6.96

3.2.2 铝嵌体和镁嵌体条件下镁/铝双金属界面的组织特征

图 3-2-1 为不同嵌体材料和参数制备的镁/铝双金属的宏观图像。由图 3-2-1(a)可以发现,A356 为固态嵌体时镁/铝双金属具有良好的结合性能,界面无缺陷且均匀。相比之下,在相同的铸造参数下,AZ91D 镁合金作为固态嵌体时,镁/铝双金属中的 AZ91D 固态嵌体几乎全部熔化,并出现许多孔隙缺陷,如图 3-2-1(b)所示。

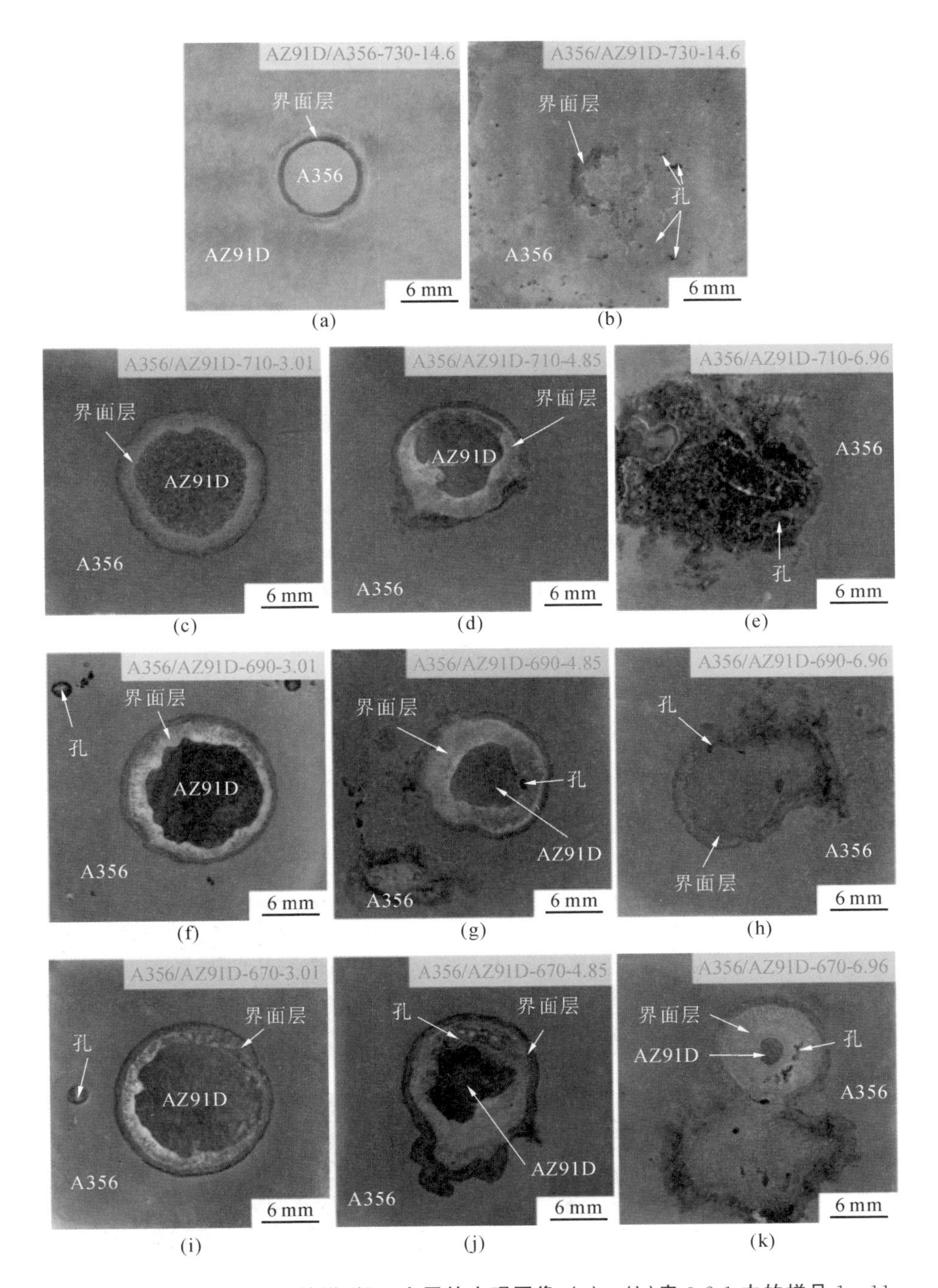

图 3-2-1　不同嵌体材料的镁/铝双金属的宏观图像：(a)～(k)表 3-2-1 中的样品 1～11

为了优化 AZ91D 作为嵌体制备的镁/铝双金属质量，研究了不同的浇注温度和液-固体积比对其组织与性能的影响，其结果如图 3-2-1(c)～(k)所示。很明显，当液-固体积比为 6.96 时，AZ91D 嵌体在所有浇注温度下几乎都发生了熔化，如图 3-2-1(e)、(h)和(k)所示。虽然当液-固体积比为 4.85 时，AZ91D 嵌体不会完全熔化，但在所有浇注温度下，固态嵌体无法保持原始形状，如图 3-2-1(d)、(g)和(j)所示。只有在液-固体积比为 3.01 的情况下，AZ91D 嵌体保持了原有的形状和相对均匀的界面，如图 3-2-1(c)、(f)和(i)所示；然而，在 690 ℃和 670 ℃的浇注温度下，A356 基体上存在一些孔隙缺陷，如图 3-2-1(f)和(i)所示。因此，当以 AZ91D 作为嵌体材料时，只有在浇注温度为 710 ℃、$VR_{L\text{-}S}$为 3.01 时，镁/铝双金属才没有明显的缺陷，并且双金属中固态嵌体的形状几乎保持不变。

由上可知，当镁合金作为固态嵌体的时候只有样品 3 的组织无明显缺陷，因此，我们选择样品 3 与样品 1 进行微观结构特征和相组成的比较，如图 3-2-2 所示。从图 3-2-2 中可以很明显地看出，不同嵌体材料的镁/铝双金属界面区域都生成了界面层，根据这两个样品的 EDS 线扫描和面扫描结果可以很清楚地看到，这个界面层由三个不同的反应层组成。根据不同区域的显微组织和相应的 EDS 分析结果，这三个反应层分别是反应层Ⅰ($Al_3Mg_2+Mg_2Si$)、反应层Ⅱ($Al_{12}Mg_{17}+Mg_2Si$)和反应层Ⅲ($Al_{12}Mg_{17}+\delta\text{-Mg}$ 共晶组织)，如图 3-2-3 所示。样品 1 和样品 3 的界面层厚度约为 1457 μm 和 1675 μm。此外，试样 3 的界面层存在裂纹缺陷，如图 3-2-2(b)所示。

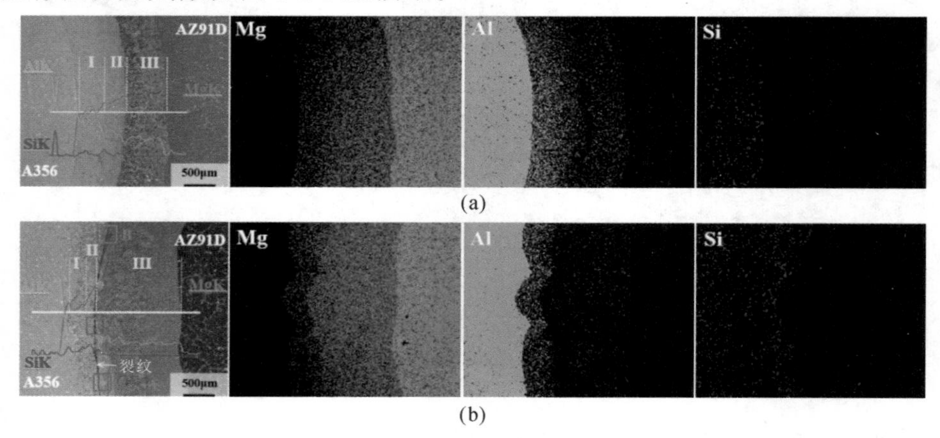

图 3-2-2　不同嵌体材料的镁/铝双金属的显微组织和相应的 EDS 结果：(a)样品 1；(b)样品 3

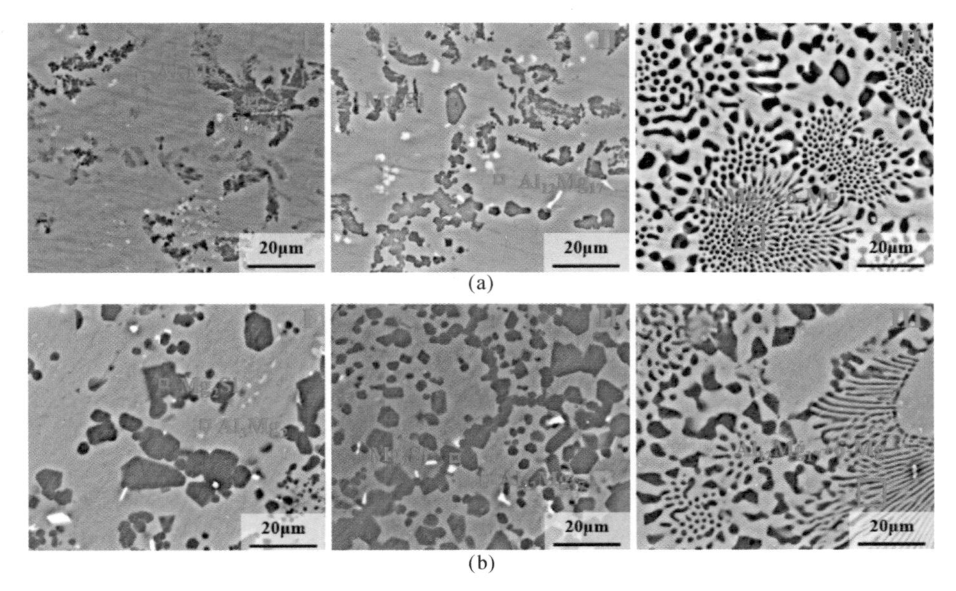

图 3-2-3　界面层不同区域的微观组织和 EDS 点分析结果:(a)样品 1;(b)样品 3

对图 3-2-2(b)中的缝隙区域(A、B、C 区域)用高倍扫描电镜进行观察,结果如图 3-2-4 所示。从图 3-2-4 中可以发现,裂缝主要位于 $Al_3Mg_2+Mg_2Si$ 层和 $Al_{12}Mg_{17}+Mg_2Si$ 层之间,如图 3-2-4(a)和(c)所示,部分裂缝位于 $Al_{12}Mg_{17}+\delta\text{-}Mg$ 共晶层,如图 3-2-4(b)所示。线扫描的结果也显示了相似的结果,如图 3-2-4(d)所示。

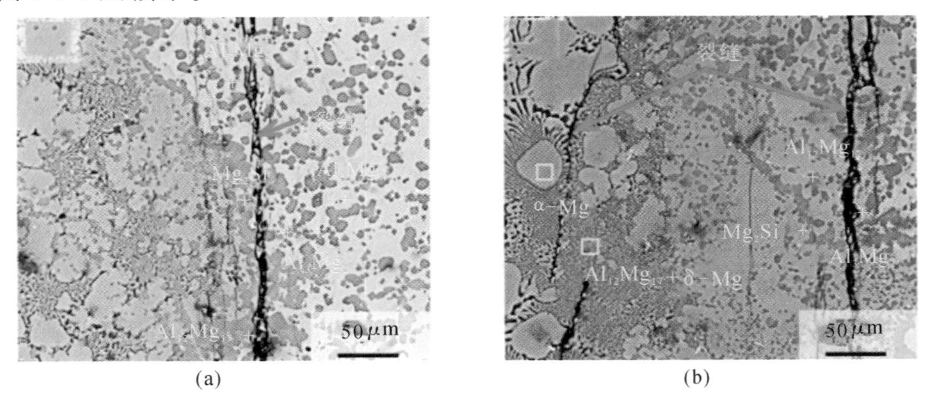

图 3-2-4　图 3-2-2(b)中缝隙区域的高倍显微图像和 EDS 线扫描结果:
(a),(b),(c) 图 3-2-2(b)中 A、B、C 区域;(d)图 3-2-4(c)中的 EDS 线扫描结果

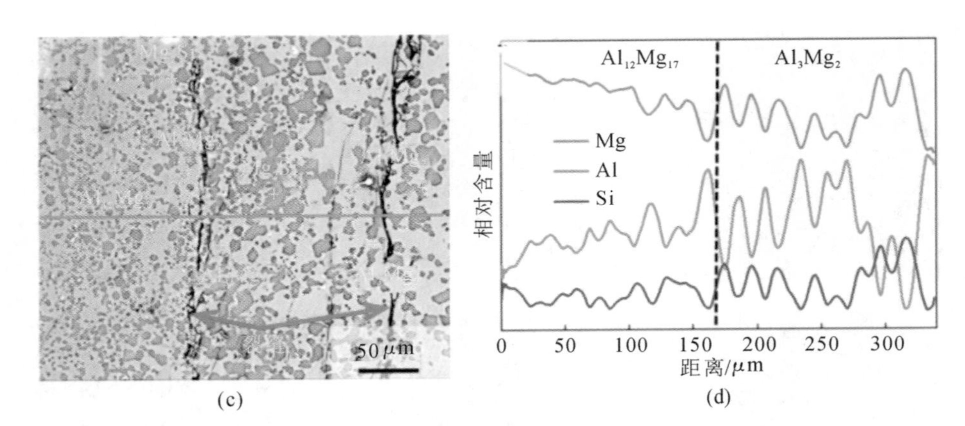

(c) (d)

续图 3-2-4

图 3-2-5 展示了在 AZ91D 作为嵌体的条件下，除了样品 3 外其他样品镁/铝双金属界面层的微观结构。从图 3-2-5 中可以看出，采用 AZ91D 作为嵌体时，即使改变工艺参数，界面处仍然存在明显的裂纹缺陷。

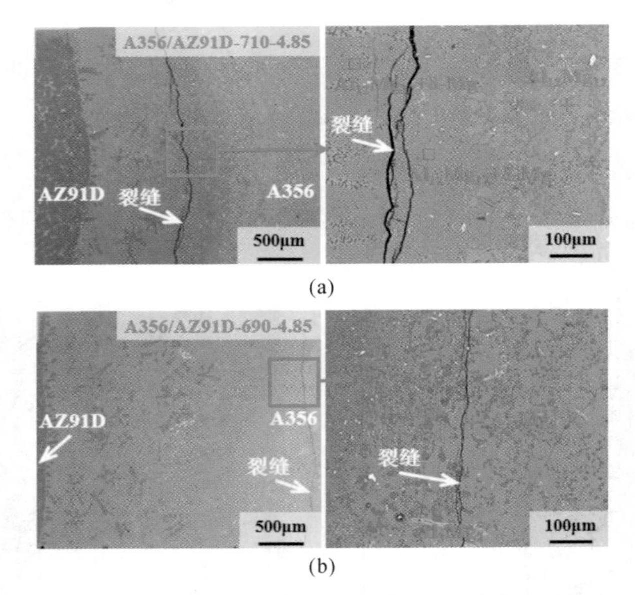

图 3-2-5　AZ91D 作为嵌体的双金属界面区域的显微图像：

(a)样品 4；(b)样品 7；(c)样品 10；(d)样品 6；(e)样品 9

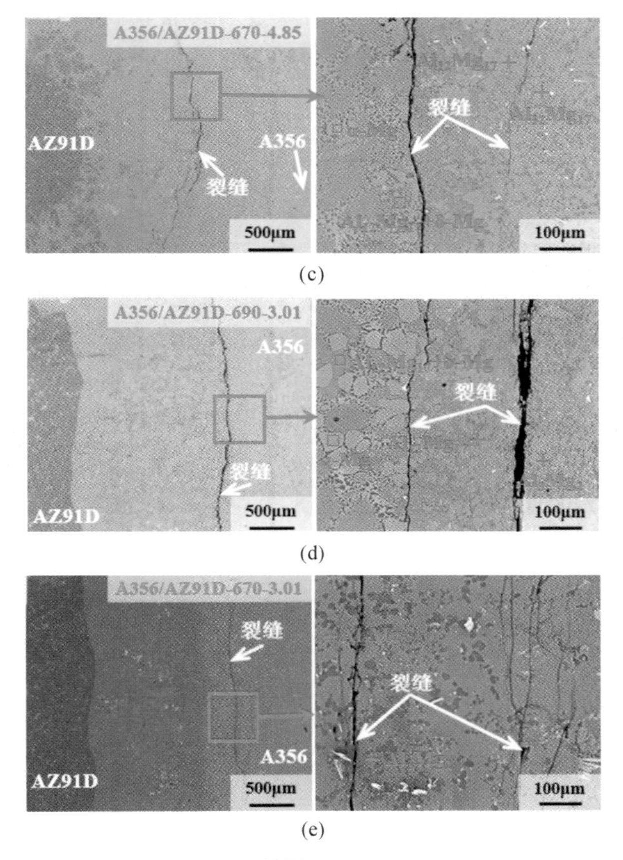

(c)

(d)

(e)

续图 3-2-5

3.2.3 铝嵌体和镁嵌体条件下镁/铝双金属的力学性能特征

图 3-2-6 显示了不同嵌体材料的镁/铝双金属界面区域的显微硬度。从图 3-2-6中可以发现，样品 1 和样品 3 的硬度变化规律相似。其中，与 A356 和 AZ91D 基体相比，界面层的硬度要高得多，界面层 Ⅰ 的硬度最高。此外，在图 3-2-6 中也发现了一些差异，样品 1 的界面层 Ⅱ 的硬度略高于试样 3，而样品 1 的界面层 Ⅲ 硬度略低于样品 3。

不同嵌体材料制备的双金属试样的剪切强度如图 3-2-7 所示。图 3-2-7 的结果表明，与 AZ91D 作为嵌体材料相比，A356 作为嵌体的镁/铝双金属的剪切强度明显大些。表 3-2-2 为不同方法制备的镁/铝双金属的剪切强度，从表 3-2-2

中可看出，消失模复合铸造制备的镁/铝双金属具有较高的剪切强度。该方法除了具有较高的剪切强度的优点外，还可以制造出精度高、成本低的镁/铝双金属零件。

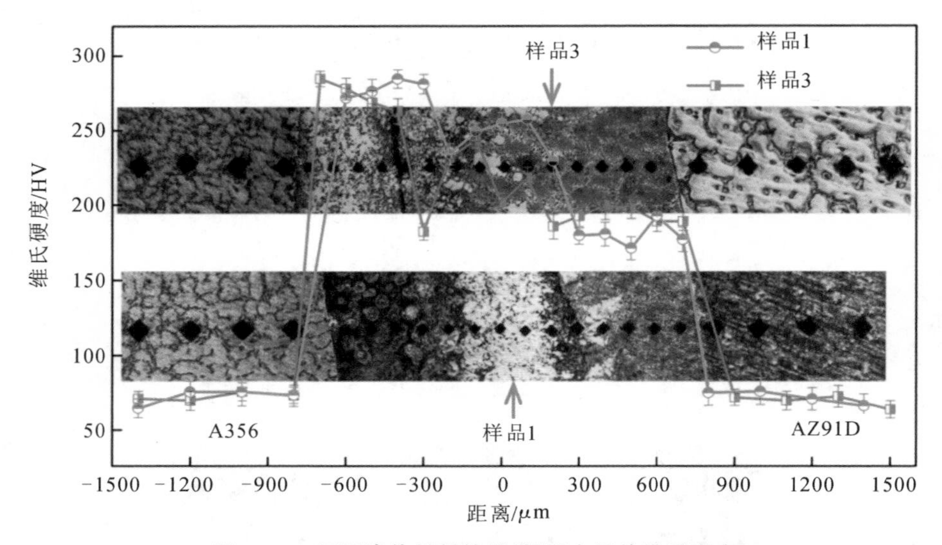

图 3-2-6　不同嵌体材料的镁/铝双金属的维氏硬度

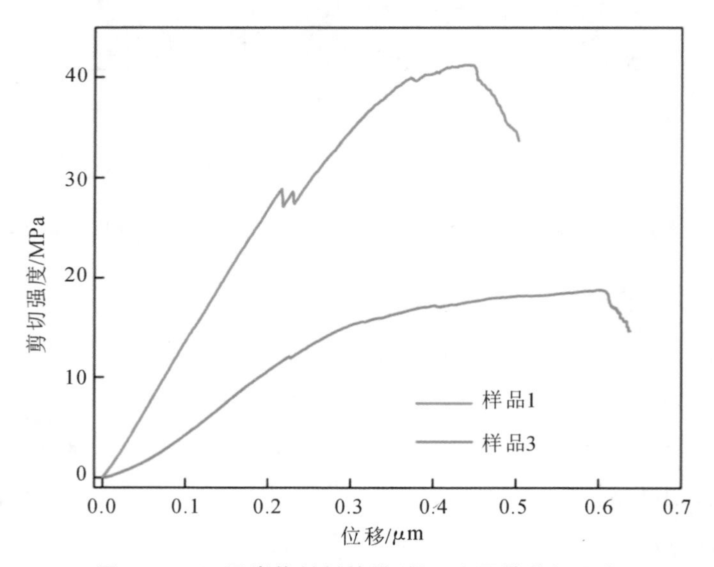

图 3-2-7　不同嵌体材料的镁/铝双金属的剪切强度

表 3-2-2 不同方法制备的镁/铝双金属的剪切强度

材料	制备方法	剪切强度/MPa
AZ91D/Al	金属型铸造	5.4～16.9
Mg/Al	砂型铸造	8.3～27.1
AZ31/6061	嵌入模型	20
AZ31/6061	扩散连接	25～42
Mg/Al	熔焊	12.2～22.7
AZ91D/A356	消失模复合铸造	41.3

图 3-2-8 展示了不同嵌体材料制备的镁/铝双金属试样的剪切断口形貌。从图 3-2-8 中可以发现，两种样品均呈现脆性断裂形态，同时还发现了断裂面的一些差异。对于样品 1，断裂主要发生在反应层Ⅰ($Al_3Mg_2+Mg_2Si$)和反应层Ⅱ($Al_{12}Mg_{17}+Mg_2Si$)之间，部分延伸到反应层Ⅲ($Al_{12}Mg_{17}+\delta$-Mg 共晶组织)；而对于样品 3，在断裂表面没有检测到 $Al_{12}Mg_{17}+\delta$-Mg 共晶组织。样品 1 的断裂面与样品 3 的断裂面相比，存在较多的破碎颗粒。样品 3 的 AZ91D 侧的断裂面出现了一些裂纹，如图 3-2-8(g)所示。

图 3-2-8 不同嵌体材料的镁/铝双金属剪切断口形貌：(a) 样品 1 的 AZ91D 侧；(b) 图 3-2-8(a)中 A 区域；(c) 图 3-2-8(b)中 B 区域；(d) 样品 1 的 A356 侧；(e) 图 3-2-8(d)中 C 区域；(f) 图 3-2-8(e)中 D 区域；(g) 样品 3 的 AZ91D 侧；(h) 图 3-2-8(g)中 E 区域；(i) 图 3-2-8(g)中 F 区域；(j) 样品 3 的 A356 侧；(k) 图 3-2-8(j)中 G 区域；(l) 图 3-2-8(j)中 H 区域

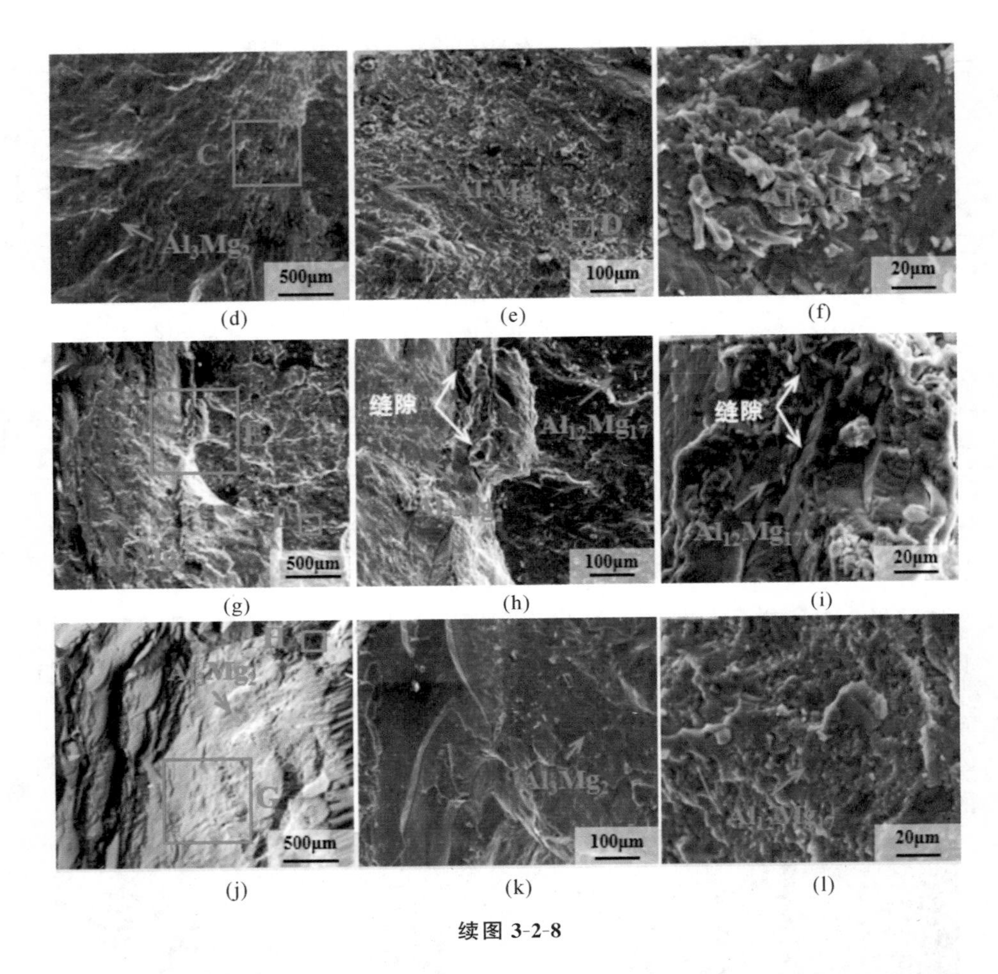

续图 3-2-8

此外,不同嵌体材料的镁/铝双金属的断裂样品侧视图的光学显微照片也显示了样品 1 和样品 3 的断裂位置的差异,如图 3-2-9 所示。值得注意的是,用 A356 作为嵌体得到的镁/铝双金属的断裂主要是由界面的金属间化合物的断裂引发的,如图 3-2-9(a)和(b)所示。AZ91D 作为嵌体的镁/铝双金属样品断口处的光学图像也发现了裂纹缺陷,如图 3-2-9(c)和(d)所示,这与界面微观结构 SEM 图像中的一致。

3.2.4 不同嵌体材料对镁/铝双金属界面组织和性能的影响机理

通过上面的研究我们发现,在低浇注温度下,AZ91D 镁合金作为嵌体材料时制备的镁/铝双金属的 A356 基体和界面区存在气孔缺陷,气孔缺陷形成的原

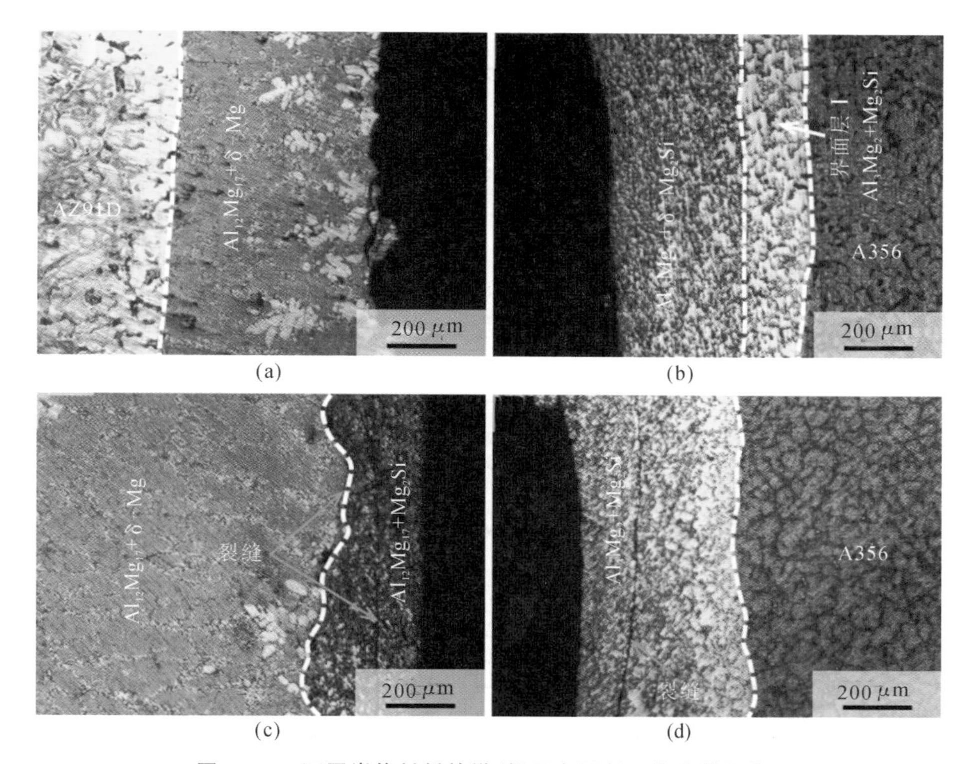

(a) (b) (c) (d)

图 3-2-9　不同嵌体材料的镁/铝双金属断口的光学图像：

(a),(b) 样品 1 的 AZ91D 侧和 A356 侧；(c),(d) 样品 3 的 AZ91D 侧和 A356 侧

因主要归结于消失模复合铸造工艺的特点。

消失模铸造的原理是，当熔融金属液接触 EPS 泡沫时，EPS 泡沫分解成气体和液体产物，在一定的真空度条件下，这些分解产物将通过涂料层排出型腔，熔融金属液填充满原来泡沫模型的位置，凝固后形成铸件。在上述过程中，浇注温度是影响泡沫分解产物和熔体填充能力的一个非常重要的因素。浇注温度较低时，EPS 泡沫的主要分解产物为大量的液体产物和少量的气体产物；同时，EPS 泡沫的分解会消耗大量的熔体热量，使熔体温度降低，熔体的凝固时间缩短。在这种情况下，滞留在熔融金属中的分解产物没有足够的时间通过涂料层排出，从而形成孔隙缺陷。低浇注温度下 AZ91D 作为嵌体材料的镁/铝双金属孔隙缺陷形成的原理如图 3-2-10 所示。

界面裂纹的存在大大削弱了 AZ91D 镁合金作为嵌体的双金属样品的抗剪强度。因此，揭示裂纹的形成机理十分重要，下文从三个方面进行解释。

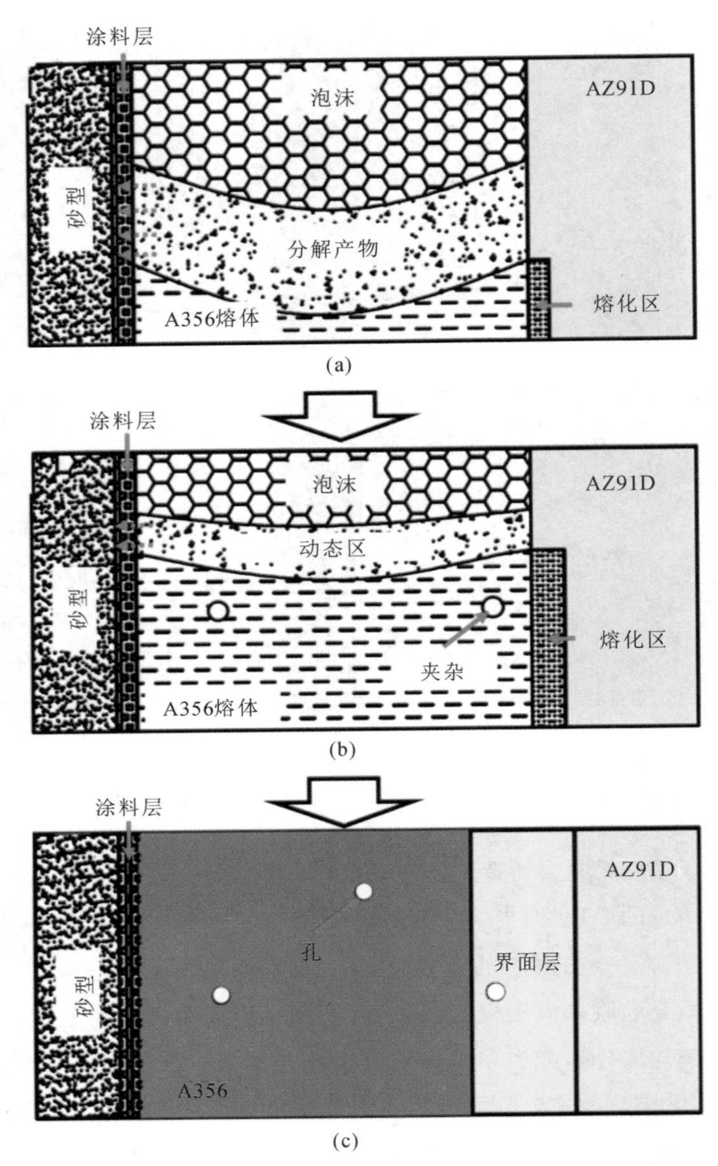

图 3-2-10 低浇注温度下 AZ91D 作为嵌体材料的镁/铝双金属孔隙缺陷形成的原理

界面裂纹形成的第一个原因是双金属样品界面的应力分布不同。使用模拟软件可以获得不同嵌体材料的镁/铝双金属凝固过程中嵌体表面的应力曲线，如图 3-2-11 所示。从图 3-2-11 中可以看出，AZ91D 镁合金嵌体表面的应力远大于 A356 铝合金嵌体表面的应力。众所周知，较大的应力容易引起裂纹的形成。因此，将 AZ91D 作为嵌体材料的双金属样品在界面上形成了大量的裂纹缺陷。

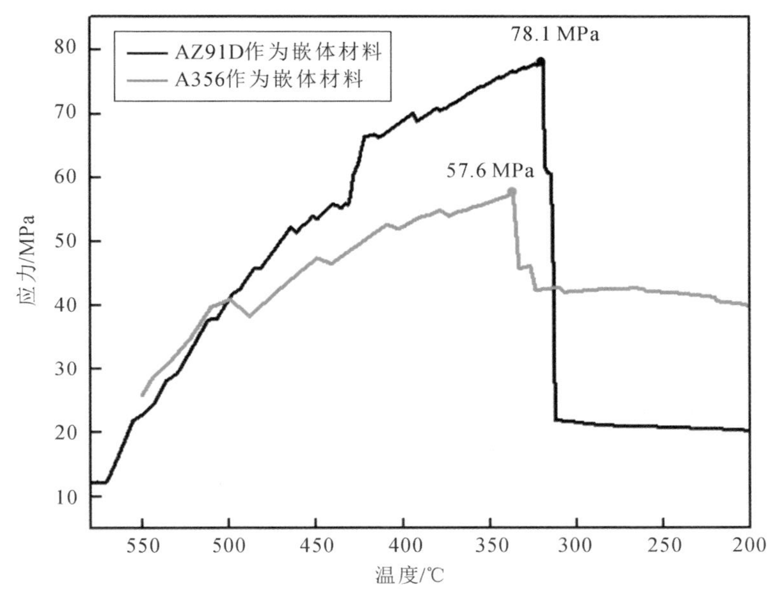

图 3-2-11　凝固过程中不同嵌体表面的应力曲线

应力分布主要取决于 A356 和 AZ91D 合金之间的热膨胀系数(CTE)和界面温度梯度。A356 铝合金和 AZ91D 镁合金的热膨胀实验结果如图 3-2-12 所示。从图3-2-12中可以看出，在大多数温度区间内，AZ91D 合金的热膨胀系数都大于 A356 合金。选取 35～400 ℃的温度区间，比较 A356 和 AZ91D 合金在冷却过程中的线性收缩率值。根据热膨胀测试的结果，A356 合金和 AZ91D 合金从 35 ℃到 400 ℃的热膨胀系数分别是 24.36 μm/(m·$℃^{-1}$)和 31.87 μm/(m·$℃^{-1}$)。

A356 和 AZ91D 合金在冷却过程中的长度变化可由式(3-2-1)计算：

$$\Delta l = \alpha_L \cdot \Delta T \cdot l_0 \qquad (3\text{-}2\text{-}1)$$

式中：Δl 和α_L分别代表在一定温度范围内长度的变化和热膨胀系数；ΔT 是温差；l_0为原始长度。

根据式(3-2-1)，从 400 ℃到 35 ℃，样品 1 的 AZ91D 和 A356 合金的线性收缩长度分别是 297.78 μm 和 91.35 μm，而样品 3 的 AZ91D 和 A356 合金的线性收缩长度分别是 167.32 μm 和 100.49 μm。从上面的分析可知，不论是样品

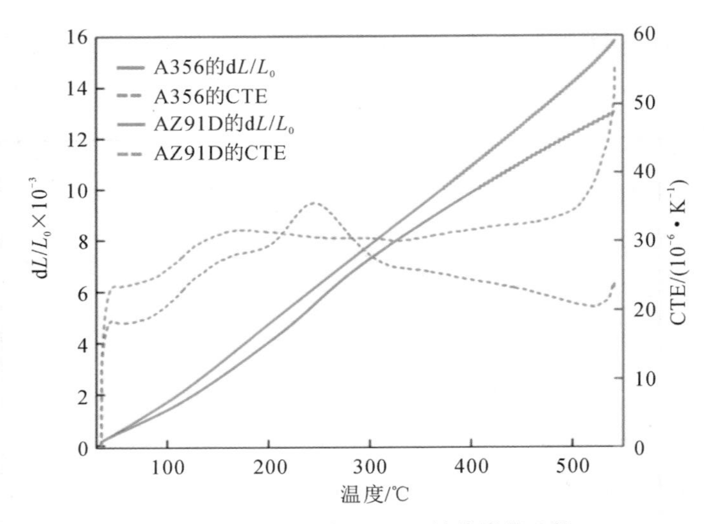

图 3-2-12　A356 和 AZ91D 的热膨胀系数

1 还是样品 3，AZ91D 合金线收缩率明显大于 A356 合金，因此 AZ91D 作为嵌体的镁/铝双金属界面有较大的应力。此外，凝固过程中不同嵌体表面的温度梯度对界面应力分布也有显著影响。图 3-2-13 为凝固过程中不同嵌体表面的温度曲线。从图 3-2-13 中可以看到，在相同的浇注温度和液-固体积比下，AZ91D 合金表面温度明显高于 A356 合金表面温度，这将促进合金的收缩，导致接头处存在更大的应力。此外，较高的温度容易使固态嵌体表面熔化。

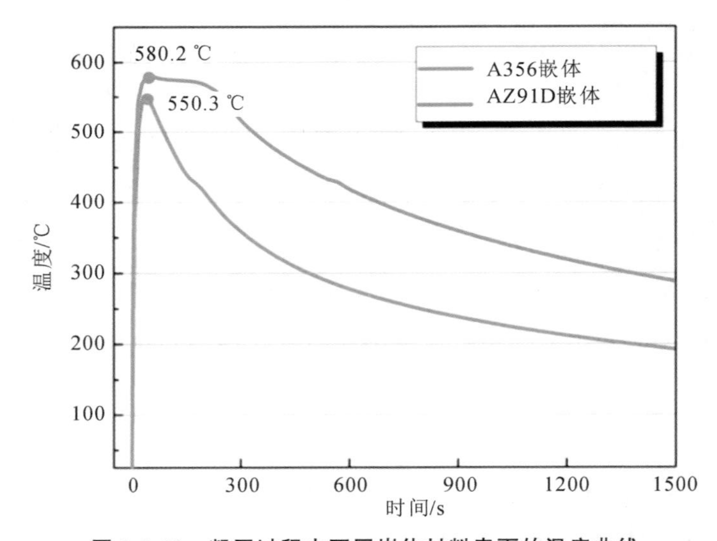

图 3-2-13　凝固过程中不同嵌体材料表面的温度曲线

界面裂纹形成的第二个原因可以用热力学有关公式解释。A356 合金的固相线和液相线分别为 559 ℃和 616 ℃，AZ91D 合金的固相线和液相线分别为 468 ℃和 598 ℃。在 A356 作为嵌体材料的情况下，当 AZ91D 熔体与嵌体接触时，A356 嵌体表面熔化。假设在微区内，AZ91D 合金的液体体积与 A356 合金的固体体积相似，则可以计算出整个系统的焓值，如图 3-2-14 所示。

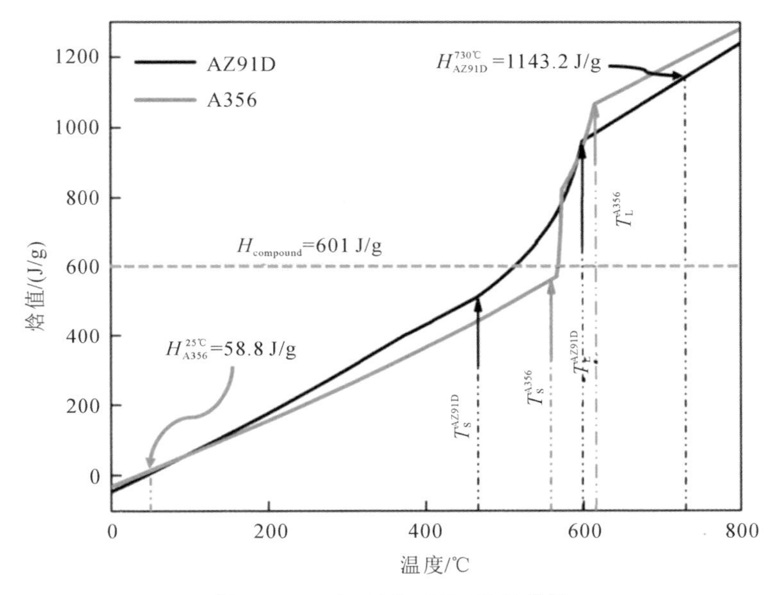

图 3-2-14　A356 和 AZ91D 的焓值

整个系统的焓值可由式(3-2-2)计算：

$$H_{compound} = 0.5(H_{A356}^{25\ ℃} + H_{AZ91D}^{730\ ℃}) = 0.5 \times (58.8 + 1143.2)\ \text{J/g} = 601\ \text{J/g} \tag{3-2-2}$$

其中，$H_{compound}$为整个系统的焓值，$H_{A356}^{25\ ℃}$为 A356 合金在 25 ℃时的焓值，$H_{AZ91D}^{730\ ℃}$为 AZ91D 合金在 730 ℃时的焓值。

根据图 3-2-14 所示的凝固区间和相应的焓值，可由式(3-2-3)计算 AZ91D 熔体与 A356 嵌体接触后的液、固的体积分数。

$$H_{compound} = f_L \times H_L + f_S \times H_S \tag{3-2-3}$$

式中，f_L是液体的体积分数，f_S是固体的体积分数，H_L是液体的焓值，H_S是固体的焓值。

因此，对于 A356 合金：

$$H_{compound} = f_L^{A356} \times H_L^{A356} + f_S^{A356} \times H_S^{A356} \quad (3\text{-}2\text{-}4)$$

$$601\ \text{J/g} = f_L^{A356} \times 1068.2\ \text{J/g} + (1 - f_L^{A356}) \times 560.6\ \text{J/g} \quad (3\text{-}2\text{-}5)$$

$$f_L^{A356} = 8.0\% \quad (3\text{-}2\text{-}6)$$

对于 AZ91D 合金：

$$H_{compound} = f_L^{AZ91D} \times H_L^{AZ91D} + f_S^{AZ91D} \times H_S^{AZ91D} \quad (3\text{-}2\text{-}7)$$

$$601\ \text{J/g} = f_L^{AZ91D} \times 962.8\ \text{J/g} + (1 - f_L^{AZ91D}) \times 512.4\ \text{J/g} \quad (3\text{-}2\text{-}8)$$

$$f_L^{AZ91D} = 20.0\% \quad (3\text{-}2\text{-}9)$$

因此，在微区内，A356 和 AZ91D 合金的液相分数分别为 8%和 20%，A356 合金的液相分数明显低于热平衡后的 AZ91D 熔体。因此，完全凝固首先发生在 A356 嵌体处，其余的液体将在 AZ91D 熔体中。

同样，对于 AZ91D 合金作为固体嵌体的情况，有

$$H_{compound} = 0.5(H_{A356}^{710\ ℃} + H_{AZ91D}^{25\ ℃}) = 0.5 \times (1177.2 + 50.3)\ \text{J/g} = 613.75\ \text{J/g} \quad (3\text{-}2\text{-}10)$$

对于 A356 铝合金：

$$H_{compound} = f_L^{A356} \times H_L^{A356} + f_S^{A356} \times H_S^{A356} \quad (3\text{-}2\text{-}11)$$

$$613.75\ \text{J/g} = f_L^{A356} \times 1068.2\ \text{J/g} + (1 - f_L^{A356}) \times 560.6\ \text{J/g} \quad (3\text{-}2\text{-}12)$$

$$f_L^{A356} = 10.5\% \quad (3\text{-}2\text{-}13)$$

对于 AZ91D 镁合金：

$$H_{compound} = f_L^{AZ91D} \times H_L^{AZ91D} + f_S^{AZ91D} \times H_S^{AZ91D} \quad (3\text{-}2\text{-}14)$$

$$613.75\ \text{J/g} = f_L^{AZ91D} \times 962.8\ \text{J/g} + (1 - f_L^{AZ91D}) \times 512.4\ \text{J/g} \quad (3\text{-}2\text{-}15)$$

$$f_L^{AZ91D} = 22.5\% \quad (3\text{-}2\text{-}16)$$

可见，在该微区内，A356 和 AZ91D 的液相分数分别是 10.5%和 22.5%，表明完全凝固首先发生在 A356 熔体区域，AZ91D 附近的界面区域在凝固过程中不能够获得金属液的补充，这很容易产生裂缝。

界面裂纹形成的第三个原因可能是 A356 与 AZ91D 的结合区存在脆性且高硬度的金属间化合物（Al_3Mg_2 和 $Al_{12}Mg_{17}$）。众所周知，在应力集中和线性收缩过程中，脆性和高硬度的金属间化合物容易发生破裂。

综上所述，界面层及其裂缝的形成机制原理如图3-2-15所示。首先，EPS泡沫在高热量的A356熔体中分解，当A356熔体与AZ91D嵌体接触时，AZ91D嵌体表面发生熔化，形成混合区，如图3-2-15(a)和(b)所示。混合区凝固时，首先形成一个$Al_{12}Mg_{17}+\delta$-Mg共晶层，如图3-2-15(c)所示。然后，基于浓度梯度，依次形成$Al_{12}Mg_{17}+Mg_2Si$层和$Al_3Mg_2+Mg_2Si$层，如图3-2-15(d)和(e)所示。

最后，A356熔体完全凝固，得到一个具有连续冶金反应层的完整的镁/铝双金属接头，如图3-2-15(f)所示。在上述过程中，在凝固收缩和应力集中的共同作用下，脆性和高硬度的金属间化合物（Al_3Mg_2和$Al_{12}Mg_{17}$）可能会产生裂纹，如图3-2-15(f)所示。因此，应力分布、热力学影响以及脆硬的金属间化合物的综合作用，是本实验中AZ91D作为嵌体的镁/铝双金属样品界面裂纹形成的主要原因。

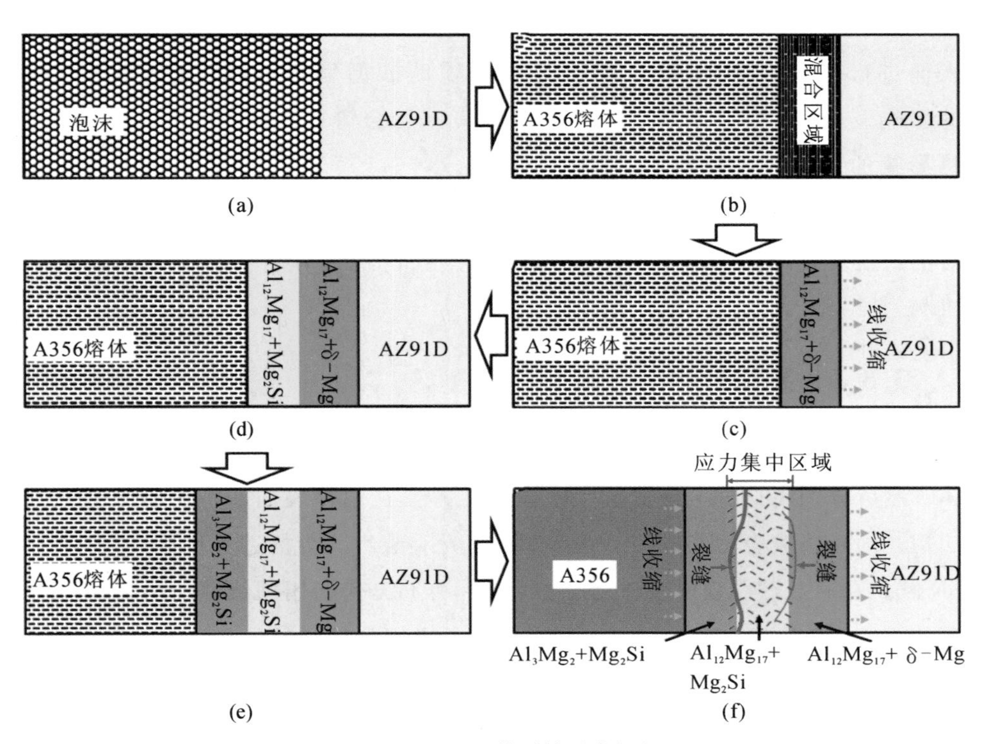

图3-2-15　界面层及其裂缝形成机制原理

3.3 铝嵌体形貌对镁/铝双金属界面组织和性能的影响

由第 1 章的绪论可知，镁/铝双金属的难点和研究重点是强化双金属界面的连接强度，目前的方法有工艺参数控制、去氧化膜、添加夹层、合金化、热处理、施加振动等。在所有这些措施中，铝合金的表面是平坦或光滑的。一些研究表明，表面结构也影响着双金属复合材料的微观结构和性能。M. H. Babaee 等人在 Al/Cu 双金属复合材料的铸造过程中，尝试通过在铝合金表面加工同心槽纹并施加压力来破坏 Al_2O_3 薄膜，在高应力下 Al_2O_3 薄膜被破坏。W. M. Jiang 等人通过在铝合金表面预加工密布的凸点实现铝/铁双金属复合材料连接性能的提升。M. Rezaei 等人考虑了表面粗糙度对扩散连接 AZ91D/AA6061 双金属的影响，结果证明，随着表面粗糙度的增加，氧化膜被破碎得越多。R. K. Tayal 等人使用不同目数的砂纸对铝合金表面进行打磨，研究了砂纸目数对真空辅助砂型复合铸造 A356/Mg 接头的影响。然而，关于表面三维结构对消失模复合铸造制备的镁/铝双金属材料影响的研究还没被报道。

本节对 A356 嵌体表面进行滚花处理，获得了两种表面形貌，系统研究了其对消失模复合铸造制备镁/铝双金属材料界面特征、力学性能的影响及断裂机制。

3.3.1 实验材料与方法

采用线切割将 A356 铝合金切割成直径为 15 mm、高度为 110 mm 的圆柱体。然后分别用直纹滚花模具和网纹滚花模具在铝棒表面加工出不同的三维结构。同时选取表面光滑的 A356 棒材作为对照组。为描述方便，下文分别用 SK 代指用直纹滚花模具加工表面的铝棒，用 HK 代指用网纹滚花模具加工表面的铝棒，SS 代指表面光滑的铝棒。它们的宏观形貌和具体尺寸如图 3-3-1 所示。SK 表面有 45 个锯齿状浮雕，沿圆周间隔 8°，峰底至峰谷高度为 0.3 mm，其截面如图 3-3-1(d)所示。HK 表面为交角为 30°的十字条纹(见图 3-3-1(e))，当假定工件直径为无限大时，图案的垂直截面尺寸如图 3-3-1(f)所示。所有的 A356 棒材都用丙酮洗去油污和杂质。

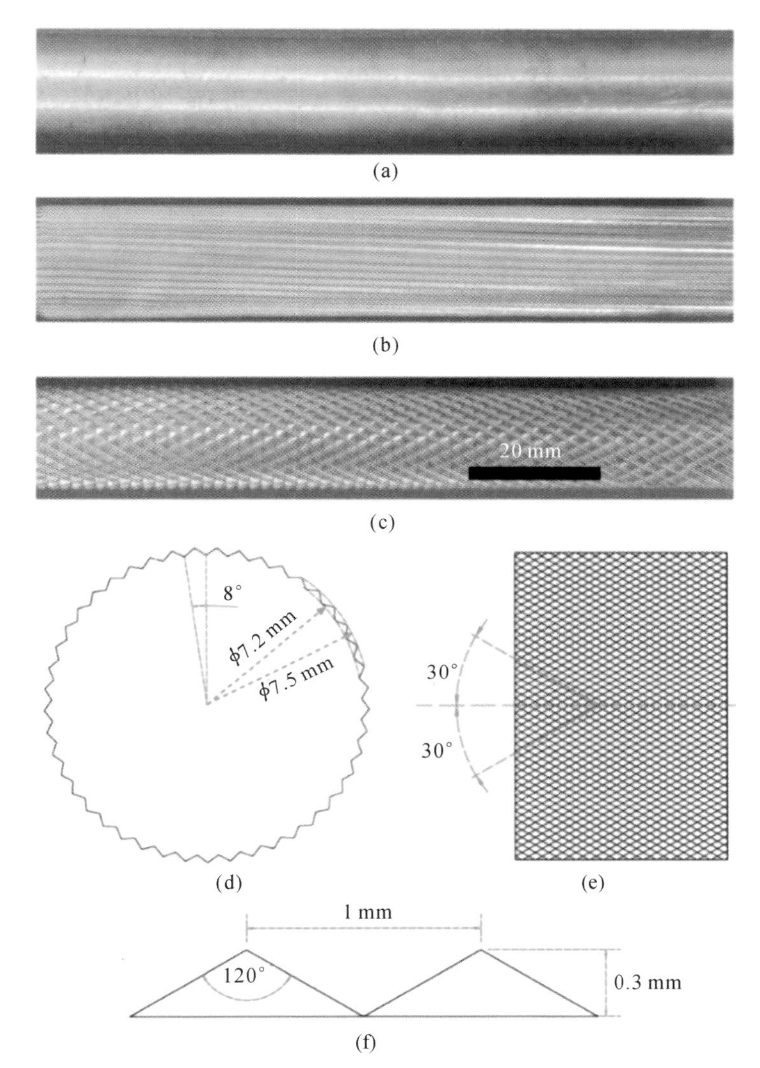

图 3-3-1 A356 **棒材的表面形貌和具体尺寸**:(a) SS **的宏观形貌**;(b) SK **的宏观形貌**;(c) HK **的宏观形貌**;(d) SK **嵌体横截面尺寸**;(e),(f) HK **嵌体表面和垂直截面尺寸**

这些 A356 棒材被插入泡沫模型中,A356 棒材的位置和泡沫模型的尺寸如图 3-3-2 所示。为了消除其他因素的干扰,在相同的消失模复合铸造(LFCC)工艺条件下制备了 3 种不同 A356 棒材的双金属样品。接下来的步骤和测试方法与第 2 章相同,此处不再赘述。

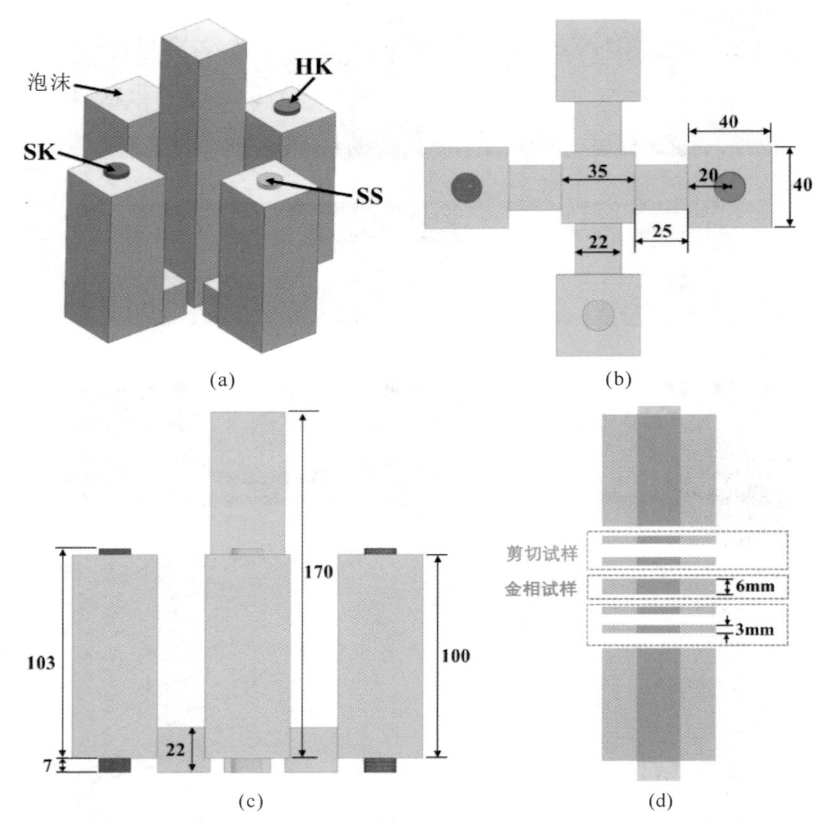

图 3-3-2　A356 棒材、泡沫模型、金相试样和剪切试样的位置和尺寸：(a) 三维模型；(b) 俯视图；(c) 左视图；(d) 金相试样和剪切试样位置和尺寸

3.3.2　铝嵌体表面形貌对镁/铝双金属界面组织的影响

不同表面形貌的铝嵌体的镁/铝双金属复合材料的宏观形貌如图 3-3-3 所示。A356 棒材与 AZ91D 明显通过界面层结合，但不同表面形貌时双金属界面层厚度有显著差异。SS 的 AZ91D/A356 双金属复合材料界面层厚度约为 1670 μm（见图 3-3-3(a)），而 SK 和 HK 的双金属界面层厚度分别约为 1740 μm 和 1560 μm（见图 3-3-3(b)和(c)），与 SS 的双金属相比，分别增加了 11.5%和 4.8%。此外，SS 的双金属界面层厚度的均匀性略优于 SK 和 HK 的双金属界面层。

图 3-3-4 显示了界面区域的微观结构与相应的 Al、Si 和 Mg 面扫描结果。可以发现，Al、Mg、Si 元素从 A356 基体到 AZ91D 基体显示出明显的浓度梯度，这表

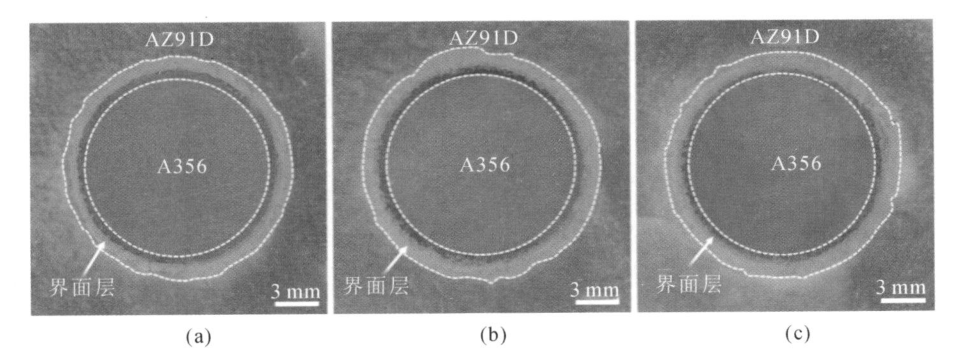

(a) (b) (c)

图 3-3-3 不同表面形貌的铝嵌体的 AZ91D/A356 **双金属的宏观图像**：

(a) SS;(b) SK;(c) HK

明界面层由不同的相组成。根据面扫描结果中元素浓度的不同,界面层可分为三部分:高 Mg 浓度区(Ⅰ区)、高 Al 浓度区(Ⅲ区)和高浓度的 Si 区(Ⅱ区)。

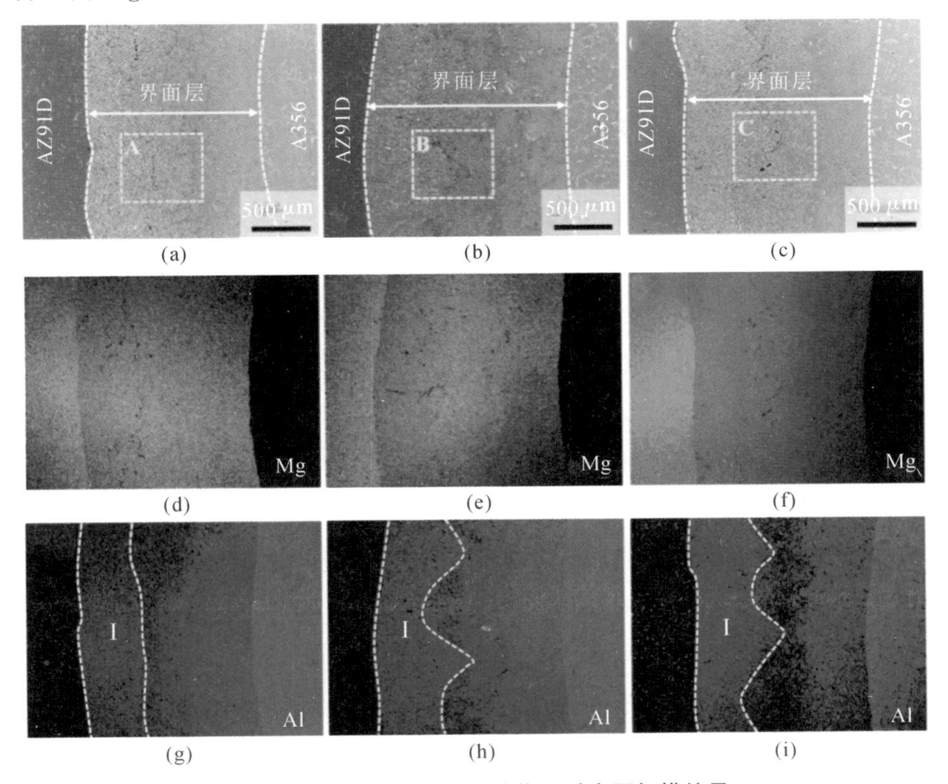

图 3-3-4 界面区域的微观结构及对应面扫描结果：

(a),(d),(g),(j) SS;(b),(e),(h),(k) SK;(c),(f),(i),(l) HK

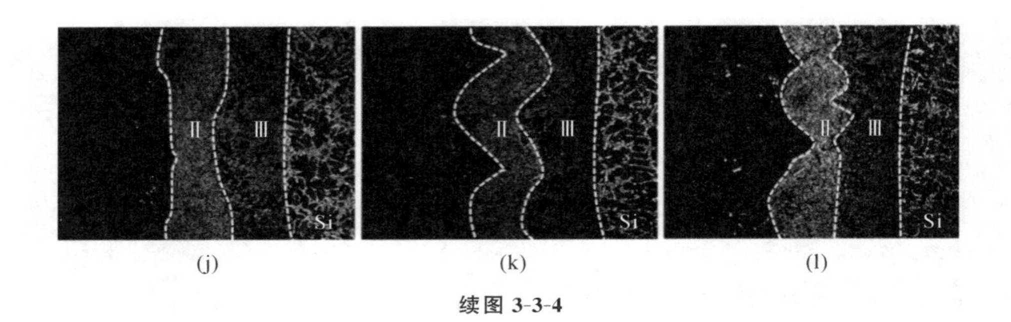

(j) (k) (l)

续图 3-3-4

使用 TEM 对这三个区域的相进行鉴别，结果如图 3-3-5 所示。在Ⅰ区中，基于明场图像（BFI），多个近圆形或椭圆形颗粒分布在基体上，如图 3-3-5(a)所示。根据图 3-3-5(b)和(c)所示的选区电子衍射图（SAED 图像）和 Al-Mg 二元相图，这些颗粒是 hcp-Mg(α 相)，基体是 $Al_{12}Mg_{17}$(γ 相)，表明Ⅰ区是 $\alpha+\gamma$ 共晶结构。在Ⅱ区(见图 3-3-5(d))，C 位置和 D 位置的 SAED 图像结果显示存在 $Al_{12}Mg_{17}$(γ 相)和 Mg_2Si 相，如图 3-3-5(e)和(f)所示。类似地，在图 3-3-5(h)和(i) 中，根据 SAED 图像，Ⅲ区(见图 3-3-5(g))由 Al_3Mg_2(β 相)和 Mg_2Si 相组成。Mg_2Si 相的形貌和尺寸在Ⅱ区和Ⅲ区有明显差异。在Ⅲ区，Mg_2Si 呈椭圆形，尺寸为 1～4 μm，而在Ⅱ区，Mg_2Si 呈正多边形，尺寸较大。因此，界面层从 AZ91D 到 A356 分别由三个区域组成：$\alpha+\gamma$ 共晶结构(Ⅰ区)、$\gamma+Mg_2Si$(Ⅱ区)和 $\beta+Mg_2Si$(Ⅲ区)。这一结果与其他研究一致。

根据面扫描结果和相组成，界面层中的三个区域在图 3-3-4 中用白色虚线标记区分。可以看出，对于 SS 嵌体的双金属，Ⅱ区与Ⅰ区或Ⅲ区之间的边界是平滑的，而 SK 和 HK 嵌体的双金属各反应层之间的边界是蜿蜒的。这些边界与 A356 棒材在铸造前的表面形貌匹配得很好。使用 Image-Pro Plus(IPP)软件测量不同区域的厚度，结果如表 3-3-1 所示。计算每个区域厚度在整个界面层中的比例，其结果绘制在图 3-3-6 中。可以发现，SK 和 HK 嵌体双金属的 $\alpha+\gamma$共晶组织(Ⅰ区)厚度比例高于 SS 嵌体双金属，而 $\beta+Mg_2Si$(Ⅲ区)厚度比例则相反。所有双金属的 $\gamma+Mg_2Si$(Ⅱ区)的厚度比例都略有不同。对于 SK 和 HK 嵌体双金属，三个区域的厚度比例都接近。Ⅱ区和Ⅲ区可视为金属间化合物层(IMC 层)，SS 嵌体双金属 IMC 层的厚度比例低于 SK 和 HK 嵌体双金属，而共晶层则恰好相反。

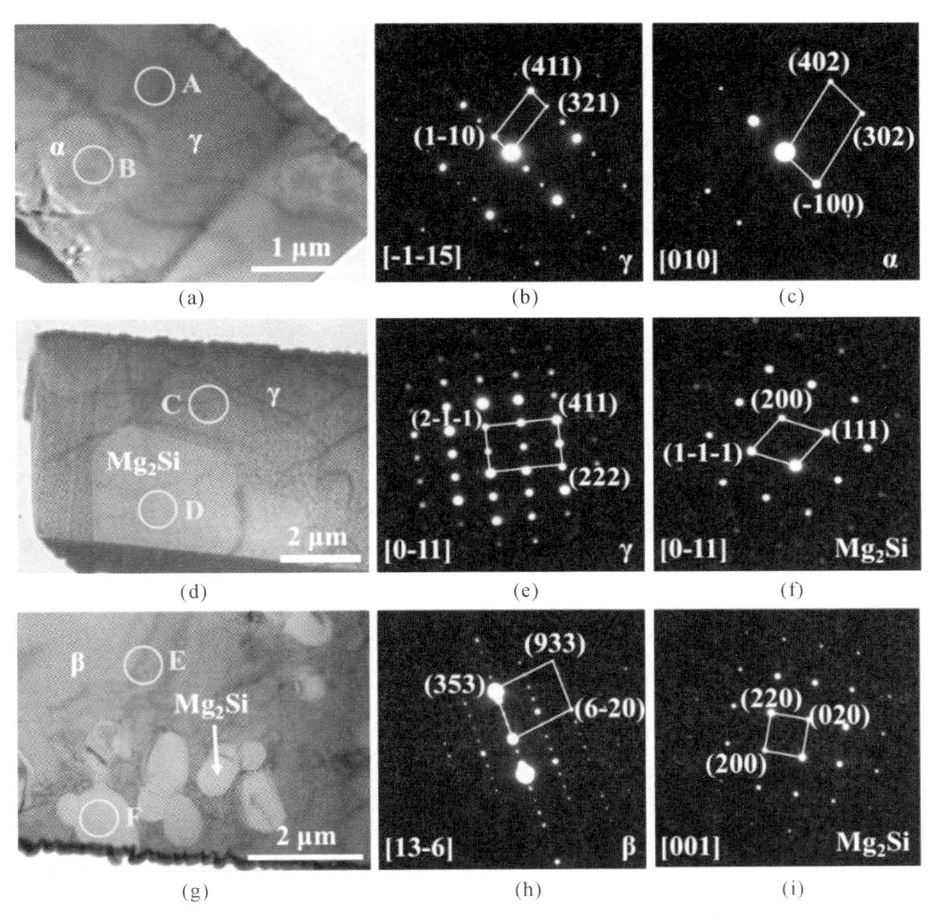

(a) (b) (c)

(d) (e) (f)

(g) (h) (i)

图 3-3-5 不同区域的明场图像(BFI)和 SAED 图像:

(a),(b),(c) Ⅰ区的 A 位置和 B 位置的 BFI 和 SAED 图像;(d),(e),(f) Ⅱ区的 C 位置和 D 位置的 BFI 和 SAED 图像;(g),(h),(i)Ⅲ区的 E 位置和 F 位置的 BFI 和 SAED 图像

表 3-3-1 不同区域界面层厚度

区域	厚度/μm		
	HK	SK	SS
Ⅰ	500.5	633.1	611.1
Ⅱ	471.5	511.3	493.3
Ⅲ	588.9	597.3	566.6
整个界面层	1560.9	1741.7	1671.0

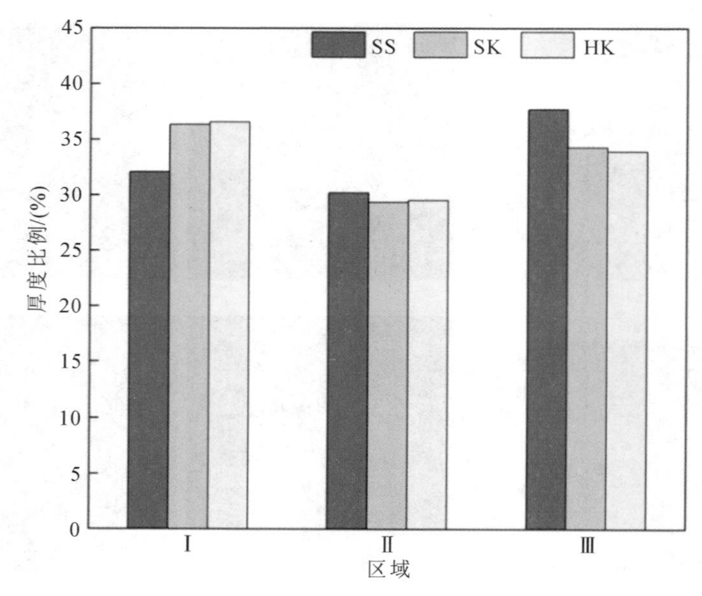

图 3-3-6　各区域厚度在整个界面层中所占的比例

图 3-3-4 中 A、B 和 C 区域的 SEM 放大图如图 3-3-7 所示。图 3-3-7(a)、(e)和(i)分别对应于图 3-3-4 中的 A、B 和 C 区域。根据图 3-3-7(d)、(h)、(l)及对应的 EDS 结果(见表 3-3-2),在Ⅰ区域和Ⅱ区域之间的结合位置发现了一些氧化夹杂物,如图 3-3-7(c)所示。SK 和 HK 嵌体双金属的夹杂物数量似乎少于 SS 嵌体双金属。另一个有趣的现象是,SK 和 HK 嵌体双金属的波峰位置(见图 3-3-7(f)和(j)中的 C 和 F 区域)几乎没有夹杂物缺陷,而这些夹杂物主要聚集在波谷(见图 3-3-7(g)和(k)中的 D 和 G 区域)。这表明粗糙的表面可以减少波峰位置的夹杂物。

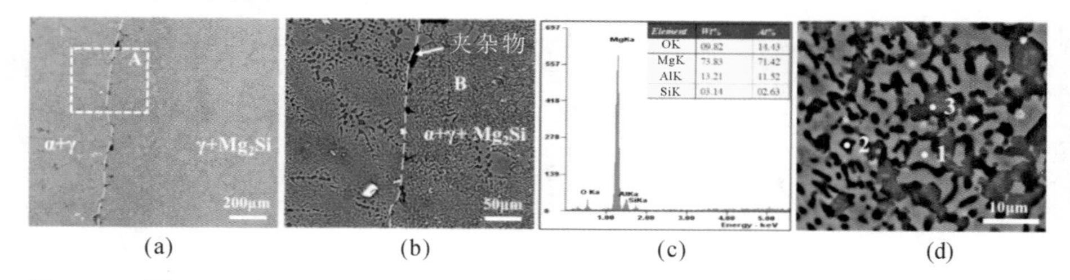

图 3-3-7　图 3-3-4 中 A、B、C **区域的** SEM **放大图:**(a),(e),(i) **图 3-3-4 中** A、B、C **区域;**
(b),(f),(g),(j),(k) **图 3-3-7 中** A、C、D、F、G **区域;**
(c) **图 3-3-7**(b) **中夹杂物的** EDS **分析结果;**(d),(h),(l) **图 3-3-7 中** B、E、H **区域**

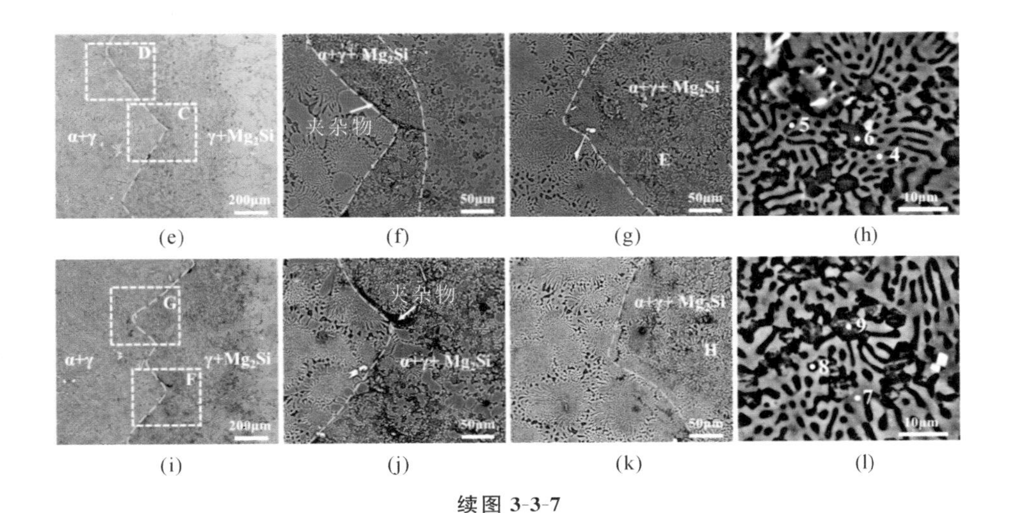

(e) (f) (g) (h)

(i) (j) (k) (l)

续图 3-3-7

表 3-3-2　图 3-3-7 中点 1～9 的 EDS 分析结果

编号	元素含量/(at. %)			可能的相
	Al	Mg	Si	
1	38.07	61.93	—	β
2	10.22	89.78	—	α
3	3.42	63.62	32.96	Mg_2Si
4	36.39	63.61	—	β
5	11.11	88.89	—	α
6	5.38	63.96	30.66	Mg_2Si
7	37.0	63.0	—	β
8	12.29	87.71	—	α
9	5.76	65.48	28.76	Mg_2Si

不同铝嵌体表面形貌下 AZ91D/A356 双金属复合材料界面区域的取向分布和晶粒尺寸如图 3-3-8 所示。γ 相在Ⅰ区和Ⅱ区对所有双金属几乎具有相同的取向，而 β 相表现出随机取向，特别是在Ⅱ区和Ⅲ区之间的结合区，如图 3-3-8(b)、(d)、(f)所示。Ⅰ区中的细小 α 相呈现出择优取向。Ⅱ区和Ⅲ区中的微小

Mg_2Si 颗粒似乎表现出随机取向。除了Ⅱ区和Ⅲ区的交界处外，大部分区域的 γ 相和 β 相晶粒尺寸较大。β 相的宽度接近Ⅲ区的厚度。γ 相的晶粒尺寸大于 β 相，其宽度等于Ⅰ区和Ⅱ区的厚度之和。由于 α 相和 Mg_2Si 相的晶粒尺寸较小，很难直观地观察到，因此使用 Oxford Channel 5 软件中的"Grain Statistics"功能对这些晶粒进行统计，结果如图 3-3-9 所示。Mg_2Si 相的晶粒尺寸为 3.75～11.25 μm（见图 3-3-9(a)），α 相的晶粒尺寸为 3～13 μm（见图 3-3-9(b)）。SS、SK 和 HK 嵌体双金属中 Mg_2Si 相的平均晶粒尺寸分别为 5.8 μm、5.8 μm 和 6.1 μm，α 相的平均晶粒尺寸分别为 4.6 μm、4.8 μm 和 4.5 μm。这些结果表明，表面结构对界面层的取向分布和晶粒尺寸影响很小。但表面结构对 A356 基体有显著影响，SK 和 HK 嵌体双金属的 A356 基体晶粒尺寸小于 SS 嵌体双金属。

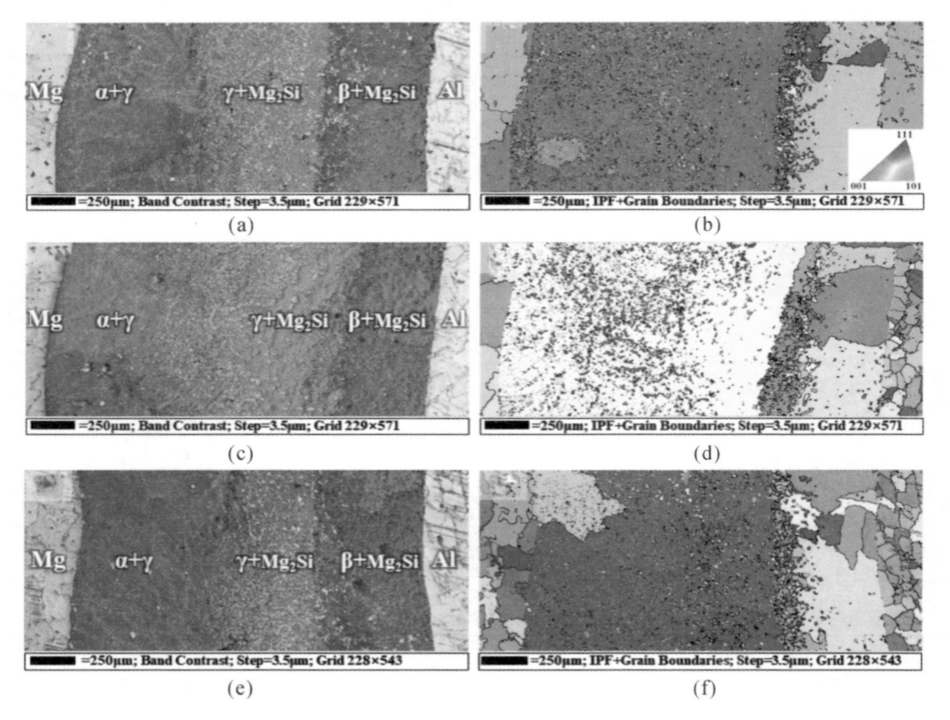

图 3-3-8　不同铝嵌体表面形貌下双金属的 EBSD 结果：
(a),(c),(e) SS、SK 和 HK 嵌体双金属的衍射带对比图；
(b),(d),(f) SS、SK、HK 嵌体双金属的 IPF 图

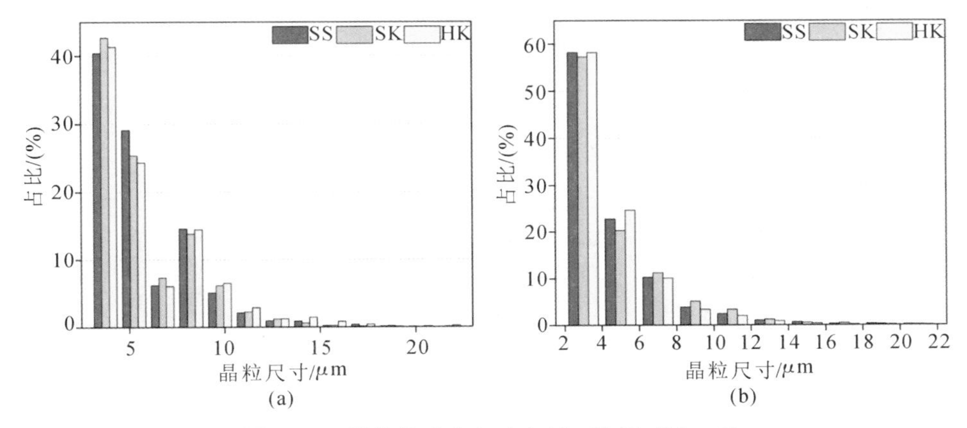

图 3-3-9　晶粒尺寸分布：(a) Mg_2Si 相；(b) α 相

3.3.3　铝嵌体表面形貌对镁/铝双金属力学性能的影响

通过剪切测试获得不同试样的真实应力-应变曲线，如图 3-3-10 所示。可以发现，SK 和 HK 嵌体双金属的剪切强度(34.5 MPa 和 38.6 MPa)高于 SS 嵌体双金属(25.7 MPa)，分别增加了 34.2 % 和 50.2%。这表明表面形貌对双金属剪切强度有很大的影响。

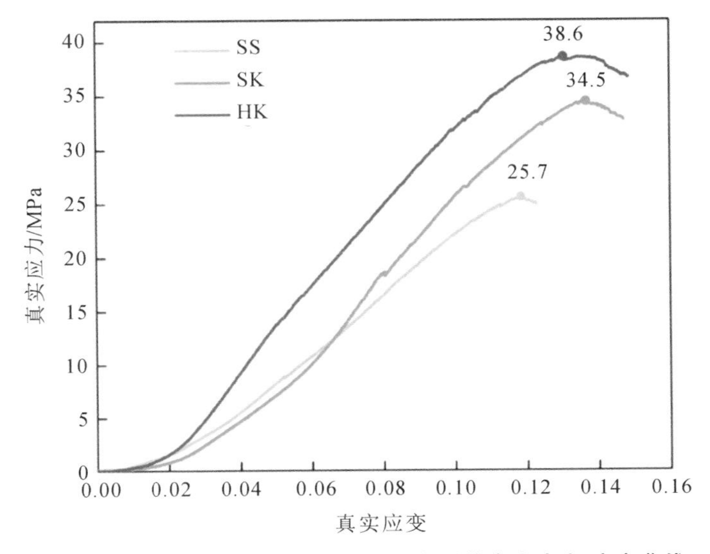

图 3-3-10　不同铝嵌体表面形貌下双金属的真实应力-应变曲线

不同铝嵌体表面形貌下双金属的硬度分布如图 3-3-11 所示。可以看出，界面层的硬度明显大于 A356 和 AZ91D 基体。其中，Ⅲ区的硬度最高，约为 250 HV，而Ⅰ区的硬度值相对较低，为 180 HV。不同铝嵌体表面形貌下双金属的硬度分布略有差异，说明表面形貌对硬度影响不大。

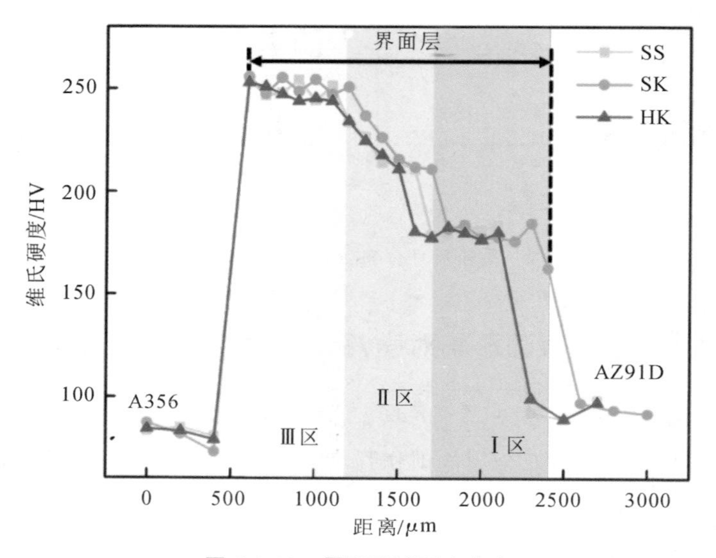

图 3-3-11　界面区域硬度分布

图 3-3-12 显示了不同位置的硬度压痕。可以看出，在Ⅲ区和Ⅱ区的菱形压痕尖端有一些裂纹(见图 3-3-12(b)和(c))，这表明与其他区域相比，这些位置韧性较差。

金属间化合物的断裂韧性可以通过维氏硬度测试点的裂纹来评估，如式(3-3-1)所示：

$$K_c = \alpha (E/H)^{\frac{1}{2}} \times \frac{F}{c^{3/2}} \tag{3-3-1}$$

式中：K_c 是断裂韧性；α 是一个常数，其值为 0.016；E 是杨氏模量，GPa；H 是维氏硬度，HV；F 是硬度测试期间施加的载荷，本实验中为 2.94 N；c 是从菱形压痕附近延伸的裂纹长度。E 值可以通过纳米压痕测试结果获得，β 和 γ 相的 E 值分别为 64.6 GPa 和 80.1 GPa。本实验中 β 相和 γ 相的平均硬度值分别为 254.1 HV 和 226.9 HV。根据图 3-3-12 中的 SEM 图像可以获得裂纹长度。因此，根据式(3-3-1)，β 相和 γ 相的断裂韧性分别为 0.089 MPa · $m^{\frac{1}{2}}$ 和 0.25

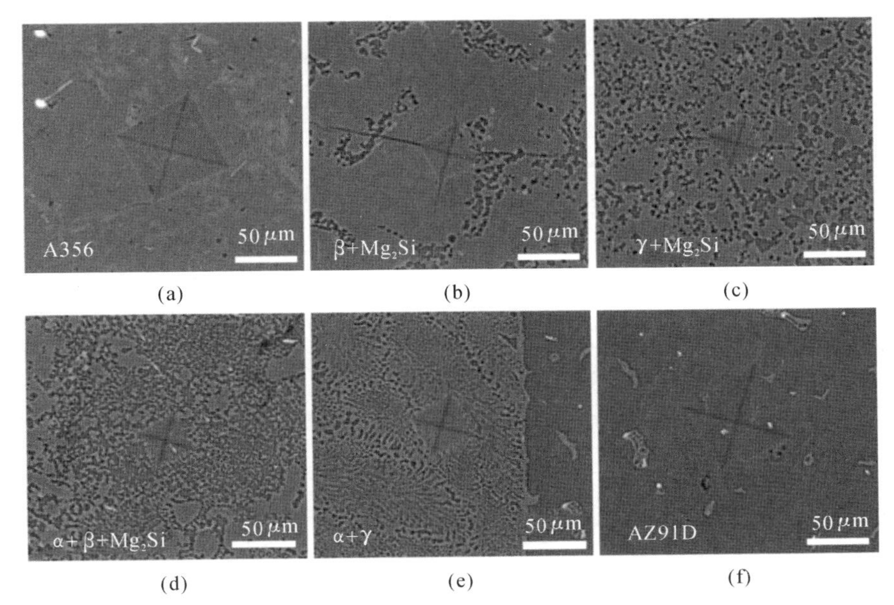

图 3-3-12　不同位置硬度压痕：(a) A356；(b) Ⅲ区；(c) Ⅱ区；(d) Ⅰ区和Ⅱ区交界处；(e) Ⅰ区；(f) AZ91D

$MPa \cdot m^{\frac{1}{2}}$，这表明 γ 相比 β 相具有更好的断裂韧性。

3.3.4　铝嵌体表面形貌对镁/铝双金属断口特征的影响

为了系统研究双金属的断裂特性，从三个不同角度观察了剪切试样。当受力刚好超过最大值时，动模立即停止，观察剪切实验后双金属表面的裂纹分布。用超景深三维显微镜拍摄双金属剪切实验后与动模接触的上表面和与静模接触的下表面，结果如图 3-3-13 所示，很明显裂缝位于界面层处，说明界面层是最薄弱的位置。上表面的裂纹位于 A356 基体和双金属界面层Ⅲ区的交界处，如图 3-3-13(a)、(b)和(c)所示。上表面通常是裂纹初始生成的位置，这表明裂纹在 A356 基体和Ⅲ区的交界处萌生。

SS 嵌体双金属下表面的大部分裂纹分布在Ⅰ区和Ⅱ区的交界处，如图 3-3-13(d)所示。SK 和 HK 嵌体双金属下表面的裂纹主要分布在Ⅰ区，如图 3-3-13(e)和(f)所示。通常，下表面是裂纹终止的位置。低倍图像很难清楚地看到下表面的整个裂纹分布，因此拍摄了高倍图像，并在图 3-3-13(g)、(h)和(i)中以示意图形式标

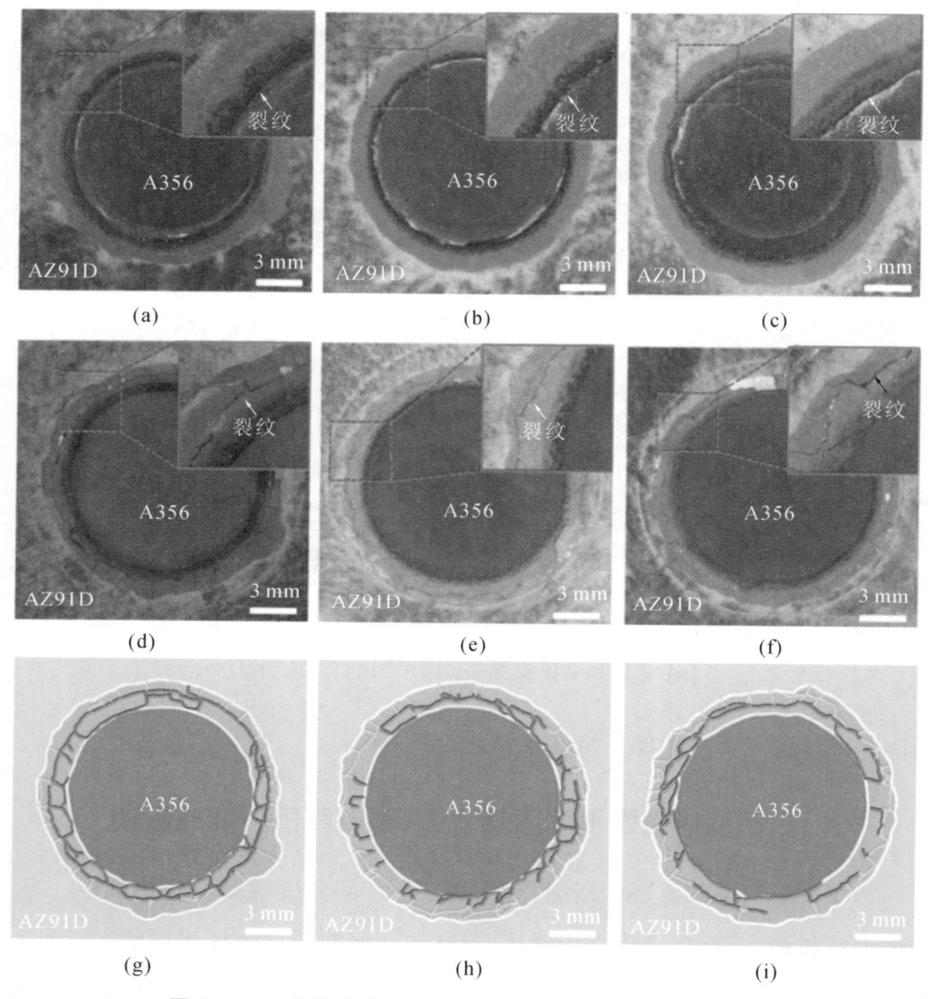

图 3-3-13　剪切实验后双金属表面的宏观图像和示意图：

(a),(b),(c) SS、SK 和 HK 嵌体双金属的上表面；

(d),(e),(f) SS、SK 和 HK 嵌体双金属的下表面；

(g),(h),(i) 图 3-3-13 (d)、(e)、(f) 的示意图

记了裂纹位置。在图 3-3-13(g)～(i)中，红线表示裂纹位于Ⅱ区和Ⅲ区的金属间化合物层(IMC 层)，黄线表示裂纹位于共晶层(EU 层)。根据裂纹长度计算 IMC 层和 EU 层裂纹的比例，结果如图 3-3-14 所示，可以发现，对于 SS 嵌体双金属，约 80%的裂纹位于 IMC 层，少量裂纹位于 EU 层；对于 SK 和 HK 嵌体双金属，裂纹在 EU 层中所占比例较大(40～45%)，表明有更多裂纹延伸至 EU 层。

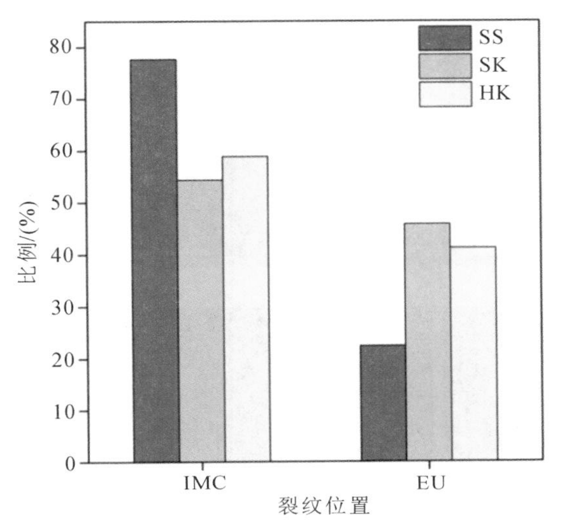

图 3-3-14 裂缝分布在不同区域的比例

用 SEM 观察垂直于双金属表面的横截面，如图 3-3-15 所示。与上述分析类似，A356 基体和Ⅲ区的交界处是所有双金属裂纹的萌生位置，如图 3-3-15(b)、(e)和(h)所示，但裂纹扩展的路径不同，如图 3-3-15(a)、(d)和(g)所示。对于 SS 嵌体双金属，裂纹主要沿Ⅲ区延伸并终止于Ⅰ区域和Ⅱ区域的交界处，而对于 SK 和 HK 嵌体双金属，裂纹主要延伸到Ⅰ区，如图 3-3-15(c)、(f)和(i)所示。另一个发现是，当裂纹遇到 IMC 层中的 Mg_2Si 相时，裂纹会发生偏转，如图 3-3-15(j)、(k)和(l)所示。

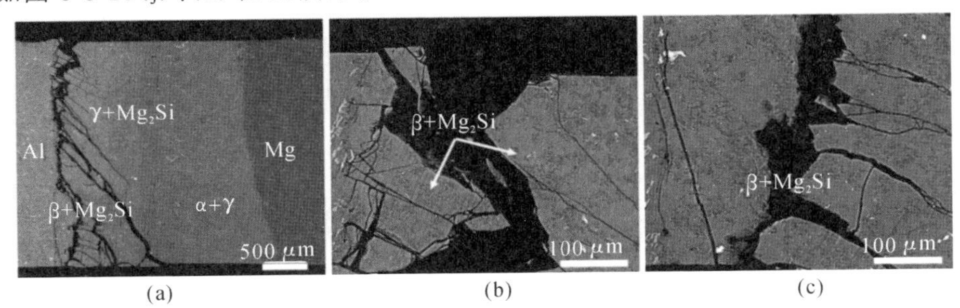

图 3-3-15 垂直于双金属表面的横截面的 SEM 图像：(a),(d),(g) SS、SK 和 HK 嵌体双金属的低倍放大图像；(b),(e),(h) SS、SK 和 HK 嵌体双金属顶部位置的高倍放大图像；(c),(f),(i) SS、SK、HK 嵌体双金属底部位置的高倍放大图像；(j),(k),(l) Ⅲ区、Ⅲ区与Ⅱ区的交界处以及Ⅱ区裂纹偏转的高倍放大图像

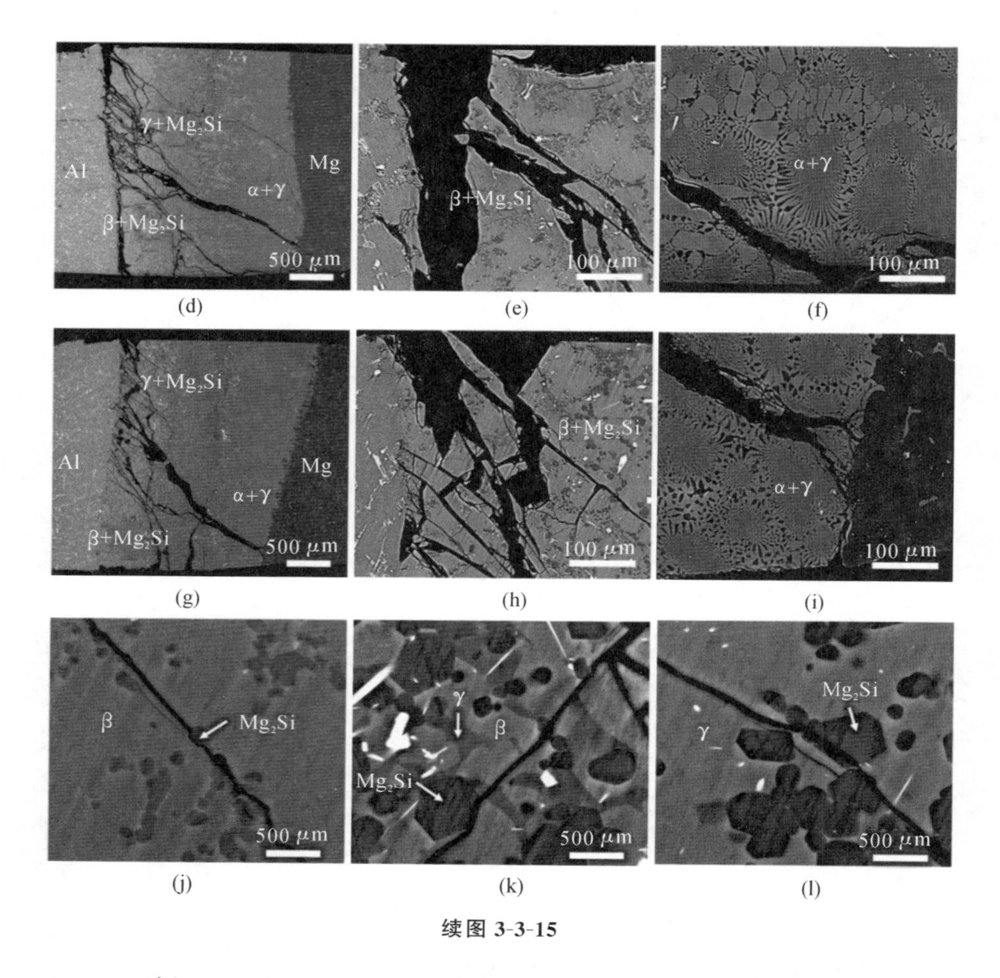

(d) (e) (f)

(g) (h) (i)

(j) (k) (l)

续图 3-3-15

A356 侧和 AZ91D 侧断口呈现典型的脆性断裂形貌，所有双金属都有大量的解理台阶，表明 AZ91D/A356 双金属的断裂模式为脆性断裂，如图 3-3-16 所示。

3.3.5 不同铝嵌体表面形貌下镁/铝双金属界面形成机制和断裂机理

3.3.5.1 界面形成机制

SS 嵌体双金属界面的形成机制在前文已经详细阐明，可以简单概括为融合和扩散。SK 和 HK 嵌体双金属界面层的相组成与 SS 嵌体双金属相似，但不同区域的厚度和形貌略有不同，原因将在下文讨论。

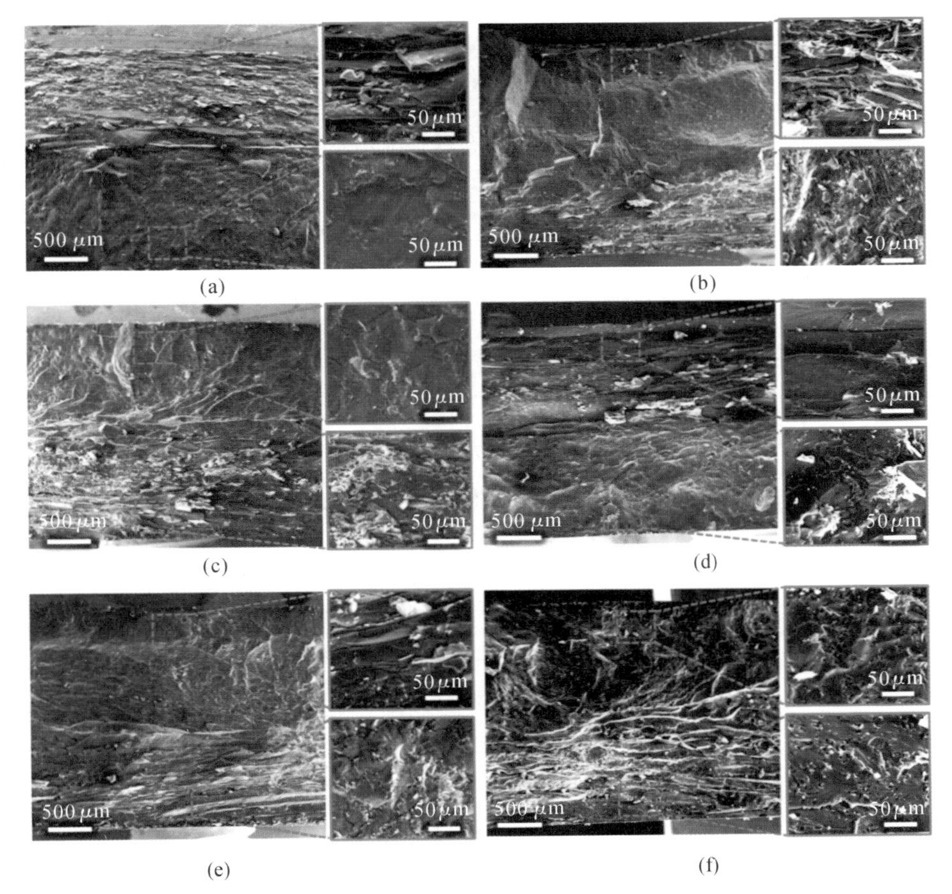

图 3-3-16　不同双金属的断裂面：(a),(c),(e) SS、SK 和 HK 嵌体双金属的 A356 侧；(b),(d),(f) SS、SK 和 HK 嵌体双金属的 AZ91D 侧

SK 和 HK 嵌体双金属的界面层厚度比 SS 嵌体双金属的大。根据数值模拟得到的温度曲线，由于表面三维结构的存在，SK 和 HK 嵌体的镁/铝双金属复合材料比 SS 嵌体样品具有更高的表面温度和更低的冷却速率，如图 3-3-17(a)所示。这将有助于获得更大的熔化面积和更长的扩散时间，从而获得更大的界面层厚度。此外，SK 和 HK 铝嵌体比 SS 铝嵌体具有更大的表面积，这也增加了扩散距离。

尽管具有三维结构的 A356 嵌体表面凹凸不平，但整个界面层并没有呈现出相同的形状，如图 3-3-4 所示。Ⅰ区和Ⅱ区之间的边界线与 SK 和 HK 嵌体双金属中嵌体的表面形状匹配良好，而Ⅱ区和Ⅲ区之间的边界与原始界面形状相比变

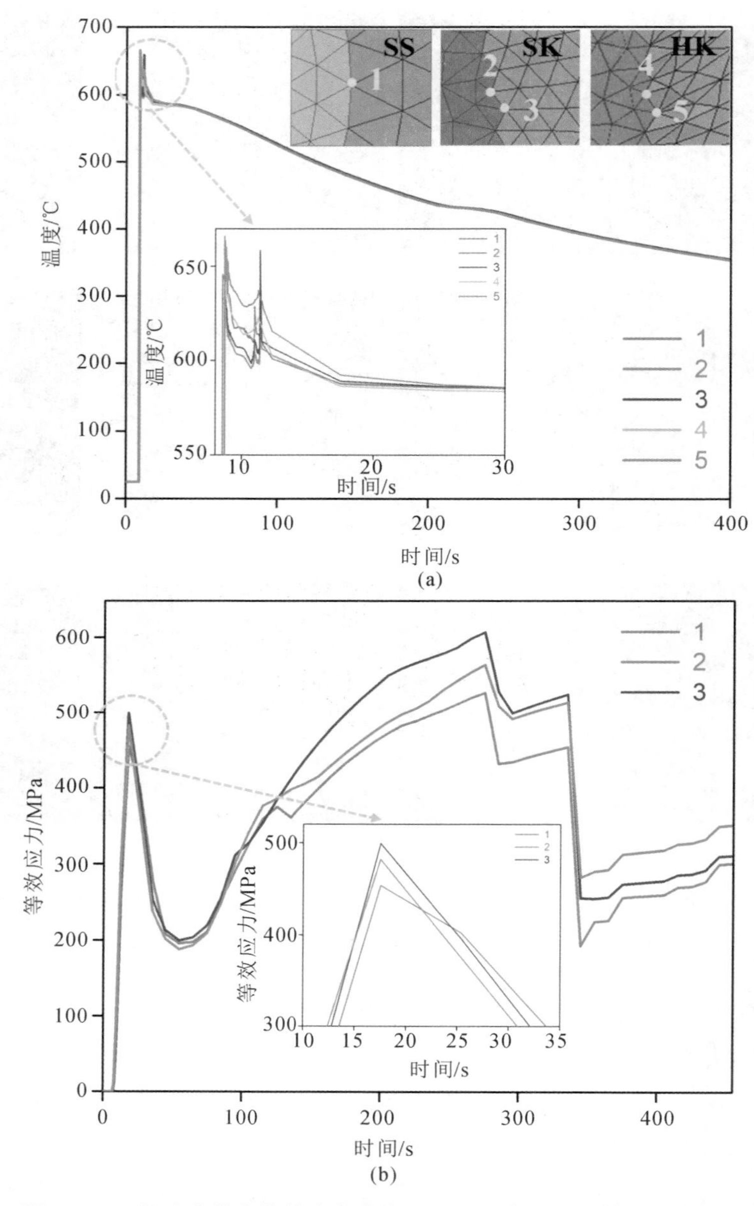

图 3-3-17　温度曲线和等效应力曲线:(a) 温度曲线;(b)等效应力曲线

得相对平坦。界面层与 A356 基体或 AZ91D 基体的结合面在大部分位置呈现平坦形貌,表明它们不受原始表面结构的影响,原因可以用图 3-3-18 来解释。

当 AZ91D 熔体与 A356 嵌体接触时,A356 嵌体表面熔化并形成熔合区,如

图 3-3-18(a) 所示。在此过程中，还伴随着 Al、Mg、Si 元素的扩散。由于表面结构边界两侧存在浓度梯度，元素在开始时主要沿水平方向扩散，形成高浓度梯度区，如图 3-3-18(b)所示。当这些元素扩散到一定距离后，水平方向的浓度梯度使元素沿垂直方向扩散，形成相对平坦的扩散前沿，如图 3-3-18(c)所示。当扩散距离足够长时，扩散前沿呈平坦状态。

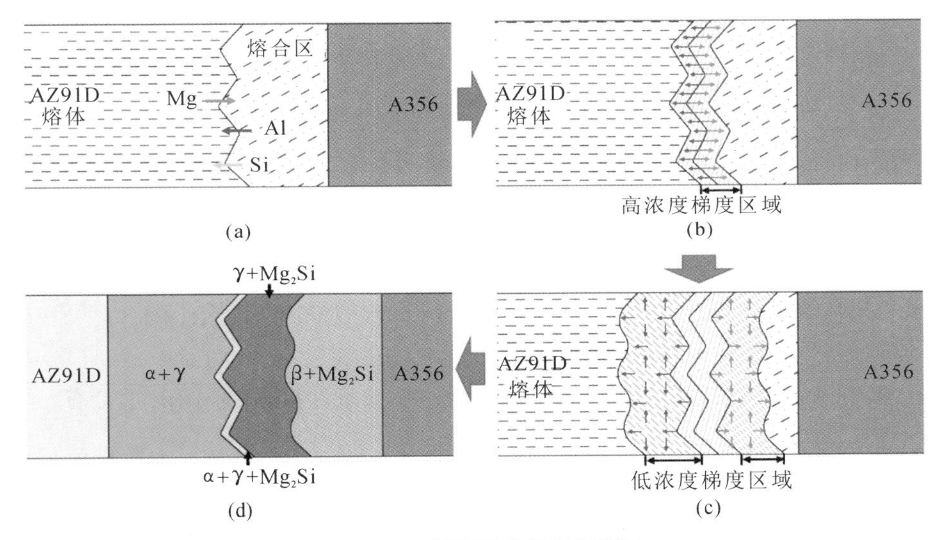

图 3-3-18 界面形成机制示意图

根据氧化夹杂物的位置，即在界面层的Ⅰ区和Ⅱ区的交界处，推测该处可能是 A356 嵌体的原始边界。根据 S. M. Emami 等人的研究，夹杂物的形成是由于氧化膜的存在。SK 和 HK 嵌体双金属夹杂物数量略少于 SS 嵌体双金属，这可能是由于表面温度较高，较高的温度有利于 Mg 熔体与 Al_2O_3 膜的反应，反应式如下：

$$Mg(l) + \frac{1}{3} Al_2 O_3 \longrightarrow MgO(s) + \frac{2}{3} Al(l) \tag{3-3-2}$$

$$\Delta G^0 = -39\ kJ \cdot mol^{-1}$$

同样，SK 和 HK 嵌体的峰值温度高于谷值，因此峰值中夹杂物的数量小于谷值中的，如图 3-3-17(a)所示。此外，高应力也有利于氧化膜的破碎，这也减少了夹杂物缺陷。

α 相、γ 相和 Mg_2Si 相组成的薄层位于Ⅰ区和Ⅱ区的交界处，该区位于表面结构原始边界的左侧，Ⅰ区中很少发现 Mg_2Si 颗粒。这些现象表明 Si 元素在液态 Mg 中的扩散性较弱。此外，IMC 层的厚度大于 EU 层，表明 A356 中 Mg 元素的扩散系数大于 AZ91D 中的 Al 元素。SK 和 HK 嵌体双金属界面层的组成和形态可以用图 3-3-18(d)描述。

3.3.5.2 断裂机理

由于不同的断裂机制，具有不同铝嵌体表面形貌的双金属复合材料的剪切强度存在很大差异。

首先，在剪切测试的动模载荷和位移作用下，A356 产生弹性变形，载荷传递到界面层。随着载荷和位移的增加，A356 开始发生塑性变形。界面中的 Al-Mg 金属间化合物为脆性相，弹性模量低，而 A356 基体具有优异的塑性变形能力。这意味着当外力施加到这两种材料上时会产生不同的应变，从而导致 A356 和界面层之间的连接处产生高应力。最后，高应力以裂纹的形式释放，形成初始裂纹，如图 3-3-19(a)所示。

接下来，初始裂纹开始扩展，裂纹扩展的临界条件根据 Griffith 理论有

$$\frac{\partial W}{\partial a} \geqslant \frac{\partial U}{\partial a} \tag{3-3-3}$$

式中：W 是裂纹扩展过程中释放或消耗的能量；U 是创建新平面所需的能量；a 是裂纹长度。这个等式表示 W 和 U 之间的差异是裂纹扩展的驱动力。根据 Irwin 理论，裂纹扩展的临界应力可以用式(3-3-4)表示：

$$\sigma_{ij} = \frac{K}{(2\pi r)^2} f(\theta) \tag{3-3-4}$$

式中，σ_{ij} 是裂纹扩展的临界应力，K 是断裂韧性，r 和 θ 是来自施加应力的裂纹尖端的长度和角度。根据 3.3.4 节的分析，Ⅲ区的断裂韧性最差，因此裂纹优先沿Ⅲ区扩展，如图 3-3-19 (b)所示。在裂纹扩展过程中，一些细裂纹从主裂纹的尖端延伸出来。由于相组成的不均匀性、晶界的存在和晶粒取向的差异，裂纹扩展路径不是一条直线。此外，分散分布在Ⅲ区和Ⅱ区的细小而坚硬的 Mg_2Si 颗粒具有裂纹偏转作用，对剪切性能也有强化作用，如图 3-3-19 (b)所示。

随着荷载和位移的继续增加，裂纹向Ⅱ区扩展，产生更多的分支裂纹，如图 3-3-19(c)所示。这些过程对于所有具有不同铝嵌体表面形貌的双金属复合材料都是相同的。

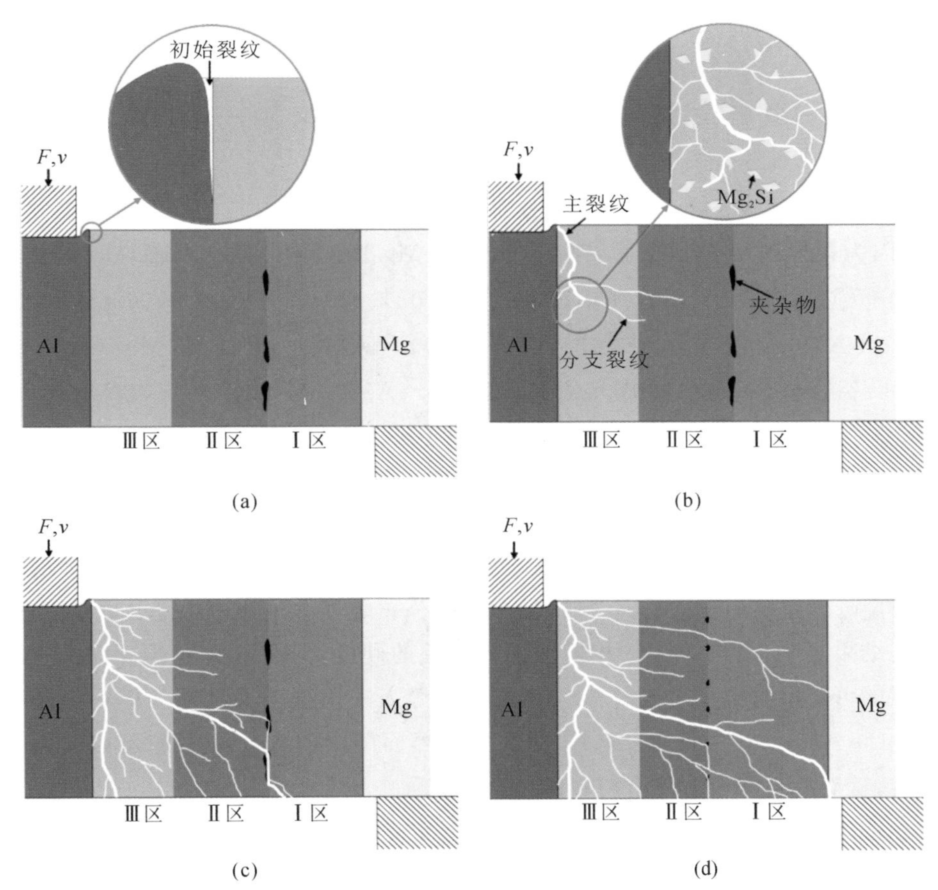

图 3-3-19　断裂机理示意图:(a) 初始裂纹的产生;(b) 裂纹扩展;(c) SS 嵌体双金属的断裂机制;(d) SK 和 HK 嵌体双金属的断裂机制

不同铝嵌体表面形貌下双金属复合材料断裂行为的差异主要体现在Ⅰ区的裂纹扩展。众所周知,裂纹很容易沿着缺陷扩展。因此,当裂纹尖端到达夹杂物缺陷时,裂纹将沿着缺陷延伸直至发生断裂。当然,还有一些裂纹没有遇到延伸到Ⅰ区的缺陷。由于 EU 层的断裂韧性比 IMC 层高,裂纹延伸到 EU 层越多,消耗的断裂能量就越大。SS 嵌体双金属的夹杂物缺陷多于 SK 和 HK 嵌体双金属,因此其断裂主要发生在Ⅱ区和Ⅰ区的交界处,如图 3-3-19(c)所示。SK 和 HK 嵌体双金属的夹杂物缺陷较少,EU 层厚度所占比例较大,导致更多的裂纹延伸到 EU 层,从而提高了抗剪强度,如图 3-3-19(d)所示。与 SK 嵌体相比,HK 嵌体纵截面呈凹凸结构，可进一步提高抗断裂能力，获得更高的抗剪强度。

3.4 Si 含量对镁/铝双金属界面组织和性能的影响

Al 合金和 Mg 合金基体的成分对镁/铝双金属复合材料的性能也有很大影响，因为在界面层中形成了一些不同于 Al-Mg IMC 的新相。目前，镁/铝复合材料有纯镁/纯铝、AZ31/纯铝或铝合金（2024、3003、5757、6060、6061、6022、7075）、AM60/铝合金（6061、A380、A390）、AM50/6061、纯 Mg/AA5005、ZK60/铝合金（6061、5083）、AZ91D/铝合金（A356、Al-12Si）等。在 Mg/Al-Si 合金双金属复合材料中，由于 Al 合金中存在 Si 元素，界面层中容易形成 Mg_2Si 相。徐光晨等人的研究表明，当使用 A390（Al/16-18Si）作为 Al 嵌体时，在界面处形成了连续的 Mg_2Si 层，这阻止了 Al-Mg IMC 的形成。R. Mola 等人将 Mg 合金浇注到具有改性结构的 Al-12Si 铝合金嵌体上，获得了镁/铝双金属复合材料，界面层的 Al-Mg 金属间化合物上分布着许多细小的 Mg_2Si 颗粒。该研究结果表明，虽然 Mg_2Si 相增加了界面层的硬度，但在压头加载过程中裂纹扩展的可能性降低了。管峰等人和王俊龙等人采用振动辅助消失模铸造制备 AZ91D/A356(Al-7Si)复合材料，研究发现界面层中的 Mg_2Si 颗粒可以使裂纹偏转，从而提高双金属复合材料的结合强度。

从以上研究结果可以看出，镁/铝双金属复合材料界面处 Mg_2Si 相的存在对镁/铝双金属复合材料的组织和性能有很大的影响。但目前的研究仅集中于单一 Al-Si 合金的影响，而关于不同 Si 含量的 Al-Si 合金对镁/铝双金属复合材料影响的研究尚未见报道。对不同 Si 含量的镁/铝双金属复合材料界面层 Mg_2Si 的形貌和分布也没有系统的研究。

本节通过将液态 AZ91D 镁合金浇注到不同 Si 含量的固态 Al-Si 合金周围制备 Al-xSi/AZ91D 双金属复合材料，该合金可分为亚共晶 Al-Si 合金（6Si、9Si 和 12Si）和过共晶 Al-Si 合金（15Si、18Si 和 21Si），系统研究了 Si 含量对镁/铝双金属复合材料显微组织演变、力学性能和断裂行为的影响，并讨论了 Al-xSi/AZ91D 双金属复合材料的界面形成机理。

3.4.1 实验材料与方法

在本节的实验中，通过将液态 AZ91D 镁合金浇注在由纯 Al 和 Al-30Si 中间合金配制的固态 Al-xSi 基体周围制备镁/铝双金属复合材料，这些原材料的成分列于表 3-4-1 中。

表 3-4-1　原材料的成分

材料	元素含量/(wt. %)										
	Fe	Si	Cu	Mg	Mn	V	Ga	Zn	Ti	Pb	Al
纯 Al	0.15	0.04	0.0005	0.003	—	0.02	0.02	0.03	—	—	99.7365
Al-30Si	0.34	29.68	0.02	0.03	0.03	—	—	0.02	0.01	0.01	69.86
AZ91D	—	0.05	—	89.74	0.34	—	—	0.67	—	—	9.2

根据 Al-Si 二元相图(见图 3-4-1)，Al-Si 系属于简单共晶相图，固态互溶度很小，共晶点位于 12.6±0.1 wt.% Si(577 ℃)。当 Si 含量低于 12.6 wt.% 时，Al-Si 合金称为亚共晶 Al-Si 合金；反之，则称为过共晶 Al-Si 合金。在本实验中，选择了三种亚共晶 Al-xSi 合金(Al-6Si、Al-9Si 和 Al-12Si)和三种过共晶 Al-xSi 合金(Al-15Si、Al-18Si 和 Al-21Si)作为固体嵌体，其 Al-xSi 合金的制备过程如下。

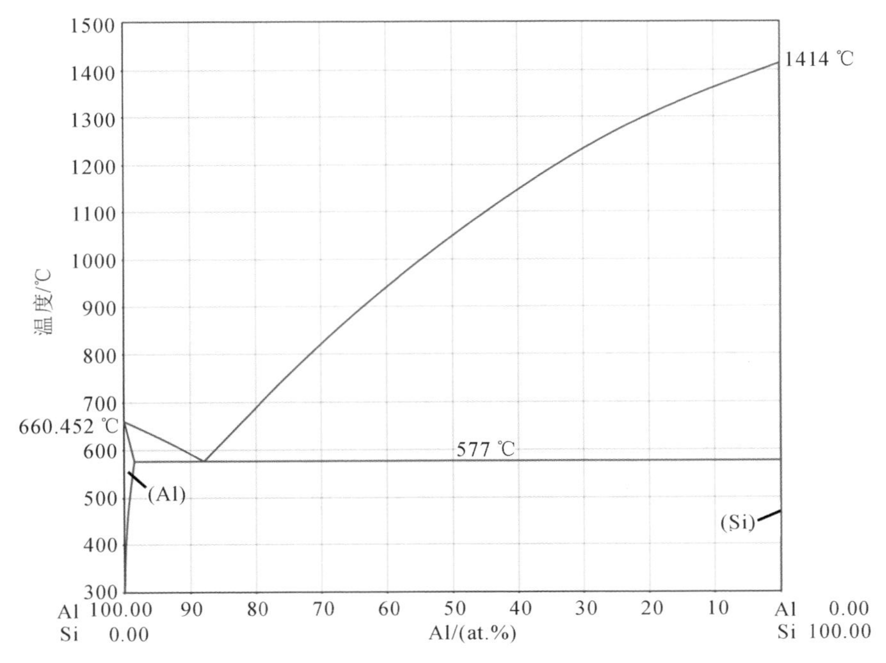

图 3-4-1　Al-Si 二元相图

纯铝用电阻炉在 760 ℃下熔化。然后，将在 200 ℃预热 2 h 后的 Al-30Si 合金加入纯 Al 熔融金属中，并在 760 ℃的温度下保持 30 min。接下来，将石墨搅拌器插入熔融金属中并以 100 r/min 的速度搅拌 5 min。最后，将经过氩气精炼的金属液倒入 740 ℃的石墨模具中。对铸态试样进行 T6 热处理：固溶处理(540 ℃下 8 h+80 ℃淬火)+时效处理(180 ℃下 6 h+空冷)。

Al-xSi 合金的实际 Si 含量采用 XRF-1800 波长色散 X 射线荧光光谱仪(WD-XRF，岛津公司，日本)测量，测试结果表明实际 Si 含量接近理论值，如表 3-4-2所示。同时，还选择纯 Al 作为固体嵌体，研究 Si 含量对纯镁/铝双金属复合材料微观结构特征的影响。不同 Al-xSi 合金的 Si 形貌如图 3-4-2 所示。很明显，当 Si 含量低于 12.6 wt.%时，所有 Si 颗粒都以针状共晶硅的形式存在，如图 3-4-2(a)～(c)所示。当 Si 含量超过 12.6 wt.%时，多边形初生硅和针状共晶硅共存于 Al 基体中，并且初生硅的尺寸也随着 Si 含量的增加而增大，如图 3-4-2(d)～(f)所示。

表 3-4-2　理论和实际 Si 含量

名称	理论 Si 含量/(wt.%)	实际 Si 含量/(wt.%)
Al-6Si	6	6.22
Al-9Si	9	9.15
Al-12Si	12	11.91
Al-15Si	15	14.87
Al-18Si	18	18.21
Al-21Si	21	20.75

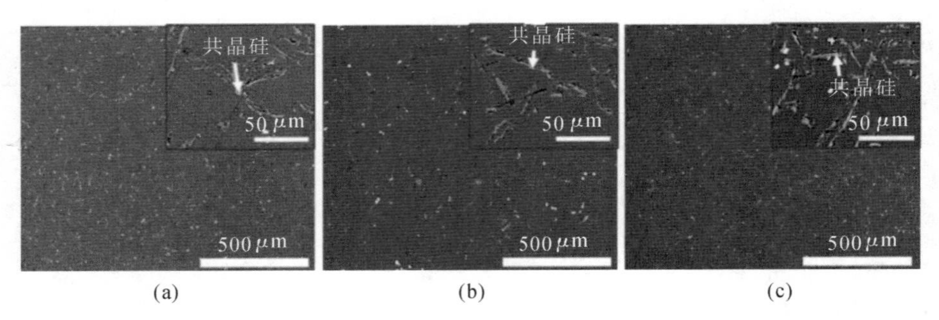

图 3-4-2　Al-xSi **合金中** Si **的形貌**：(a) Al-6Si；(b) Al-9Si；(c) Al-12Si；(d) Al-15Si；(e) Al-18Si；(f) Al-21Si

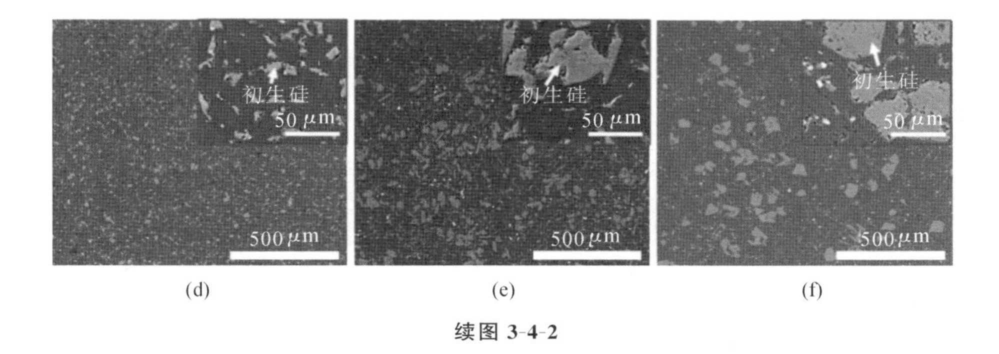

续图 3-4-2

之后，通过消失模复合铸造（LFCC）工艺制备了 Al-xSi/AZ91D 双金属复合材料，过程和参数与第 2 章相同，在此不再赘述。

我们还使用相同的技术和工艺条件制备了纯 Al/AZ91D 双金属复合材料，以比较含 Si 和不含 Si 的镁/铝双金属复合材料之间的差异。

3.4.2 亚共晶 Al-xSi/AZ91D 双金属材料的显微组织特征

首先，观察纯 Al/AZ91D 双金属复合材料的微观结构，如图 3-4-3 所示。AZ91D 镁合金与纯 Al 之间的结合区存在缝隙，未发现冶金反应层（MRL），表明纯 Al 和 AZ91D 镁合金只是简单的机械结合。

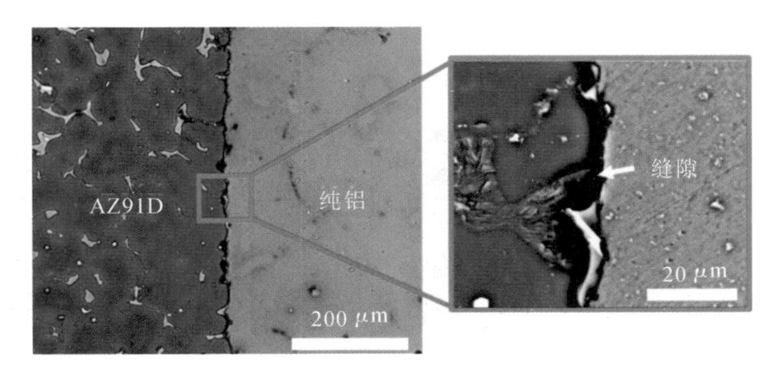

图 3-4-3 纯 Al/AZ91D 双金属复合材料的微观结构

图 3-4-4 显示了亚共晶 Al-xSi/AZ91D 双金属复合材料界面的低倍微观结构和相应的扫描图。可以看出，所有亚共晶 Al-xSi/AZ91D 双金属复合材料都具有 MRL，这似乎是 Al 合金中 Si 的存在促进了 Al 和 Mg 之间的冶金结合。利用 Image-Pro Plus（IPP）软件计算 MRL 的平均厚度，结果如图 3-4-5 所示。

从图 3-4-5 中可以看出，MRL 的厚度随着 Si 含量的增加而增加，Al-6Si/Mg、Al-9Si/Mg 和 Al-12Si/Mg 双金属复合材料的界面层平均厚度分别为 1577.6 μm、1744.8 μm 和 1975.7 μm。

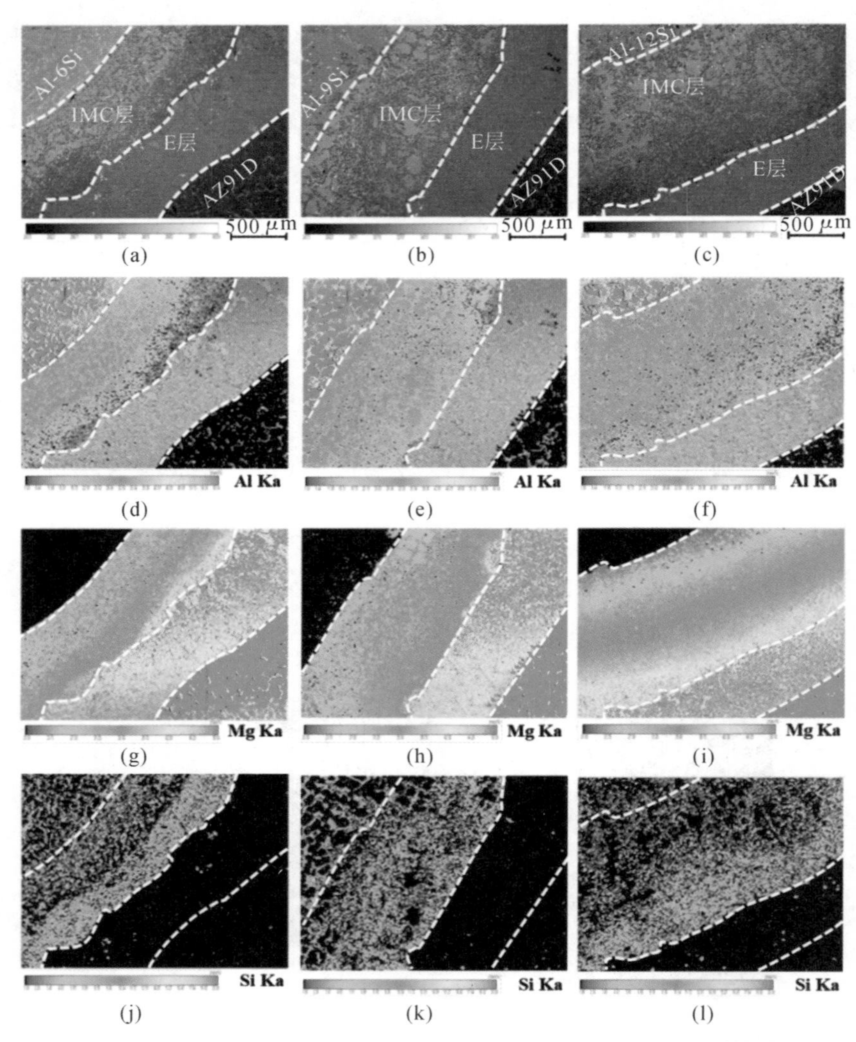

(a) (b) (c) (d) (e) (f) (g) (h) (i) (j) (k) (l)

图 3-4-4 亚共晶 Al-xSi/AZ91D 双金属复合材料界面的低倍 SEM 微观结构和相应的扫描图：(a) Al-6Si/AZ91D 复合材料；(b) Al-9Si/AZ91D 复合材料；(c) Al-12Si/AZ91D 复合材料；(d)，(g)，(j)，(m) 图 3-4-4(a)中 Al、Mg、Si、O 元素的面扫描图；(e)，(h)，(k)，(n) 图 3-4-4(b)中 Al、Mg、Si、O 元素的面扫描图；(f)，(i)，(l)，(o) 图 3-4-4(c)中 Al、Mg、Si 和 O 元素的面扫描图

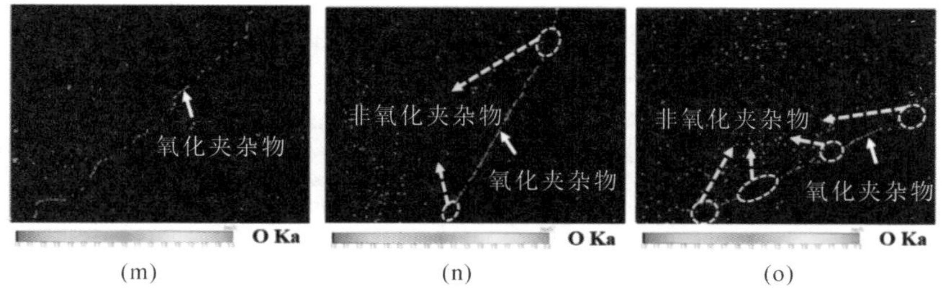

(m) (n) (o)

续图 3-4-4

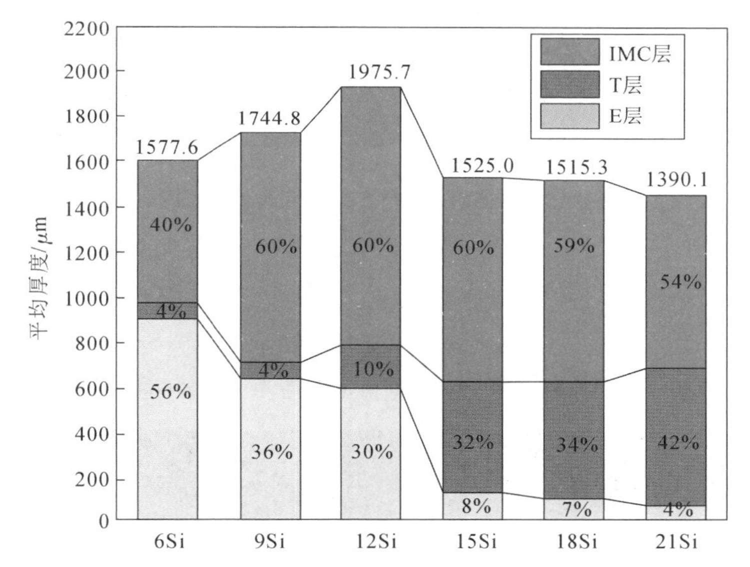

图 3-4-5 Al-xSi/AZ91D **双金属复合材料** MRL **的平均厚度**

根据图 3-4-4 (d)～(l) 中 Al、Mg、Si 元素的面扫描结果,所有亚共晶 Al-xSi/AZ91D 双金属复合材料的 MRL 大致可分为两个反应层:一个由 Al、Mg 和 Si 元素组成,而另一个只含有 Al 和 Mg 元素。

为了确认不同反应层的相组成,用扫描电子显微镜获得了 MRL 的高倍放大 SEM 图像,如图 3-4-6 所示。可以看出,靠近 AZ91D 基体的反应层由菊花状的 $Al_{12}Mg_{17}+\delta$-Mg 共晶组织(E 层)组成,如图 3-4-6(b)、(h)和(n)所示。Al-xSi 基体侧反应层的主要成分是 Al_3Mg_2、$Al_{12}Mg_{17}$和多边 Mg_2Si 相,如图 3-4-6(e)、(f)、(k)、(l)、(q)和(r)所示,该反应层称为 IMC 层。IMC 层也可分为两层:一层为 $Al_3Mg_2+Mg_2Si$ 层(IMC″层),另一层为 $Al_{12}Mg_{17}+Mg_2Si$ 层(IMC′

层)。这些结果和前文关于 AZ91D/A356 双金属复合材料的研究相似,其 Al 基体含有 7 wt.%的 Si。

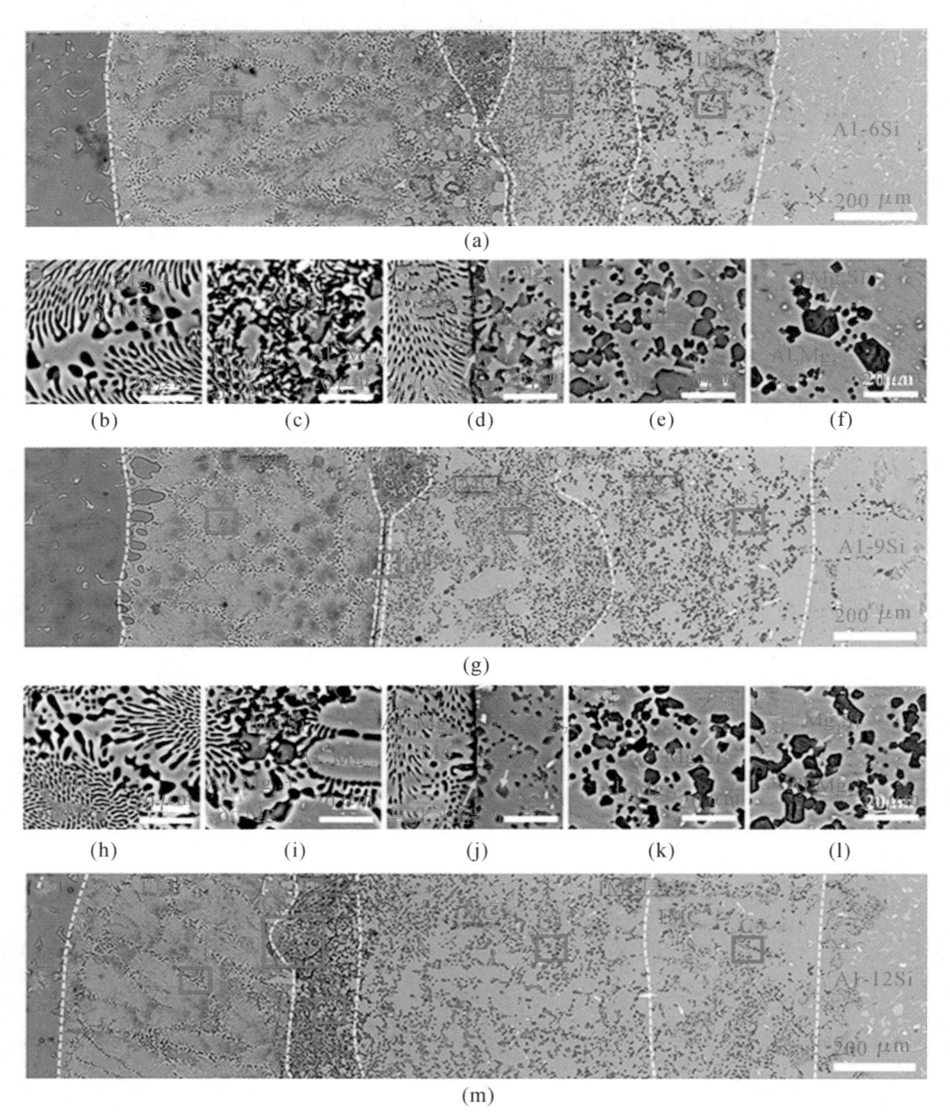

图 **3-4-6** 亚共晶 Al-xSi/AZ91D 双金属复合材料 MRL 的高倍放大 SEM 图像:
(a) Al-6Si/AZ91D 复合材料;(b),(c),(d),(e),(f) 图 **3-4-6**(a)中的 A1、A2、A3、A4、A5 区域;
(g) Al-9Si/AZ91D 复合材料;(h),(i),(j),(k),(l) 图 **3-4-6**(g)中的 B1、B2、B3、B4、B5 区域;
(m) Al-12Si/AZ91D 复合材料;(n),(o),(p),(q),(r) 图 **3-4-6**(m)中的 C1、C2、C3、C4、C5 区域

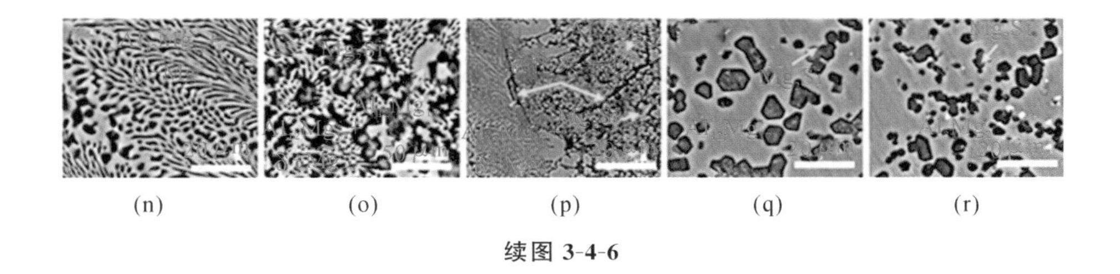
(n) (o) (p) (q) (r)

续图 3-4-6

此外，在 E 层和 IMC 层之间还发现了一个由菊花状共晶组织、$Al_{12}Mg_{17}$ 和多边形相组成的窄过渡区（T 层），如图 3-4-6(c)、(i)和(o)所示。将 Al-12Si/AZ91D 双金属复合材料的 T 层用 FIB 切割以获取 TEM 样品来验证相组成，TEM 采样位置和相应的分析结果如图 3-4-7 所示。根据 A 区的 SAED 图像，多边形相为 Mg_2Si 相，如图 3-4-7(b)、(c) 所示。根据图 3-4-7(d)和(e)所示的 SAED 图像，菊花状共晶组织是 $Al_{12}Mg_{17}$ + δ-Mg。因此，T 层的相组成为 $Al_{12}Mg_{17}$ + δ-Mg 共晶组织、$Al_{12}Mg_{17}$ 和 Mg_2Si。

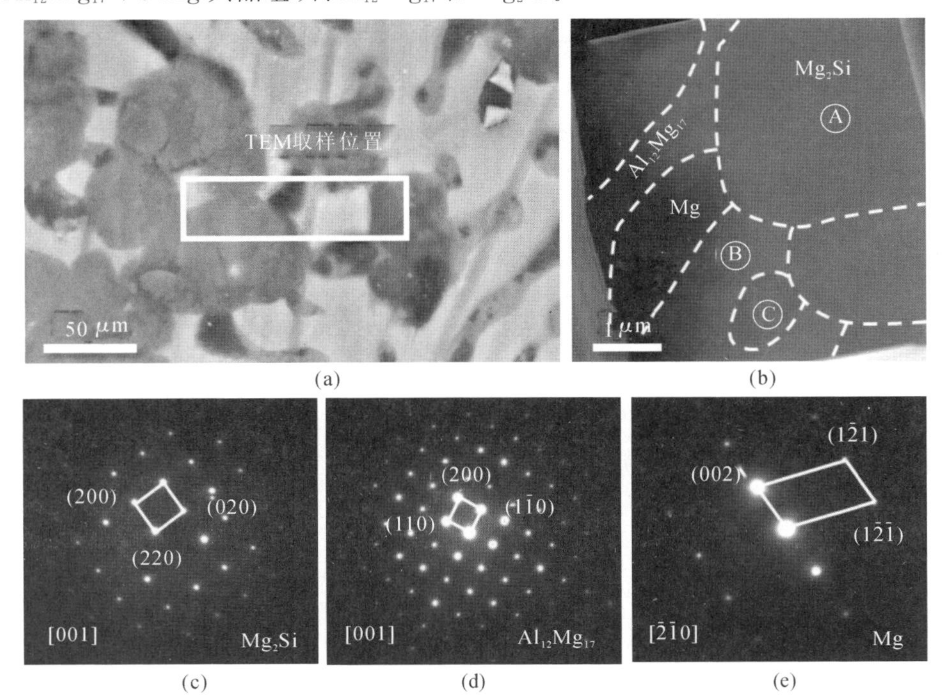

(a) (b)
(c) (d) (e)

图 3-4-7　Al-12Si/AZ91D 双金属 T 层的 TEM 取样位置及分析结果：
(a) TEM 取样位置；(b) TEM 样品的 HAADF(高角环形暗场)图像；
(c),(d),(e) 图 3-4-7(b)中 A、B 和 C 区域的 SAED 图像

一个有趣的现象是，在 T 层和 E 层之间的某些位置出现了黑色边界，如图 3-4-6(d)、(j)和(p)所示。黑色边界是由于铝合金表面固有的 Al_2O_3 膜而产生的氧化夹杂物(Al_2O_3 和 MgO)，这在我们之前的讨论中已经得到确认，氧化夹杂物如图 3-4-4(m)、(n)和(o)所示，随着 Si 含量的增加，形貌由连续变为不连续。

利用 IPP 软件统计不同反应层厚度占 MRL 总厚度的比例，结果如图 3-4-5 所示。可见 Si 含量对不同反应层厚度比例有显著影响，特别是 E 层和 T 层。随着 Si 含量的增加，E 层的厚度比例明显降低，而 T 层恰好相反。Al-9Si/AZ91D 与 Al-12Si/AZ91D 双金属复合材料的 IMC 层厚度比例相同，比 Al-6Si/AZ91D 双金属复合材料高 20 个百分点。

3.4.3 过共晶 Al-xSi/AZ91D 双金属材料的显微组织特征

过共晶 Al-xSi/AZ91D 双金属复合材料的显微组织和相应的扫描图如图 3-4-8所示。Al-15Si/AZ91D、Al-18Si/AZ91D 和 Al-21Si/AZ91D 双金属复合材料界面层的平均厚度分别为 1525.0 μm、1515.3 μm 和 1390.1 μm，如图 3-4-8(a)～(c)和图 3-4-5 所示。这表明过共晶 Al-xSi/AZ91D 双金属复合材料 MRL 的厚度随着 Si 含量的增加而降低，这与亚共晶 Al-xSi/AZ91D 双金属复合材料相反。此外，所有过共晶 Al-xSi/Mg 双金属复合材料的 MRL 厚度均小于亚共晶 Al-xSi/Mg 双金属复合材料。

过共晶 Al-xSi/Mg 双金属的 MRL 也可以根据 Si 元素的面扫描结果划分为两个区域，如图 3-4-8(j)、(k)和(l)所示。O 元素的面扫描结果表明，在 T 层和 E 层两个反应层的交界处没有聚集的氧化夹杂物，如图 3-4-8(m)、(n)和(o)所示。这表明使用过共晶铝硅合金作为基体可以消除 MRL 中的氧化夹杂物。

图 3-4-9 显示了过共晶 Al-xSi/AZ91D 双金属复合材料 MRL 的高倍 SEM 图像。过共晶 Al-xSi/AZ91D 双金属复合材料靠近 AZ91D 基体的反应层仍然是 $Al_{12}Mg_{17}$ + δ-M 共晶组织，如图 3-4-9(b)、(g)和(l)所示，与亚共晶 Al-xSi/AZ91D 双金属复合材料相同。但是其 T 层和 IMC 层有明显的区别。过共晶 Al-xSi/AZ91D 双金属复合材料的 T 层可分为两层：一层是 $Al_{12}Mg_{17}$ + δ-Mg 共晶组织 + Mg_2Si，如图 3-4-9(c)、(h)和(m)所示；另一层是上述显微结构和 $Al_{12}Mg_{17}$ 枝晶的混合物，如图 3-4-9(a)、(f)和(k)所示。

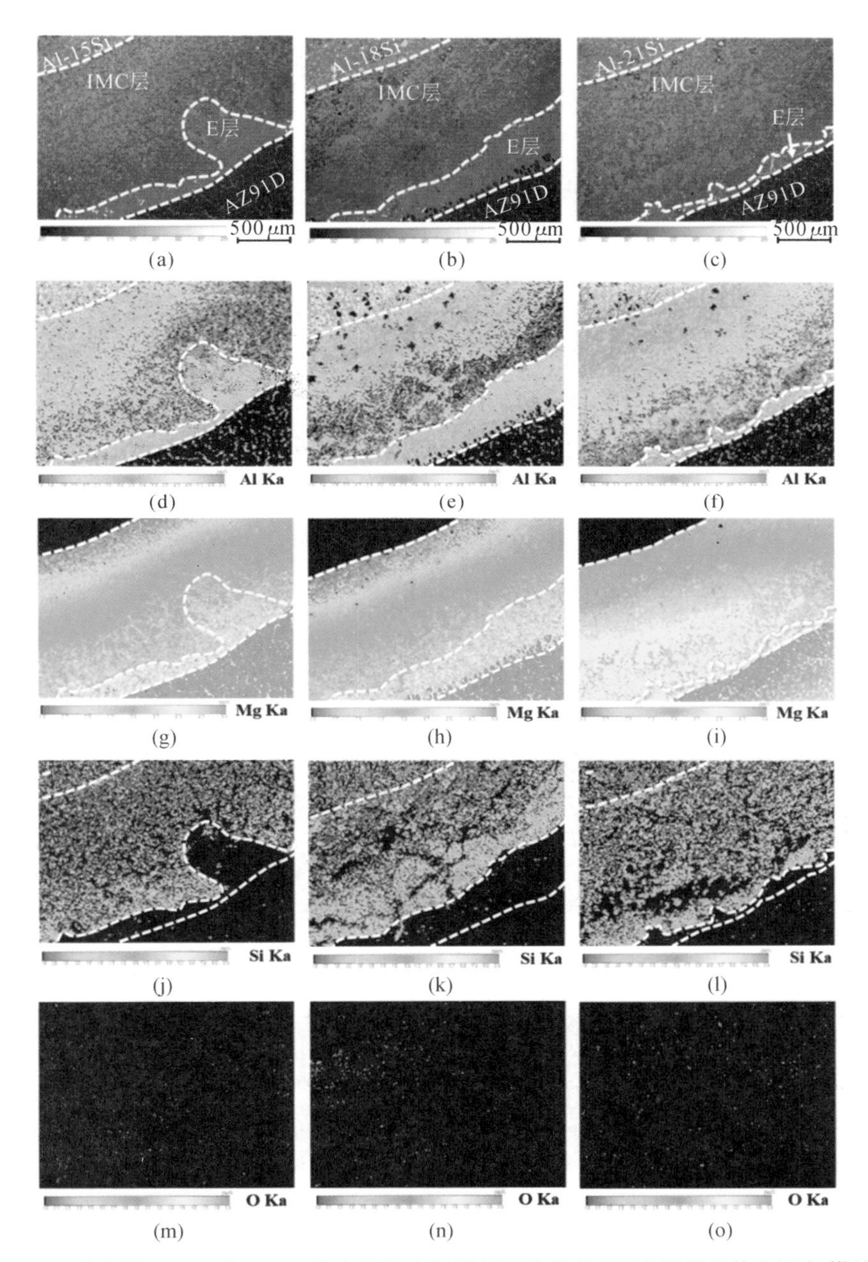

(a) (b) (c) (d) (e) (f) (g) (h) (i) (j) (k) (l) (m) (n) (o)

图 3-4-8 过共晶 Al-xSi/AZ91D 双金属复合材料界面的低倍 SEM 微观结构和面扫描结果：(a) Al-15Si/AZ91D 复合材料；(b) Al-18Si/AZ91D 复合材料；(c) Al-21Si/AZ91D 复合材料；(d)，(g)，(j)，(m)图 **3-4-8**(a)中 Al、Mg、Si、O 元素的面扫描结果；(e)，(h)，(k)，(n) 图 **3-4-8**(b)中 Al、Mg、Si、O 元素的面扫描结果；(f)，(i)，(l)，(o) 图 **3-4-8**(c)中 Al、Mg、Si、O 元素的面扫描结果

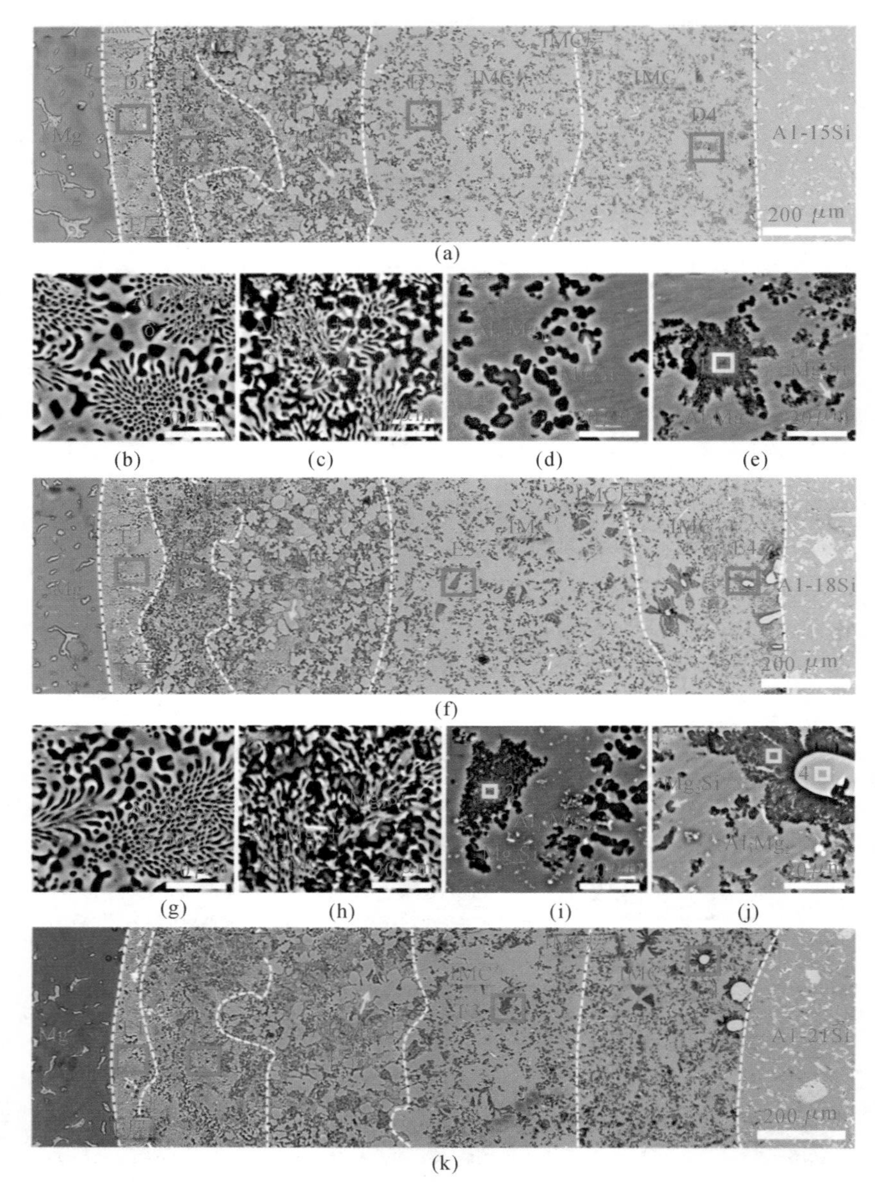

图 **3-4-9** 过共晶 Al-xSi/AZ91D 双金属复合材料 MRL 的高倍放大 SEM 图像：(a) Al-15Si/AZ91D 复合材料；(b),(c),(d),(e) 图 **3-4-9**(a)中的 D1、D2、D3、D4 区域；(f) Al-18Si/AZ91D 复合材料；(g),(h),(i),(j) 图 3-4-9(f)中的 E1、E2、E3、E4 区域；(k) Al-21Si/AZ91D 复合材料；(l),(m),(n),(o) 图 3-4-9(k)中的 F1、F2、F3 和 F4 区域

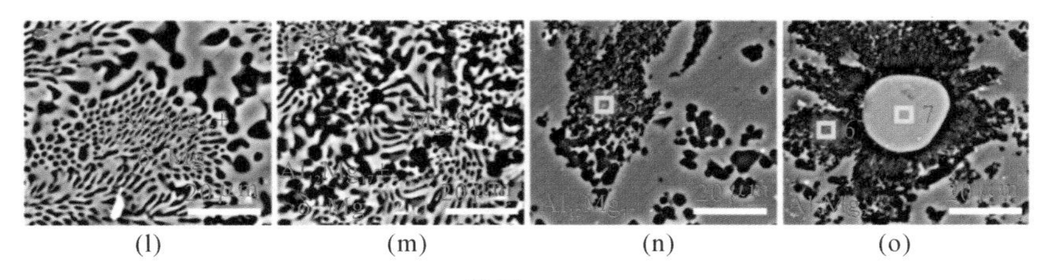

(l) (m) (n) (o)

续图 3-4-9

在过共晶 Al-xSi/AZ91D 双金属复合材料的 IMC 层中发现了一些在亚共晶 Al-xSi/AZ91D 双金属复合材料中不存在的絮状组织，如图 3-4-9(e)、(i)、(j)、(n)和(o)所示。可以看出，不同的过共晶 Al-xSi/AZ91D 双金属复合材料的絮状组织的数量和形态是不同的。对于 Al-15Si/AZ91D 双金属复合材料，IMC′层中几乎没有絮状组织，相组成仍为 $Al_{12}Mg_{17}$＋多边形 Mg_2Si，如图 3-4-9(d)所示。在 IMC″层中，除 Al_3Mg_2 和多边形 Mg_2Si 外，还有两种絮状组织，一种呈花瓣状，另一种在 Mg_2Si 附近呈不规则的分散聚集状，如图 3-4-9(e)所示。表 3-4-3为图 3-4-9 中用黄框和数字标示区域的 EDS 结果。表 3-4-3 中区域 1 的 EDS 结果表明，该区域包含 19.7 at.%的 Al、44.5 at.%的 Mg 和 35.8 at.%的 Si。根据 Al-Mg-Si 三元相图，Al、Mg、Si 三者之间只能形成二元相，推测该结构由 Mg_2Si＋Al-Mg IMC 组成。

随着 Al 基体中 Si 含量增加到 18 wt.%和 21 wt.%，IMC′层中也出现一些呈正多边形的絮状组织，如图 3-4-9 (i)和(n)所示。根据表 3-4-3 中区域 2 和区域 5 的 EDS 结果，判断可能是 Mg_2Si＋Al-Mg IMC。在 IMC″层中，发现了一种由花瓣状絮状组织包围的圆形或椭圆形核心组成的新形态的组织，如图 3-4-9(j)和(o)所示。花瓣状絮状组织可能是 Mg_2Si＋Al-Mg IMC，符合表 3-4-3 中区域 3 和区域 6 的 EDS 结果。根据表 3-4-3 中区域 4 和区域 7 的 EDS 结果，圆形或椭圆形的核心是 Si 固溶体(Si SS)。

表 3-4-3　图 3-4-9 中不同位置的 EDS 结果

序号	元素含量/(at.%)			可能的相
	Al	Mg	Si	
1	19.70	44.5	35.8	Al-Mg IMC＋Mg_2Si
2	6.57	51.26	42.17	Al-Mg IMC＋Mg_2Si

续表

序号	元素含量/(at.%)			可能的相
	Al	Mg	Si	
3	11.29	47.61	41.1	Al-Mg IMC+Mg_2Si
4	1.83	—	98.17	Si SS
5	8.98	53.21	37.81	Al-Mg IMC+Mg_2Si
6	11.84	46.64	41.52	Al-Mg IMC+Mg_2Si
7	1.48	—	98.52	Si SS

为了确定IMC层中这些絮状组织的相组成，制备并分析了絮状组织的TEM样品，其取样位置和相应的分析结果如图3-4-10所示。由于过共晶Al-xSi/AZ91D双金属复合材料的絮状组织相似，因此选择Al-21Si/AZ91D双金属复合材料IMC″层中花瓣状絮状组织包围的圆形或椭圆形核的形貌作为分析对象，如图3-4-10(a)所示。根据图3-4-10(b)和(c)中的HAADF图像，絮状组织由深色和浅色多边形组织组成，表明絮状组织确实包含两个相。图3-4-10(c)的面扫描结果(见图3-4-10(h)、(j))表明，浅色多边形相富含Al和Mg元素，而深色多边形相由Si和Mg元素组成。图3-4-10(c)中区域1(37.4 at.%的Mg和62.6 at.%的Al)和区域2(30.7 at.%的Si和69.3 at.%的Mg)的EDS结果以及相应的SAED图像表明絮状组织由Al_3Mg_2和Mg_2Si相组成。此外，根据HAADF图像和面扫描结果，Mg_2Si的数量和尺寸明显大于Al_3Mg_2，特别是在Si SS区域附近。还可以进一步推断IMC′层中的絮状组织应为$Al_{12}Mg_{17}$和Mg_2Si相。

从图3-4-5中可以看出，Si含量对三种不同反应层的厚度比例均有影响。对于过共晶Al-Si/AZ91D双金属复合材料，T层的厚度比例随着Si含量的增加而增加，而E层和IMC层恰好相反。

图3-4-11(a)和(b)分别是通过EBSD获得的Al-6Si/AZ91D和Al-15Si/AZ91D双金属复合材料的IPF分布图。从图3-4-11(a)中可以看出，Al-6Si/AZ91D双金属复合材料的E层和IMC′层的取向相同，均优先沿(111)晶面取向。如图3-4-11(b)所示，Al-15Si/AZ91D双金属复合材料的IMC′层和T层的取向相同，但E层与IMC′层的取向不同，似乎T层的存在改变了E层的取向

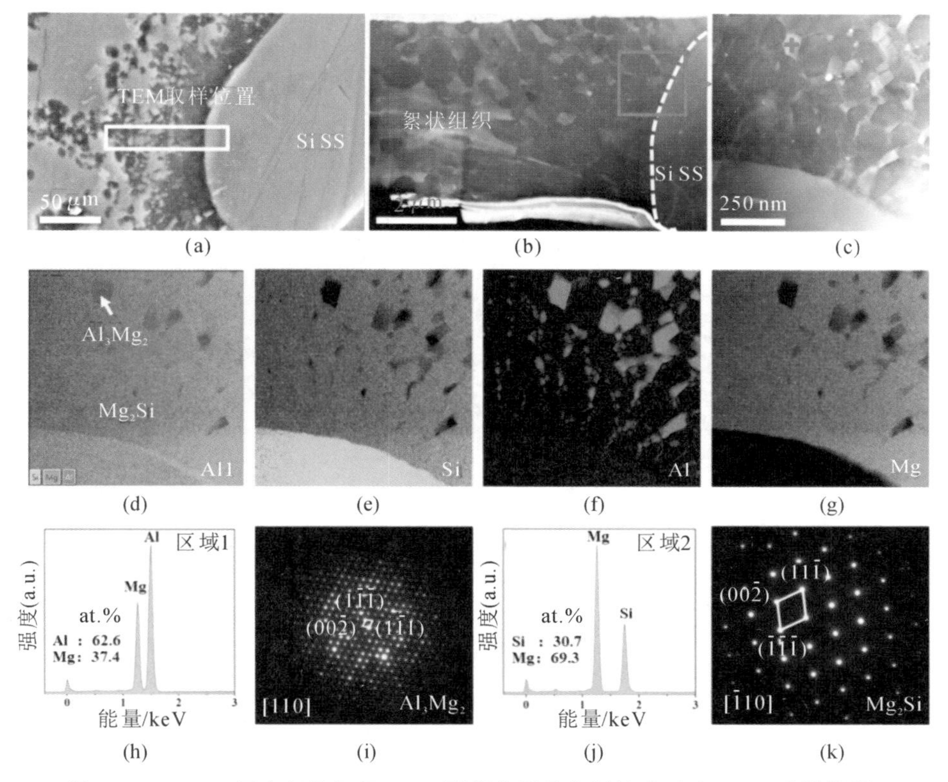

(a) (b) (c)

(d) (e) (f) (g)

(h) (i) (j) (k)

图 3-4-10 IMC 层中絮状组织 TEM 取样位置及分析结果：(a) TEM 采样位置；(b) HAADF 图像；(c) 图 3-4-10 (b)中 Si SS 附近的高倍 HAADF 图像；(d)，(e)，(f)，(g) 图 3-4-10 (c)中的混合元素、Si 元素、Al 元素和 Mg 元素的面扫描结果；(h)，(j) 图 3-4-10 (c)中区域 1 和区域 2 的 EDS 结果；(i)，(k) 图 3-4-10 (c)中区域 1 和区域 2 的 SAED 图像

分布。这两种双金属复合材料的 IMC″层没有择优取向。

Mg_2Si 晶粒统计结果通过 Oxford Channel 5 软件的晶粒统计功能得到，如表 3-4-4 和图 3-4-12 所示。由表 3-4-4 可知，Al-15Si/AZ91D 双金属复合材料中 Mg_2Si 的平均晶粒尺寸和最大晶粒尺寸均小于 Al-6Si/AZ91D 双金属复合材料，且单位面积 Mg_2Si 的含量大于 Al-6Si/AZ91D 双金属复合材料。此外，根据图 3-4-12 中 Mg_2Si 尺寸分布的统计结果，Al-15Si/AZ91D 双金属复合材料中小尺寸 Mg_2Si(3～5 μm)的比例(81.33％)高于 Al-6Si/AZ91D 双金属复合材料(63.07％)。

(a)

(b)

图 3-4-11 Al-6Si/AZ91D 和 Al-15Si/AZ91D 双金属复合材料的 IPF 分布图：(a) Al-6Si/AZ91D 复合材料；(b) Al-15Si/AZ91D 复合材料

表 3-4-4 Mg_2Si 晶粒统计结果

参数	Al-6Si/AZ91D	Al-15Si/AZ91D
平均直径/μm	6.0343	4.7332
方差	10.204	3.5668
标准偏差	3.1943	1.8886
方差系数	0.52936	0.39901
最小值/μm	3.3851	3.3851

续表

参数	Al-6Si/AZ91D	Al-15Si/AZ91D
最大值/μm	27.915	16.926
数量	8041	9543
单位面积内 Mg_2Si 数量/(Mg_2Si/mm^2)	4527	7190

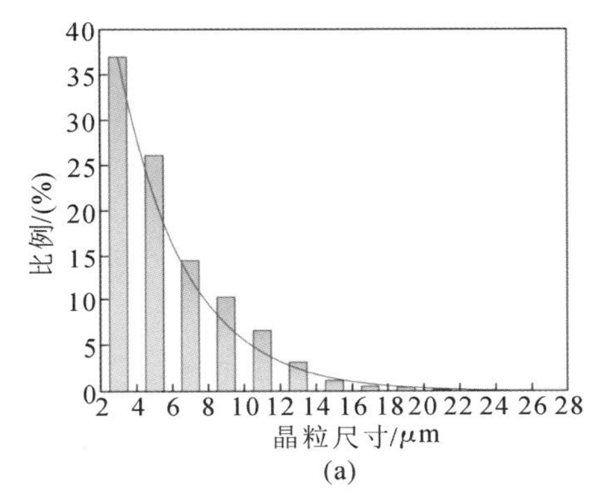

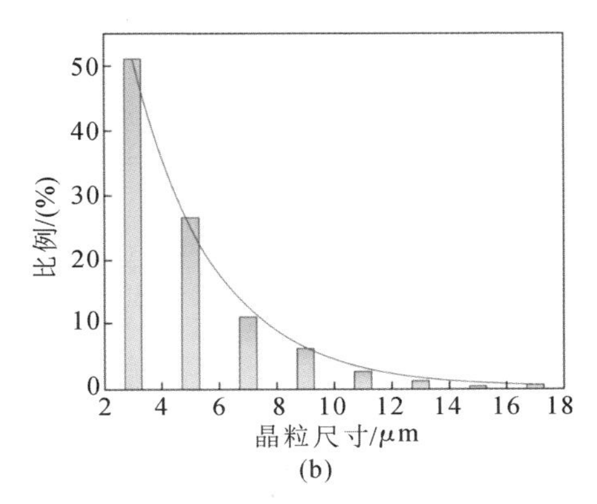

图 3-4-12 Mg_2Si **尺寸分布统计结果：**(a) Al-6Si/AZ91D **双金属复合材料；**(b) Al-15Si/AZ91D **双金属复合材料**

3.4.4 Al-xSi/AZ91D 双金属材料的力学性能

图 3-4-13 显示了不同 Al-xSi/AZ91D 双金属复合材料的剪切强度。可以看出，纯 Al/AZ91D 复合材料的剪切强度最低，为 6.0 MPa。随着铝合金基体中 Si 含量的增加，双金属复合材料的剪切强度也逐渐增加。当 Si 含量为 15 wt.%时，剪切强度最高(58.6 MPa)，约为纯 Al/AZ91D 双金属复合材料的 10 倍，比 Al-6Si/AZ91D 双金属复合材料高 73.4%。随着 Si 含量的继续增加，双金属复合材料剪切强度略有下降。过共晶 Al-xSi/AZ91D 双金属复合材料的剪切强度高于亚共晶 Al-xSi/AZ91D 双金属复合材料。

图 3-4-14 显示了剪切实验后 Al-xSi/AZ91D 双金属复合材料纵截面的 SEM 图像。对于所有 Al-xSi/AZ91D 双金属复合材料，产生裂纹的起始位置都位于 IMC 层。不同的是，对于亚共晶 Al-xSi/AZ91D 双金属复合材料，裂纹沿 IMC 层扩展至 IMC 层与 T 层的交界处，然后沿交界处继续扩展直至完全断裂，只有一小部分裂纹延伸到 E 层，如图 3-4-14 (a)～(c)和(g)、(h)所示。然而，对

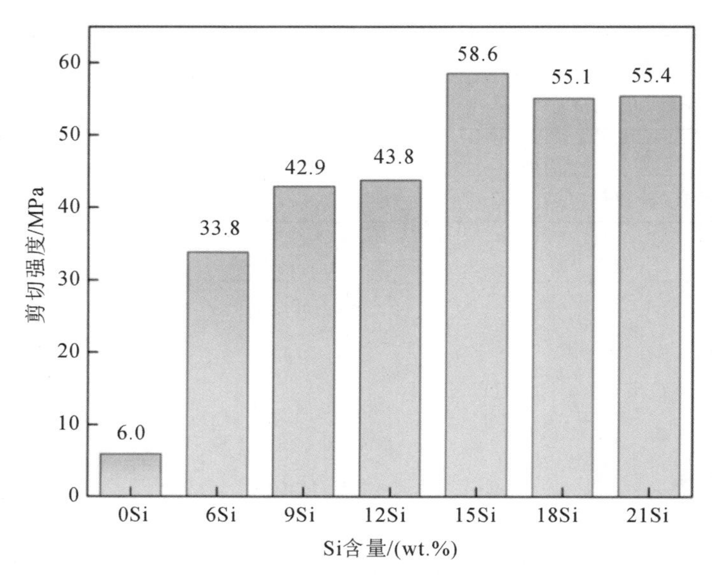

图 3-4-13 Al-xSi/AZ91D 双金属复合材料的剪切强度

于过共晶 Al-xSi/AZ91D 双金属复合材料，裂纹沿 IMC 层延伸至 IMC 层与 T 层交界处，然后继续向 T 层和 E 层扩展，直至发生断裂。因此，T 层和 E 层也有很多裂纹，如图 3-4-14 (d)～(f)和(h)、(j)所示。可以发现，当裂纹遇到 Mg_2Si 颗粒时会发生偏转，如图 3-4-14(h)和(j)所示。断裂形貌表明，由于存在许多解理台阶，这些 Al-xSi/AZ91D 双金属复合材料的断裂模式为脆性断裂，如图 3-4-15所示。

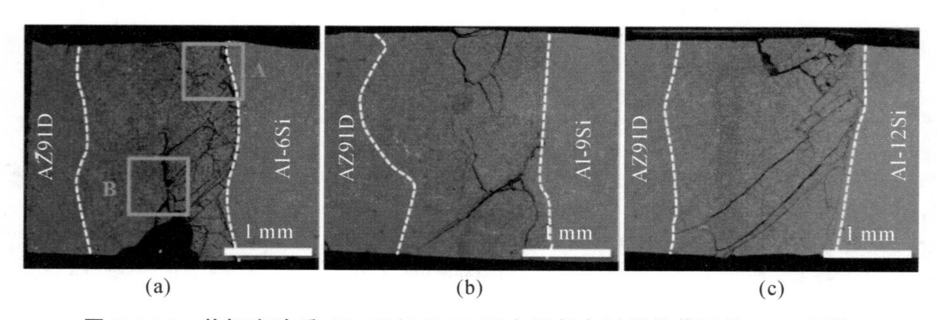

图 3-4-14 剪切实验后 Al-xSi/AZ91D 双金属复合材料纵截面的 SEM 图像：
(a) Al-6Si/AZ91D 复合材料；(b) Al-9Si/AZ91D 复合材料；(c) Al-12Si/AZ91D 复合材料；
(d) Al-15Si/AZ91D 复合材料；(e) Al-18Si/AZ91D 复合材料；(f) Al-21Si/AZ91D 复合材料；
(g)，(h)，(i)，(j) 图 3-4-14(a)和(d)中的 A、B、C 和 D 区域

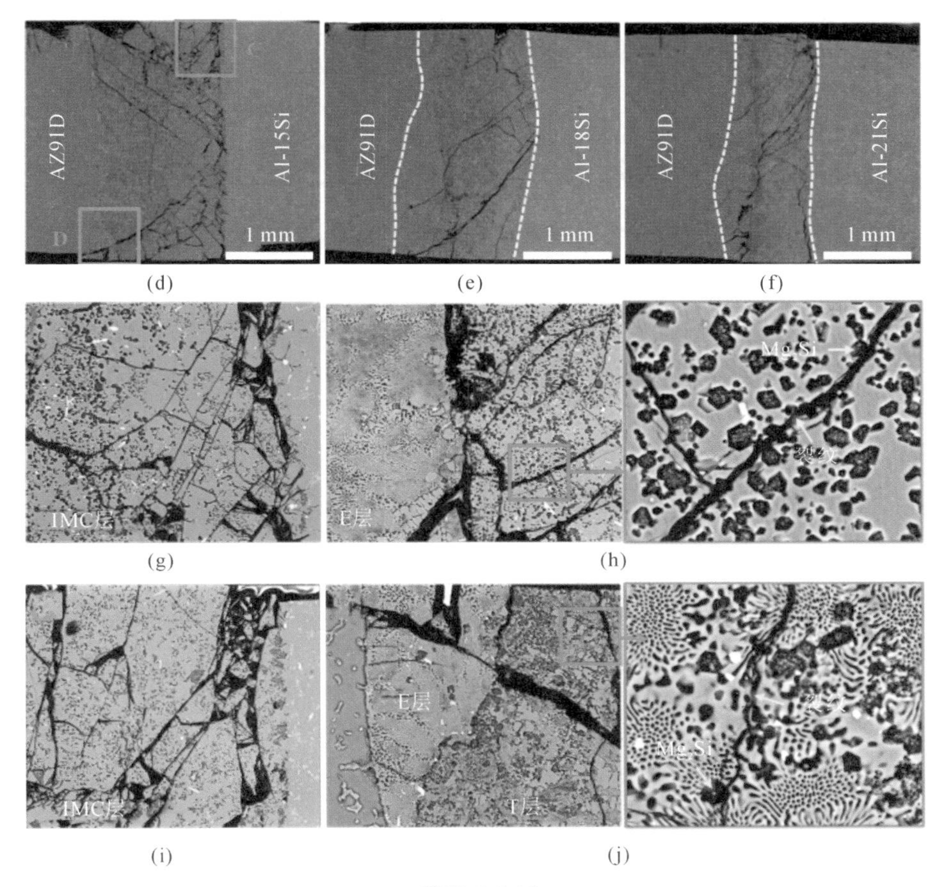

(d) (e) (f)

(g) (h)

(i) (j)

续图 3-4-14

不同 Al-xSi/AZ91D 双金属复合材料界面区域的维氏硬度如图 3-4-16 所示，MRL 的硬度明显高于基体。不同反应层的硬度也不同，IMC 层硬度最高(250～330 HV)，E 层硬度最低(180～200 HV)，T 层硬度(220～230 HV)介于 E 层和 IMC 层之间。Si 含量也影响 MRL 的硬度，主要影响 IMC 层的硬度。过共晶 Al-xSi/AZ91D 双金属复合材料 IMC 层硬度略高于亚共晶 Al-xSi/AZ91D 双金属复合材料。

MRL 不同区域硬度点的 SEM 图像如图 3-4-17 所示，E 层硬度点周围无裂纹。虽然 T 层的硬度高于 E 层，但 T 层硬度点周围几乎没有裂纹或只有很小的裂纹，除非硬度点位于 $Al_{12}Mg_{17}$ 枝晶附近，如图 3-4-17 (b)、(c) 和 (h)所示。

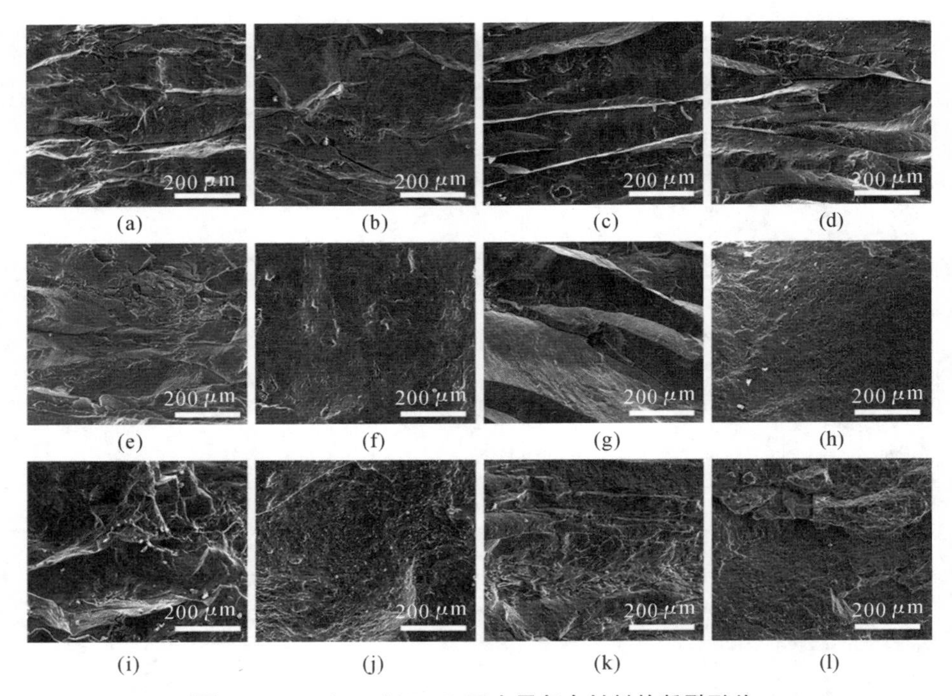

图 3-4-15 Al-xSi/AZ91D **双金属复合材料的断裂形貌：**

(a),(c),(e),(g),(i),(k) Al-6Si/AZ91D、Al-9Si/AZ91D、Al-12Si/AZ91D、Al-15Si/AZ91D、Al-18Si/AZ91D **和** Al-21Si/AZ91D **复合材料的铝侧；**

(b),(d),(f),(h),(j),(l) Al-6Si/AZ91D、Al-9Si/AZ91D、Al-12Si/AZ91D、Al-15Si/AZ91D、Al-18Si/AZ91D **和** Al-21Si/AZ91D **复合材料的镁侧**

所有 Al-xSi/AZ91D 双金属复合材料均在 IMC 层硬度点周围产生裂纹，但亚共晶 Al-xSi/AZ91D 双金属复合材料硬度点周围裂纹长度明显大于过共晶 Al-xSi/AZ91D 双金属复合材料，如图 3-4-17 (d)～(f)和(i)～(l)所示。裂纹形态在不同位置是不同的。当硬度点在 Mg_2Si 致密区时，裂纹相对细小，裂纹产生分叉或偏斜现象。当硬度点位于 Mg_2Si 稀疏区时，裂纹变长变宽。絮状结构也有助于抑制裂纹扩展，如图 3-4-17(i)和(k)所示。Si SS 对裂纹扩展偏转的影响不明显(见图 3-4-17(l))。这些结果表明，Mg_2Si 的存在和增加可以提高硬度，但也阻碍了裂纹的扩展。当裂纹穿过 Mg_2Si 时，裂纹发生偏转，裂纹扩展的能量被消耗，从而降低了裂纹的敏感性。因此，Mg_2Si 的存在有利于提高材料的韧性。

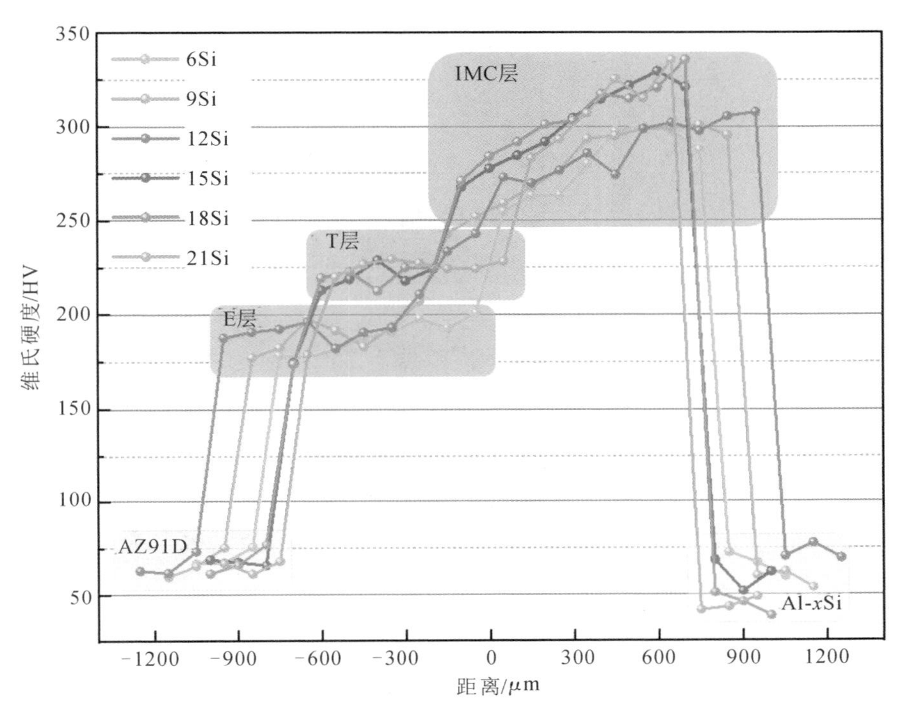

图 3-4-16　Al-xSi/AZ91D 双金属复合材料的维氏硬度

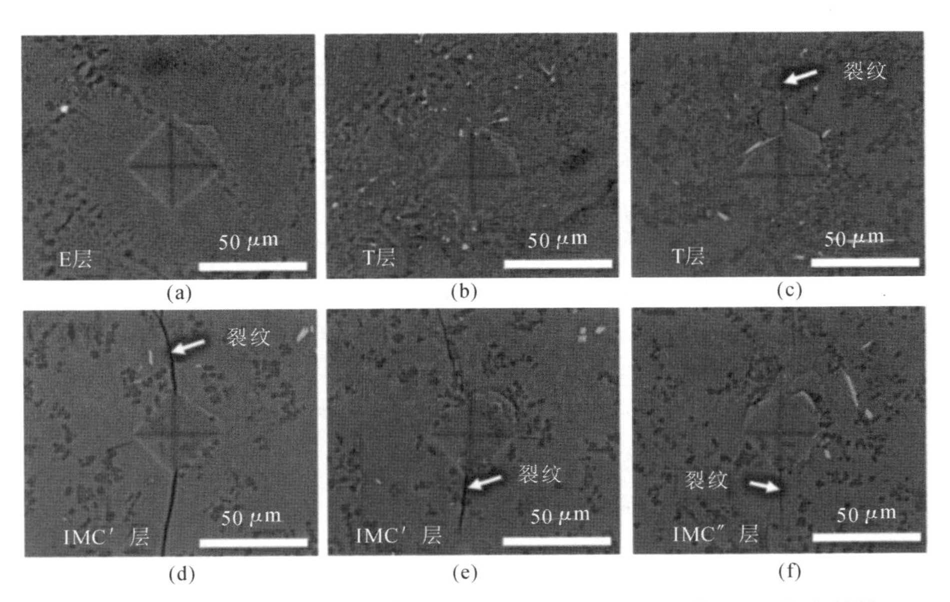

图 3-4-17　MRL 不同区域硬度点的 SEM 图：(a)～(f) Al-6Si/AZ91D 复合材料；(g)～(l) Al-21Si/AZ91D 复合材料

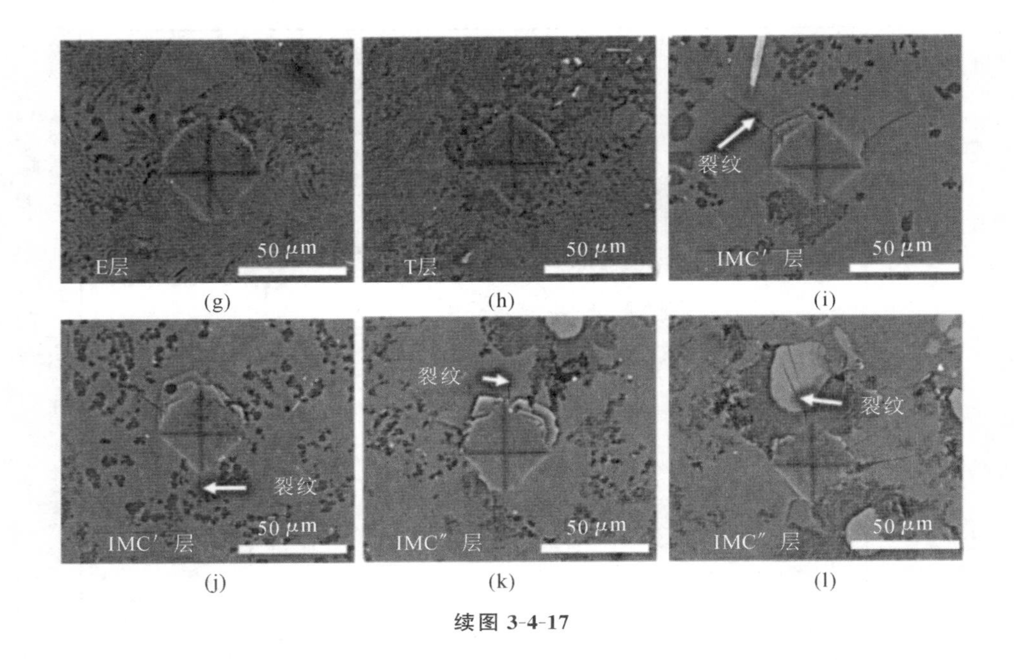

续图 3-4-17

3.4.5 Al-xSi/AZ91D 双金属界面的形成机制和强化机理

3.4.5.1 Al-xSi/AZ91D 双金属界面的形成机制

亚共晶 Al-xSi/AZ91D 双金属复合材料的微观结构相似，其界面形成机制与我们之前研究的 AZ91D/A356 双金属复合材料相同。很明显，过共晶 Al-xSi/AZ91D 双金属复合材料的微观组织特征和相组成与亚共晶 Al-xSi/AZ91D 双金属复合材料有很大不同，这归因于特殊的界面形成机制。其形成机制如图 3-4-18所示，具体过程如下。

首先，当 AZ91D 熔体与 Al-xSi 嵌体接触时，Al-xSi 嵌体表面部分熔化，形成宽度为 a 的熔池，如图 3-4-18(a)、(b)所示。此时，Al-xSi 嵌体附近的熔池温度设为 T。同时，由于 AZ91D 与 Al-xSi 熔体交界处存在浓度梯度，元素发生扩散，形成元素浓度梯度区域(宽度为 a_1)以及仍然保留 Al-xSi 基体的原始成分区域(宽度为 a_2)，如图 3-4-18(c)所示。

随着熔池温度 T 降至 T_1(577 ℃，Al-Si 共晶反应温度)以下，a_2 区域首先凝固，如图 3-4-18(d)所示。由于元素相互扩散，a 区域的成分可视为 Al-Mg-Si 三元合金。根据 Al-Mg-Si 三元相图，该体系中没有三元相。根据 Mg-Si 二元相图，Mg-Si 二元系只能形成 Mg_2Si 相，其最低形成温度为 637.6 ℃，远高于熔池温度 T。因此，随着 T 降低，Mg_2Si 相首先在 a_1 区域析出。a_1 区域的 Mg_2Si 相可根据 3.4.3 节中的 SEM 图像分为两种类型：一种由共晶 Si 转变而来，尺寸大且分散，如图 3-4-9(d)所示；另一种是由初生 Si 转变而来，呈小尺寸絮状，如图 3-4-10 所示。此外，由于 Si 元素在液相中的扩散速度很快，因此共晶 Si 和初生 Si 可以完全转化为 Mg_2Si。之后，剩余的液相可以看作 Al-Mg 二元体系。根据 Al-Mg 二元相图，Al-Mg IMC 的最高形成温度为 460 ℃。因此，当 T 高于 460 ℃时，a_1 区域是 Al-Mg 液态成分和固态 Mg_2Si 的混合物，如图 3-4-18(d)所示。

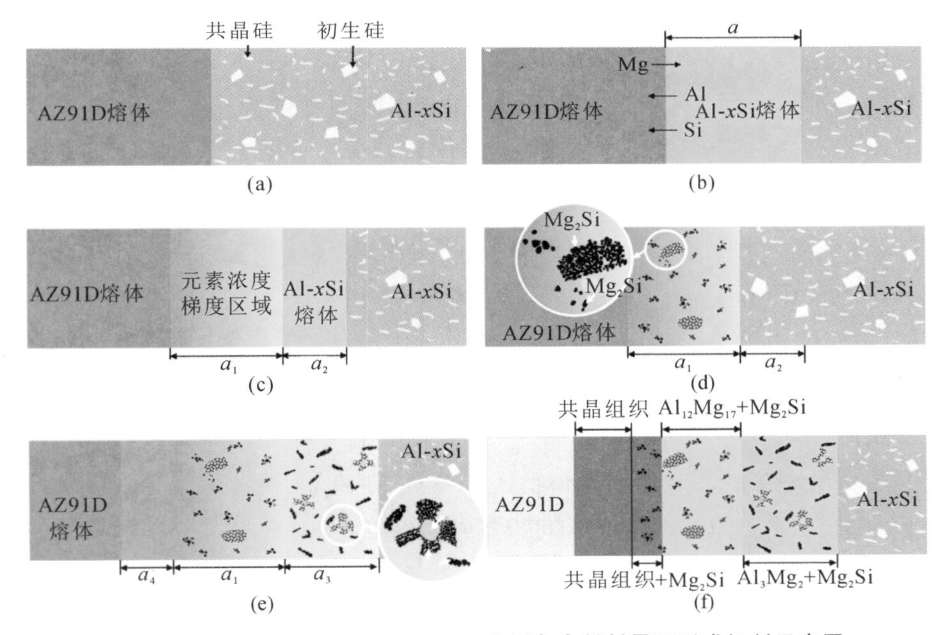

图 3-4-18　过共晶 Al-xSi/AZ91D 双金属复合材料界面形成机制示意图

在熔池冷却过程中，元素在液态 a_1 区域、固态 a_2 区域和液态 AZ91D 之间仍会相互扩散，形成 a_3 区域和 a_4 区域，如图 3-4-18(e)所示。a_3 区域包含两部分：一部分是 Al-Mg 液态区域，另一部分是 Si(Al)固溶体和保持固态的 Mg_2Si 颗粒的混合物。这是因为根据瞬时液相连接的原理，熔点会随组成而变化。具有 Al-Mg 二元体系成分的部分由于其熔点低于熔池温度而熔化，而 Mg-Si 二元体系具有高于 T 的熔点，故保持固态。其中，该区域的 Mg_2Si 是固相扩散形成的，因此 Mg_2Si 颗粒呈絮状。固相扩散的速度远低于液相扩散，初生 Si 的尺寸较大，所以部分初生 Si 没有转化为 Mg_2Si，而是形成 Si(Al) 固溶体，这也表明 Al 在 Si 中的扩散速率大于 Mg 在 Si 中的扩散速率。

随着温度 T 继续降低，a_1、a_3、a_4 区域的液态 Al-Mg 二元区域开始凝固。根据 Al-Mg 二元相图、浓度梯度和显微组织及成分分析结果，从 a_4 区域到 a_3 区域分别形成 $Al_{12}Mg_{17}$ + δ-Mg 共晶组织（438 ℃）、$Al_{12}Mg_{17}$（460 ℃）和 Al_3Mg_2（453 ℃）。Mg_2Si 形成过程的差异也证明 Al_3Mg_2 + Mg_2Si 层对应于 a_3 区域，而 $Al_{12}Mg_{17}$ + Mg_2Si 层和共晶组织 + Mg_2Si 对应于 a_1 区域。没有 Mg_2Si 的共晶层对应于 a_4 区域。最后，AZ91D 镁合金凝固，形成镁/铝双金属复合材料，如图 3-4-18 (f)所示。

由于过共晶铝硅合金表面氧化膜较少，一方面减少了 MRL 上的氧化夹杂物缺陷，另一方面也有利于 Mg、Si 和 Al 元素的相互扩散。因此，过共晶 Al-xSi/AZ91D 双金属复合材料的过渡区厚度明显大于亚共晶 Al-xSi/AZ91D 双金属复合材料的过渡区厚度。然而，过共晶 Al-xSi/AZ91D 双金属复合材料的 MRL 总厚度小于亚共晶 Al-xSi/AZ91D 双金属复合材料。这可能是由于大量 Si 元素的存在消耗了大量的 Mg 元素，从而减小了 Mg 元素的扩散距离，因此 MRL 的厚度相对较薄。

3.4.5.2 Al-xSi/AZ91D 双金属界面的强化机理

从性能分析可以看出，过共晶 Al-Si 合金双金属复合材料的剪切强度高于亚共晶 Al-Si 合金双金属复合材料，这主要与 Al-Si 合金双金属复合材料的组织和性能有关。界面强化的原因可以归结为以下几点。

首先，镁/铝双金属复合材料由 Al-xSi 合金、AZ91D 合金和界面层组成，Al-xSi 合金和 AZ91D 合金的延展性优于主要由脆性 Al-Mg 金属间化合物和 Mg_2Si 组成的界面层。因此，当双金属材料受到剪切力时，由于塑性变形阻力的差异，裂纹会在基体和界面层的交界处产生。根据图 3-4-17 显示的维氏硬度点图像，IMC 层的断裂韧性比 E 层差，因此裂纹的初始位置位于靠近 Al 侧的 IMC″层。

如果不存在 Mg_2Si 相，裂纹将在块状 Al_3Mg_2 晶粒中沿直线传播，如图 3-4-19 (a)所示。Mg_2Si 具有 1083 ℃的高熔点和 120 GPa 的杨氏模量，以及 1.99 g/cm^3 的低密度和 7.5×10^{-6} K^{-1} 的热膨胀系数，是一种良好的增强颗粒。在镁/铝双金属材料的 IMC 层中，分布在块状 Al_3Mg_2 或 $Al_{12}Mg_{17}$ 晶粒中的细小 Mg_2Si 颗粒使裂纹在扩展过程中偏斜或弯折，从而增加了裂纹扩展阻力和裂纹扩展路径长度，如图 3-4-19(b)所示。这种现象在图 3-4-14 和图 3-4-17 中可以明显观察到。因此，Mg_2Si 颗粒有利于提高界面断裂韧性。

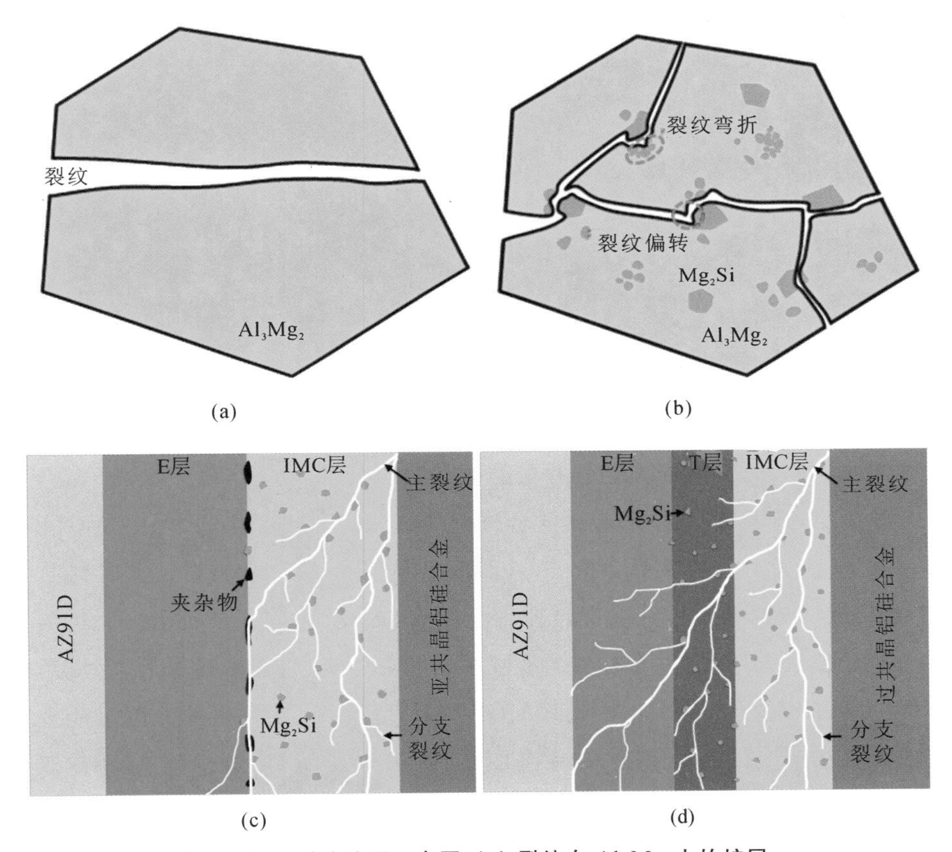

图 3-4-19　裂纹扩展示意图：(a) **裂纹在** Al_3Mg_2 **中的扩展；**

(b) **裂纹在带有** Mg_2Si **颗粒的** Al_3Mg_2 **中的扩展；**

(c) **亚共晶** Al-xSi/AZ91D **双金属复合材料中的裂纹扩展；**

(d) **过共晶** Al-xSi/AZ91D **双金属复合材料中的裂纹扩展**

由于界面层不同区域微观结构和成分的不均匀性，故不同区域的断裂韧性不同。脆性材料的断裂韧性可以通过维氏硬度实验来评估，断裂韧性计算公式如下：

$$K_c = 0.016\,(E/H)^{\frac{1}{2}} \times \frac{F}{c^{3/2}} \tag{3-4-1}$$

其中，K_c、E、H、F 和 c 分别代表断裂韧性、杨氏模量、维氏硬度、硬度测试期间的峰值载荷(本实验中为 2.94 N)和从菱形压痕延伸的裂纹长度。根据我们之前的测量结果，Al_3Mg_2 和 $Al_{12}Mg_{17}$ 的 E 值分别为 64.6 GPa 和 80.1 GPa。H 和 c 值可以从图 3-4-16 和图 3-4-17 中获得。因此，可以计算 IMC′层和 IMC″层的断裂韧性。Al-6Si/AZ91D 双金属复合材料 IMC′层和 IMC″层的断裂韧性为 0.1145 MPa·$m^{\frac{1}{2}}$ 和 0.1147 MPa·$m^{\frac{1}{2}}$，Al-15Si/AZ91D 双金属复合材料的为 0.1647 MPa·$m^{\frac{1}{2}}$ 和 0.3189 MPa·$m^{\frac{1}{2}}$，表明 Al-15Si/AZ91D 双金属复合材料的 IMC 层比 Al-6Si/AZ91D 双金属复合材料具有更好的断裂韧性。研究表明，第二相颗粒的增韧效果取决于颗粒的体积分数和形状，而与颗粒尺寸无关。因此，Al-15Si/AZ91D 双金属复合材料较好的断裂韧性可能归因于较多的 Mg_2Si 颗粒，如表 3-4-4 所示。此外，对于过共晶 Al-xSi/AZ91D 双金属复合材料，其 Si 含量高于亚共晶 Al-xSi/AZ91D 双金属复合材料，导致其 Mg_2Si 在界面层的比例更高，这将提高其断裂韧性并获得更高的剪切强度。

所有 Al-xSi/AZ91D 双金属复合材料的初始裂纹位置相同，如图 3-4-14 所示。不同之处在于，亚共晶 Al-xSi/AZ91D 双金属复合材料的裂纹扩展到 E 层和 IMC 层的交界处，然后垂直延伸直至断裂，如图 3-4-19(c)所示。而过共晶 Al-xSi/AZ91D 双金属复合材料的裂纹扩展到 E 层与 T 层交界处后，将继续向 E 层扩展直至发生断裂，如图 3-4-19 (d)所示。这种现象发生的原因可能主要与氧化夹杂物有关。对比图 3-4-6 与图 3-4-9 可知，亚共晶 Al-xSi/AZ91D 双金属复合材料在 E 层与 IMC 层交界处存在一些氧化夹杂物，而过共晶 Al-xSi/AZ91D 双金属复合材料则不存在。这可能与 Al-xSi 基体中的 Si 含量有关。用 EPMA 对 O 元素进行面扫描的结果如图 3-4-20(a)～(f)所示，O 元素面扫描结果中未氧化位置即暗区所占比例由 Image-Pro Plus 软件统计，结果如图 3-4-20(g)所示。很明显，未氧化位置的比例随着 Si 含量的增加而增加。一方面，氧化膜的减少有利于 Al、Mg、Si 元素之间的相互扩散，可能增加 Mg_2Si 颗粒的数量；另一方面，它减少了 E 层和 T 层之间的氧化夹杂物缺陷。

由于这些氧化夹杂物疏松，裂纹扩展的阻力变弱，裂纹会沿着氧化夹杂物快速扩展直至断裂。然而，对于几乎没有氧化夹杂物的过共晶 Al-xSi/AZ91D

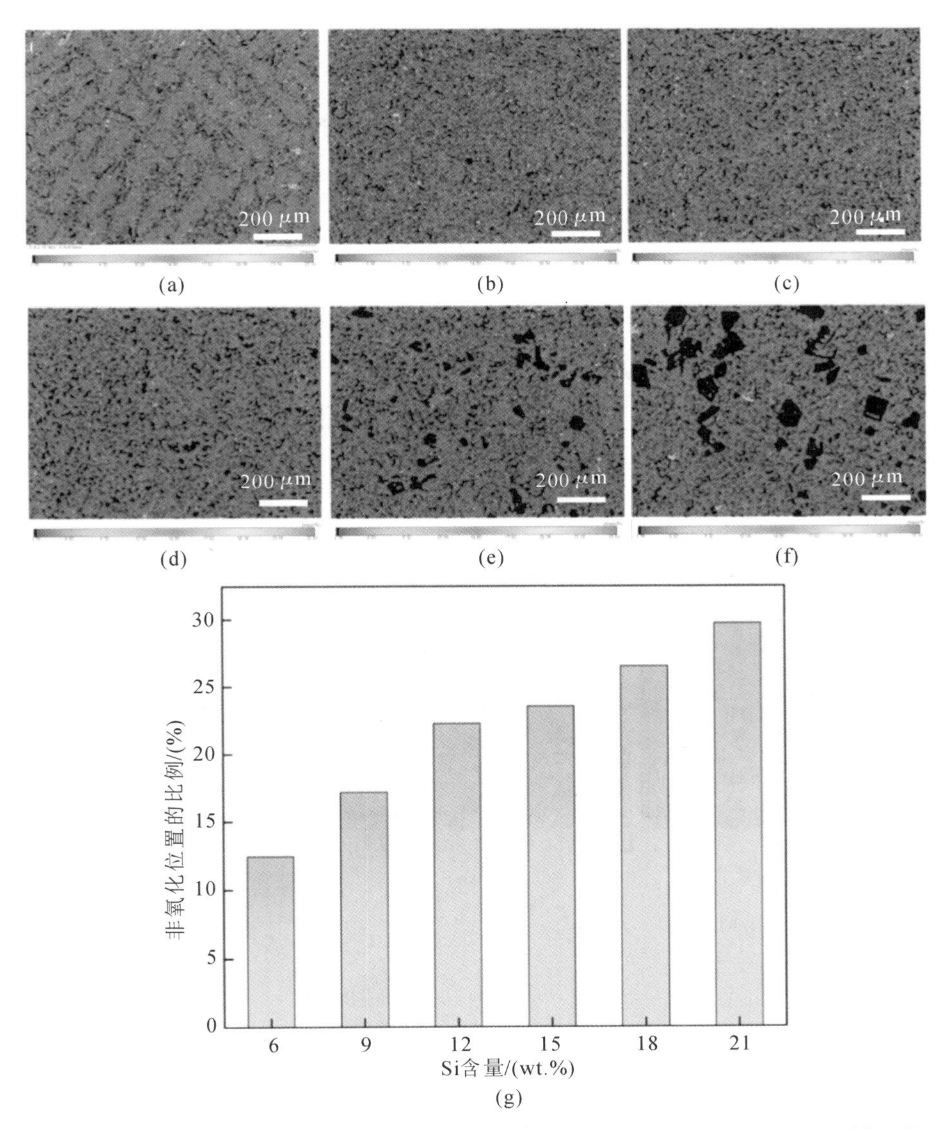

图 3-4-20　O 元素的面扫描结果和未氧化位置的比例：(a)～(f) Al-6Si、Al-9Si、Al-12Si、Al-15Si、Al-18Si 和 Al-21Si 的 O 元素面扫描结果；(g) 非氧化位置的比例

双金属复合材料，该位置的裂纹扩展仍需要外力，因此其抗剪强度更高。由此可见，氧化夹杂物是影响断裂位置和断裂强度的重要因素之一。

其次，E 层和 T 层的硬度点周围没有出现裂纹（见图 3-4-17），说明 E 层和 T 层的断裂韧性优于 IMC 层。因此，裂纹在 E 层和 T 层的扩展需要更多的能量，也会增加断裂强度。从图 3-4-5 中可以看出，随着 Si 含量的增加，过共晶 Al-xSi/AZ91D 双金属界面层厚度和 Al-Mg IMC 层厚度的比例降低。因此，过共晶 Al-xSi/AZ91D 双金属复合材料的剪切强度高于亚共晶 Al-xSi/AZ91D 双金属复合材料。

最后，亚共晶 Al-xSi/AZ91D 双金属复合材料的 IMC′层和 E 层的 $Al_{12}Mg_{17}$ 取向几乎一致，而过共晶 Al-xSi/AZ91D 双金属复合材料的则相反，如图 3-4-11 所示。这可能与 T 层的存在有关，T 层包含许多非择优取向的 Mg_2Si 颗粒，如图 3-4-21 所示。这些具有随机取向的 Mg_2Si 颗粒可能会抑制 $Al_{12}Mg_{17}$ 的优先生长，导致 E 层和 IMC′层的取向不一致。众所周知，各向异性材料通常比各向同性材料具有更好的机械性能。因此，择优取向区域的减少也可能有利于界面强度的增加。

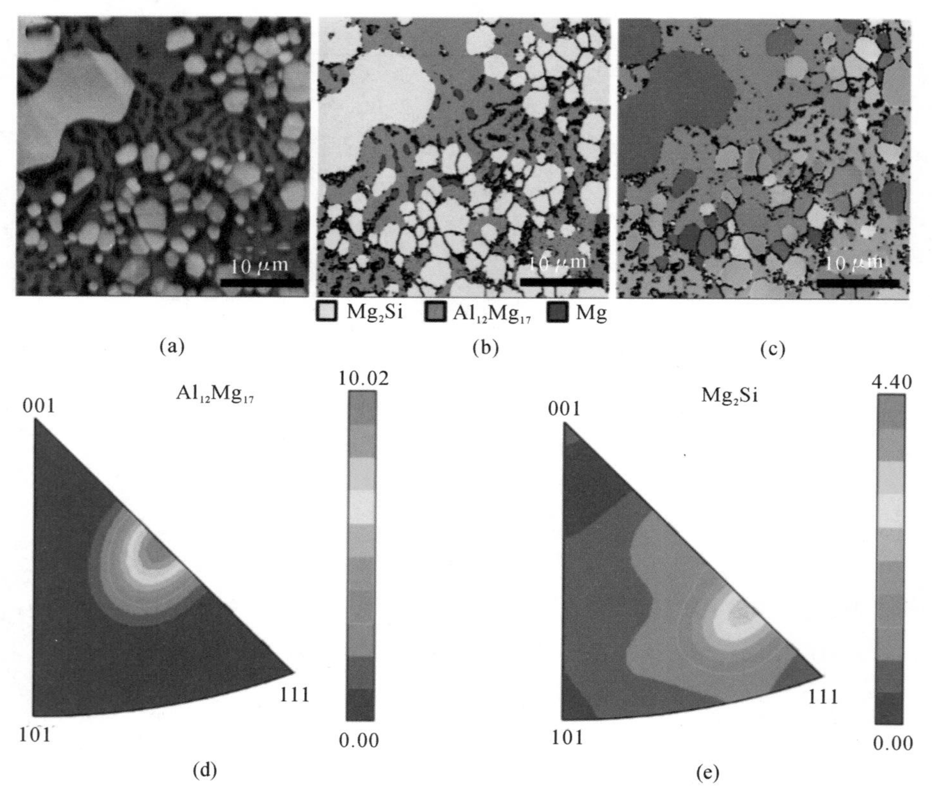

图 3-4-21 15Si/AZ91D 复合材料 T 层的 EBSD 图像：(a) 衍射带对比图；(b) 相分布图；(c) IPF 分布图；(d) $Al_{12}Mg_{17}$ 的 IPF 图；(e) Mg_2Si 的 IPF 图像

Al-xSi/AZ91D双金属界面的强化归因于上述几个因素的协同作用，包括Mg_2Si颗粒强化、氧化夹杂物的减少和Al-Mg IMC层厚度的比例降低以及MRL的取向变化。

以上分析了亚共晶和过共晶镁/铝双金属复合材料剪切强度差异的原因。下面分析不同Si含量镁/铝双金属复合材料剪切强度差异的原因。根据我们以往的研究，镁/铝双金属复合材料的剪切强度主要受缺陷、界面相组成、界面层厚度、不同反应层的厚度比例和断裂韧性、界面晶粒尺寸和取向、界面硬度分布等因素影响。其中，缺陷影响最大，包括气孔、缩孔、裂纹、氧化夹杂物等。可以发现，本研究中所有镁/铝双金属复合材料均不存在气孔、缩孔和裂纹缺陷，因此氧化夹杂物缺陷是主要影响因素。在亚共晶镁/铝双金属复合材料中，虽然随着Si含量的增加，界面层厚度和IMC层厚度比例增加，但氧化夹杂物的连续性降低。由图3-4-19可知，裂纹到达氧化夹杂物后，会沿着疏松的氧化夹杂物快速扩展，使抗剪强度大大降低。因此，当氧化夹杂物的连续性随着Si含量的增加而降低时，界面的剪切强度也随之增加。过共晶镁/铝双金属复合材料不存在氧化夹杂物缺陷，界面层厚度、不同反应层厚度比例、界面硬度分布均接近，最大的区别在于IMC层的相组成。Al-15Si/AZ91D双金属复合材料的IMC层主要由$Al_{12}Mg_{17}$、Al_3Mg_2和细小的Mg_2Si组成。然而，当Si含量增加到18 wt.%和21 wt.%时，IMC层中出现许多大的Si SS和Si SS周围的絮状聚集体，提升了组织的不均匀性。这可能是过共晶Al-xSi/AZ91D双金属复合材料随着Si含量的增加而剪切强度略有下降的原因。

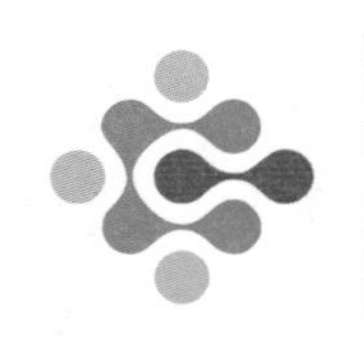

第4章 嵌体表面涂层对镁/铝双金属界面组织和性能的影响

4.1 引言

铝合金表面容易氧化，氧化层的存在会影响双金属的结合。在铝嵌体表面涂覆一层涂层可以很好地防止氧气和铝嵌体表面直接接触。目前，在 Al 和 Mg 之间引入中间介质，如 Zn、Sn、Al、Mg-Al 共晶合金、SiC、Al_2O_3、Ni、Cu、CuNi、Fe、Ti、Ag、Ce 和 Zr 等，是一种最常使用的调控镁/铝双金属界面的方法。其中，Ni 中间层被证明是焊接领域中一种经济且有益的选择。但关于复合铸造中镍中间层对镁/铝双金属铸件影响的研究较少。因此，为了进一步调控界面组织，提高双金属的性能，本章首先研究了嵌体表面采用不同方式的 Ni 涂层对消失模复合铸造镁/铝双金属界面组织和性能的影响，然后在此基础上又开发了一种 Ni-Cu 复合涂层，研究了 Ni-Cu 复合涂层对双金属组织和性能的影响，并分析了嵌体表面涂层对双金属的影响机理。

4.2 嵌体表面涂层的制备

将 A356 铝棒表面依次用 250 目、500 目、1000 目、2000 目碳化硅砂纸打磨。然后将 A356 铝棒用丙酮在超声波清洗机中清洗 10 min，通过电镀镍(EN)、化学镀镍(ENP)、等离子喷涂 Ni(PSN)、超音速喷涂 Ni 和复合镀 Ni-Cu 工艺在 A356 铝嵌体表面制备 Ni 涂层，具体工艺如下。

4.2.1 铝嵌体表面电镀 Ni 涂层的制备过程

A356 铝合金表面电镀镍的过程如下：碱洗→水洗→酸洗→水洗→锌酸盐浸泡(一)→水洗→锌酸盐浸泡(二)→水洗→电镀→水洗→烘干。碱洗、酸洗和两次锌酸盐浸泡的目的是去除 A356 铝合金表面的氧化层，并形成薄而致密的锌层，这样可防止 A356 铝合金表面的再次氧化，各溶液化学配方和相应的参数如表 4-2-1 所示。锌酸盐浸泡过程中发生的化学反应可分为三个阶段。

表 4-2-1　Ni 涂层制备过程中的化学配方和工艺参数

过程	化学配方和工艺参数
碱洗	20 g/L $NaOH$+5 g/L ZnO，室温，20 s
酸洗	50% HNO_3+48% HF+2% 水，室温，10 s
浸锌	360 g/L $NaOH$，60 g/L ZnO，15 g/L $KNaC_4H_4O_6 \cdot 4H_2O$，2 g/L $FeCl_3 \cdot 6H_2O$，3 g/L $NaNO_3$，25 ℃，60 s (一次浸锌)和 45 s (二次浸锌)
电镀 Ni	230 g/L $NiSO_4$，50 g/L $NiCl_2$，40 g/L H_3BO_3，1.5 A/dm^2，30 min，30 ℃
化学镀 Ni	30 g/L $NiSO_4$，30 g/L $NaH_2PO_2 \cdot H_2O$，8 g/L $Na_3C_6H_5O_7 \cdot 5H_2O$，10 g/L $C_4H_6O_4$，15 g/L $CH_3COONa \cdot 3H_2O$，60 min，80 ℃

第一阶段为氧化层的溶解，化学反应式如下：

$$Al_2O_3 + 2OH^- \longrightarrow 2AlO_2^- + H_2O \tag{4-2-1}$$

第二阶段为 Al 的溶解，化学反应式如下：

$$Al + 3OH^- \longrightarrow Al(OH)_3 + 3e^- \tag{4-2-2}$$

$$Al(OH)_3 \longrightarrow AlO_2^- + H_2O + H^+ \tag{4-2-3}$$

第三阶段为锌沉积。当铝周围 OH^- 浓度降低时，Zn^{2+} 从 $[Zn(OH)_4]^{2-}$ 溶液中分解，Zn^{2+} 浓度升高，铝表面发生置换反应，化学反应式为

$$[Zn(OH)_4]^{2-} \longrightarrow Zn^{2+} + 4OH^- \tag{4-2-4}$$

$$Zn^{2+} + 2e^- \longrightarrow Zn \tag{4-2-5}$$

在电镀镍过程中，选择纯镍板为正极，负极为 A356 铝合金，镀镍液仅为介质，其配方及工艺参数见表 4-2-1。电镀 Ni 的原理如图 4-2-1 所示。

电极反应式如下。

正极：

$$Ni \longrightarrow Ni^{2+} + 2e^- \tag{4-2-6}$$

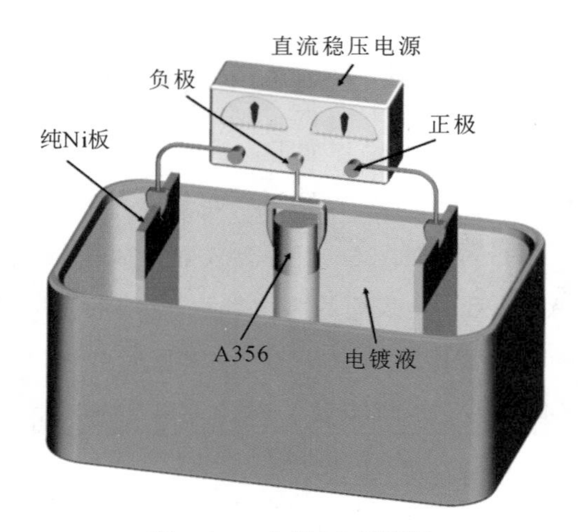

图 4-2-1 电镀 Ni 原理图

负极：

$$Ni^{2+} + 2e^- \longrightarrow Ni \tag{4-2-7}$$

4.2.2 铝嵌体表面化学镀 Ni 涂层的制备过程

该工艺流程为碱洗→水洗→酸洗→水洗→化学镀镍→水洗→烘干。碱洗、酸洗、化学镀镍的化学配方及工艺参数见表 4-2-1。化学镀镍(ENP)的机理是 $H_2PO_2^-$ 发生氧化反应释放电子，将 Ni^{2+} 还原成 Ni，其化学反应式如下。

局部阳极反应：

$$H_2PO_2^- + H_2O = H_2PO_3^- + 2H^+ + 2e^- \tag{4-2-8}$$

局部阴极反应：

$$Ni^{2+} + 2e^- = Ni \downarrow \tag{4-2-9}$$

$$H_2PO_2^- + 2H^+ + e^- = P \downarrow + 2H_2O \tag{4-2-10}$$

$$2H^+ + 2e^- = H_2 \uparrow \tag{4-2-11}$$

化学镀镍反应：

$$3P + Ni = NiP_3 \tag{4-2-12}$$

4.2.3 铝嵌体表面等离子喷涂 Ni 涂层的制备过程

等离子喷涂 Ni 技术的原理如图 4-2-2 所示，在 50 V 电压、600 A 电流、100 mm 喷射距离、40 L/min 氩气流速的条件下在 A356 铝合金表面喷涂镍涂层。

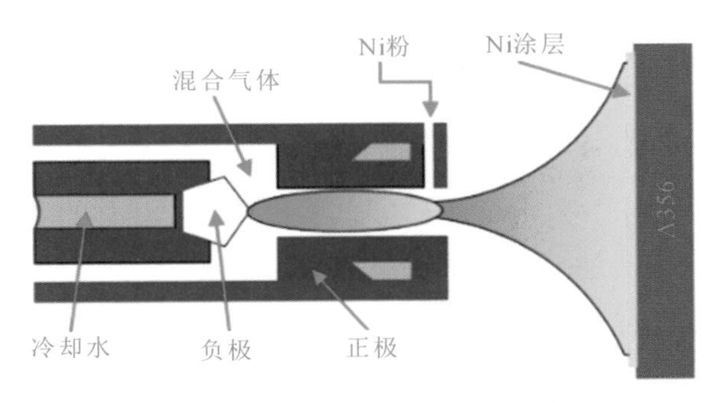

图 4-2-2 等离子喷涂 Ni 原理图

4.2.4 铝嵌体表面超音速喷涂 Ni 涂层的制备过程

首先，将直径为 10 mm、高度为 110 mm 的圆柱形 A356 棒材通过喷砂去除杂质、氧化层以及增大表面粗糙度。之后，采用超音速火焰喷涂（HVOF）工艺将镍粉喷涂在 A356 的表面上，其原理如图 4-2-3 所示。镍粉、氧气和燃料通入高压室并在高温下燃烧。Ni 粉末在高压下以超音速（1500～2000 m/s）的金刚石波形式喷出沉积在 A356 表面，最终形成 Ni 涂层。超音速火焰喷涂过程中，氧气流量为 920 L/min，煤油流量为 25 L/h，送粉器流量为 80 g/min，喷涂距离为 400 mm。

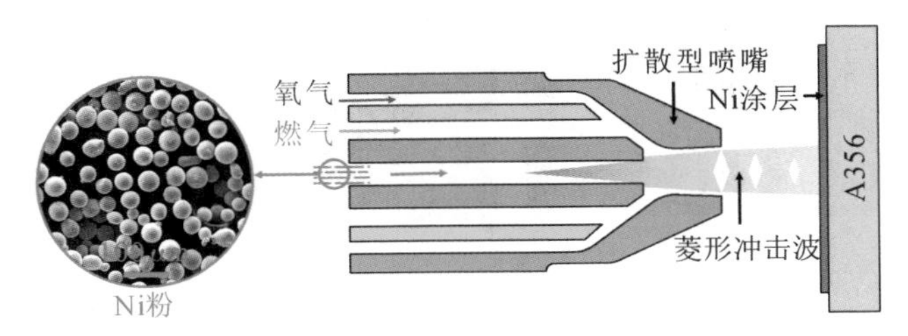

图 4-2-3 铝嵌体表面采用 HVOF 工艺喷涂 Ni 涂层原理图

4.2.5 铝嵌体表面 Ni-Cu 复合涂层的制备过程

通过在 A356 铝合金表面进行化学镀镍＋电镀铜的方式制备了 Ni-Cu 复合涂层，制备过程如下：将 A356 铝合金的表面用碳化硅砂纸打磨至 2000 目→丙酮清洗→水洗→碱洗→水洗→酸洗→水洗→化学镀镍→水洗→电镀铜→水洗→烘干。Ni 涂层制备过程中的化学配方在前文已经说明，这里不再赘述。Cu 涂层的制备采用电镀方式，电镀液的配方：90 g/L $CuSO_4 \cdot 5H_2O$，200 g/L H_2SO_4，70 mg/L NaCl，室温，pH＝5；电镀参数：电流密度为 3 A/dm^2，电镀时间为 30 min。

电镀铜的化学反应式如下。

(1) 阳极反应：

$$Cu \longrightarrow Cu^{2+} + 2e^{-} \tag{4-2-13}$$

(2) 阴极反应：

$$Cu^{2+} + 2e^{-} \longrightarrow Cu \tag{4-2-14}$$

图 4-2-4 展示了含有和不含 Ni-Cu 复合涂层的 A356 铝合金的宏观结构、Ni-Cu 复合涂层的 SEM 图像和 EDS 结果。从图 4-2-4(a)中可以发现，没有 Ni-Cu 复合涂层的 A356 铝合金表面呈亮灰色，而含有 Ni-Cu 复合涂层的 A356 铝合金表面呈不光泽的青铜色，如图 4-2-4(b)所示。从图 4-2-4(c)、(d)和(e)中可以发现，使用化学镀镍+电镀铜的方式可以在 A356 铝合金表面获得致密的涂层，该复合涂层由 8 μm 的 Ni 层和 11.5 μm 的铜层组成。涂层无裂纹和气孔缺陷，说明涂层与 A356 基体结合良好。

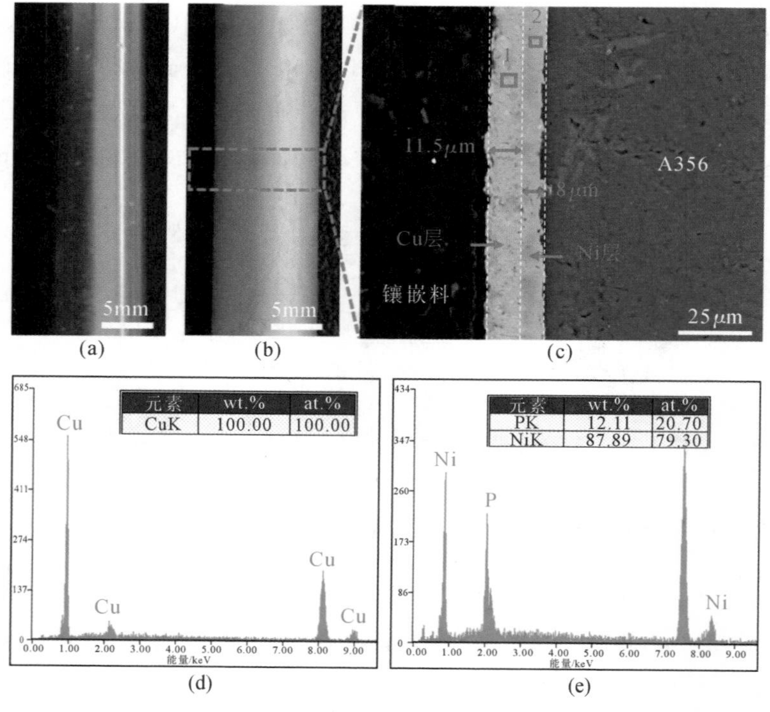

图 4-2-4　A356 铝合金表面 Ni-Cu 复合涂层的组织与成分：(a) 无涂层的 A356 铝合金表面形貌；(b) 含有 Ni-Cu 复合涂层的 A356 铝合金表面形貌；(c) 铝嵌体表面 Ni-Cu 复合涂层横截面的 SEM 图像；(d),(e) 铝嵌体表面 Ni-Cu 复合涂层成分分析

4.3 电镀、化学镀、等离子喷涂 Ni 涂层对镁/铝双金属组织和性能的影响

无论是在焊接领域还是在复合铸造领域,镍都因其优异的性能而成为改善铝与镁合金接头的常用中间层。在复合铸造领域,铝合金表面形成镍涂层的方法主要有电镀镍、化学镀镍和等离子喷涂镍等。然而,系统地对比研究这些不同的镍涂层对复合铸造工艺制备的镁/铝双金属的影响仍然是一个未探索的领域。因此,本节主要研究夹层的电镀镍(EN)、化学镀镍(ENP)和等离子喷涂镍(PSN)三种镀镍方式对镁/铝双金属的界面组织和性能的影响。

4.3.1 铝嵌体表面不同 Ni 涂层特征

采用 EN、ENP 和 PSN 方法制备了具有不同 Ni 涂层的 A356 铝合金嵌体,其表面的宏观和微观形貌如图 4-3-1 所示。可以明显看出,与带有 EN 涂层和 ENP 涂层的 A356 铝合金表面相比,带有 PSN 涂层的 A356 铝合金嵌体表面更加粗糙。使用 SPM-9700 原子力显微镜(AFM)测量 EN、ENP 和 PSN 涂层的 A356 铝合金嵌体表面粗糙度(Ra),结果分别为 3.208 nm、5.303 nm 和 57.055 nm,如图 4-3-2 所示。可见,带有 PSN 涂层的 A356 嵌体的表面粗糙度最大,而带有 EN 涂层的 A356 铝合金嵌体的表面粗糙度最小。

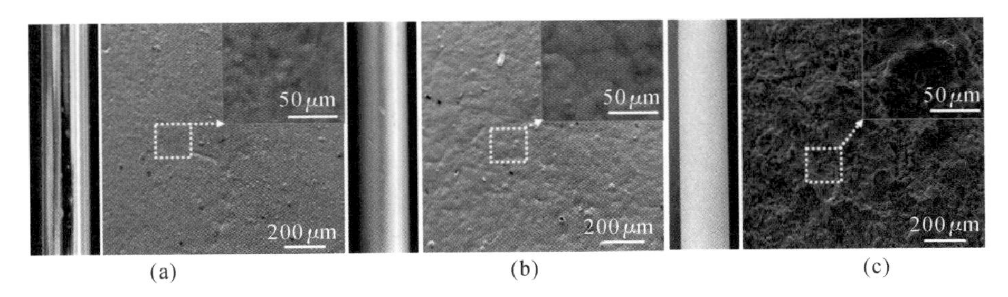

图 4-3-1 不同 Ni 涂层的 A356 铝合金表面形貌:(a) EN 涂层;(b) ENP 涂层;(c) PSN 涂层

图 4-3-3 展示了不同 Ni 涂层的 A356 嵌体的横截面形貌和组成。为了控制实验变量,通过控制工艺参数来获得平均厚度(约 8 μm)相同的不同镍涂层。从图 4-3-3 中可以看出,EN 和 ENP 涂层的厚度均匀一致,而 PSN 涂层与 EN

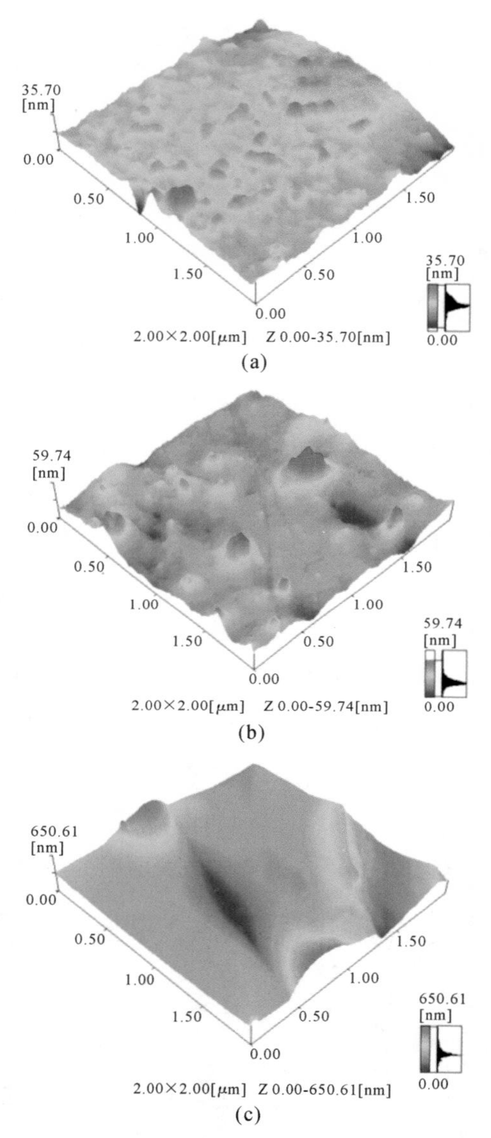

图 4-3-2　不同 Ni 涂层的 A356 铝合金表面粗糙度:(a) EN 涂层;(b) ENP 涂层;(c) PSN 涂层

涂层和 ENP 涂层相比,其厚度是不均匀的,表面粗糙。此外,ENP 涂层的基本组成是 19.16 at.%的 P 元素和 80.84 at.%的 Ni 元素,而 EN 涂层和 PSN 涂层仅含有 Ni 元素。

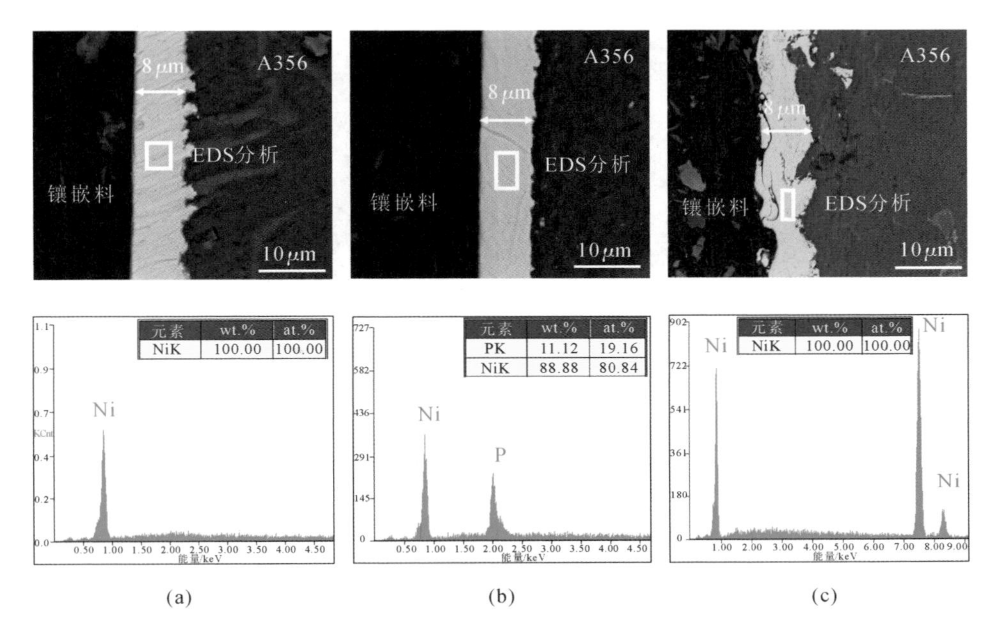

图 4-3-3 不同 Ni 涂层的 A356 铝合金横截面形貌和成分:(a) EN 涂层;(b) ENP 涂层;(c) PSN 涂层

4.3.2 不同 Ni 涂层对镁/铝双金属组织和成分的影响

消失模复合铸造工艺参数如下:浇注温度为 730 ℃,真空度为0.03 MPa,液-固体积比为 14.6。由第 2 章的结果我们知道,铝和镁直接连接制备的镁/铝双金属的冶金反应层由 $Al_3Mg_2+Mg_2Si$ 层、$Al_{12}Mg_{17}+Mg_2Si$ 层和$Al_{12}Mg_{17}+\delta$-Mg 共晶层组成。当 A356 铝合金表面增加 Ni 涂层后,镁/铝双金属组织特征和相组成发生了变化。

从图 4-3-4(a)中可以看出,在含有 EN 涂层的 A356 与 AZ91D 的结合处形成了一层与 Al-Mg IMC 不同的界面层。根据表 4-3-1 的 EDS 结果以及 Al-Ni 和 Mg-Ni 二元相图,发现界面处的 Ni 涂层不与 Mg 基体发生反应形成 Mg-Ni 金属间化合物,而是与铝基体发生反应形成 Al_3Ni 层,纯 Ni 涂层因 Mg 原子和 Al 原子的扩散而变成镍基固溶体(Ni SS),如图 4-3-4(b)所示。

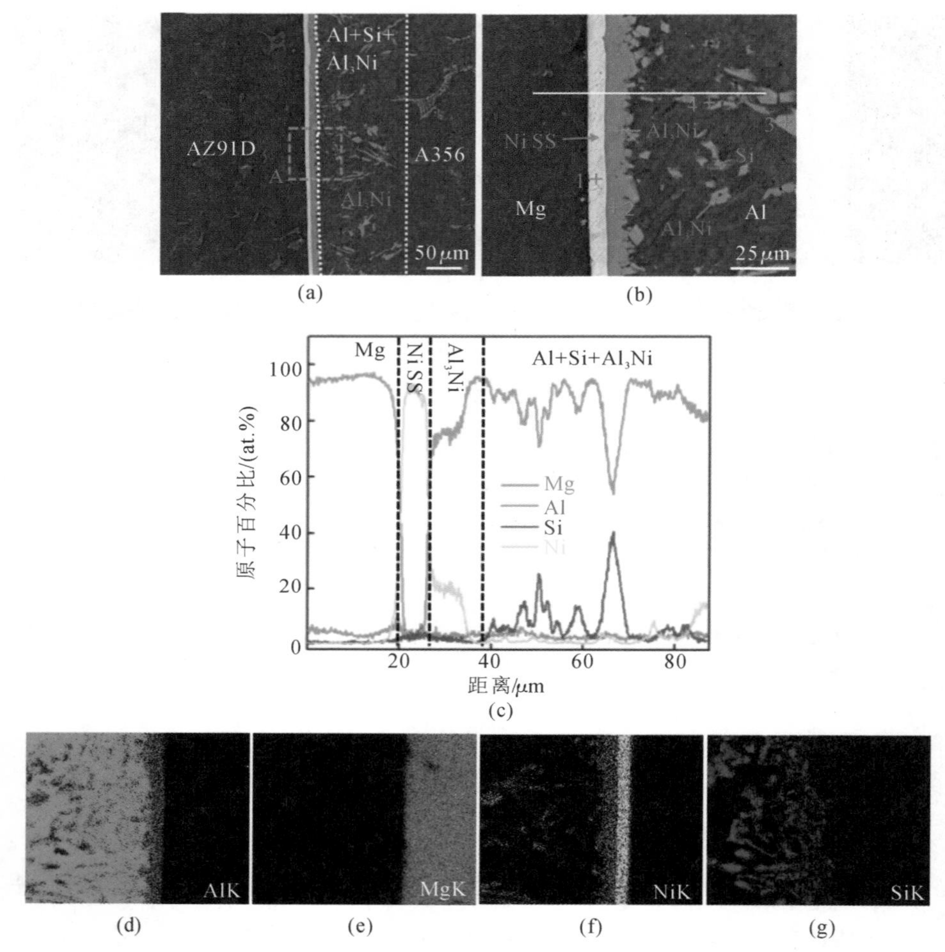

图 4-3-4 含有 EN 涂层的镁/铝双金属的组织和 EDS 分析结果：(a) SEM 图像；(b) 图 4-3-4(a) 中 A 区域；(c) 线扫描结果；(d)～(g) 面扫描结果

表 4-3-1 图 4-3-4(b)、图 4-3-5 和图 4-3-6(b) 中不同位置的 EDS 分析结果

序号	元素含量/(at.%)					相
	Al	Mg	Ni	Si	P	
1	3.46	3.67	92.87	—	—	Ni SS
2	70.92	3.13	25.95	—	—	Al_3Ni
3	75.64	—	24.36	—	—	Al_3Ni
4	3.22	—	—	96.78	—	Si

续表

序号	元素含量/(at. %)					相
	Al	Mg	Ni	Si	P	
5	1.68	6.31	75.90	—	16.11	Ni SS
6	66.06	7.79	23.97	—	2.18	Al_3Ni
7	61.89	18.45	19.66	—	—	Al_3Ni
8	1.35	65.75	32.9	—	—	Mg_2Ni
9	4.01	16.80	79.19	—	—	Ni SS
10	68.72	2.68	28.60	—	—	Al_3Ni
11	—	51.35	—	48.65	—	Mg_2Si

注:表中序号对应图中标注的数字。

此外,铝基体中还存在分散的 Al_3Ni 相和 Si(Al)固溶体。因此,镁/铝双金属的界面层由镍固溶体层(Ni SS)、Al_3Ni 层和 Al+Si(Al)+Al_3Ni 层组成,它们的厚度分别为 2.8 μm、4.1 μm 和 126.1 μm。这些不同的反应层也可以从线扫描和面扫描的结果中看出,如图 4-3-4(c)～(g)所示。

含有 ENP 涂层的镁/铝双金属的微观结构和 EDS 分析结果如图 4-3-5 所示。由表 4-3-1 和 Al-Ni、Mg-Ni 二元相图可知,由于 Al 原子和 Mg 原子的扩散,Ni(P)涂层转变为镍基固溶体,如图 4-3-5(b)所示。类似地,在 A356 基体附近也有一个 Al_3Ni 层和一个 Al+Si(Al)+Al_3Ni 层。整个界面层的平均厚度约为 130 μm。从线扫描和面扫描结果可以看出,该界面处生成了不同的反应层,如图 4-3-5(c)～(g)所示。

含有 PSN 涂层的镁/铝双金属界面区域的组织和相组成,不同于含有 EN 和 ENP 涂层的镁/铝双金属,根据表 4-3-1 的 EDS 分析结果和 Al-Ni、Mg-Ni 二元相图,该双金属界面层的相组成主要是 Mg_2Ni、镍基固溶体(Ni SS)和 Al_3Ni,如图 4-3-6(a) 和(b)所示。除此之外,其界面层的厚度是不均匀的。其线扫描和面扫描结果也证明了不同反应层的存在,如图 4-3-6(c)～(g)所示。进一步使用 EBSD 技术分析界面区域,得到含有 PSN 涂层的镁/铝双金属界面区域的相位分布和取向分布,如图 4-3-7 所示。其相分布与图 4-3-6 所示相同,界面区域的取向分布是随机的,不存在织构。

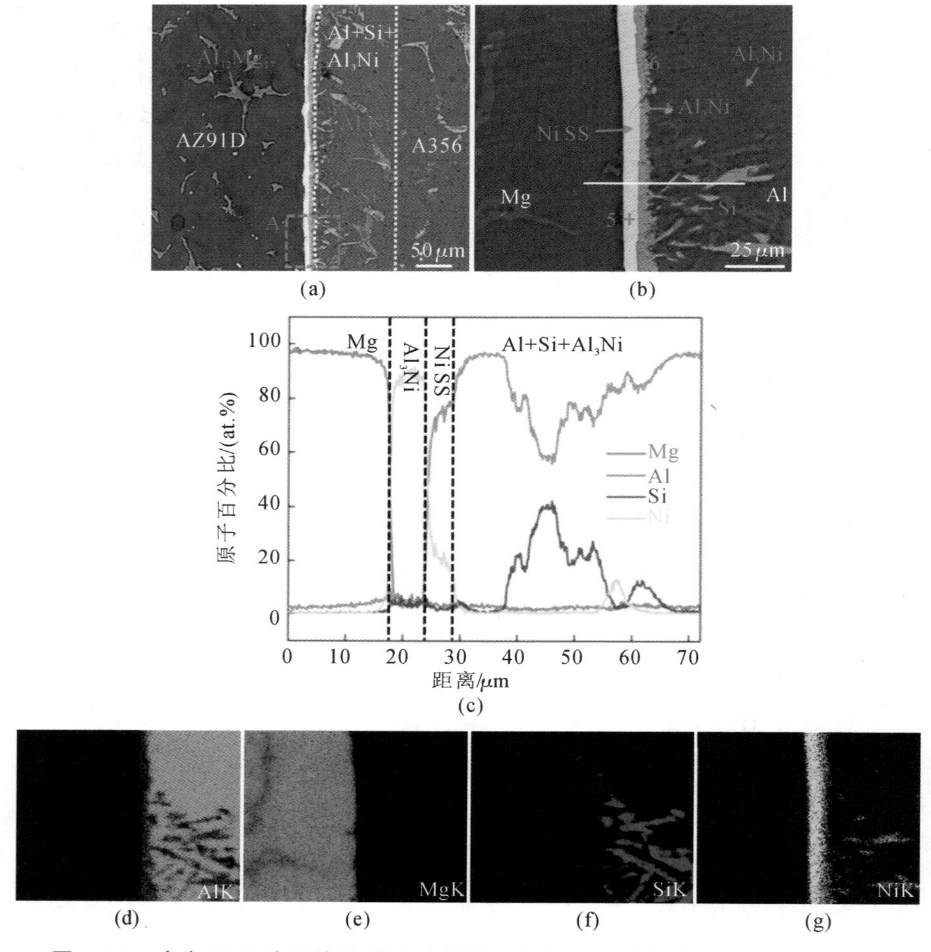

图 4-3-5　含有 ENP 涂层的镁/铝双金属的组织和 EDS 分析结果：(a) SEM 图像；(b) 图 4-3-5(a)中 A 区域；(c) 线扫描结果；(d)～(g) 面扫描结果

4.3.3　不同 Ni 涂层对镁/铝双金属力学性能的影响

对不同 Ni 涂层的镁/铝双金属进行剪切测试，不同 Ni 涂层的镁/铝双金属的剪切强度如图 4-3-8 所示。从图 4-3-8 中可以发现，无 Ni 涂层的镁/铝双金属的剪切强度高于有 EN 涂层和 ENP 涂层的镁/铝双金属，这可能是因为含有 EN 涂层和 ENP 涂层的镁/铝双金属界面处的 Ni 层和 Mg 基体没有反应层连接。而有 PSN 涂层的镁/铝双金属的剪切强度最高。含有 PSN 涂层的镁/铝双

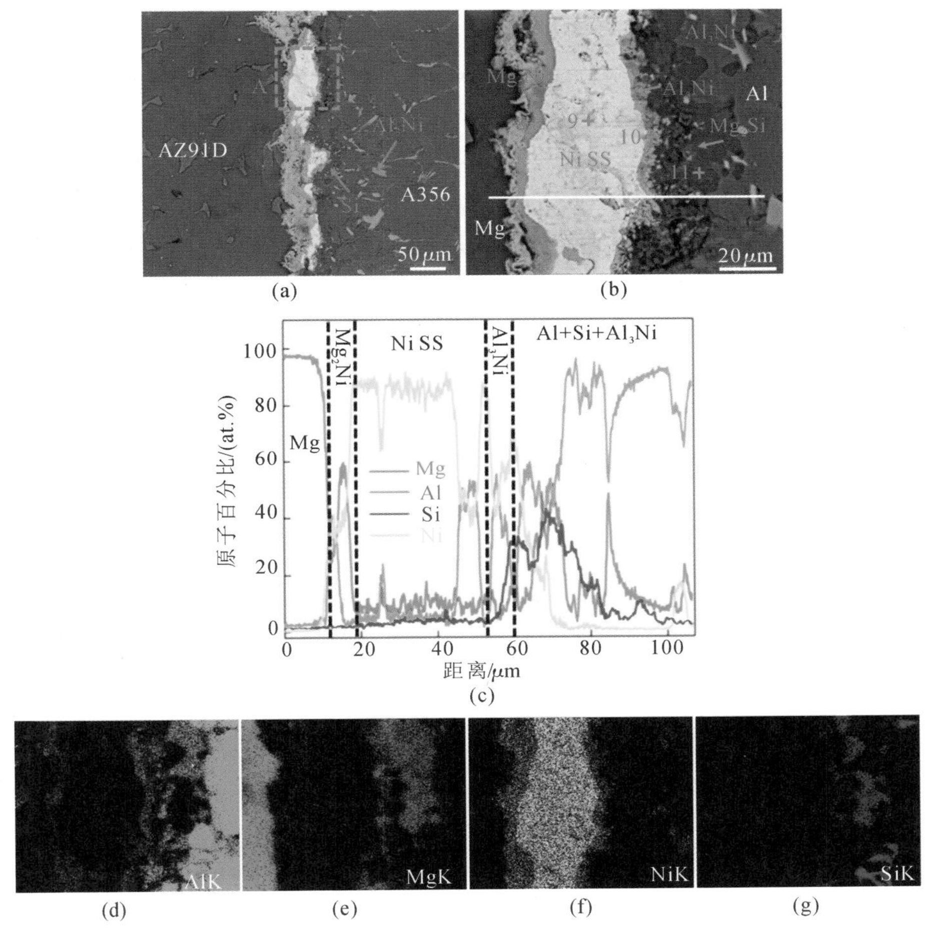

图 4-3-6　含有 PSN 涂层的镁/铝双金属的组织和 EDS 分析结果：(a) SEM **图像；**(b) **图 4-3-6**(a)**中** A **区域；**(c) **线扫描结果；**(d)～(g) **面扫描结果**

金属的剪切强度比没有 Ni 涂层的镁/铝双金属的剪切强度高 69%，表现出优异的结合性能。这说明 PSN 涂层的存在可以改善界面组织，从而提高双金属的性能。

对镁/铝双金属剪切断口进行 SEM 观察和 EDS 分析，结果如图 4-3-9 所示。从图 4-3-9(a)～(d)中可以看出，含有 EN 涂层的镁/铝双金属的剪切断口呈现出明显的脆性断裂，断裂表面光滑，没有发生塑性变形。而断口的成分分析结果表明，断裂发生在 Ni 涂层和 AZ91D 基体的连接区域。

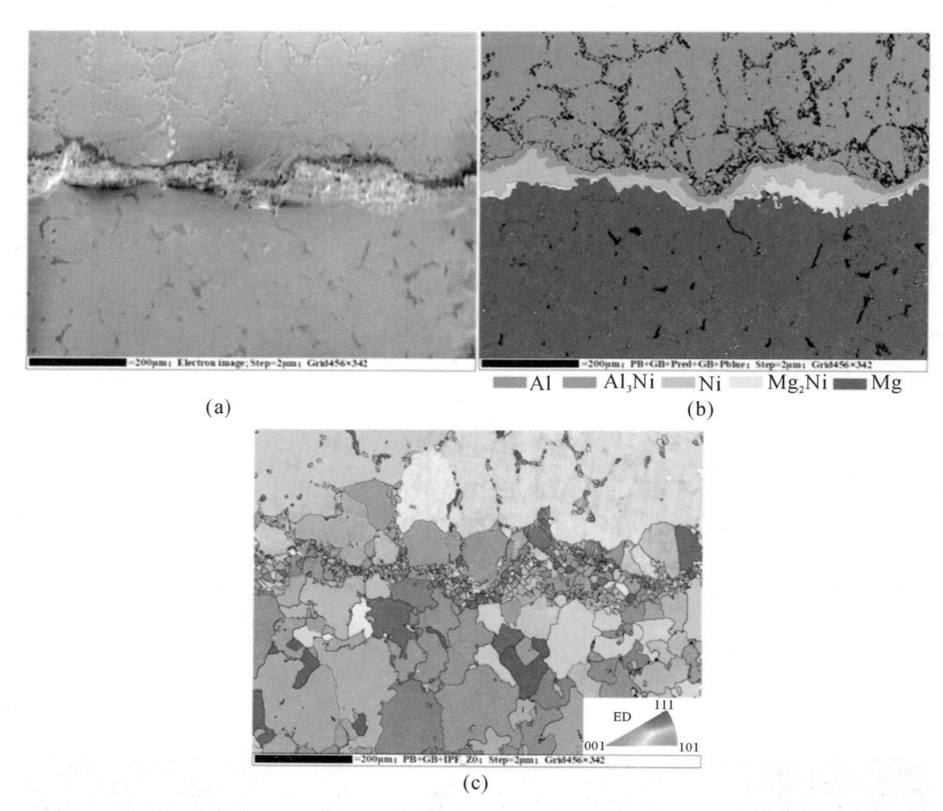

(a) (b) (c)

图 4-3-7 含有 PSN 涂层的镁/铝双金属界面区域的相分布和取向分布结果:(a) 电子图像;(b) EBSD 相分布结果;(c) 取向分布结果

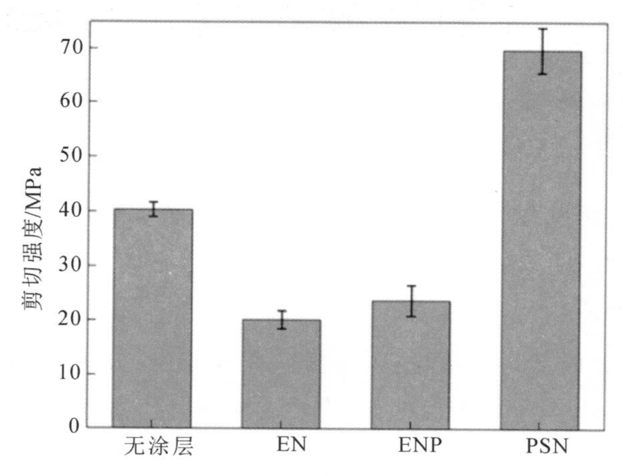

图 4-3-8 不同 Ni 涂层的镁/铝双金属的剪切强度

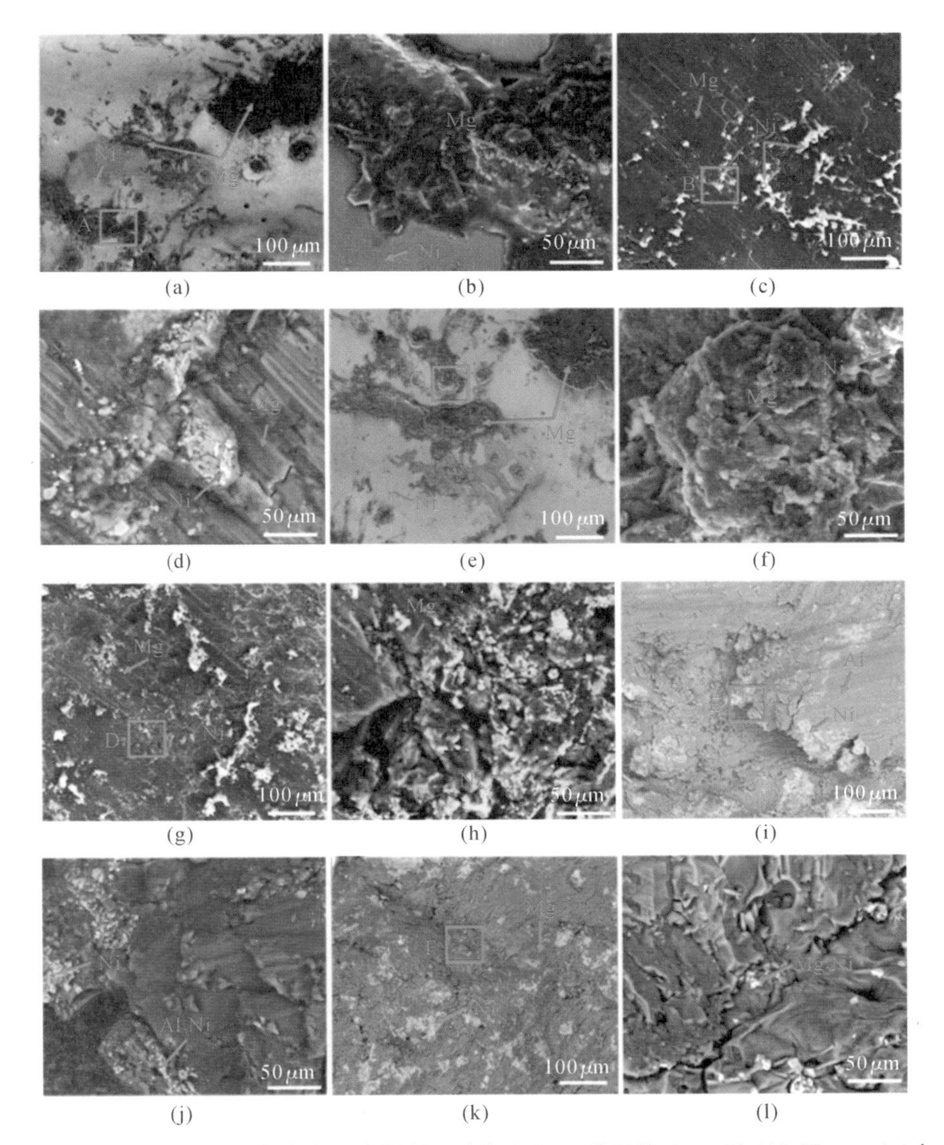

图 **4-3-9** 不同 Ni 涂层的镁/铝双金属断口形貌：(a) EN 涂层的 A356 侧；(b) 图 **4-3-9**(a)中 A 区域；(c) EN 涂层的 AZ91D 侧；(d) 图 **4-3-9**(c)中 B 区域；(e) ENP 涂层的 A356 侧；(f) 图 **4-3-9**(e)中 C 区域；(g) ENP 涂层的 AZ91D 侧；(h) 图 **4-3-9**(g)中 D 区域；(i) PSN 涂层的 A356 侧；(j) 图 **4-3-9**(i)中 E 区域；(k) PSN 涂层的 AZ91D 侧；(l) 图 **4-3-9**(k)中 F 区域

从图 4-3-9(e)～(h)中可以看出，在具有 ENP 涂层的镁/铝双金属中，断裂位于 Ni 层和 AZ91D 基体之间，断裂呈现出明显的脆性断裂形貌，说明断裂是脆性断裂。

从图 4-3-9(i)～(l)中可以看出，与含有 EN 涂层和 ENP 涂层的镁/铝双金属的断口表面相比，含有 PSN 涂层的镁/铝双金属断口部分位置呈现出典型的韧性断裂形貌。并且在涂有 PSN 涂层的镁/铝双金属的断口处检测到 Al_3Ni、Ni 和 Mg_2Ni，表明涂有 PSN 涂层的镁/铝双金属的断裂位置穿过整个界面层。

不同 Ni 涂层的镁/铝双金属断口的 XRD 图谱也验证了上述结果，如图 4-3-10 所示。

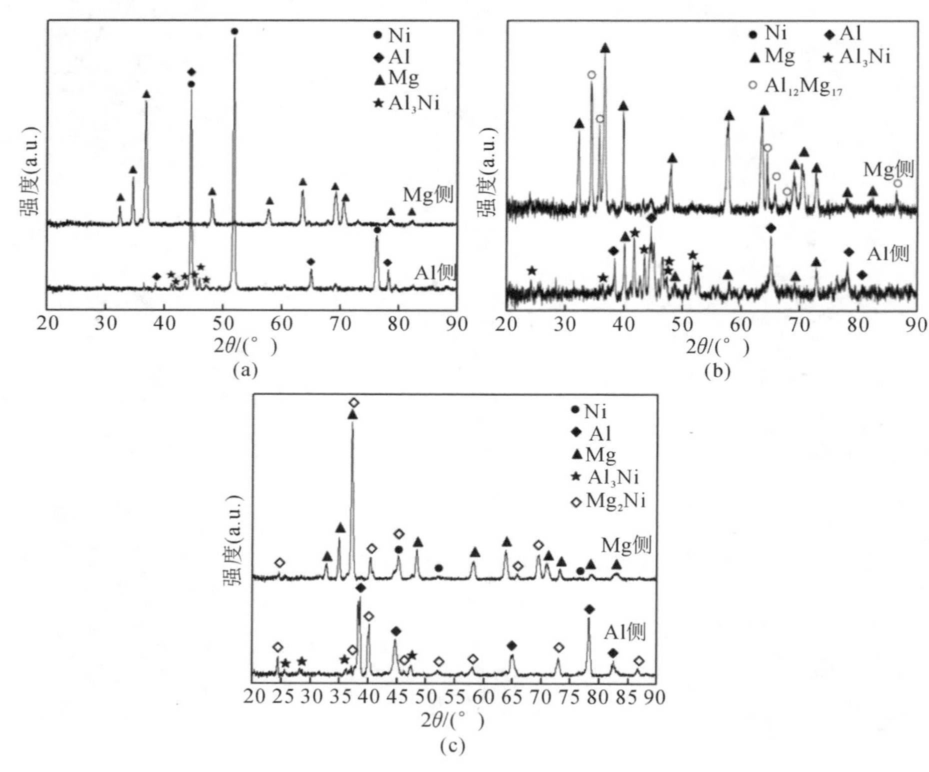

图 4-3-10　不同 Ni 涂层的镁/铝双金属断口的 XRD 图谱：(a) EN 涂层；(b) ENP 涂层；(c) PSN 涂层

4.3.4　不同 Ni 涂层对镁/铝双金属组织和性能的影响机理

研究表明，不同的镍涂层对镁/铝双金属的界面组织和剪切强度有显著的影响。剪切强度与界面层的微观结构和性能密切相关。因此，有必要探讨界面层的形成机理。

首先，从图 4-3-2 中可以看出，不同 Ni 涂层的 A356 嵌体的表面粗糙度是不同的，PSN 涂层的 A356 嵌体的表面粗糙度远远高于 EN 涂层和 ENP 涂层的。而固态嵌体与液态金属之间的润湿性与固态嵌体的表面粗糙度有关，其原理如图 4-3-11 所示。

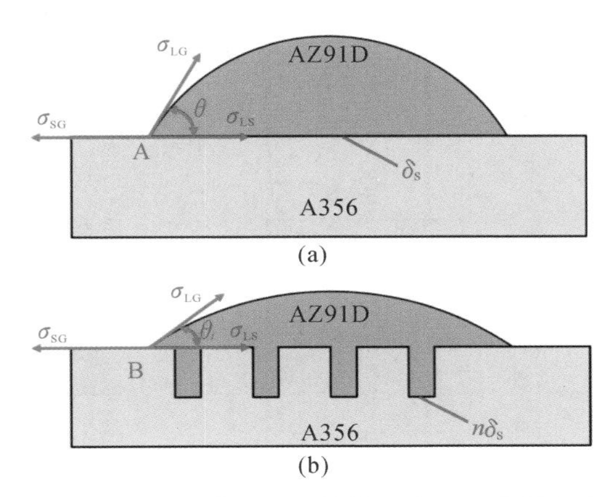

图 4-3-11　表面粗糙度对固态嵌体润湿性的影响：(a) 光滑表面；(b) 粗糙表面

图 4-3-11(a)和(b)分别表示光滑表面和粗糙表面的应力分布。当固体表面光滑时，根据受力平衡，可得下式：

$$\cos\theta = (\sigma_{SG} - \sigma_{LS}) / \sigma_{LG} \tag{4-3-1}$$

式中，θ 是光滑表面的润湿角，σ_{SG} 是固体和气体的界面张力，σ_{LS} 是液体和固体的界面张力，σ_{LG} 是液体和气体的界面张力。

接触面积随着固体基体表面粗糙度的增大而增大，在粗糙表面时，在力平衡的条件下可得下式：

$$\sigma_{LS} n \delta_S + \sigma_{LG}\, \delta_S \cos\theta_i = \sigma_{SG} n \delta_S \tag{4-3-2}$$

式中，δ_S 是光滑表面的接触面积，n 是实际的接触面积与理想的接触面积的比值，$\cos\theta_i$ 是粗糙表面的润湿角，有

$$\cos\theta_i = n(\sigma_{SG} - \sigma_{LS}) / \sigma_{LG} \tag{4-3-3}$$

在方程(4-3-3)中，n 随表面粗糙度的增大而增大，当 n 增大时，θ_i 相应减小，即增强了固体基板的润湿性。因此，PSN 涂层的铝合金嵌体的润湿性优于 EN 涂层和 ENP 涂层的。

不同 Ni 涂层的镁/铝双金属界面的形成机理如图 4-3-12 所示。Ni 的熔点为 1453 ℃,因为浇注温度为 730 ℃,所以在 Al 与 Mg 的连接过程中 Ni 层不会熔化。铝、镁、镍元素在铝和镁的连接区域的相互扩散是界面形成的主要机制。EN 涂层和 ENP 涂层的镁/铝双金属的界面形成过程相似,如图 4-3-12(a)、(b)和(d)、(e)所示。当 Mg 熔体接触镍层时,由于浓度梯度和热作用,铝、镁和镍元素之间发生相互扩散,原始的 Ni 层转变成 Ni 的固溶体和 Al_3Ni 层,由于 Ni 元素大量向 Al 基体扩散,铝基体中也存在很多分散的 Al_3Ni,如图 4-3-12(b)和(e)所示。

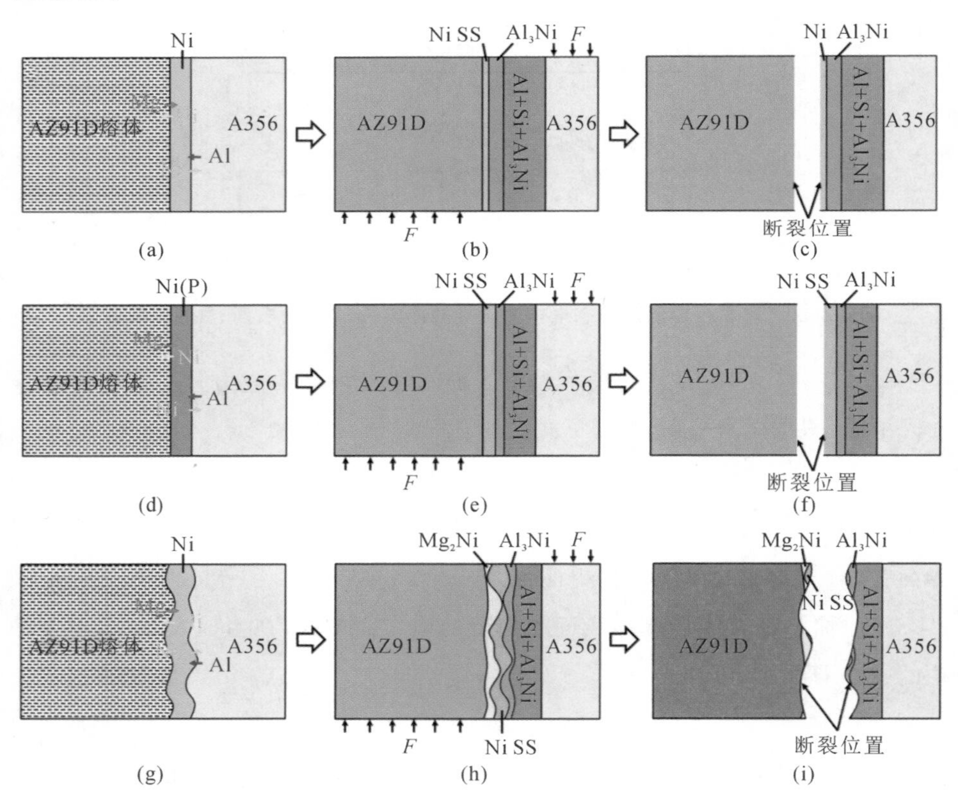

图 4-3-12 不同 Ni 涂层的镁/铝双金属界面形成机理示意图:(a)～(c) EN 涂层;(d)～(f) ENP 涂层;(g)～(i) PSN 涂层

ENP 涂层中的 P 元素可以提高 Ni 层中 Al 和 Mg 元素的扩散率,因此,ENP 涂层的 Ni SS 层要比 EN 涂层的厚。然而,镁基体附近没有形成 Mg-Ni IMC,这是由于 Mg-Ni IMC 具有较高的吉布斯自由能。

具有 PSN 涂层的镁/铝双金属的界面层形成机制与有 EN 涂层和 EPN 涂层的略有不同。PSN 涂层厚度不均匀,表面粗糙,形成的界面层也是不均匀的,如图 4-3-12(g) 和(h)所示。此外,在靠近 Mg 基体一侧还形成了一层 Mg_2Ni 层。这可能是因为,一方面良好的润湿性有利于液态镁熔体与铝固体的结合,另一方面粗糙多孔的表面可能促进了镍和镁的反应进行。

不同镍涂层的镁/铝双金属过渡区的形貌和成分对铝和镁的结合起着重要的作用。剪切测试的过程中,A356 嵌体受到垂直向下的力,AZ91D 镁合金受到垂直向上的力,如图 4-3-12(b)、(e)和(h)所示。从界面的形态来说,含有 PSN 涂层的镁/铝双金属参差不齐的界面层相较于 EN 涂层和 ENP 涂层的增加了受力面积。另外,具有 EN 涂层和 ENP 涂层的镁/铝双金属的断裂发生在 Ni SS 层和 Mg 基体的结合位置,这属于机械键合,从而导致结合性能较差。

相比而言,具有 PSN 涂层的镁/铝双金属的断裂经过由 Mg 基体、Mg_2Ni 层、Ni SS 层、Al_3Ni 层和 Al 基体组成的整体过渡区,如图 4-3-12(i)所示。根据其他人的研究,Mg_2Ni 的显微硬度低于 Al-Mg IMC,而低硬度通常意味着低脆性。另外,Mg_2Ni 层的存在相当于通过冶金结合方式将 Ni 层与 Mg 基体结合。而在没有 Mg_2Ni 层的情况下,Ni 层与 Mg 基体的直接接触相当于机械连接。这是 EN 涂层和 ENP 涂层的镁/铝双金属的剪切强度低于 PSN 涂层的原因。

4.4 超音速喷涂 Ni 涂层对镁/铝双金属组织和性能的影响

超音速火焰喷涂(HVOF)是将超音速熔融粒子喷射到镀件上,该工艺擅长制备坚固致密的低孔隙率和低氧化夹杂物的涂层,近年来发展迅速。因此,它是一种合适的、高效的在精密表面覆盖 Ni 层的技术。此外,镍涂层的厚度也可能影响双金属界面微观结构和性能。然而,关于超音速喷涂 Ni 涂层及其厚度对镁/铝双金属的影响的研究目前未见报道。本节研究了采用超音速喷涂工艺在 A356 合金表面沉积 Ni 涂层以及 Ni 涂层厚度对消失模复合铸造制备的 AZ91D/A356 双金属铸件的显微组织和力学性能的影响。

4.4.1 嵌体表面超音速喷涂 Ni 涂层的特征

图 4-4-1 为不同厚度 Ni 涂层的显微组织,分别取 Ni 涂层的平均厚度为

10 μm、45 μm、190 μm。很明显，Ni 涂层致密，但 Ni 涂层的厚度不均匀，特别是对于 10 μm 厚的 Ni 涂层，如图 4-4-1(a)所示。根据图 4-4-1(d)中的 EDS 结果，用超音速喷涂制备的 Ni 涂层几乎没有被氧化。

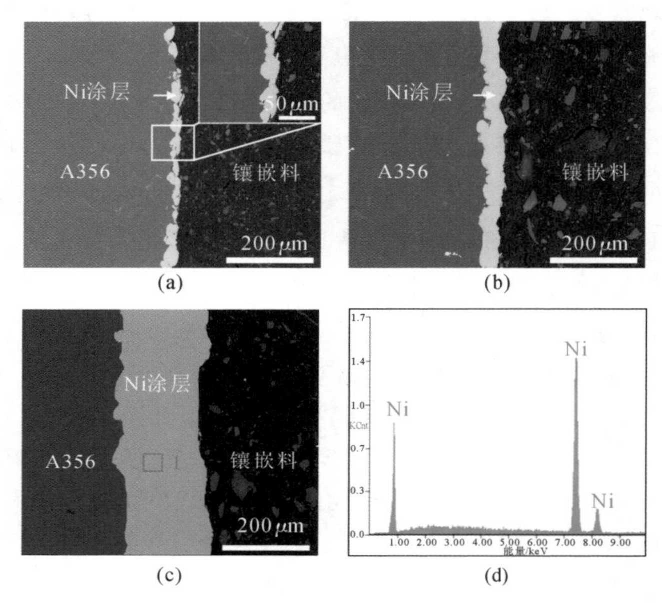

图 4-4-1　不同厚度 Ni **涂层的** SEM **微观结构：**(a) 10 μm; (b) 45 μm; (c) 190 μm; (d) **图 4-4-1**(c)**中** 1 **区域的** EDS **结果**

4.4.2　超音速喷涂 Ni 涂层对镁/铝双金属组织的影响

图 4-4-2 为不同厚度 Ni 涂层的 AZ91D/A356 双金属界面的 SEM 微观结构和线扫描图，可见 Ni 涂层及其厚度对双金属界面微观结构有显著影响。根据线扫描图像，无 Ni 涂层和 10 μm 厚的 Ni 涂层 AZ91D/A356 双金属的界面层主要由 Al-Mg 金属间化合物组成，而 Ni、Mg-Ni 和 Al-Ni 金属间化合物是 45 μm 和 190 μm 厚度 Ni 涂层 AZ91D/A356 双金属界面层的主要成分。根据我们之前的研究，无 Ni 涂层的 AZ91D/A356 双金属界面层由三个反应层组成，即 $Al_3Mg_2+Mg_2Si$、$Al_{12}Mg_{17}+Mg_2Si$ 和 $Al_{12}Mg_{17}+\delta$-Mg 共晶组织，如图 4-4-2(a) 所示，界面层平均厚度约为 1450 μm。

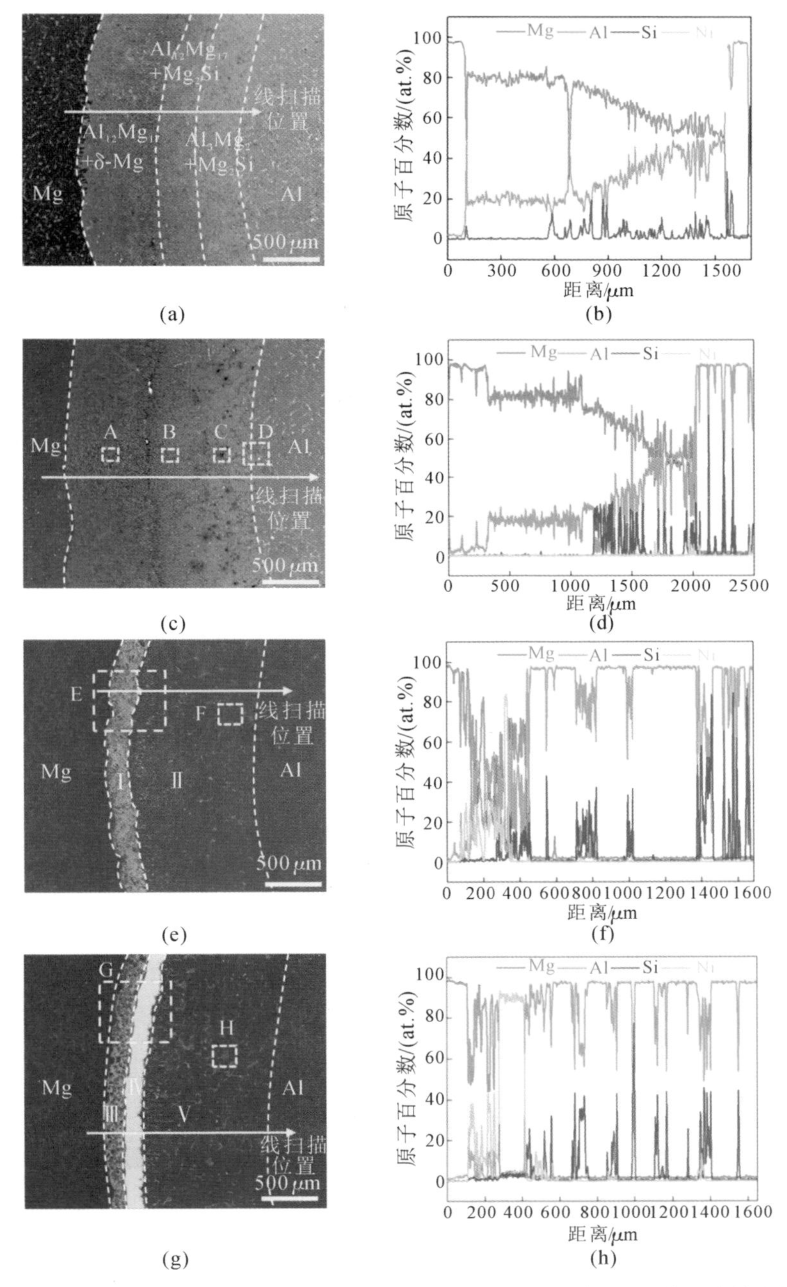

图 4-4-2　具有不同厚度 Ni 涂层的 AZ91D/A356 双金属界面的 SEM 微观结构和线扫描图像：(a)，(b) 无 Ni 涂层；(c)，(d) 10 μm 厚的 Ni 涂层；(e)，(f) 45 μm 厚的 Ni 涂层；(g)，(h) 190 μm 厚的 Ni 涂层

当 Ni 涂层厚度为 10 μm 时，在 AZ91D/A356 双金属的界面区域未发现纯 Ni 层，如图 4-4-2(c)所示。如图 4-4-3(a)～(d)所示，除了 Al-Mg IMC 外，在界面区域和 A356 基体发现了一些亮白色颗粒。EDS 结果(见图 4-4-3(e)～(h))表明，基于 Al-Ni 二元相图，这些亮白色颗粒是 Al-Al_3Ni 共晶结构。因此，10 μm 厚 Ni 涂层的 AZ91D/A356 双金属的界面层可分为两个区域：一个由 Al-Mg IMC 和 Al-Al_3Ni 共晶结构组成，另一个由 A356 基体和 Al-Al_3Ni 共晶结构组成。该界面层整体厚度约为 1650 μm，比未镀 Ni 的界面层厚。

随着 Ni 涂层厚度增加到 45 μm，在 AZ91D/A356 双金属的界面区域发现很少的 Al-Mg IMC，界面层根据形貌可大致分为两个区域，即区域Ⅰ和区域Ⅱ，如图 4-4-2(e)所示。区域Ⅰ是 AZ91D 基体附近的 Mg-Ni 和 Al-Ni 金属间化合物混合区，区域Ⅱ是 A356 基体附近分散的 Al-Al_3Ni 共晶结构，相组成具体分析如下。

区域Ⅰ的微观结构和 EDS 结果如图 4-4-4(a)和表 4-4-1 所示。可以看出，大部分 Ni 涂层不能保持其原始形状，并与 Al 和 Mg 反应形成 Al-Mg-Ni 金属间化合物的混合物。在 G 区域(见图 4-4-4(b))中，形成了一层靠近 AZ91D 基体的薄的镁固溶体层(Mg SS，点 1)。点 2 包含 14.64 at.%的 Al、52.67 at.%的 Mg 和 32.69 at.%的 Ni，根据原子比(Ni：Mg：Al≈2：3：1)和 Al-Mg-Ni 三元相图，该相可能是 Ni_2Al_3Mg。在 Ni_2Al_3Mg 颗粒周围存在一些 Mg+$Al_{12}Mg_{17}$ 共晶组织(点 3)。H 区域(见图 4-4-4(c))由浅灰色絮状结构(点 4)和深灰色块状结构(点 5)组成。根据 EDS 分析结果，该絮状结构可能是由微小的 Ni_2Al_3Mg 颗粒和 Mg+$Al_{12}Mg_{17}$ 共晶组织组成的混合相。因此，结合图 4-4-4(d)、(e)和表 4-4-1，区域Ⅰ由 Ni_2Al_3Mg 颗粒和 Mg+$Al_{12}Mg_{17}$ 共晶组织(点 6)、Ni 固溶体(Ni SS，点 7)、Al_3Ni_2(点 10)与 Al_3Ni(点 8)组成。区域Ⅰ的平均厚度约为 223 μm。在区域Ⅱ中，一些 Al+Al_3Ni 共晶颗粒分散在 A356 基体中，如图 4-4-4(f)所示。一个有趣的现象是，这些 Al+Al_3Ni 共晶颗粒主要分布在共晶硅上。区域Ⅱ的平均厚度约为 1065 μm 。因此，界面层的整体厚度约为 1288 μm。

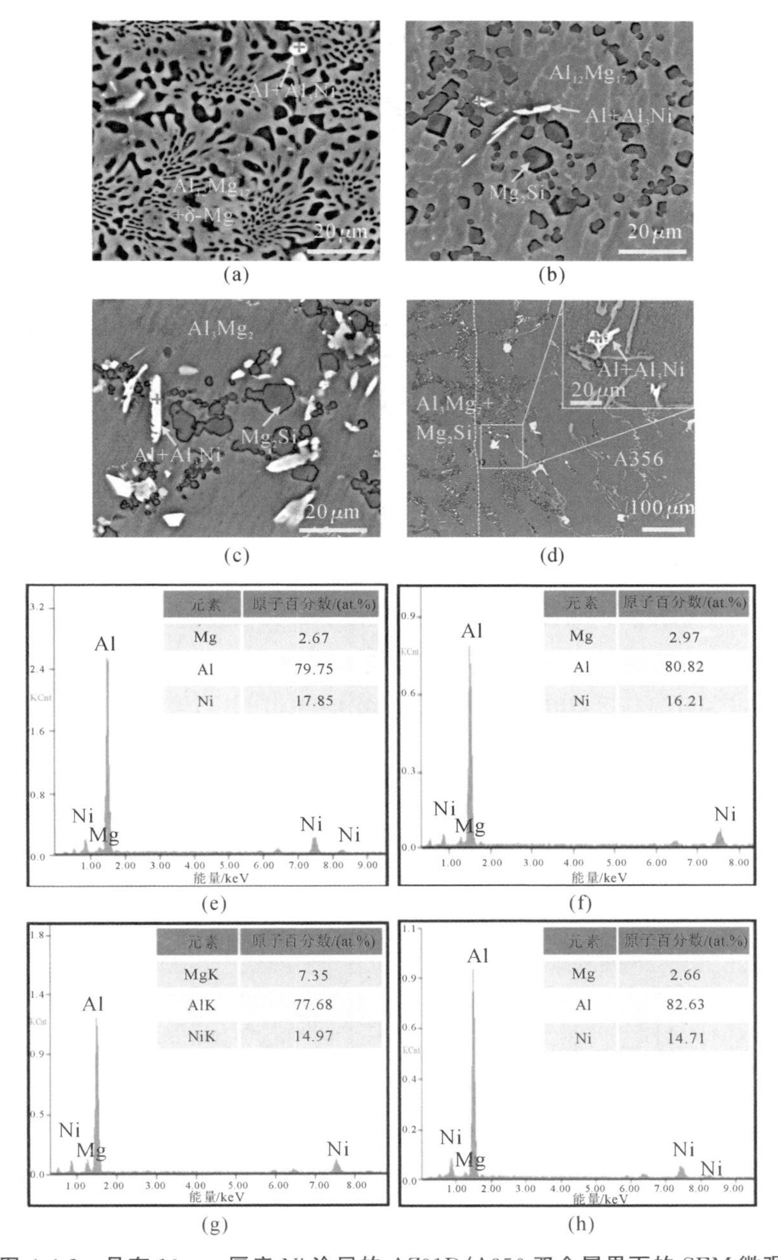

图 4-4-3 具有 10 μm 厚度 Ni 涂层的 AZ91D/A356 双金属界面的 SEM 微观结构：(a)～(d) 图 **4-4-2** (c)中 A、B、C 和 D 区域的微观结构；(e)～(h) 图 **4-4-3**(a)～(d) 中点 1、2、3 和 4 的 EDS 结果

(a) (b) (c)

(d) (e) (f)

图 4-4-4 具有 45 μm 厚度 Ni 涂层的 AZ91D/A356 双金属的高倍 SEM 图像：(a),(f) 图 4-4-2(e)中的 E 和 F 区域的 SEM 图像；(b)～(d) 图 4-4-4(a)中 G、H 和 I 区域的 SEM 图像；(e) 图 4-4-4(d)中 J 区域的 SEM 图像

表 4-4-1 图 4-4-4(b)～(f)中界面不同位置的 EDS 分析结果

序号	元素含量/(at. %)			可能的相
	Al	Mg	Ni	
1	5.64	89.38	4.98	Mg SS
2	14.64	52.67	32.69	Ni_2Mg_3Al
3	29.74	70.26	—	Mg+$Al_{12}Mg_{17}$ 共晶组织
4	48.91	23.36	27.73	Ni_2Mg_3Al 和 Mg+$Al_{12}Mg_{17}$ 共晶组织
5	30.6	69.4	—	Mg+$Al_{12}Mg_{17}$ 共晶组织
6	49.88	16.58	33.54	Ni_2Mg_3Al 和 Mg+$Al_{12}Mg_{17}$ 共晶组织
7	3.85	13.96	82.19	Ni SS
8	71.71	5.36	22.93	Al_3Ni
9	84.26	—	15.74	Al+Al_3Ni 共晶组织
10	58.21	39.25	2.54	Al_3Ni_2
11	82.37	1.68	15.95	Al+Al_3Ni 共晶组织

注：表中序号对应图中标注的数字。

当 Ni 涂层厚度增加到 190 μm 时，界面中原始 Ni 涂层仍然保留，但厚度减小到约 139 μm，如图 4-4-2(g)所示。根据微观形貌和线扫描结果可以将该界面层划分为三个区域(包括区域Ⅲ、Ⅳ和Ⅴ)，如图 4-4-2(g)和(h)所示，每个区域的物相组成分析如图 4-4-5 和表 4-4-2 所示。区域Ⅲ主要包含分散的多边形相和层状结构，如图 4-4-5(b)和(c)所示。根据 EDS 结果(点 2 和点 5)和 Al-Mg-Ni 三元相图，这些分散的多边形相可能是 Ni_2Mg_3Al，如表 4-4-2 所示。此外，靠近 Ni 涂层的 Ni_2Mg_3Al 尺寸看起来比靠近 AZ91D 基体的要大。根据点 4 的 EDS 结果和 Mg-Ni 二元相图，层状结构为 $Mg+Mg_2Ni$ 共晶结构。采用 TEM 测试进一步验证区域Ⅲ的相组成，TEM 采样位置和结果显示在图 4-4-6 中。从 TEM 明场图像(见图 4-4-6(b))中可以看出，采样位置包含三种相，分别为 A、B、C 区域。根据图 4-4-6(d)和(e)中的 SAED 图像，区域 B 和区域 C 分别是 Mg 和 Mg_2Ni 相，这与上述分析一致。区域 A 的选区电子衍射(SAED)图仅显示一组斑点，与 Ni_2Mg_3Al 相匹配良好，表明该区域由单相组成，如图 4-4-6(c)所示。根据图 4-4-5(b)和表 4-4-2，区域Ⅲ存在少量 Mg(Al,Ni)固溶体(点 1)和 α-Mg(点 3)。区域Ⅲ的厚度约为 173 μm。

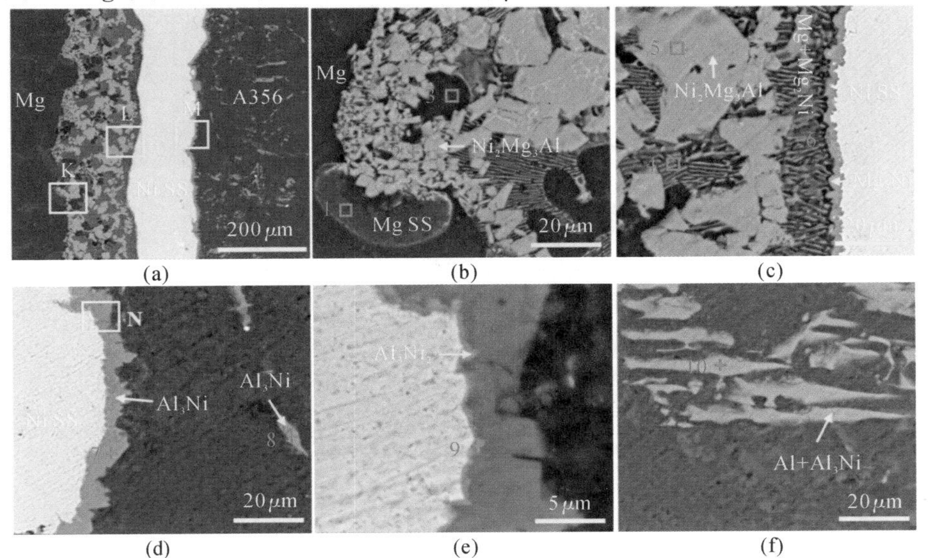

图 4-4-5 190 μm 厚度 Ni 涂层的 AZ91D/A356 双金属的高倍 SEM 图像：
(a),(f) 图 4-4-2(g)中 G 和 H 区域的 SEM 图像；(b)～(d) 图 4-4-5(a)中 K、L、M 区域的 SEM 图；(e) 图 4-4-5(d)中 N 区域的 SEM 图像

表 4-4-2 图 4-4-5(b)～(f)中界面不同位置的 EDS 分析结果

序号	元素含量/(at. %)			可能的相
	Al	Mg	Ni	
1	3.93	92.96	3.11	Mg SS
2	14.12	53.78	32.1	Ni_2Mg_3Al
3	—	100	—	α-Mg
4	—	88.5	11.5	$Mg+Mg_2Ni$ 共晶组织
5	12.32	54.35	33.33	Ni_2Mg_3Al
6	1.2	65.3	33.5	Mg_2Ni
7	72.95	2.29	24.76	Al_3Ni
8	73.17	1.45	25.38	Al_3Ni
9	62.85	37.15	—	Al_3Ni_2
10	82.63	2.66	14.71	$Al+Al_3Ni$ 共晶组织

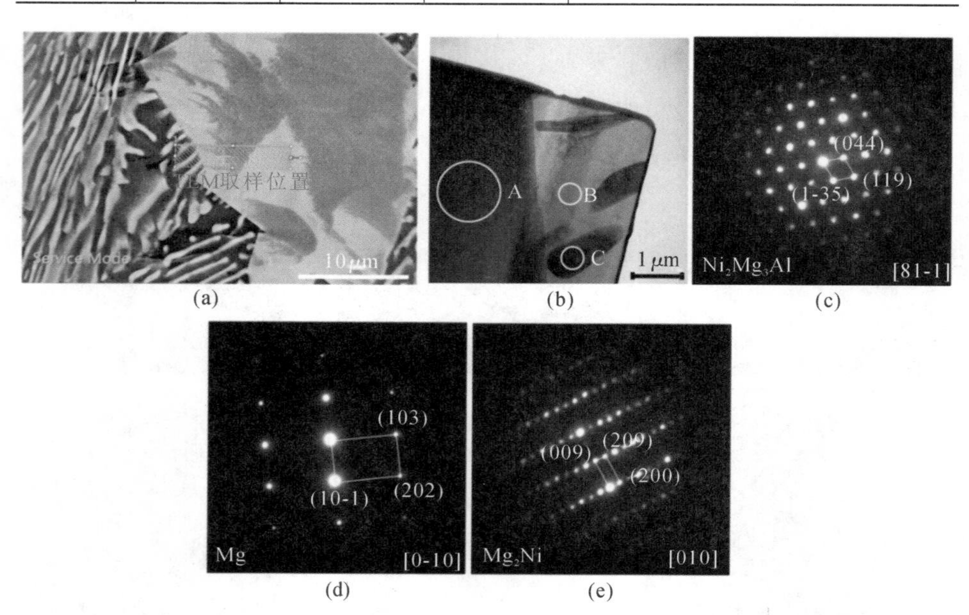

图 4-4-6 TEM 取样位置和测试结果：(a) TEM 取样位置；(b) TEM 明场图像；(c)～(e) 图 4-4-6(b)中 A、B 和 C 区域的 SAED 图像

区域Ⅳ存在四个致密扩散层，从 AZ91D 侧到 A356 侧依次为 Mg_2Ni 层、Ni SS 层、Al_3Ni_2 层和 Al_3Ni 层，如图 4-4-5(c)、(d)、(e)和表 4-4-2 所示。一些

Al_3Ni 颗粒(见图 4-4-5(d))和 $Al+Al_3Ni$ 共晶颗粒(见图 4-4-5(f))分散在 A356 基体上。区域Ⅳ的厚度约为 170 μm。区域Ⅴ由分散的 Al_3Ni 颗粒和 $Al+Al_3Ni$ 共晶颗粒组成,区域Ⅴ的厚度约为 1070 μm。

4.4.3 超音速喷涂 Ni 涂层对镁/铝双金属性能的影响

不同厚度 Ni 涂层的 AZ91D/A356 双金属应力随位移的变化曲线如图 4-4-7 所示。可以看出,当涂层厚度范围为 0～45 μm 时,AZ91D/A356 双金属的剪切强度随着 Ni 涂层厚度的增加而增加。然而,190 μm 厚度镍涂层的 AZ91D/A356 双金属的剪切强度却降低了,甚至低于没有镀涂层的双金属。45 μm 厚度 Ni 涂层的 AZ91D/A356 双金属的剪切强度最大,比无 Ni 涂层双金属的高了 41.4%。

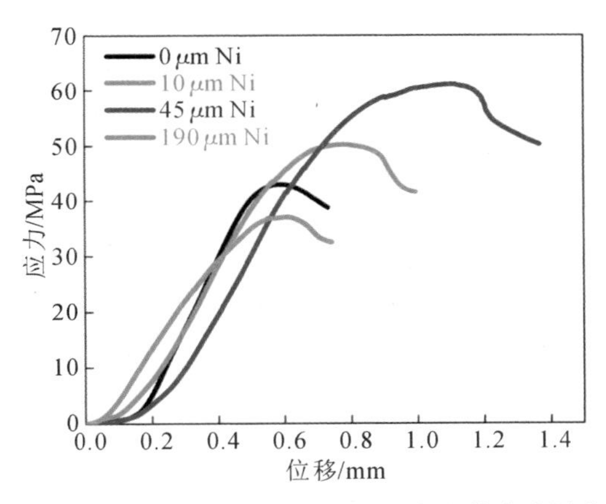

图 4-4-7　不同厚度 Ni 涂层的 AZ91D/A356 双金属的应力随位移的变化曲线

测量了不同厚度 Ni 涂层的 AZ91D/A356 双金属界面区的维氏硬度,并将相应结果制成折线图,如图 4-4-8 所示。Ni 涂层厚度为 10 μm 时,与无镍涂层相比,界面区显微硬度几乎没有变化。从含有 45 μm 厚度 Ni 涂层的双金属的硬度测试结果可以明显发现,Al-Ni 和 Mg-Ni 金属间化合物的显微硬度低于纯 Ni 层(209 HV)和 Al-Mg 金属间化合物。此外,具有 45 μm 厚度 Ni 涂层双金属的 Al-Ni 和 Mg-Ni 金属间化合物的硬度(162～173 HV)略高于具有 190 μm 厚度 Ni 涂层双金属的硬度(120.5 HV)。而且,分散的 $Al+Al_3Ni$ 共晶组织似乎可以略微提高 A356 基体的硬度。压痕尺寸也给出了与上述描述一致的结论,如图 4-4-9 所示。

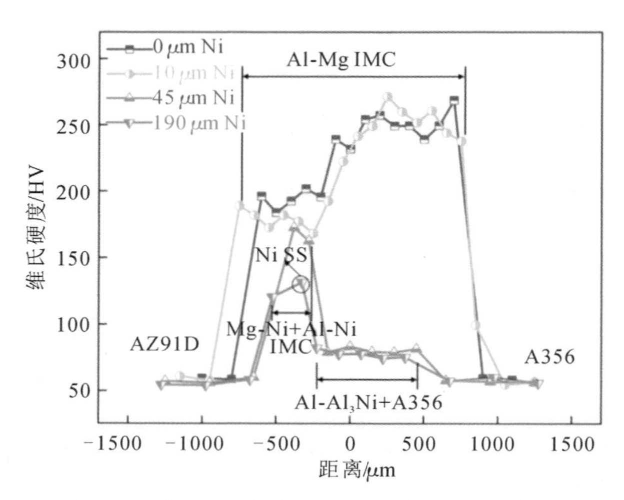

图 4-4-8　具有不同厚度 Ni 涂层的 AZ91D/A356 双金属的维氏硬度

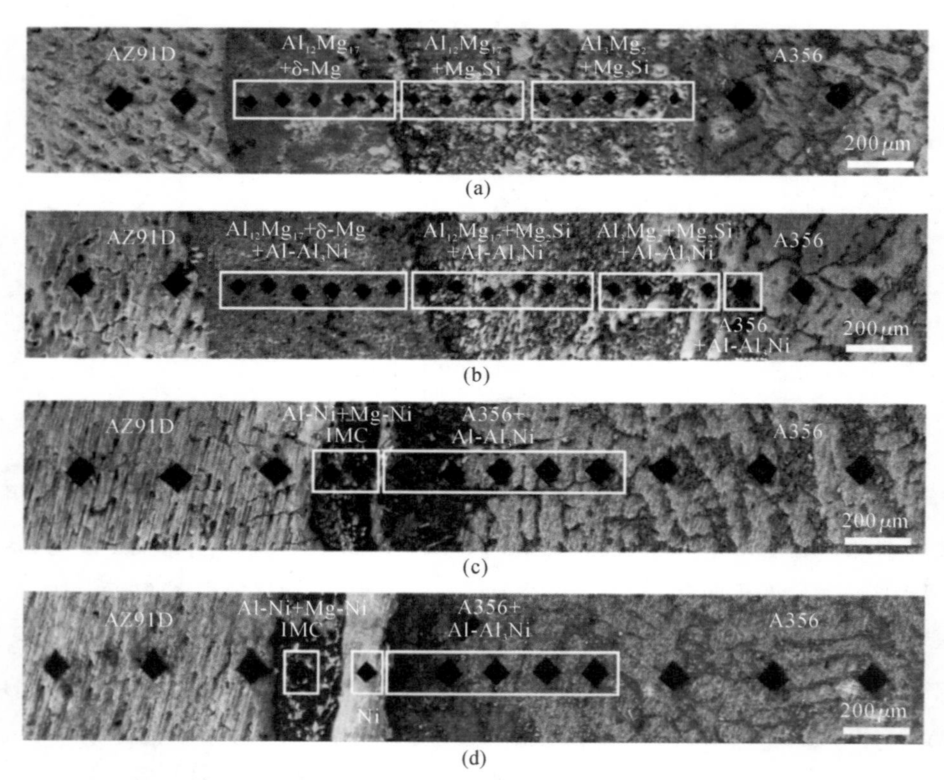

图 4-4-9　具有不同厚度 Ni 涂层的 AZ91D/A356 双金属光学显微镜照片：(a) 无 Ni 涂层；(b) 10 μm 厚度的 Ni 涂层；(c) 45 μm 厚度的 Ni 涂层；(d) 190 μm 厚度的 Ni 涂层

4.4.4 超音速喷涂 Ni 涂层对镁/铝双金属断裂特征的影响

无镍涂层和有镍涂层的 AZ91D/A356 双金属断口的 SEM 图如图 4-4-10 和图 4-4-11 所示。无 Ni 涂层和具有 10 μm 厚度 Ni 涂层的 AZ91D/A356 双金属的主要失效模式是脆性断裂，如图 4-4-10 所示。如图 4-4-10(d)和(f)所示，在具有 10 μm 厚度 Ni 涂层的 AZ91D/A356 双金属的断口表面检测到一些 $Al+Al_3Ni$ 共晶组织。具有 45 μm 厚度 Ni 涂层的 AZ91D/A356 双金属主要在 AZ91D 基体与 $Mg+Mg_2Ni$ 共晶组织和 Ni_2Mg_3Al 的结合区断裂，如图 4-4-11(a)和(c)所示。由于韧窝的存在，断裂表面显示出脆性和韧性断裂的混合形貌，

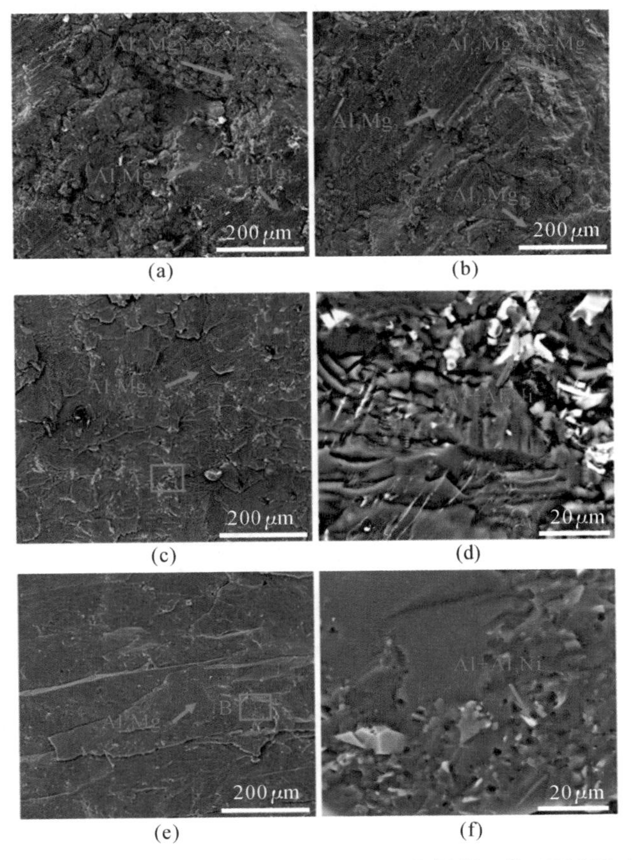

图 4-4-10 无镍涂层和有镍涂层的 AZ91D/A356 双金属断口的 SEM 图：(a)，(b) 无镍涂层的 A356 侧和 AZ91D 侧断口的 SEM 图；(c)，(e) 具有 10 μm 厚度镍涂层的 A356 侧和 AZ91D 侧断口的 SEM 图；(d)，(f) 图 **4-4-10**(c)和(e)中 A 和 B 区域的 SEM 图

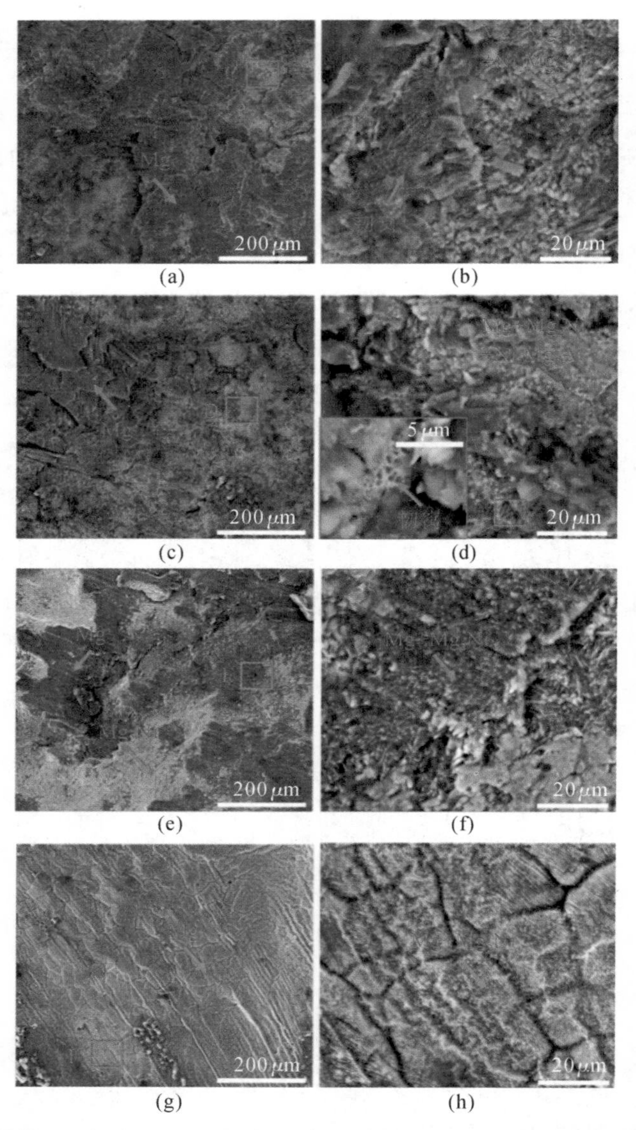

(a) (b) (c) (d) (e) (f) (g) (h)

图 4-4-11　具有 45 μm 和 190 μm 厚度 Ni 涂层的 AZ91D/A356 双金属断口的 SEM 图：(a),(c) 具有 45 μm 厚度 Ni 涂层双金属 A356 侧和 AZ91D 侧断口的 SEM 图；(b),(d) 图 4-4-11(a)和(c)中 C 和 D 区域的 SEM 图；(e),(g) 具有 190 μm 厚度 Ni 涂层双金属 A356 侧和 AZ91D 侧断口的 SEM 图；(f),(h) 图 4-4-11(e)和(g)中 E 和 F 区域的 SEM 图

如图 4-4-11(b) 和(d)所示,这在其他样品中未检测到。对于具有 190 μm 厚度 Ni 涂层的 AZ91D/A356 双金属,断裂形貌显示出典型的脆性断裂模式,如图 4-4-11(e) 和(g) 所示。与具有 45 μm 厚度 Ni 涂层的双金属不同,具有 190 μm 厚度 Ni 涂层的双金属在靠近 A356 侧的断口处发现大量 Mg_2Ni 颗粒,如图 4-4-11(e)所示,表明断口位于 AZ91D 基体和 Mg_2Ni 层之间。

图 4-4-12显示了不同厚度Ni涂层的AZ91D/A356双金属断口横截面的光学显微镜图像。可以看出,这与AZ91D/A356双金属断口的SEM图像结果

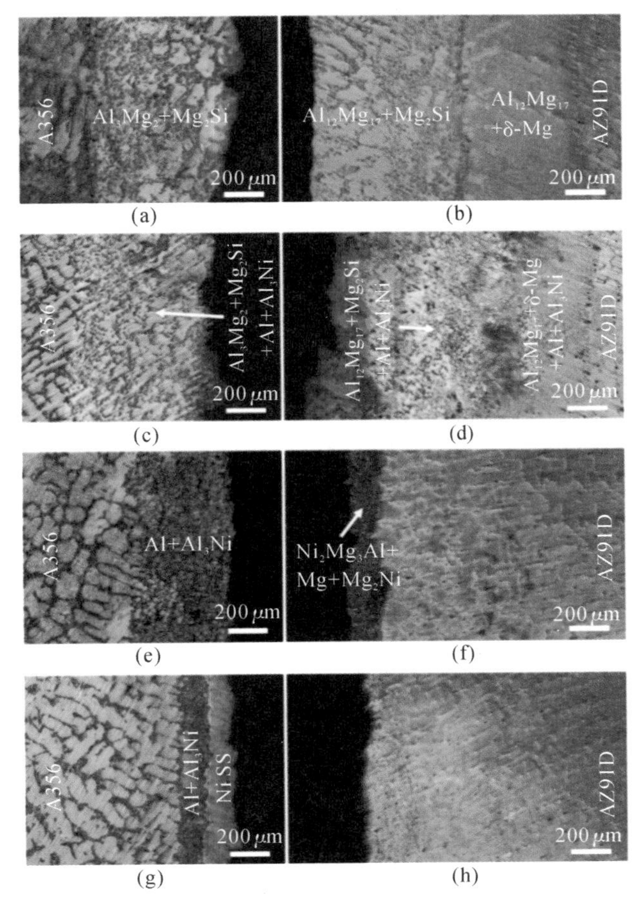

图 4-4-12　不同厚度镍涂层的 AZ91D/A356 双金属断口横截面的光学显微镜图像:
(a),(b) 无镍涂层双金属的 A356 侧和 AZ91D 侧断口;(c),(d) 具有 10 μm 厚度 Ni 涂层双金属的 A356 侧和 AZ91D 侧断口;(e),(f) 具有 45 μm 厚度 Ni 涂层双金属的 A356 侧和 AZ91D 侧断口;(g),(h) 具有 190 μm 厚度 Ni 涂层双金属的 A356 侧和 AZ91D 侧断口

非常吻合。对于无Ni涂层和具有10 μm厚度Ni涂层的AZ91D/A356双金属，断裂发生在$Al_3Mg_2+Mg_2Si$层和$Al_{12}Mg_{17}+Mg_2Si$层的连接处，如图4-4-12(a)～(d)所示。对于具有45 μm厚度Ni涂层的AZ91D/A356双金属，断裂发生在区域Ⅰ(Ni_2Mg_3Al和$Mg+Mg_2Ni$)，如图4-4-12(e)和(f)所示。当Ni涂层厚度为190 μm时，断裂主要发生在AZ91D基体和Mg_2Ni层之间，如图4-4-12(g)和(h)所示。断裂面未发现Al-Ni+Mg-Ni金属间化合物，这可能是由于剪切条件下破碎脱落所致。

4.4.5 超音速喷涂Ni涂层的镁/铝双金属界面形成机制和强化机理

4.4.5.1 超音速喷涂Ni涂层的镁/铝双金属界面形成机制

根据上述研究可以发现，不同厚度Ni涂层的AZ91D/A356双金属界面的微观结构存在明显差异，表明Ni涂层厚度对界面层有明显影响，其影响机理可用图4-4-13解释。

当Ni涂层的厚度为10 μm时，由于Ni层完全分解，薄的Ni涂层不能阻碍液态镁合金与固态铝合金的接触，如图4-4-13(a)和(b)所示。因此，具有10 μm厚度Ni涂层的AZ91D/A356双金属的界面相组成主要是Al-Mg IMC，这与没有Ni涂层的双金属相似。分散分布在界面区的$Al+Al_3Ni$共晶组织可归因于Ni元素与Al元素的反应，反应方程式为$4Al+Ni \longrightarrow Al+Al_3Ni$，如图4-4-13(c)所示。界面区不存在Mg-Ni金属间化合物，表明Ni元素更容易与Al元素发生反应。

在45 μm厚度Ni涂层的情况下，形成机制可用图4-4-13(d)～(g)描述。由于Ni的熔点(1453 ℃)远高于浇注温度(730 ℃)，扩散在界面层的形成过程中起主要作用。当AZ91D液体浇注在A356嵌体表面时，Ni元素在高温的驱动下分别向Al侧和Mg侧扩散，Mg元素和Al元素也向Ni侧扩散。随着温度的降低，元素扩散达到极限后停止。当Ni涂层厚度为45 μm时，纯Ni涂层几乎完全消失(见图4-4-13(e))，表明45 μm厚度Ni涂层在此工艺条件下恰好都被消耗掉。因此，45 μm厚的Ni涂层可以阻断Al和Mg之间的反应，界面层主要由Al-Ni和Mg-Ni金属间化合物组成。这些Al-Ni和Mg-Ni IMC的形成过程如图4-4-13(f)和(g)所示。

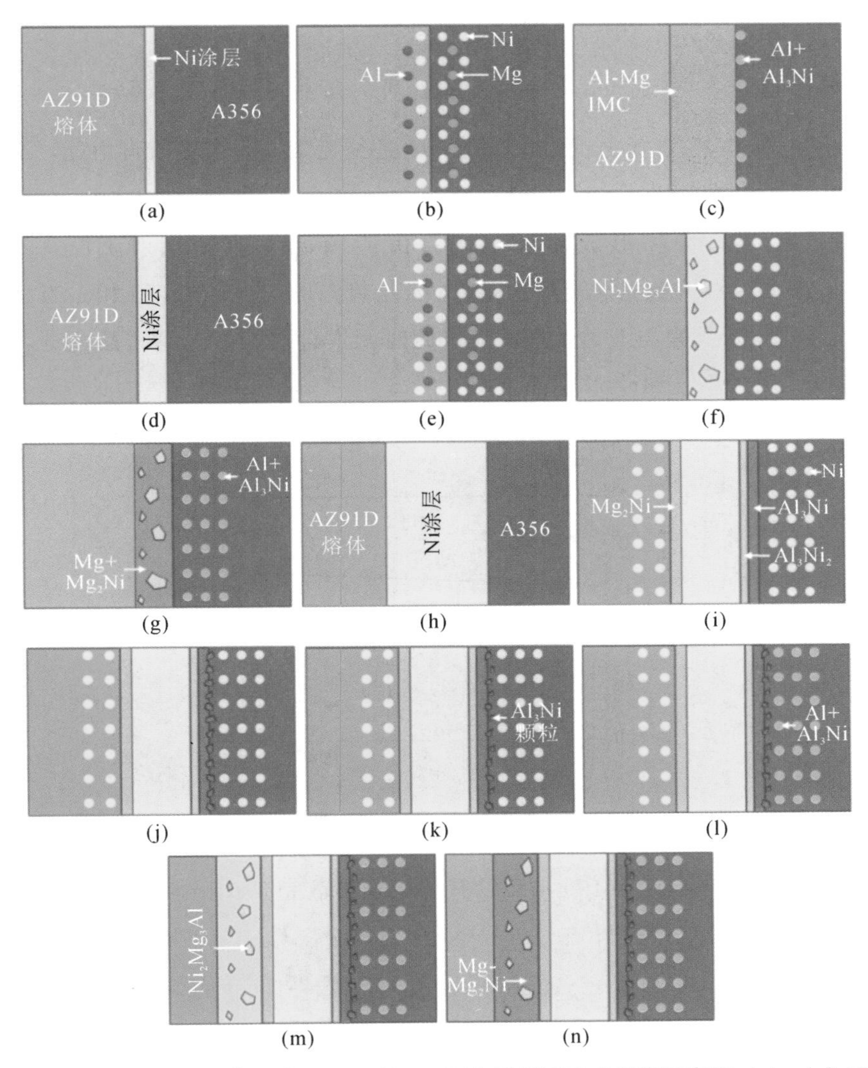

图 4-4-13　不同厚度 Ni 涂层对 AZ91D/A356 双金属界面形成影响示意图:(a)～(c) 10 μm 厚 Ni 涂层;(d)～(g) 45 μm 厚 Ni 涂层;(h)～(n) 190 μm 厚 Ni 涂层

Ni 元素向 Al 侧扩散并与 α-Al 反应,在 Al 侧形成 Al+Al_3Ni 共晶组织。同时,随着 Ni 元素向 Mg 侧扩散,形成了 Mg+Mg_2Ni 共晶组织和 Ni_2Mg_3Al 相的混合组织。众所周知,化合物形成的吉布斯自由能(ΔG)越低,越容易形成。AZ91D 含有 9.08 wt.%的 Al 元素,因此 Mg 侧可视为 Al-Ni-Mg 三元系。在双金属铸造过程中,生成的化合物包括 Al_3Ni、Al_3Ni_2、Ni_2Mg_3Al 和 Mg_2Ni,

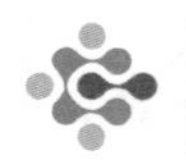

这些化合物的 ΔG 可以通过式(4-4-1)计算：

$$\Delta G = \sum_{i=1}^{3} x_i\ {}^{0}G^{i} + RT(x_1 \ln x_1 + x_2 \ln x_2 + x_3 \ln x_3) + {}^{\mathrm{ex}}G \quad (4\text{-}4\text{-}1)$$

其中，x_1、x_2 和 x_3 是各组分的摩尔分数，${}^{0}G^{i}$ 是纯元素 i 的吉布斯自由能，${}^{\mathrm{ex}}G$ 是额外的吉布斯自由能。

各金属间化合物形成的吉布斯自由能随温度的变化列于图 4-4-14。Ni_2Mg_3Al 的 ΔG 在这些化合物中最低，因此首先形成 Ni_2Mg_3Al 相。当 Al 元素被耗尽时，Ni 元素与 Mg 元素反应。此时元素含量恰好达到共晶成分，通过共晶反应形成 Mg+Mg_2Ni 共晶组织。

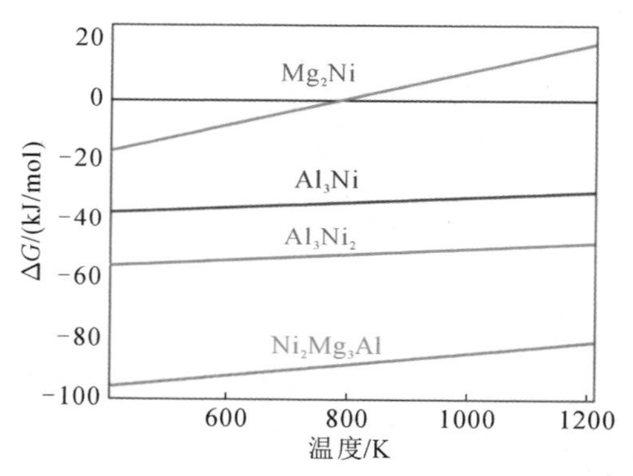

图 4-4-14 Al_3Ni、Al_3Ni_2、Ni_2Mg_3Al 和 Mg_2Ni 的 ΔG 随温度的变化曲线

由于较厚的 Ni 涂层(190 μm)没有被相互扩散完全消耗掉，Ni 涂层仍然存在，因此其界面微观结构与 45 μm 厚 Ni 涂层双金属界面的不同，其界面层的形成机制可以用图 4-4-13(h)～(n)解释。在 Mg-Ni 界面中，在激冷作用和 Ni 元素与 Mg 元素相互扩散的协同作用下，首先生成薄而致密的 Mg_2Ni 层，如图 4-4-13(i) 所示。由 Mg+Mg_2Ni 共晶组织和 Ni_2Mg_3Al 颗粒构成的反应层的形成机制与 45 μm 厚度 Ni 涂层双金属的反应层相似。然而，45 μm 厚度 Ni 涂层双金属的 Ni_2Mg_3Al 相含量高于 190 μm 厚度 Ni 涂层双金属，这可能是由于 Ni 涂层完全分解，Al 元素向 Mg 侧扩散所致。在 Al-Ni 界面，界面形成过程可分为三个阶段：① Al_3Ni_2 和 Al_3Ni 层由于 Al 元素和 Ni 元素的相互扩散而连续形成，并且 Al_3Ni_2 先于 Al_3Ni 形成，因为其 ΔG 比 Al_3Ni 的低，如图 4-4-13(i) 所示；② 据 M. Sistaninia 等人研究显示，Al_3Ni 层在生长过程中会产生较大

的应力,导致连续的 Al_3Ni 层破裂成小块,如图 4-4-13(j)和(k)所示;③ 在远离 Ni 涂层的位置,Ni 元素的浓度较小,形成了 Al+Al_3Ni 共晶组织。

4.4.5.2 超音速喷涂 Ni 涂层镁/铝双金属的显微组织与力学性能的关系

在 Ni 涂层厚度为 45 μm 时,Ni 涂层的存在成功地阻止了 Al-Mg IMC 的形成,并由 Al-Ni 和 Mg-Ni IMC 取代。此外,Al-Ni 和 Mg-Ni 金属间化合物的硬度明显低于 Al-Mg 金属间化合物。众所周知,界面处硬度低的金属间化合物在受到剪切力时具有更大的抵抗变形的能力。因此,双金属界面的断裂模式从脆性断裂转变为脆性和韧性的混合断裂,如图 4-4-11(a)～(d) 所示,从而提高了剪切强度。

虽然 10 μm 厚的 Ni 涂层不能阻止 Al-Mg 金属间化合物的产生,但是 Al+Al_3Ni 共晶颗粒的存在可能成为裂纹扩展的障碍,从而略微提高了镁/铝双金属的剪切强度。

随着 Ni 涂层厚度增加到 190 μm,虽然界面区没有 Al-Mg 金属间化合物生成,且金属间化合物层的硬度低于 Al-Mg 金属间化合物,但不同的反应层之间存在不同的应力差,当受到剪切力时,应力集中现象严重。此时断裂位置主要在 Mg_2Ni 层与 Mg 基体之间的区域,表明 Mg-Ni 界面结合不良。

上面的结论表明,当双金属的界面由均匀且低硬度的金属间化合物组成时有利于提高双金属的剪切强度,这取决于镍涂层的厚度和工艺参数。这一原理可能也适用于其他夹层和复合铸件。

4.5 Ni-Cu 复合涂层对镁/铝双金属组织和性能的影响

由上面的研究我们发现,EN 和 ENP 涂层的存在虽然能够消除镁/铝双金属界面处的 Al-Mg 金属间化合物,但是由于 Ni 层和 Mg 基体之间没有生成反应层,因此结合强度并没有提高。为了解决这个问题,进一步提高镁/铝双金属的剪切强度,一种新的 Ni-Cu 复合涂层被使用,即在制备好的 Ni 涂层表面再制备一层 Cu 层,因为 Cu 和 Mg 的反应激活能低于 Ni 和 Mg 的反应激活能,容易在涂层和基体之间形成冶金反应层,从而有可能改善双金属的结合性能。

4.5.1 Ni-Cu 复合涂层对镁/铝双金属组织的影响

当 A356 表面涂有 Ni-Cu 复合涂层时能够获得致密且均匀的界面层，相比于铝和镁直接连接的双金属的界面层，该界面层厚度明显减小，约为 40 μm，如图 4-5-1(a)所示。同时，该界面层的微观结构与没有 Ni-Cu 复合涂层的镁/铝双金属有明显的不同，如图 4-5-1(b)所示。

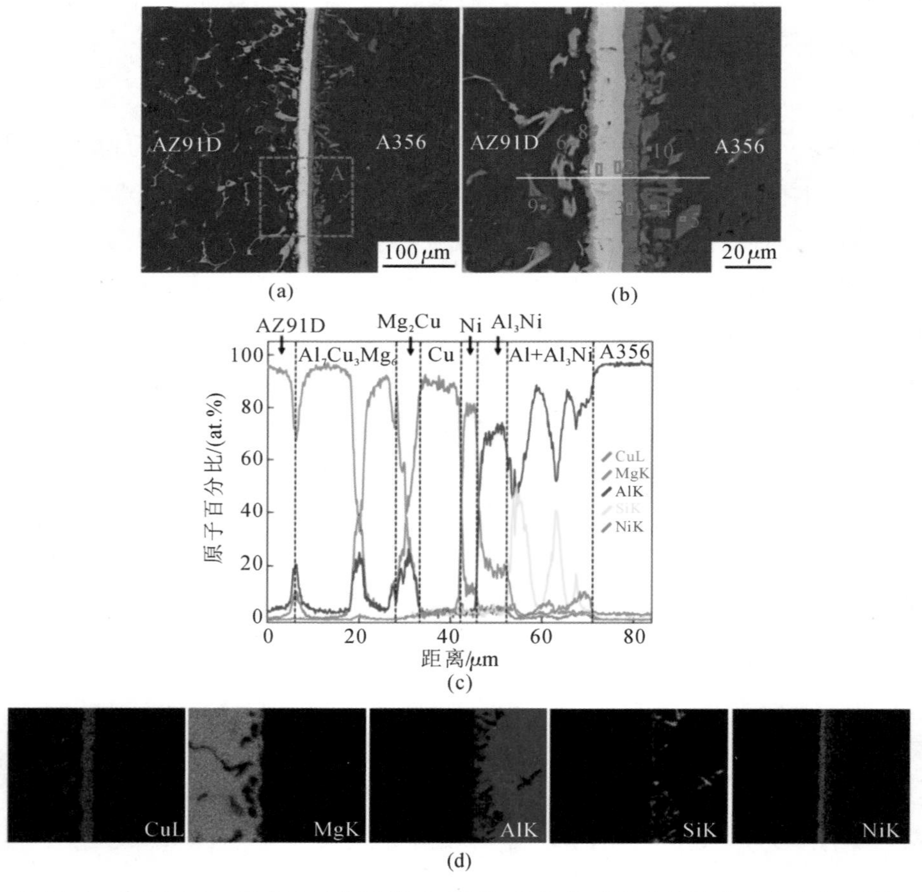

图 4-5-1　含有 Ni-Cu 复合涂层的镁/铝双金属的组织和 EDS 分析结果：(a) SEM 图像；(b) 图 4-5-1(a)中 A 区域的 SEM 图像；(c) 线扫描结果；(d) 面扫描结果

图 4-5-1(b)为图 4-5-1(a)中 A 区域的 SEM 图像，表 4-5-1 为界面层不同位置的 EDS 分析结果。从图 4-5-1(b)和表 4-5-1 中可以看出，点 1 主要由 86.45

at.%的Cu元素和10.31 at.%的Ni元素组成，点2主要由92.11 at.%的Ni元素和4.69 at.%的Cu元素组成，根据Cu-Ni二元相图，这两个反应层分别为Cu (Ni)和Ni (Cu)的固溶体。点3的组成元素主要是69.77 at.%的Al和24.78 at.% 的Ni，根据Al-Ni二元相图，该相可能是Al_3Ni相。点4和点5的化学组成主要为85.12 at.%的Al+14.88 at.%的Ni和81.49 at.%的Al+15.62 at.%的Ni，根据Al-Ni二元相图可知，该相可能为Al+Al_3Ni共晶组织。

AZ91D镁基体中还存在分散的浅灰色相，根据点6(30.65 at.%的Al、36.9 at.% 的Mg和32.45 at.%的Cu) 和点7(26 at.%的Al、42.66 at.%的Mg和31.34 at.%的Cu)的EDS结果以及Al-Mg-Cu三元相图，该相可能是$Al_7Cu_3Mg_6$。在Cu (Ni)固溶体左侧存在一层薄薄的反应层，根据点8的EDS结果以及Al-Mg-Cu三元相图，该反应层可能由Mg_2Cu相组成。点9的元素组成是28.59 at.%的Al和71.41 at.%的Mg，因此该相是存在于AZ91D基体中的$Al_{12}Mg_{17}$。

表4-5-1　图4-5-1(b)中对应点的EDS分析结果

序号	元素含量/(at.%)						可能的相
	Al	Mg	Cu	Ni	P	Si	
1	—	—	86.45	10.31	3.24	—	Cu(Ni)
2	—	—	4.69	92.11	3.20	—	Ni(Cu)
3	69.77	2.79	—	24.78	2.66	—	Al_3Ni
4	85.12	—		14.88	—	—	Al+Al_3Ni
5	81.49	2.89	—	15.62	—	—	Al+Al_3Ni
6	30.65	36.9	32.45	—	—	—	$Al_7Cu_3Mg_6$
7	26	42.66	31.34	—	—	—	$Al_7Cu_3Mg_6$
8	14.09	59.32	26.59	—	—	—	Mg_2Cu
9	28.59	71.41	—	—	—	—	$Al_{12}Mg_{17}$
10	6.12	—	—	—	—	93.88	Si(Al)

从线扫描结果也可以看出，界面层的相组成较为复杂，界面中的Cu、Mg、Al、Ni元素波动较大，如图4-5-1(c)所示。面扫描结果也表明，界面层由不同的反应层组成，如图4-5-1(d)所示。根据线扫描和面扫描结果，在Al_3Ni相附近

还发现了 Si 元素，点 10 的 EDS 结果表明，它是 Si 的固溶体。因此，Ni-Cu 复合涂层对镁/铝双金属界面的微观结构和相组成有重要影响。

4.5.2 Ni-Cu 复合涂层对镁/铝双金属力学性能的影响

对含有和不含有 Ni-Cu 复合涂层的镁/铝双金属进行剪切测试，剪切测试结果如图 4-5-2 所示。可以发现，有 Ni-Cu 复合涂层的镁/铝双金属剪切强度比没有 Ni-Cu 复合涂层的镁/铝双金属的剪切强度高 20.3%，说明 Ni-Cu 涂层对镁/铝双金属剪切强度的提高起着重要的作用。

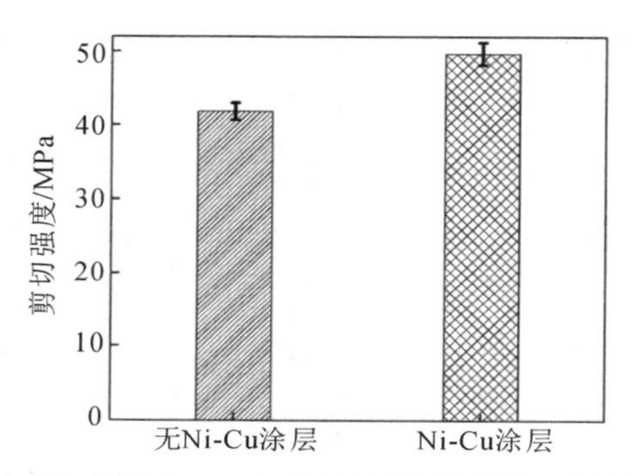

图 4-5-2 含有和不含有 Ni-Cu 复合涂层的镁/铝双金属的剪切强度

含有 Ni-Cu 复合涂层的镁/铝双金属的 A356 侧和 AZ91D 侧剪切断口的 SEM 图像如图 4-5-3 所示。可以发现，含有 Ni-Cu 复合涂层的镁/铝双金属的断口形貌为脆性断裂。EDS 分析结果表明，断裂主要发生在 Ni-Cu 复合涂层和 AZ91D 基体的结合区域。

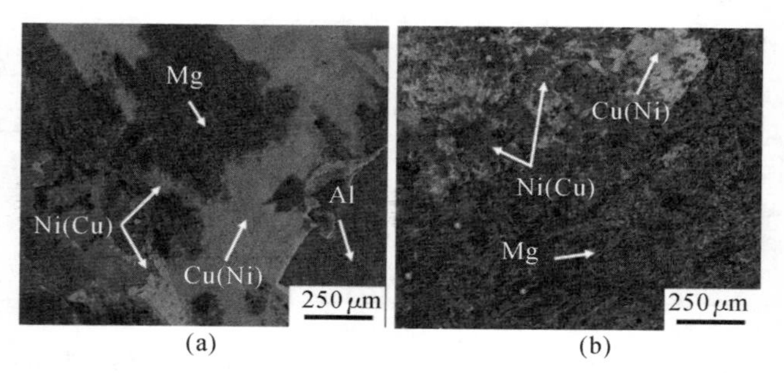

图 4-5-3 含有 Ni-Cu 复合涂层的镁/铝双金属 A356 侧和 AZ91D 侧剪切断口的 SEM 图像：(a) A356 侧；(b) AZ91D 侧

此外，由断口横截面的光学图像也可以看出，含 Ni-Cu 复合涂层的镁/铝双金属的断裂发生在 Mg_2Cu 层和 AZ91D 基体的结合位置，如图 4-5-4 所示。使用 XRD 对 Ni-Cu 复合涂层的镁/铝双金属断口进行检测，检测到了 Al_3Ni、Mg_2Cu、$Al_7Cu_3Mg_6$、$Al_{12}Mg_{17}$ 这些相，如图 4-5-5 所示。

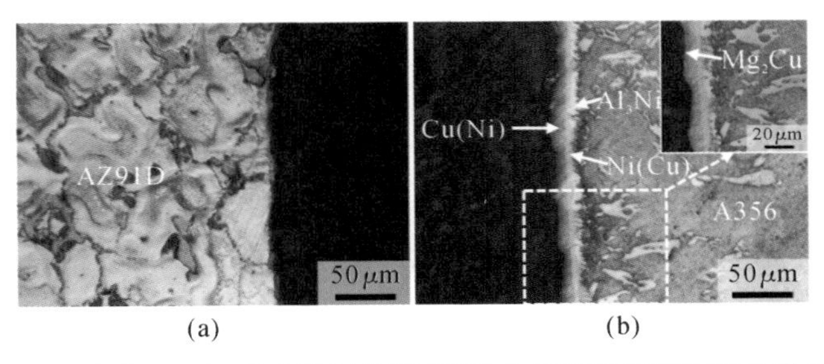

图 4-5-4 含有 Ni-Cu 复合涂层的镁/铝双金属断口横截面的光学图像：(a) AZ91D 侧；(b) A356 侧

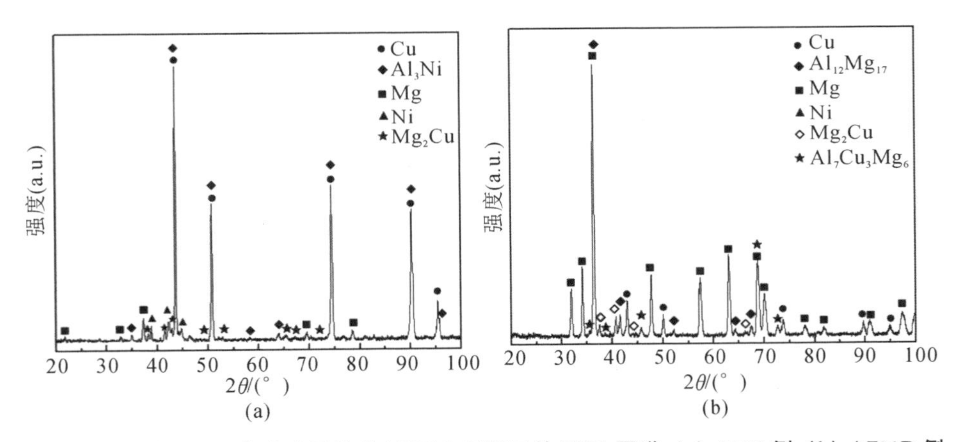

图 4-5-5 含有 Ni-Cu 复合涂层的镁/铝双金属断口的 XRD 图谱：(a) A356 侧；(b) AZ91D 侧

采用纳米压痕技术研究了含 Ni-Cu 复合涂层和不含 Ni-Cu 复合涂层镁/铝双金属的金属间化合物的硬度和弹性模量。同时，还可以通过载荷-位移曲线来计算简化后的弹性模量 E_r，该简化弹性模量 E_r 与材料的实际弹性模量吻合良好。不同相的纳米硬度和弹性模量如图 4-5-6 所示。

研究结果表明，Al 和 Mg 的纳米硬度分别为 1.16 GPa 和 1.08 GPa，与其他的研究相近。而不含 Ni-Cu 复合涂层的镁/铝双金属界面区域的 Al-Mg 金属间化合物，如 β(Al_3Mg_2)、γ($Al_{12}Mg_{17}$)、γ′($Al_{12}Mg_{17}$枝晶) 和 γ+δ($Al_{12}Mg_{17}$+

δ-Mg 共晶组织),它们的纳米硬度明显高于铝和镁基体。另一个有趣的现象是,尽管 γ 相(3.79 GPa)和 γ′相(3.76 GPa)具有不同的生长方式和形态,但是它们的纳米硬度是接近的。

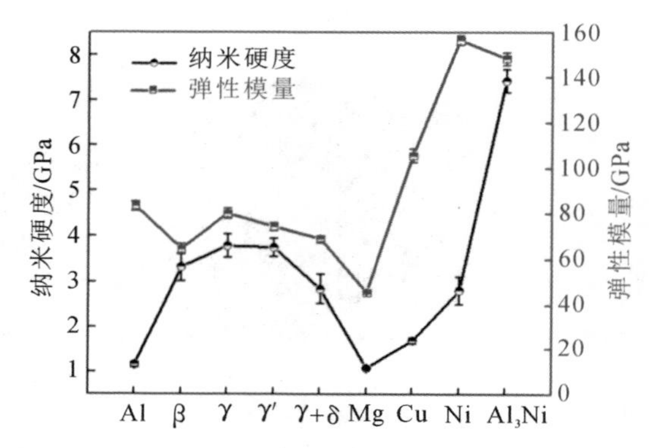

图 4-5-6 不同金属间化合物的纳米硬度和弹性模量

此外,γ+δ 共晶组织的纳米硬度(2.85 GPa)低于 γ 和 γ′相。一般来说,β 相的纳米硬度高于 γ 相,但在本研究中发现 β 相的纳米硬度(3.33 GPa)略低于 γ 相,这可能是消失模固-液复合铸造镁/铝双金属所特有的界面性质。消失模复合铸造过程中,根据 Al-Mg 相图,ε 相($Al_{30}Mg_{23}$,3.39 GPa)最先形成,然后随着温度降低,亚稳定的 ε 相转变为 β 相。对于含有 Ni-Cu 复合涂层的镁/铝双金属,主要的金属间化合物是 Cu(Ni)、Ni(Cu)和 Al_3Ni。Cu(Ni)的纳米硬度(1.69 GPa)和 Ni(Cu)的纳米硬度(2.82 GPa)低于 Al-Mg 金属间化合物,Al_3Ni 的纳米硬度(7.42 GPa)几乎是 γ 相的两倍。然而,Al_3Ni 层的厚度(7 μm)只占整个界面层(40 μm)的一小部分,因此该层只是略微影响剪切强度。铝、镁和不同金属间化合物压痕的 AFM 图像也验证了其纳米硬度的差异,如图 4-5-7 所示。

另外,Cu(Ni)相(105.87 GPa)、Ni(Cu)相(156.73 GPa)和 Al_3Ni 相(148.53 GPa)的弹性模量高于 Al-Mg 金属间化合物(64.60~80.06 GPa)。众所周知,高的弹性模量意味着强的原子间的结合力。因此,具有 Ni-Cu 复合涂层的镁/铝双金属界面区域金属间化合物的低硬度和高弹性模量决定了其结合强度要大于没有 Ni-Cu 复合涂层的镁/铝双金属的结合强度。

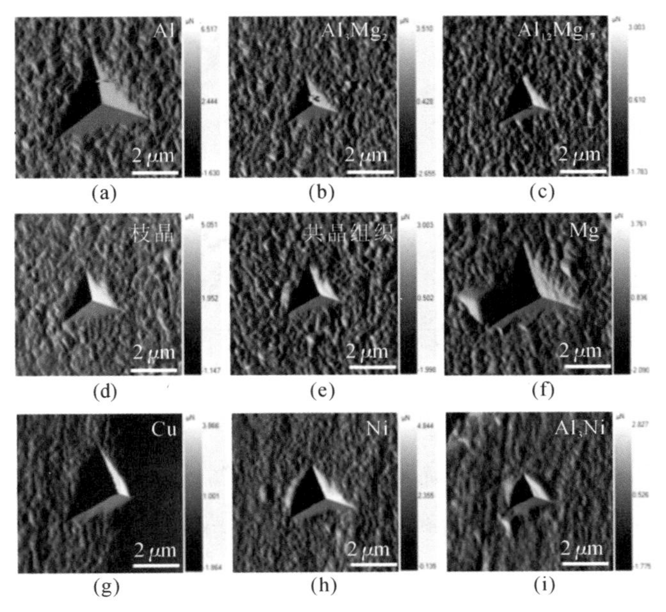

图 4-5-7　不同金属间化合物纳米压痕的 AFM 图像

4.5.3　Ni-Cu 复合涂层对镁/铝双金属腐蚀性能的影响

Cu 元素和 Ni 元素的存在，可能会降低双金属的腐蚀性能，因此需要对 A356、AZ91D 基体，以及不含有 Ni-Cu 复合涂层和含有 Ni-Cu 复合涂层的镁/铝双金属进行腐蚀性能测试。腐蚀测试使用的设备是 CS350H 电化学工作站（CorrTest，中国），包含工作电极、辅助电极（铂片）和饱和甘汞电极（SCE）作为参比电极的三电极系统。首先将样品切割成 10 mm×10 mm×20 mm 的长方体，该样品需要包含界面区，并使该面（面积为 100 m^2）暴露在空气中，其他面需要用环氧树脂胶密封。腐蚀液为 3.5 wt.% 的 NaCl 溶液，工作温度为 25 ℃，电位范围选择−250～250 mV。同时，以 1 mV/s 的扫描速率记录相对于饱和甘汞电极（SCE）电流密度的腐蚀电位。

通过电位差扫描测试了不同材料的耐蚀性，得到了 A356、AZ91D、镁/铝双金属（含 Ni-Cu 复合涂层和不含 Ni-Cu 复合涂层）的极化曲线，如图 4-5-8 所示。根据图 4-5-8 中的极化曲线以及使用 Tafel 匹配计算，可以得到不同材料腐蚀电流密度和腐蚀电位。

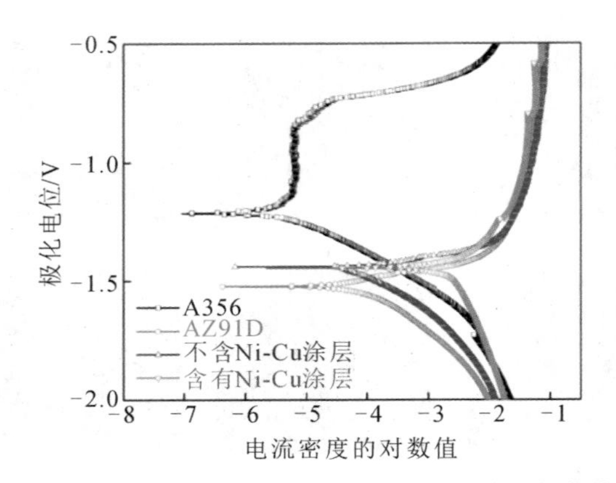

图 4-5-8 A356、AZ91D 和镁/铝双金属的极化曲线

含有和不含有 Ni-Cu 复合涂层的镁/铝双金属的腐蚀电位分别为－1.44 V 和－1.45 V，均高于 AZ91D 的腐蚀电位(－1.52 V)，而低于 A356 的腐蚀电位(－1.21 V)，但腐蚀电流密度的结果正好相反。A356 的腐蚀电流密度最低(9.87×10^{-6} A·cm^{-2})，腐蚀电流密度最高的是 AZ91D (9.17×10^{-5} A·cm^{-2})。此外，无 Ni-Cu 复合涂层的镁/铝双金属的腐蚀电流密度(7.41×10^{-5} A·cm^{-2})低于含有 Ni-Cu 复合涂层的镁/铝双金属的腐蚀电流密度(7.61×10^{-5} A·cm^{-2})。腐蚀电位越高，腐蚀电流密度越低，耐蚀性越强。因此，含 Ni-Cu 复合涂层和不含 Ni-Cu 复合涂层的镁/铝双金属的耐蚀性优于单一的 AZ91D 镁合金。此外，通过对比腐蚀电流密度和腐蚀电位可知，Ni-Cu 复合涂层的存在略微降低了镁/铝双金属的耐蚀性，说明 Ni-Cu 复合涂层对镁/铝双金属的耐蚀性影响不大。

4.5.4 Ni-Cu 复合涂层对镁/铝双金属组织和性能的影响机理

使用热力学手段讨论了含有 Ni-Cu 复合涂层的镁/铝双金属界面区域的金属间化合物的形成过程。从上面的研究发现，在凝固过程中，Cu(Ni)固溶体和 Ni(Cu) 固溶体形成后才形成 Al_3Ni、Mg_2Cu 和 $Al_7Cu_3Mg_6$ 三种金属间化合物，它们的形成顺序可以根据吉布斯自由能(ΔG)推断，如图 4-5-9 所示。首先，三种金属间化合物在 200～1200 K 的温度范围内 ΔG 值都是负值，表明这三种金属间化合物可以在凝固过程中生成。此外，众所周知，在整个系统中哪种物质的 ΔG 最小意味着最先生成。因此，在凝固过程中，$Al_7Cu_3Mg_6$ 相较 Mg_2Cu 相更易形成。

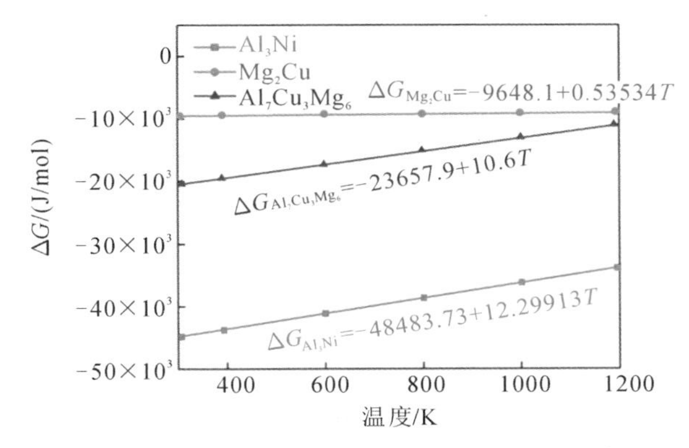

图 4-5-9　不同金属间化合物的吉布斯自由能

含有 Ni-Cu 复合涂层的镁/铝双金属的界面形成机制如图 4-5-10 所示。当泡沫模型与熔融的 AZ91D 镁合金接触时，泡沫分解并通过涂层排出，镁合金熔体首先与 Cu 层接触，如图 4-5-10(b)所示。之前的研究表明，当浇注温度为 730 ℃ 时，镁合金与铝嵌体接触时的温度约为 586 ℃。铜和镍的熔点分别为 1083 ℃和 1453 ℃，A356 铝合金的固相线和液相线分别为 559 ℃和 616 ℃，此时铜层和镍层在这个温度下不会熔化，而 A356 基体表面可能部分熔化。

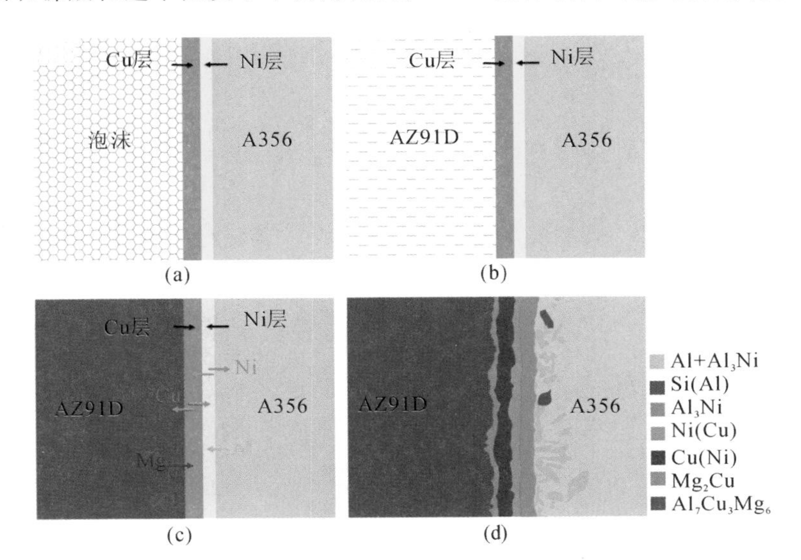

图 4-5-10　含有 Ni-Cu 复合涂层的镁/铝双金属界面形成机制示意图

随着 AZ91D 熔体的凝固和热量的传递，Cu、Ni、Al、Mg 原子由于浓度梯度开始发生扩散，如图 4-5-10(c)所示。根据 Ni-Cu 二元相图，Ni 和 Cu 原子之间只能形成固溶体，因此，由于铜原子和镍原子间的相互扩散，铜层和镍层分别转变成 Cu(Ni)固溶体和 Ni(Cu)固溶体。然后，Ni 原子向 Al 基体不断扩散，在 Ni(Cu)固溶体附近形成了 Al_3Ni 层。随着 Ni 原子进一步向 Al 基体扩散，发生 L(液态金属)$\longrightarrow$Al+Al_3Ni 共晶反应形成 Al+Al_3Ni 共晶组织，这也表明 Al 基体在靠近 Ni 层的位置可能发生区域熔化。在 Mg 侧，由于 Cu 原子与 Mg 原子的相互扩散，在 Cu (Ni)固溶体附近形成 Mg_2Cu 层，由于 Cu 原子的继续扩散，在 AZ91D 基体中还形成 $Al_7Cu_3Mg_6$ 三元相。

一个有趣的现象是，$Al_7Cu_3Mg_6$ 分散分布在 AZ91D 基体中，其形态与原 AZ91D 基体中的 $Al_{12}Mg_{17}$ 相似，说明 $Al_7Cu_3Mg_6$ 可能是由 Cu 原子与 $Al_{12}Mg_{17}$ 反应生成的。最后，AZ91D 熔体完全凝固后得到结合优良的镁/铝双金属，如图 4-5-10(d) 所示。

综上所述，Ni 层的存在阻止了 Al-Cu IMC 的形成，Cu 层的存在阻止了 Mg-Ni IMC 的形成，而这些 IMC 大多具有低的硬度和高的弹性模量，因此，Ni-Cu 复合涂层能够显著改善镁/铝双金属的组织和力学性能。

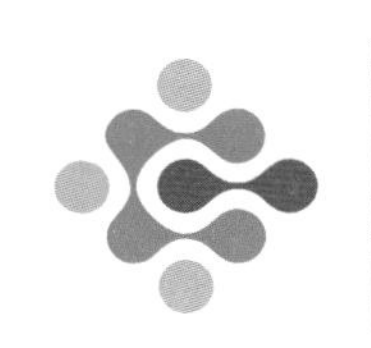

第5章 振动场对镁/铝双金属界面组织和性能的影响

5.1 引言

在采用固-液复合铸造法制备镁/铝双金属过程中，双金属界面处会产生大量粗大的脆性的 $Al_{12}Mg_{17}$ 和 Al_3Mg_2 等金属间化合物，且界面处的凝固组织分布并不均匀，这就显著降低了镁/铝双金属界面性能。因此，如何改善界面中的脆性组织，从而获得组织和性能良好的双金属界面，就成为复合铸造双金属工艺中的关键问题。针对这一问题，本章采用施加振动场的方式对消失模复合铸造镁/铝双金属界面的组织和性能进行调控，研究振动参数对双金属界面组织和性能的影响，并探讨了振动场对镁/铝双金属界面组织和性能的影响机理。

5.2 机械振动对镁/铝双金属充型和凝固行为的影响

在消失模固-液复合铸造过程中，金属液替换泡沫模型占据型腔与固态嵌体接触并发生冶金结合。泡沫模型的热解，使得在嵌体与金属液接触位置存在固、液、气三相的交互作用，导致双金属的充型、凝固以及复合过程中的界面行为变得复杂。相比传统铸造工艺，消失模固-液复合铸造工艺在金属液的流动、传热、铸造缺陷形成机理等方面存在较大区别。而本研究在消失模固-液复合铸造过程中引入机械振动对界面进行调控，这将进一步增加金属充型和凝固过程的复杂性。研究机械振动作用下消失模固-液复合铸造镁/铝双金属的充型和凝固行为对双金属界面质量的控制具有重要意义。本节主要通过实验和数值模拟的方法研究了机械振动对消失模固-液复合铸造镁/铝双金属充型和凝固行为的影响规律，为后续消失模固-液复合铸造镁/铝双金属的界面调控奠定理论基础。

5.2.1 镁/铝双金属充型和凝固行为实验材料及方法

5.2.1.1 实验过程

机械振动场下消失模复合铸造镁/铝双金属充型和凝固过程的实验方法和第2章中无振动下消失模复合铸造镁/铝双金属相似，差异在于浇注过程中需施加振动场，振动场的参数如下：振动频率为35 Hz，振幅（峰-峰值）分别为0.2 mm、0.4 mm和0.6 mm。为了对比施加振动前后消失模复合铸造镁/铝双金属充型和凝固行为的差异，也对未施加振动场的双金属的充型和凝固过程进行了测试。

5.2.1.2 数值模拟过程

数值模拟过程和第2章的相似，差别在于需要在模拟过程中施加振动场。由于Fluent软件无法直接设置简谐振动，双金属试样的振动方程需要通过代码进行导入，在此以20 Hz振动频率、0.2 mm振幅（峰-峰值）为例，给出如下代码：

```
# include“udf.h”
# inculde“math.h”
# define PI 3.141592654
static real vy=0.0;
static real df=0.0001;
static real dp=20;
DEFINE_CG_MOTION(Y_01mm_20Hz, dt, vel, omega, time, dtime)
{
    real s;
    s= RP_Get_Real("flow-time");
    vy= df* dp* 2* PI* cos(dp* 2* PI* s);
    vel[1]= vy;
}
```

代码中涉及的物理量单位均采用国际标准单位，长度单位为m，速度单位为m/s，温度单位为K。

5.2.2 镁/铝双金属充型和凝固行为的实验研究结果

5.2.2.1 机械振动对镁/铝双金属充型过程的影响

图 5-2-1 显示了施加振幅为 0.6 mm 的机械振动时金属液的充型过程。受到真空的影响,铝嵌体两侧金属液以凹形向上充型,但是可以明显地观察到金属液的凹形深度相比未施加振动时出现了明显的增大。在整个充型过程中,金属液在铝嵌体两侧的充型速率差别都较小,这表明金属液的充型过程平稳。金属液的充型速率遵循先快后慢的原则,整个充型时间为 1.9 s,充型速度比未施加振动场的快。

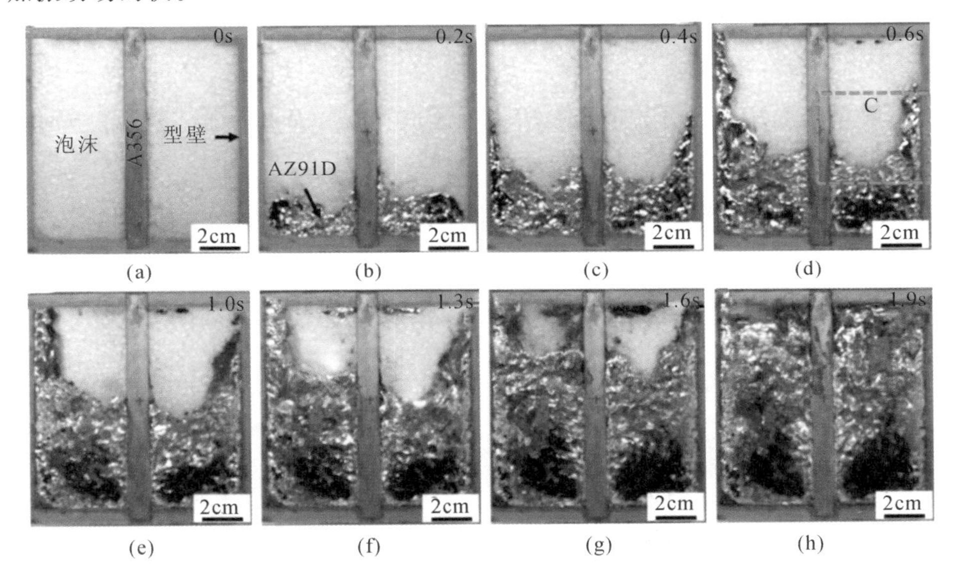

图 5-2-1 施加机械振动时镁/铝双金属的充型过程:(a) 0 s;(b) 0.2 s;(c) 0.4 s;(d) 0.6 s;(e) 1.0 s;(f) 1.3 s;(g) 1.6 s;(h) 1.9 s

对不同振动强度下镁/铝双金属的充型时间进行测量,结果如图 5-2-2 所示。未施加振动时,双金属的充型时间约为 2.2 s。施加振幅为 0.2 mm 的机械振动时,双金属的充型时间最短,大约为 1.6 s,随着振幅的继续增加,充型时间出现缓慢增长,振幅为 0.4 mm 和 0.6 mm 时,双金属的充型时间分别为 1.8 s 和 1.9 s。这表明施加机械振动有利于提高镁/铝双金属的充型速率,但充型速率不会随着振幅的增加而一直增加,而是呈现出先增加后减小的趋势。

选取充型时间为 0.6 s 时施加机械振动前后镁/铝双金属充型前沿的局部

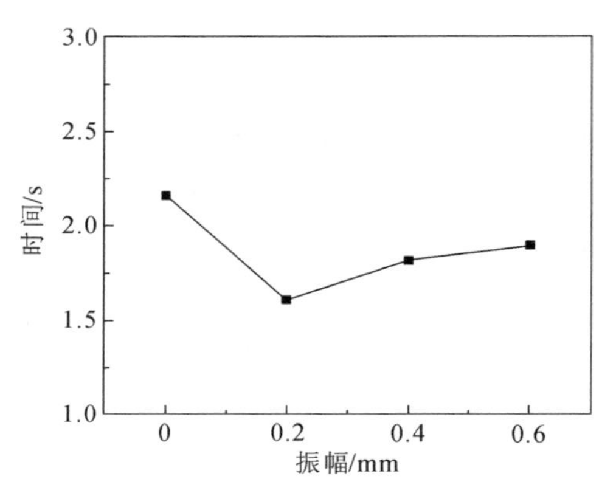

图 5-2-2　不同振幅下镁/铝双金属的充型时间

放大图像进行分析，如图 5-2-3 所示。从图 5-2-3 中可以看出，在未施加机械振动时，金属液的流动前沿与铝棒表面接触区域存在一个微小的气隙，在施加机械振动后，这一区域金属液与铝棒表面的接触变紧密了，这表明机械振动的施加可能改善了金属液与铝嵌体表面之间的润湿性。

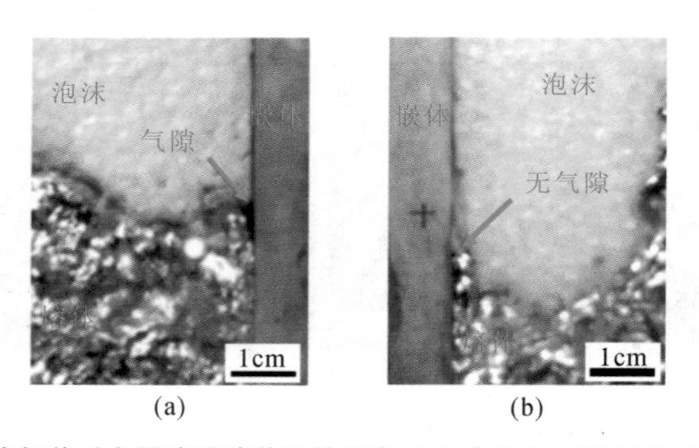

图 5-2-3　机械振动施加前后金属液流动前沿的状态：(a) 未施加机械振动；(b) 施加机械振动

5.2.2.2　机械振动对镁/铝双金属凝固过程的影响

为了研究机械振动对消失模固-液复合铸造镁/铝双金属材料凝固过程的影响，选取位于同一水平和垂直位置的热电偶测温结果进行进一步的对比分析。图 5-2-4为施加机械振动前后镁/铝双金属位于同一高度位置的 9 号、10 号、11 号和 12 号热电偶的测温曲线。结果表明，在凝固初始阶段，水平方向不同测温点之间存在较大的温度差异，随着温度的逐渐下降，不同测温点之间的温度逐渐趋于一致。施加机械振动后，在降温的起始阶段，水平方向不同测温点的温度曲线更为集中,如图 5-2-4(b)中的区域Ⅱ所示,表明机械振动改善了镁合金熔体内不同区域间温度的均匀性,使镁/铝双金属水平方向的温度梯度减小了。

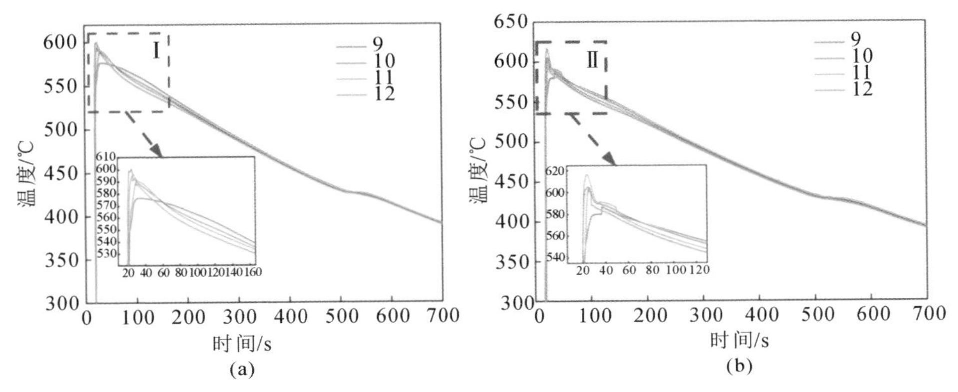

图 5-2-4 机械振动施加前后镁/铝双金属水平方向的温度分布:(a) 未施加机械振动;(b) 施加机械振动

对图 5-2-4 所示的镁/铝双金属水平方向不同测温点温度曲线的最高温度进行统计,结果如表 5-2-1 所示。可以发现,在施加机械振动后镁/铝双金属水平方向各热电偶测得的最高温度均出现明显的增大,这解释了施加机械振动后镁/铝双金属充型速率变得更平稳的原因。未施加机械振动时,镁/铝双金属的流动前沿温度下降速率较快,在充型后期流动前沿温度较低,金属液流动性降低,导致充型速率出现明显的下降。而施加机械振动后镁/铝双金属流动前沿温度的下降速率减小,因此充型速率更加平稳。

表 5-2-1 机械振动施加前后镁/铝双金属水平方向测得的最高温度 (单位:℃)

热电偶编号	9	10	11	12
无机械振动	576.50	600.89	596.39	589.60
施加机械振动	587.13	605.35	616.65	604.18

选取同一水平位置的 1 号、5 号、9 号和 13 号热电偶的测温结果对施加机械振动前后镁/铝双金属凝固过程中嵌体表面区域垂直方向温度分布情况进行分析,结果如图 5-2-5 所示。可以看出,嵌体表面不同高度测温点之间,在凝固初始阶段存在较大的温度差异,随着温度的下降,不同测温点之间的温度逐渐趋于一致。施加机械振动后,嵌体表面各测温点的温度峰值出现了明显的增

大，如图 5-2-5(b)中区域Ⅱ所示，而在后续的降温过程中，不同高度测温点的温度曲线间的温度差异变得更小，如图 5-2-5(b)所示，表明施加机械振动后嵌体表面的温度梯度减小了。

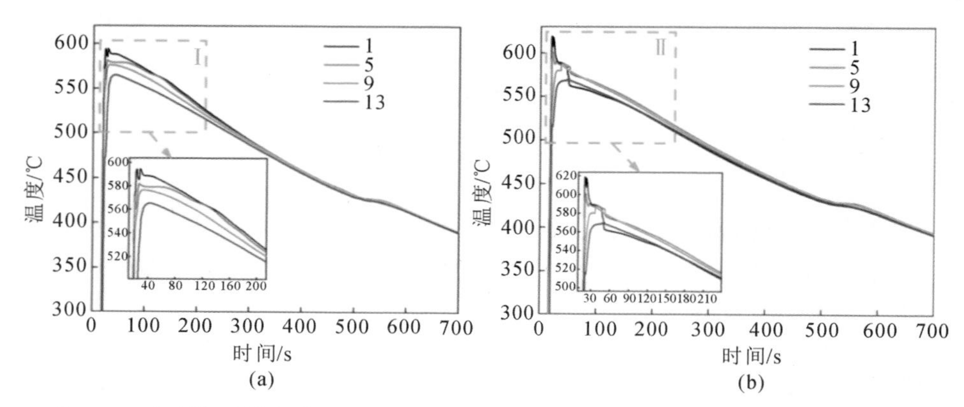

图 5-2-5　机械振动施加前后镁/铝双金属垂直方向的温度分布：(a) 未施加机械振动；(b) 施加机械振动

对图 5-2-5 所示的嵌体表面不同高度位置测温曲线的最高温度进行统计，结果如表 5-2-2 所示。由表 5-2-2 可见，在施加机械振动后嵌体表面不同高度位置的最高温度均出现了明显的增大。嵌体表面镁合金液温度的升高，能够促进聚集于这一区域的液态产物的分解。区别于模型的外壁，由于嵌体不具有透气性，EPS 泡沫分解产生的液态产物无法通过嵌体壁面排出，只能进一步分解气化，随着金属液的充型过程向上排出。在机械振动的作用下充型过程中高温的镁合金液，能够促进分解产物从嵌体表面排出，避免分解产物因来不及排出而残留在镁/铝双金属界面中形成缺陷。

表 5-2-2　机械振动施加前后镁/铝双金属垂直方向测得的最高温度　(单位：℃)

热电偶编号	1	5	9	13
无机械振动	594.40	581.76	576.50	565.44
施加机械振动	618.97	600.98	587.13	570.11

为了进一步分析机械振动对镁/铝双金属界面区域凝固过程的影响，选择图 5-2-6所示区域，对凝固过程中嵌体表面垂直和水平方向的温度梯度进行分析。

图 5-2-7(a)显示了机械振动施加后嵌体表面垂直方向温度梯度的变化情况。

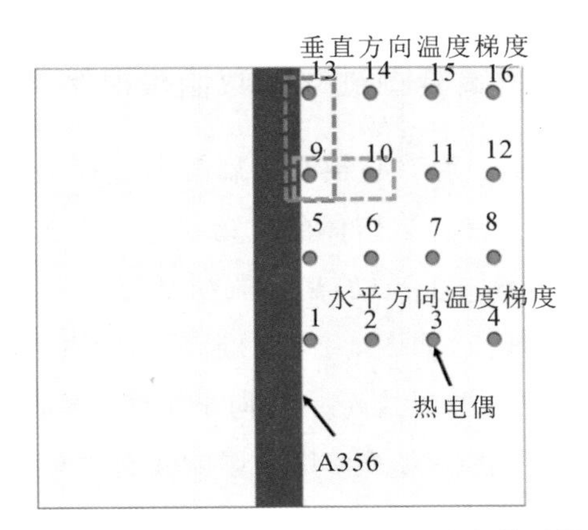

图 5-2-6　双金属界面处温度梯度分析的位置

充型过程刚完成时，镁/铝双金属在垂直方向存在较大的温度梯度，随着凝固过程的进行，温度梯度逐渐减小。施加机械振动前后，充型过程刚完成时（浇注完成后 10 s）镁/铝双金属在垂直方向的温度梯度从 2.04 K/mm 下降至 1.15 K/mm，在浇注完成 400 s 后垂直方向的温度梯度从 1.145 K/mm 下降至 0.070 K/mm，表明机械振动的施加能够使双金属表面垂直方向的温度梯度显著减小。

图 5-2-7(b)为机械振动施加后浇注完成后不同时刻嵌体表面水平方向的温度梯度。同样地，充型过程刚完成时，镁/铝双金属表面水平方向存在较大的温度梯度，随着凝固过程的进行，温度梯度逐渐减小。在浇注完成 400 s 后，机械振动施加前后镁/铝双金属表面水平方向的温度梯度从 0.108 K/mm 减小至 0.073 K/mm，表明机械振动的施加能够提高双金属表面水平方向温度分布的均匀性。

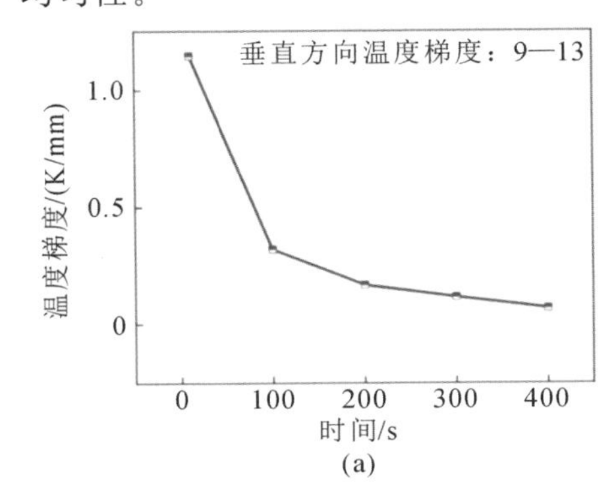

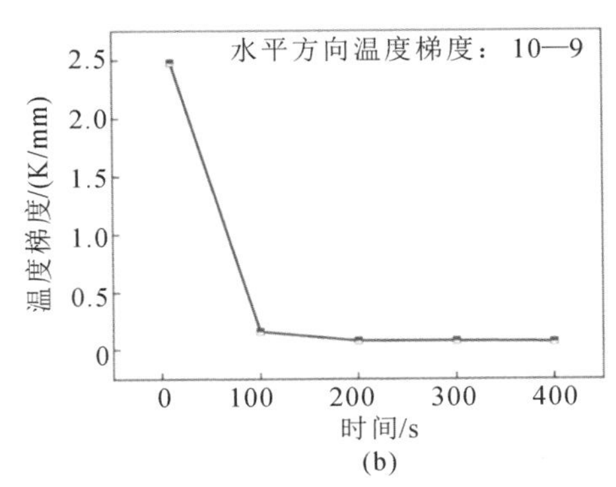

图 5-2-7　机械振动施加后嵌体表面的温度梯度：(a) 垂直方向；(b) 水平方向

5.2.3 镁/铝双金属凝固过程的数值模拟结果

图 5-2-8 为施加机械振动后镁/铝双金属凝固过程中镁合金熔体的速度矢量图。凝固时间为 2 s 时,镁合金熔体的流动状态与未施加机械振动时较为相似,铸型壁区域镁合金熔体向上流动,熔体流动至铸型顶部后沿嵌体表面下沉,形成了一个大的逆时针环流,如图 5-2-8(a)所示。随着凝固过程的进行,镁合金熔体中的环流很快消失,并形成了一致向上的流场,如图 5-2-8(b)～(d)所示,表明施加机械振动后,激振力的作用是影响镁合金熔体流动状态的最主要因素,镁合金熔体的流动属于机械振动引起的强制对流。

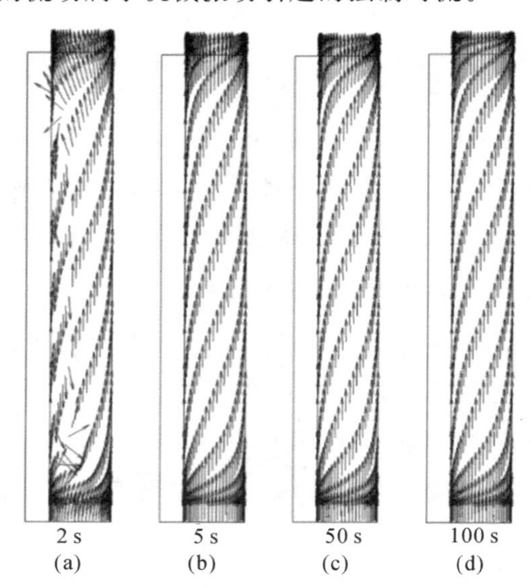

图 5-2-8　施加机械振动后凝固过程中的速度矢量图:(a) 凝固时间为 2 s;(b) 凝固时间为 5 s;(c) 凝固时间为 50 s;(d) 凝固时间为 100 s

图 5-2-9 为施加机械振动后镁/铝双金属凝固过程中镁合金熔体的流场云图。凝固时间为 2 s 时,镁合金熔体中形成了一个大的逆时针环流,靠铝嵌体一侧金属液向下流动,流速较慢,约为 12.72 mm/s,型壁侧金属液向上流动,流速显著高于铝嵌体一侧,流速约为 42.40 mm/s;凝固时间为 5 s 时,熔体中形成了一致向上的流场,靠近铝嵌体侧和型壁侧的最大流速分别为 14.60 mm/s 和 20.75 mm/s,熔体两侧区域流速的差异显著减小;当凝固时间增加至 100 s 时,熔体的流动速度出现了一定下降,最大流速约为 17.70 mm/s。根据施加机械

振动后镁/铝双金属凝固过程中镁合金熔体的流场云图可以看出，施加机械振动后，凝固过程中镁合金熔体的流速显著增大，并且流速的衰减明显放缓。

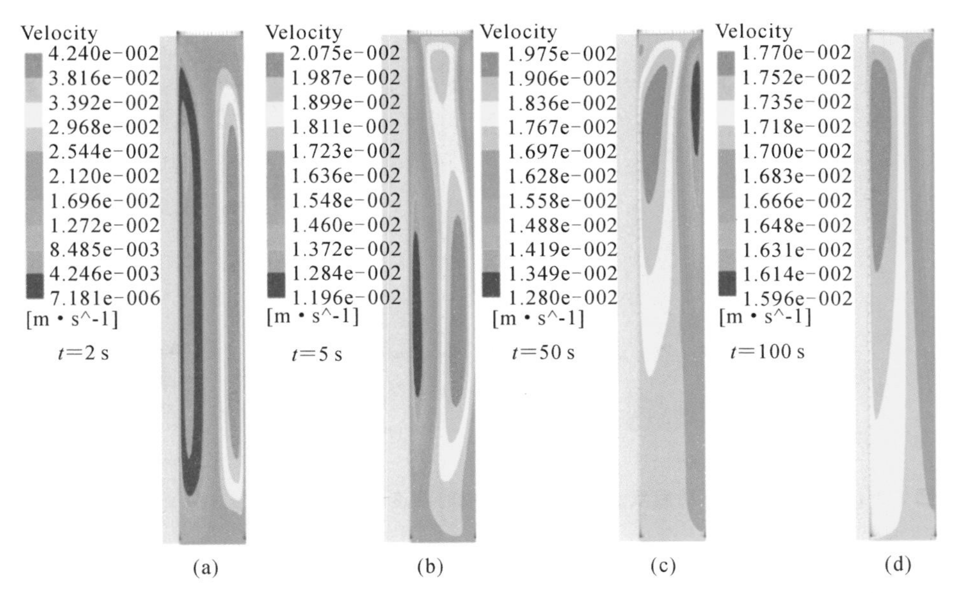

图 5-2-9　施加机械振动后凝固过程中的流场云图：(a) **凝固时间为** 2 s；(b) **凝固时间为** 5 s；(c) **凝固时间为** 50 s；(d) **凝固时间为** 100 s

图 5-2-10 为施加机械振动后镁/铝双金属凝固过程中的温度分布。可以发现，施加机械振动后，凝固开始 5 s、50 s 和 100 s 时，双金属中的最大温差分别为 8.06 ℃、20.38 ℃和 23.19 ℃，表明施加机械振动可以使凝固过程中双金属内部的温度分布变得更加均匀。

为了进一步研究机械振动对镁/铝双金属凝固过程的温度场和流动场的影响，对固-液界面中心位置水平方向温度梯度及嵌体表面区域流场的雷诺数进行了分析，结果如表 5-2-3 和表 5-2-4 所示。嵌体表面区域流场的雷诺数(Re)可以根据公式(5-2-1)进行计算。

$$Re = \frac{lv\rho}{\eta} \tag{5-2-1}$$

未施加机械振动时，镁合金熔体中的流动属于自然对流，此时式(5-2-1)中 l 为嵌体表面和型壁之间距离的一半，v 为嵌体表面区域镁合金熔体的最大流速，ρ 为熔体的密度，η 为熔体的动力学黏度。施加机械振动后，镁合金熔体的流场

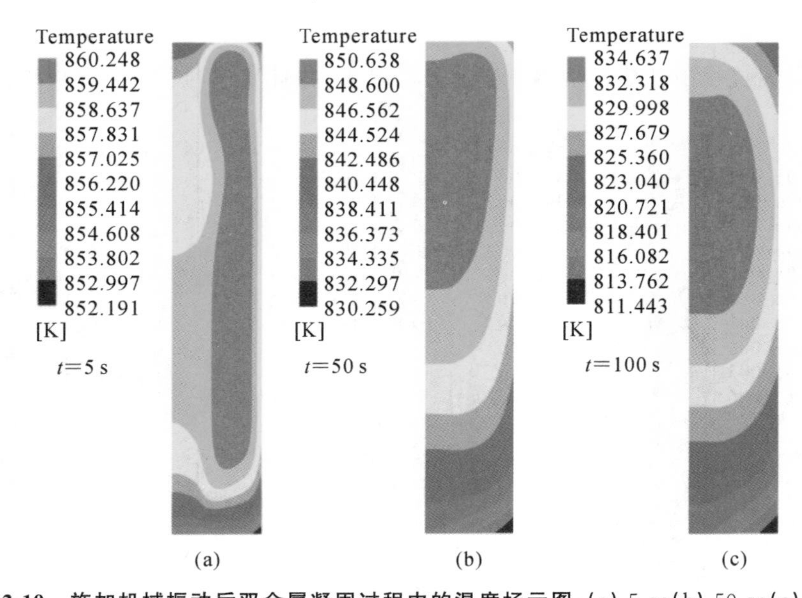

图 5-2-10　施加机械振动后双金属凝固过程中的温度场云图:(a) 5 s;(b) 50 s;(c) 100 s

方向均向上,此时式(5-2-1)中 v 取熔体的最大流速,l 为嵌体表面和型壁之间的距离。

表 5-2-3 显示了机械振动施加前后靠近嵌体一侧流场的雷诺数(Re)。可以看出,凝固初期嵌体表面区域的 Re 最大,随着凝固过程的进行,Re 逐渐减小。凝固时间为 5 s 时,机械振动施加前后嵌体表面区域的 Re 分别为 18 和 201,均明显小于 2300,表明施加机械振动能够使界面区域的金属液流动速率显著增加,但金属液的流动状态仍属于层流流动。

表 5-2-3　机械振动施加前后靠近嵌体一侧流场的雷诺数(Re)

实验参数	Re		
	5 s	50 s	100 s
未施加机械振动	18	14	3
施加机械振动	201	188	183

表 5-2-4 显示了机械振动施加前后固-液界面中心位置水平方向温度梯度。可以看出,当凝固过程中熔体温度场趋于稳定时,机械振动条件下双金属界面区域具有更小的水平方向温度梯度。这意味着机械振动能够使镁合金熔体中的温度分布更加均匀。

表 5-2-4 机械振动施加前后固-液界面中心位置水平方向温度梯度

实验参数	G_L/(K/mm)		
	5 s	50 s	100 s
未施加机械振动	0.2228	0.0087	0.0126
施加机械振动	0.0333	−0.0158	0.0054

5.2.4 机械振动对镁/铝双金属充型和凝固行为的影响机理

从上面的实验结果可以发现，在施加机械振动前后消失模复合铸造镁/铝双金属的充型和凝固过程存在较大的差别，本小节主要讨论机械振动对其的影响机理，如图 5-2-11 所示。

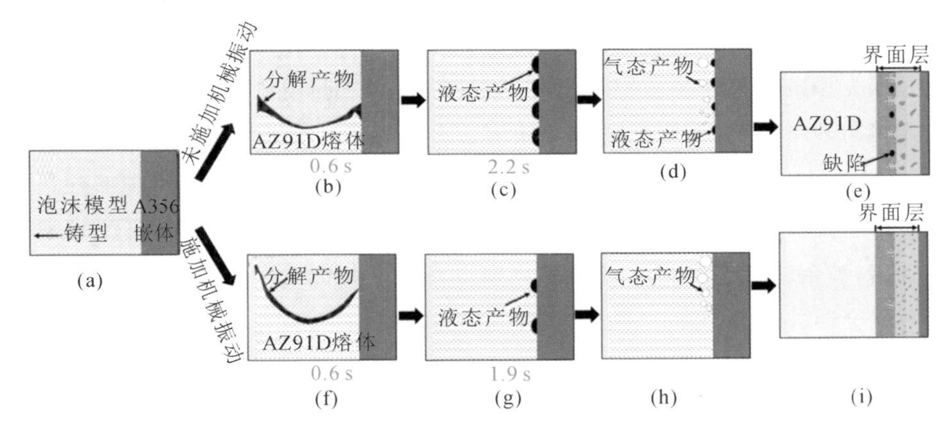

图 5-2-11 机械振动对消失模固-液复合铸造镁/铝双金属的充型和凝固过程的影响机理：(a) 充型前；(b)～(e) 未施加机械振动；(f)～(i) 施加机械振动

首先，阐述机械振动对消失模固-液复合铸造镁/铝双金属充型过程的影响。当高温金属液被浇注进入模型时，泡沫在高温金属液的热作用下分解为气态和液态产物并通过透气涂料排出型腔，金属液前沿存在固(型壁、固态嵌体)、液(AZ91D 熔体)、气(气态分解产物)三相交互作用，这个过程与传统消失模铸造的充型过程相同。但是由于铝嵌体的存在，这个过程还包括液态 AZ91D、固态 A356 和泡沫分解产物三者之间的交互，增加了金属液前沿充型过程的复杂程度。因此，这个过程又和传统的消失模铸造充型过程有所差别。

在施加机械振动前后，金属液的充型前沿均呈凹形，如图 5-2-11(b)和(f)所

示。这是因为抽真空浇注时，由于模型表面涂料具有一定的透气性，真空能够作用于金属液的流动前沿区域，使模型外壁区域金属液前沿由内向外形成了一个负的压力梯度，靠近型壁一侧金属液的充型速率大于远离型壁的部位，即产生了所谓的附壁效应。铝嵌体附近的附壁效应，则可能是由于铝嵌体与泡沫之间的贴合面存在空隙，在抽真空浇注过程中，泡沫与铝棒表面空隙的存在使铝棒表面区域金属液前沿由外向内形成了一个负的压力梯度，靠近铝棒表面的金属液前沿的充型阻力减小，因此充型速率增大。

不论是否施加机械振动，这种在型壁和嵌体表面都存在附壁效应的特点都存在，这是二者的相同点。但是机械振动对消失模固-液复合铸造镁/铝双金属的充型行为还产生了一些不同的影响。

第一，未施加机械振动时，金属液的流动前沿与铝棒表面接触区域存在微小的空隙，施加机械振动后这一区域金属液与铝棒表面的接触变紧密了。

在充型的初始阶段，嵌体表面与泡沫贴合面之间由于存在空隙，会通过透气涂料与砂箱连通，在抽真空的条件下这一区域形成负压，这在加速金属液充型的同时，也会使 EPS 泡沫分解后的液态产物向嵌体表面聚集。空隙的存在会阻碍这一位置的镁合金液与固态嵌体的直接接触。当这一部分分解产物来不及排出，被金属液包裹住，并在后续的凝固过程中仍无法完全排出时，双金属界面中就会形成缺陷。

机械振动的施加，促进了金属液流动前沿与高温熔体间的热交换，使充型前沿的温度升高。温度的升高以及机械振动的作用能够使流动前沿镁合金熔体中原子的热运动加剧，使得熔体的表面张力减小，从而改善了固-液相之间的润湿性，使金属液与铝棒间的接触更为紧密，消除了流动前沿与铝棒表面接触区域的空隙，从而降低嵌体表面液态产物被金属液卷入的风险。

第二，施加机械振动后型壁和嵌体表面的附壁效应得到增强，充型前沿的凹形加深，原因可能是施加机械振动后，镁合金液的黏度和表面张力降低，流动性增强，因而在相同真空度的作用下型壁和嵌体表面金属液的流速增大，使得壁面附近区域金属液充型的领先幅度进一步增大，最终导致充型前沿凹形加深。

第三，机械振动使不同时刻的充型速率更加均衡。可以发现，在施加机械振动前后，金属液充型速率都是先快后慢，其原因可能是随着充型过程的进行，镁合金液流动前沿的温度逐渐降低，造成镁合金液的流动性减弱，降低了充型速率。施加机械振动后，由于振动促进了金属液前沿与高温熔体的热交换，金属液前沿温度的降低速率减慢，因此金属液流动性的减弱减缓了，在整个充型过程中充型速率更加均衡。

第四，机械振动可以提高消失模固-液复合铸造镁/铝双金属的充型速率，增强型壁和嵌体表面的附壁效应，原因主要包括以下三个方面：

(1) 振动能够使充型过程中，由于镁合金熔体温度下降析出的枝晶发生破碎和细化，枝晶的破碎使镁合金液的充型通道变得通畅，导致充型速率增加；

(2) 施加机械振动后，镁合金液中的原子热运动加剧，原子间结合力下降，金属液的黏度和表面张力降低，镁合金液的流动性得到增强，更容易向前铺展，并且充型过程中的能量损耗降低了，使得镁合金的充型速率加快；

(3) 机械振动促进了金属液流动前沿与高温熔体的热交换，充型前沿的温度升高，镁合金液的流动性增强，从而使充型速率加快。

但当振动振幅超过一定限度时，镁/铝双金属充型速率会下降，这可能是受到了充型前沿气隙压力的影响。随着机械振动振幅的提高，金属液流动前沿与高温熔体的热交换逐渐增强，使充型前沿的温度逐渐升高，加快了泡沫液态产物的分解速率，泡沫因分解速度过快而来不及排出会对充型造成阻碍，导致充型速率降低。

机械振动对消失模固-液复合铸造镁/铝双金属凝固行为的影响主要是显著提高了充型结束时嵌体表面区域金属液的温度，改善了整个铸件在凝固过程中温度分布的均匀性，降低了水平方向和垂直方向的温度梯度。

观察镁/铝双金属充型过程，可见施加机械振动后，熔体与嵌体间的润湿性得到改善。润湿性的改善能够降低嵌体表面液态产物被金属液卷入的风险。若嵌体表面液态产物被金属液卷入，在后续的凝固过程中会进一步分解气化并在熔体中形成气泡，若这些分解产物在凝固过程中来不及排出而残留在熔体中，则双金属界面中就会形成缺陷。在机械振动的作用下，嵌体表面区域熔体的温度显著升高，这将有利于液态产物后续的气化、上浮、排出过程，从而削弱双金属界面中缺陷的形成倾向。

数值模拟结果显示，在未施加机械振动时，镁/铝双金属凝固过程中金属液的流动属于自然对流。未施加机械振动时，镁合金熔体因自身温度场不均匀而形成密度差，在重力作用下高温金属液密度较低发生上浮，低温金属液密度较大发生下降，从而使金属液发生自然对流。在凝固初期自然对流最大流速为29.65 mm/s，随着凝固过程中温度的下降，金属液的流动性减弱，自然对流的速度会出现快速的下降，当凝固时间增大至100 s时，熔体的最大流速仅为0.89 mm/s。

施加机械振动后，在激振力的作用下镁合金熔体中形成强制对流，凝固时间为2 s时，金属液的最大流速为42.40 mm/s，凝固时间增大至100 s时，金属液的流速仍有17.70 mm/s，表明机械振动作用下形成的强制对流的流速相较自然对流大幅增加，且在凝固过程中流速的衰减明显放缓。镁合金熔体中对流的增强促进了熔体不同部位间的热交换，使整个铸件凝固过程中的温度场变得更加均匀。

5.3 机械振动对镁/铝双金属界面组织和性能的影响

机械振动参数是影响双金属组织和性能的关键，因此，本节研究了不同振动参数（振幅、振动频率、振动时间）对AZ91D/A356双金属组织和性能的影响。研究某一参数时，采用控制变量法保证其他振动参数和相关浇注参数一致，旨在获得单因素对AZ91D/A356双金属组织和性能的影响规律，进而获得较优的振动参数组合。

5.3.1 机械振动实验过程

本实验采用单因素变量法，研究了振幅、振动频率和振动时间这三个重要的振动参数对消失模固-液复合铸造镁/铝双金属界面组织和性能的影响，实验原理如图5-3-1所示。

首先将预先准备好的复合模型放入砂箱中，随后进行埋砂造型，造型过程中边填砂边振动压实。砂箱填满后在表面盖上一层塑料薄膜并对砂箱进行抽真空，使砂型紧实。造型完成后在模型顶部浇口处放上浇口杯，为避免施加机械振动时浇口杯移动，采用铝箔胶带对浇口杯四周进行加固。启动振动台并调节好振动参数，振动稳定后将镁合金液从浇口杯浇入模型中，待金属液凝固，取出后切除浇注系统，得到镁/铝双金属铸件。

实验采用机械式振动台，其振动频率可调范围为0～50 Hz，故选取20 Hz、35 Hz和50 Hz作为振动频率的三个水平；根据振动测试仪测量结果，在满砂箱

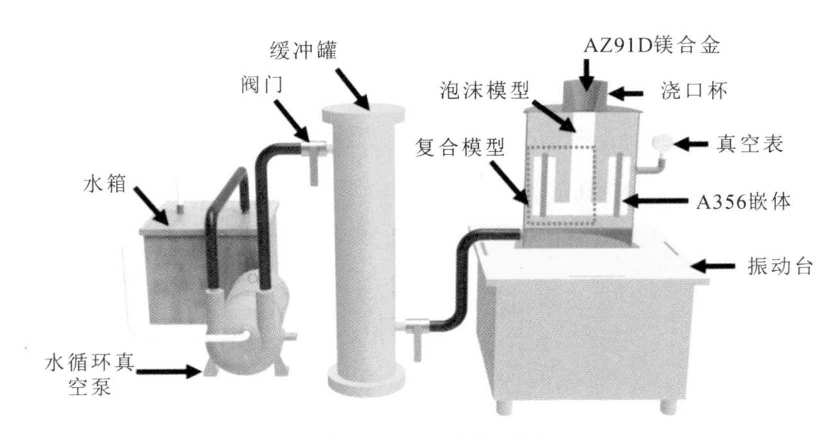

图 5-3-1　实验原理图

状态下，振动台最大振幅约为 0.6 mm，故选取 0.2 mm、0.4 mm 和 0.6 mm 作为振幅的三个水平。根据无机械振动下消失模技术制备得到的 AZ91D/A356 双金属材料整个充型和凝固过程的降温曲线，整个界面反应过程在 450 s 内完全结束，双金属界面组织达到完全凝固，故选取等梯度的三个时长作为振动时间的三个水平，分别是 150 s、300 s、450 s。根据振动台的输出功率，测试满砂箱状态下总质量约为 250 kg，其理论加速度范围可达 0～2.5*g*，但是消失模铸造镁/铝双金属材料成型工艺很大程度上受到真空度的影响，整个浇注过程需要严格维持真空度，才能获得质量及性能优良的样品。

因此，本实验采用的振动参数如表 5-3-1 所示。此外，根据前期的实验研究，实验过程中，镁合金浇注温度选定为 720 ℃，真空度选定为 0.03 MPa。

表 5-3-1　振动辅助消失模铸造镁/铝双金属的参数范围

参数	范围	水平一	水平二	水平三
振幅/mm	0～0.6	0.2	0.4	0.6
振动频率/Hz	0～50	20	35	50
振动时间/s	0～450	150	300	450

5.3.2　振幅对镁/铝双金属界面组织和性能的影响

5.3.2.1　振幅对镁/铝双金属界面组织的影响

为了研究机械振动的振幅对消失模铸造镁/铝双金属界面组织及性能的影响，本小节中机械振动的振动频率固定为 35 Hz，振幅选择 0.2 mm、0.4 mm 和

0.6 mm三个水平，并选择无振动下的双金属作为对照组。图 5-3-2 显示了不同振幅下镁/铝双金属界面的整体形貌，图像右侧为 AZ91D 镁合金基体，左侧为 A356 铝合金基体，基体之间的过渡区域即镁/铝双金属界面。

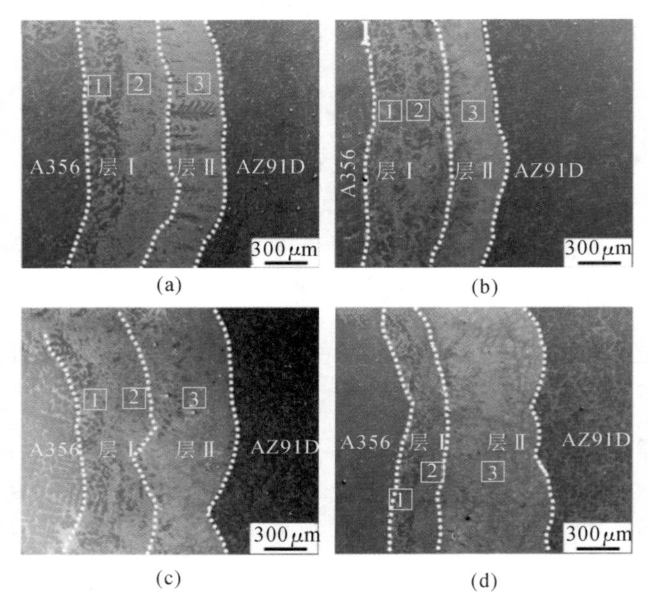

图 5-3-2　不同振幅下镁/铝双金属界面的整体形貌：(a) 0 mm；(b) 0.2 mm；(c) 0.4 mm；(d) 0.6 mm

如图 5-3-2(a)所示，在未施加机械振动时，镁/铝双金属界面内不同区域的微观组织存在显著的差异，界面左侧靠近 A356 基体的层Ⅰ中可观察到大量网状组织，界面右侧靠近 AZ91D 基体的层Ⅱ中存在大量垂直于界面生长的枝晶组织。根据枝晶生长的方向性，可知界面倾向于从 A356 基体向 AZ91D 基体逐层凝固。

施加不同振幅的机械振动后，双金属界面形态及界面中的枝晶组织发生了显著的改变。从图 5-3-2(b)中可以看出，施加振幅为 0.2 mm 的机械振动后，双金属界面中的枝晶含量减少且发生了细化。随着振幅的增大，即增大至 0.4 mm和 0.6 mm，镁/铝双金属界面中枝晶组织逐渐减少，如图 5-3-2(c)和(d)所示。

由于镁/铝双金属界面内不同区域位置的微观组织存在显著的差异，为了进一步分析不同振幅的机械振动对镁/铝双金属界面微观组织的影响，选择图 5-3-2中的不同区域(黄色方框标记的区域 1～3)进行放大观察，结果如图 5-3-3 所示。

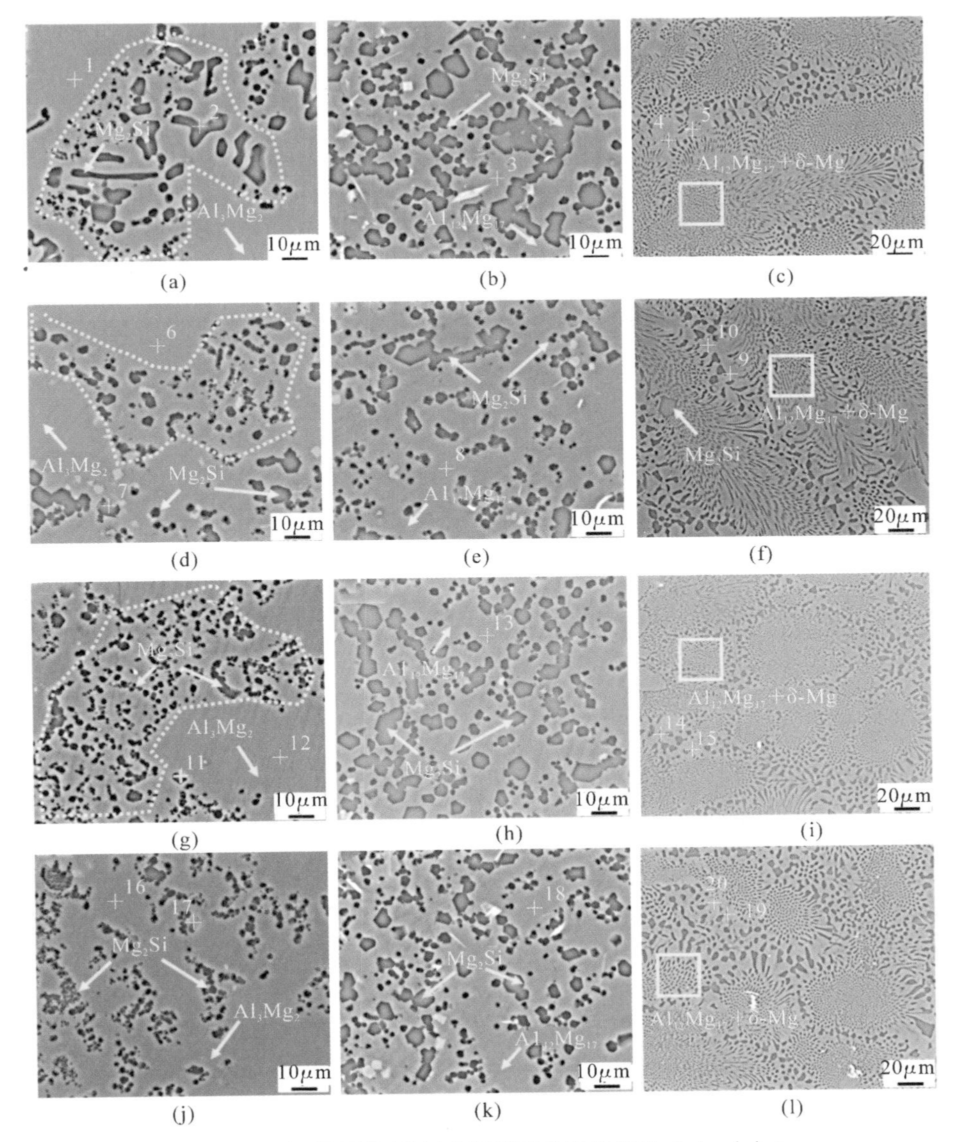

图 5-3-3　不同振幅下镁/铝双金属界面的微观组织：(a)～(c) 0 mm；(d)～(f) 0.2 mm；(g)～(i) 0.4 mm；(j)～(l) 0.6 mm

结合EDS点分析结果以及Al-Mg、Mg-Si二元相图，对图5-3-3中用数字标记的物相进行分析，如表5-3-2所示。分析结果表明，在施加不同振幅的机械振动后，各区域的相组成没有发生明显的变化。镁/铝双金属界面层Ⅰ中的区域1主要由Al_3Mg_2和Mg_2Si相组成，区域2主要由$Al_{12}Mg_{17}$和Mg_2Si第二相组成，层Ⅱ位置的区域3主要由$Al_{12}Mg_{17}$+δ-Mg共晶组织组成。

表5-3-2　图5-3-3中不同位置的EDS点分析结果

序号	元素含量/(at.%)			可能的相
	Mg	Al	Si	
1	38.73	61.27	—	Al_3Mg_2
2	58.01	12.56	29.43	Mg_2Si
3	50.82	49.18	—	$Al_{12}Mg_{17}$
4	63.94	36.06	—	$Al_{12}Mg_{17}$
5	83.66	16.34	—	δ-Mg
6	38.73	61.27	—	Al_3Mg_2
7	61.23	14.84	23.93	Mg_2Si
8	49.45	50.55	—	$Al_{12}Mg_{17}$
9	65.65	34.35	—	$Al_{12}Mg_{17}$
10	77.70	22.30	—	δ-Mg
11	40.04	59.96	—	Al_3Mg_2
12	55.91	19.49	24.6	Mg_2Si
13	54.16	45.84	—	$Al_{12}Mg_{17}$
14	63.71	36.29	—	$Al_{12}Mg_{17}$
15	25.32	74.68	—	δ-Mg
16	38.74	61.26	—	Al_3Mg_2
17	61.88	22.09	16.03	Mg_2Si
18	49.28	50.72	—	$Al_{12}Mg_{17}$
19	63.43	36.57	—	$Al_{12}Mg_{17}$
20	85.78	14.22	—	δ-Mg

根据界面中各区域的相组成,可以将界面划分为金属间化合物(IMC)层和共晶层两部分。IMC 层的组成包括 Al_3Mg_2 和 $Al_{12}Mg_{17}$ 金属间化合物基体和该基体上分布的 Mg_2Si 第二相,包含区域 1 和区域 2 这两个部分;共晶层则主要由 $Al_{12}Mg_{17}$ 枝晶和 $Al_{12}Mg_{17}+\delta$-Mg 共晶组织组成。

图 5-3-3(a)、(d)、(g)、(j)和(b)、(e)、(h)、(k)分别为双金属界面区域 1 和区域 2 的微观组织图像。从图像中可以看出,IMC 层中 Al_3Mg_2 基体上 Mg_2Si 相容易发生团聚,形成网状组织,如图 5-3-3(a)、(d)和(g)所示,$Al_{12}Mg_{17}$ 基体上 Mg_2Si 相的分布较 Al_3Mg_2 基体上的更分散。

在施加不同振幅的机械振动后,IMC 层 $Al_{12}Mg_{17}$ 相基体中 Mg_2Si 相的尺寸随着振幅的增大逐渐减小,如图 5-3-3(b)、(e)、(h)、(k)所示。IMC 层 Al_3Mg_2 相基体中 Mg_2Si 相的尺寸也呈现出相似的变化规律。此外,随着振幅的增加,Al_3Mg_2 相基体中的 Mg_2Si 相的分布也变得更加均匀,如图 5-3-3(a)、(d)、(g)、(j)所示。图 5-3-3(c)、(f)、(i)、(l)为不同振幅条件下镁/铝双金属界面共晶层的微观组织。从图中可以看出,在施加不同振幅的机械振动后,双金属界面共晶层的微观组织未出现明显的变化。

图 5-3-4 为不同振幅下镁/铝双金属界面的平均厚度的测量结果。未施加机械振动时镁/铝双金属界面的总厚度约为 1604.5 μm,其中 IMC 层的平均厚度约为 936.7 μm,共晶层的平均厚度约为 667.8 μm。随着振幅的提高,界面层总厚度未表现出明显的变化规律。

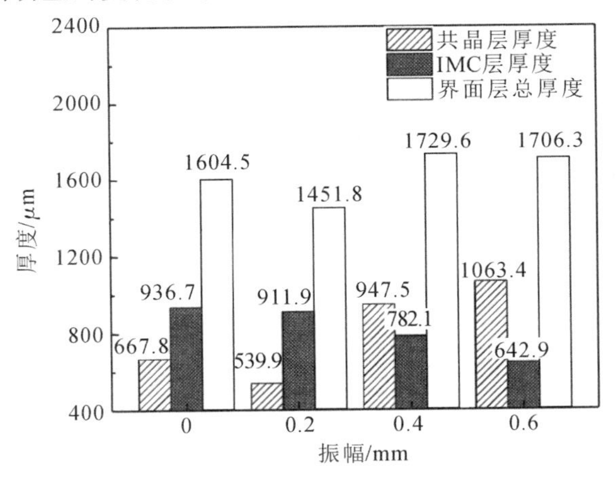

图 5-3-4　不同振幅下镁/铝双金属界面的平均厚度

对不同振幅下镁/铝双金属界面 IMC 层和共晶层的厚度分别进行分析。结果发现，随着振幅的提高，IMC 层厚度逐渐减小，振幅为 0.6 mm 时，IMC 层的平均厚度最低，约为 642.9 μm。共晶层的平均厚度随着振幅的增加则呈现先减小后增加大的趋势，在振幅为 0.2 mm 时厚度最小，大约为 539.9 μm，随后随着振幅的增加而提高，在振幅为 0.6 mm 时增大至 1063.4 μm。

利用 Image-Pro Plus 软件对 IMC 层中 Al_3Mg_2 和 $Al_{12}Mg_{17}$ 基体中的 Mg_2Si相的平均尺寸进行测量统计，结果如图 5-3-5 所示。未施加机械振动时，Al_3Mg_2相和 $Al_{12}Mg_{17}$ 相基体上分布的 Mg_2Si 第二相的平均尺寸分别为 4.34 μm和4.66 μm。随着机械振动振幅的增加，IMC 层中的 Mg_2Si 相逐渐细化，振幅提高至 0.6 mm 时，IMC 层中 Mg_2Si 相的平均尺寸达到最小，在 Al_3Mg_2相和 $Al_{12}Mg_{17}$相基体中的平均尺寸分别为 1.84 μm 和 3.33 μm。

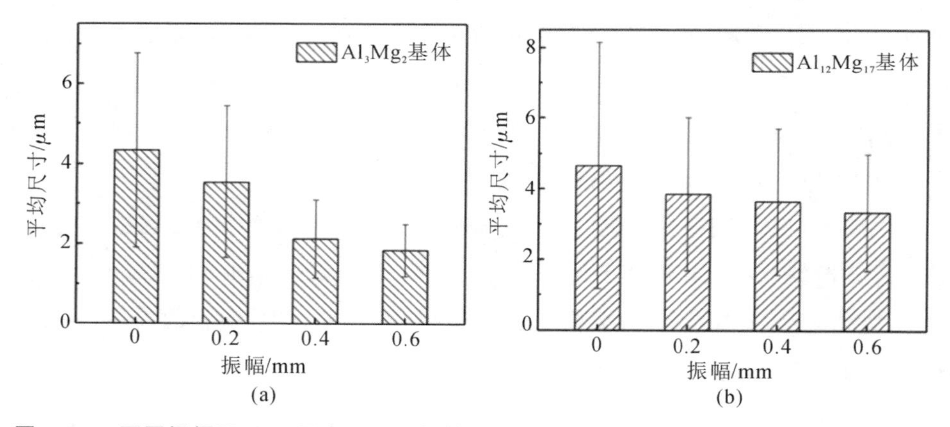

图 5-3-5　不同振幅下 IMC 层中 Mg_2Si 相的平均尺寸：(a) Al_3Mg_2 基体；(b) $Al_{12}Mg_{17}$ 基体

图 5-3-6 显示了不同振幅下镁/铝双金属界面附近区域 Si 元素的分布。不同振幅下镁/铝双金属界面微观组织图像(见图 5-3-3)表明，镁/铝双金属界面的 Si 元素仅存在于界面的 Mg_2Si 相中。因此，图 5-3-6 所显示的界面中 Si 元素的分布情况在一定程度上也反映了 Mg_2Si 相的分布情况。

图 5-3-6(a)为未施加机械振动时界面附近的 Si 元素分布图像。可以发现，在双金属界面的 IMC 层中 Si 元素分布并不均匀，随着至 A356 铝合金基体的距离的增加，Si 元素的含量也逐渐增大。这一现象表明，未施加机械振动时，双金属界面 IMC 层中 Mg_2Si 相的分布并不均匀，容易在远离 A356 基体区域发生聚集。

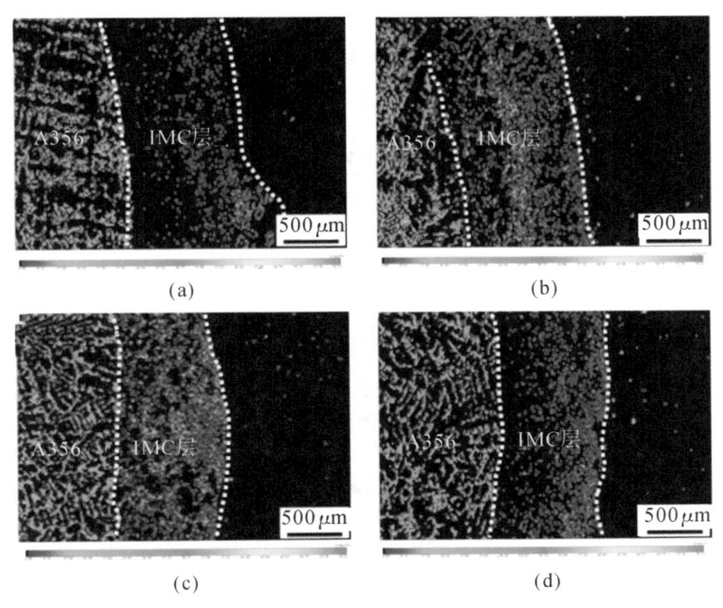

图 5-3-6　不同振幅下双金属界面处 Si 元素的分布图：(a) 0 mm；(b) 0.2 mm；(c) 0.4 mm；(d) 0.6 mm

在施加振幅为 0.2 mm 和 0.4 mm 的机械振动后，双金属界面中 Si 元素的分布分别如图 5-3-6(b)、(c)所示，可以看出界面中 Si 元素的均匀性得到了显著改善，这表明机械振动可以改善双金属界面中 Mg_2Si 相的均匀性。图 5-3-6(d)显示了施加振幅为 0.6 mm 的机械振动后双金属界面中 Si 元素的分布情况，在双金属界面靠近 A356 铝合金基体一侧，再次观察到了一层 Si 元素浓度较低的黑色区域，原因可能是振幅为 0.6 mm 时 Al_3Mg_2 相基体中的 Mg_2Si 相尺寸较小，导致 Si 含量的测量结果偏低。

图 5-3-7(a)为施加不同振幅的机械振动后镁/铝双金属复合过程中界面附近的温度场测量结果。它由位于 A356 嵌体表面的热电偶测量获得。为了对冷却曲线进行更细致的分析，可将其划分为图 5-3-7(a)所示的 b、c、d 三个阶段，分别对应升温阶段、降温阶段、凝固反应阶段。

图 5-3-7(b)为升温阶段的凝固温度曲线及其微分曲线。从微分曲线的变化可以看出，随着机械振动振幅的增大，界面处的升温速率也随之增大，当振幅达到 0.4 mm 后，继续增大振幅，界面处的升温速率变化不大。

图 5-3-7(c)为降温阶段的凝固温度曲线及其微分曲线。对比不同振幅下的温度微分曲线可以看出，随着振幅的增大，凝固过程的冷却速率显著增加。在50～200 s 这一平稳冷却的时间内，未振动的冷却速率为 0.481 K/s，在施加振幅为 0.2 mm、0.4 mm 和 0.6 mm 的机械振动后，冷却速率分别提升至 0.515 K/s、0.582 K/s 和 0.64 K/s。机械振动振幅的大小反映了机械振动台每次振动所产生冲击力的大小，随着振幅的增大，复合过程中 AZ91D 镁合金熔体在振动作用下产生的强制对流也增强。在振动作用下熔融金属液中的扰动和对流会增强固、液界面之间的热交换，加快铸件的冷却。因此，随着机械振动振幅的提高，双金属界面处的冷却速率逐渐增大。

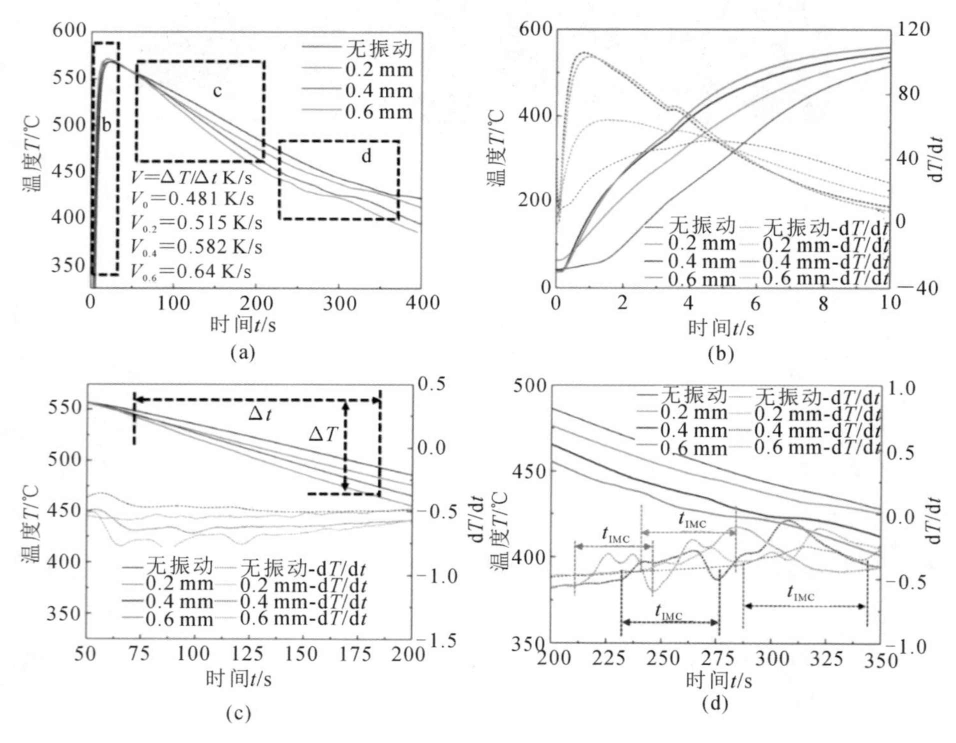

图 5-3-7 不同振幅下镁/铝双金属界面处的测温结果：(a) 复合过程的温度曲线；(b) 升温阶段的凝固温度曲线及其微分曲线；(c) 降温阶段的凝固温度曲线及其微分曲线；(d) 凝固反应阶段的凝固温度曲线及其微分曲线

I. U. Haq 等人研究发现，凝固温度曲线及其微分曲线能够用于分析凝固过程中发生的反应。凝固过程中新相生成时会产生放热现象，导致冷却速率降低，则温度微分曲线会形成一个上升峰。根据这一现象,可利用凝固温度曲线分析凝固过程中发生的反应。图5-3-7(d)为凝固反应阶段的凝固温度曲线及其微分曲线。可以看到,这一阶段的温度微分曲线上形成了较多的上升峰,表明界面区域发生了凝固反应,有新相开始生成。结合Al-Mg二元相图可知,这一阶段发生的凝固反应分别对应于Al_3Mg_2相、$Al_{12}Mg_{17}$相的生成,以及$Al_{12}Mg_{17}$+δ-Mg共晶组生成。

结合前文对界面处微观组织的观察分析,可知Al_3Mg_2相、$Al_{12}Mg_{17}$相的生成大致对应于IMC层的形成,$Al_{12}Mg_{17}$+δ-Mg共晶反应则大致对应于共晶层的形成。因此,通过测量界面反应的持续时间可以得到双金属界面的形成时间。经过测量,在未施加机械振动时,IMC层的形成时间(t_{IMC})为55.78 s。施加振幅为0.2 mm、0.4 mm、0.6 mm的机械振动后,IMC层的形成时间分别为43.26 s、40.85 s和36.93 s,分别降低了22.4%、26.8%和33.8%,随着振幅的增大,t_{IMC}逐渐减小,这恰好与图5-3-4所示的IMC层厚度变化的趋势相吻合。

5.3.2.2 振幅对镁/铝双金属性能的影响

图5-3-8为不同振幅下镁/铝双金属的剪切强度,未施加机械振动时双金属的平均剪切强度约为32.24 MPa。施加不同振幅的机械振动后,随着振幅的提高,镁/铝双金属的剪切强度有增大的趋势。在振幅为0.6 mm时,镁/铝双金属的平均剪切强度达到最大值,约为45.12 MPa,相比于未施加机械振动时提高了39.95%。

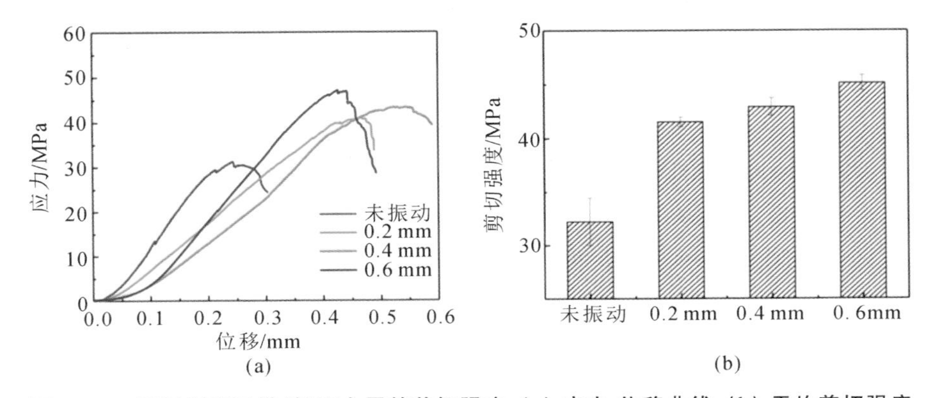

图5-3-8 不同振幅下镁/铝双金属的剪切强度:(a) 应力-位移曲线;(b) 平均剪切强度

图5-3-9为不同振幅下镁/铝双金属剪切试样断口处的SEM微观图像。使

用 EDS 对断口上的微观组织成分进行了点分析，根据分析结果对断口表面的物相进行了标记。从图 5-3-9 所示的双金属断口形貌中可以观察到明显的解理平面和河流状纹路，表明镁/铝双金属剪切断裂方式为脆性断裂。

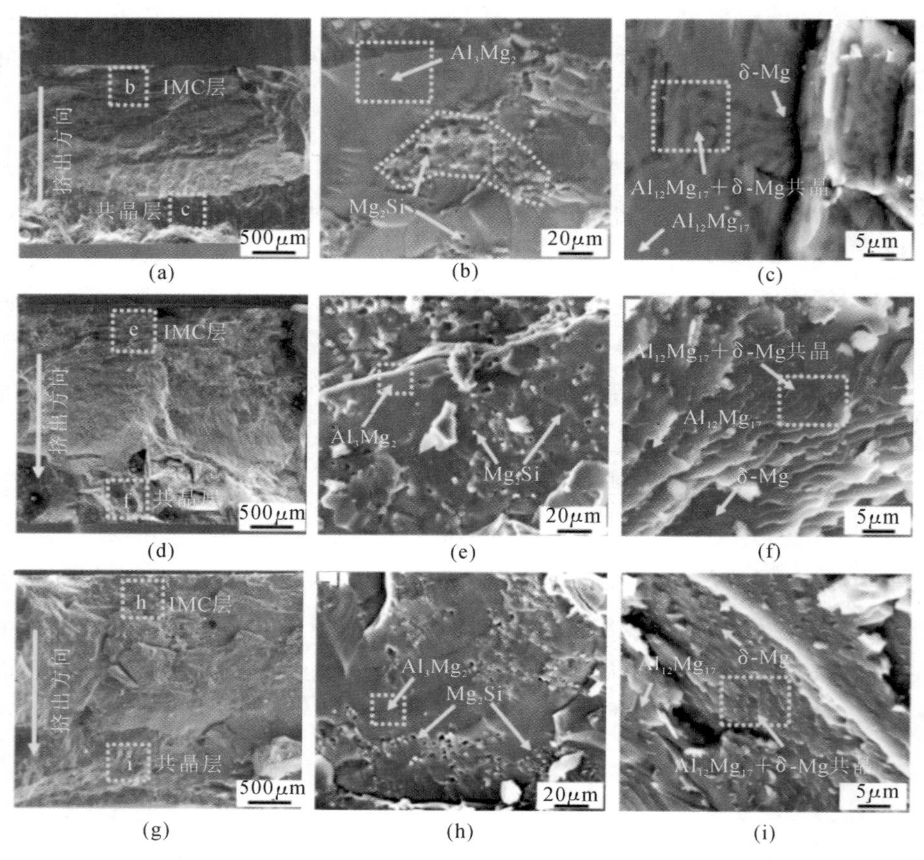

图 5-3-9　不同振幅下镁/铝双金属镁合金基体侧剪切断口的 SEM 图像：
(a) 未施加机械振动时断口的宏观形貌；(b) 图 5-3-9(a) 中 b 区；(c) 图 5-3-9(a) 中 c 区；(d) 振幅为 0.2 mm 时断口的宏观形貌；(e) 图 5-3-9(d) 中 e 区；(f) 图 5-3-9(d) 中 f 区；(g) 振幅为 0.6 mm 时断口的宏观形貌；(h) 图 5-3-9(g) 中 h 区；(i) 图 5-3-9(g) 中 i 区

图 5-3-9(a)、(d)、(g) 为镁/铝双金属断口的宏观形貌，在断口表面可以观察到明显的坡度，故对每个试样选择上、下两个区域分别对断口表面的微观组织进行观察。图 5-3-9(b) 和 (c) 为图 5-3-9(a) 中 b 区和 c 区的放大图像。在 b

区中，平坦区域的成分为 Al_3Mg_2 相，颗粒组织和凹坑区域的成分为 Mg_2Si 相，表明 b 区属于 IMC 层。在 c 区中，断口表面较为平整，且在这一区域观察到 $Al_{12}Mg_{17}$ + δ-Mg 共晶组织，表明 c 区可能属于界面的共晶层。这些结果显示，未施加机械振动时镁/铝双金属界面的剪切断裂发生在整个界面中，断裂面穿过了界面层的不同区域。

在施加不同振幅的机械振动后，镁/铝双金属仍表现出相似的脆性断裂特征及断口组织。图 5-3-9(e)和(h)所示区域的微观组织同样由 Al_3Mg_2 和 Mg_2Si 相组成，但是与未施加机械振动时镁/铝双金属的断口形貌相比，施加机械振动后从断口表面观察到的 Mg_2Si 相分布得更散。如图 5-3-9(f)和(i)所示，施加机械振动后，断口表面 $Al_{12}Mg_{17}$ + δ-Mg 共晶组织中的 δ-Mg 被拉长，表明断裂过程中 δ-Mg 发生了明显的塑性变形。

5.3.2.3 振幅对镁/铝双金属形成机理的影响

图 5-3-10 为施加机械振动前后镁/铝双金属界面区域的 EBSD 测试结果。图 5-3-10(a)和(c)分别为施加机械振动前后镁/铝双金属界面处的晶粒取向分布图，在图中用白色虚线将双金属界面的不同区域进行了粗略的标记。从图 5-3-10(a)中可以看出，未施加机械振动时，双金属界面 IMC 层中 Al_3Mg_2 和 $Al_{12}Mg_{17}$ 相的晶粒非常粗大，晶粒的宽度约等于整个区域的宽度。并且根据图 5-3-10(a)所示界面中晶粒的形态可以看出，双金属界面凝固组织的取向具有高度方向性。其原因可能是复合过程中在铝嵌体的激冷作用下，界面处产生了垂直于嵌体表面的温度梯度，使界面组织在凝固过程中发生了定向的凝固生长。

从图 5-3-10(c)中可以发现，在施加机械振动后，在 Al_3Mg_2 层中沿宽度方向观察到多个晶粒的存在，表明机械振动能够使 IMC 层内 Al_3Mg_2 相的晶粒发生一定细化，原因可能包括以下两个方面。

(1) 根据前文的实验结果，机械振动能够提高镁/铝双金属的冷却速率，改善凝固过程中熔体内温度分布的均匀性，减小凝固过程中双金属界面处的温度梯度。式(5-3-1)显示了晶粒生长过程中固-液界面前沿成分过冷的产生条件：

$$\frac{G_L}{R} < \frac{m_L C_0 (1-k)}{D_L \cdot k} \tag{5-3-1}$$

式中：G_L 为温度梯度；R 为固-液界面的生长速率；m_L 为液相线斜率；C_0 为溶质浓度；k 为溶质分配系数；D_L 为扩散系数。施加机械振动后，双金属界面处温度

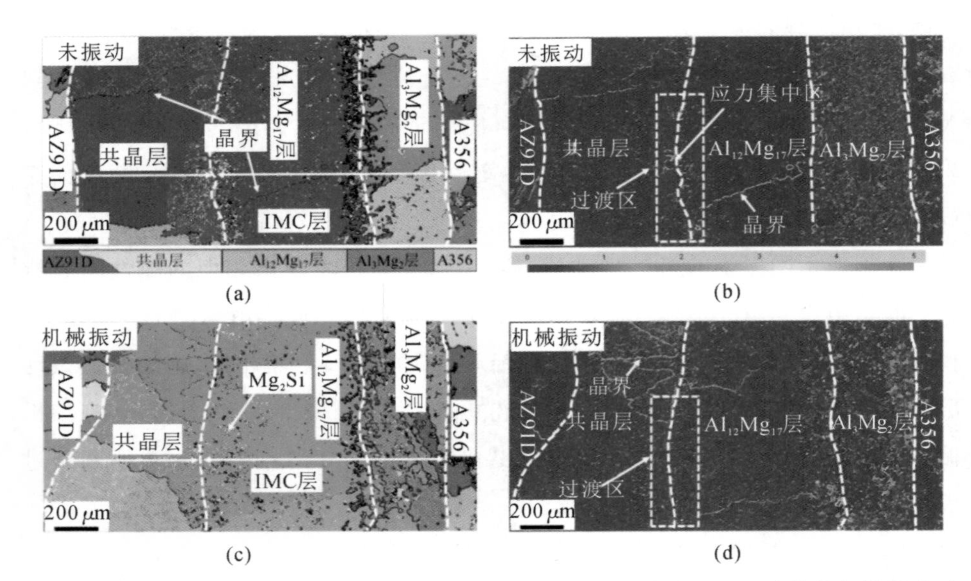

图 5-3-10　施加机械振动前后镁/铝双金属界面的 EBSD 测试结果:(a) 未施加机械振动时镁/铝双金属界面处的 IPF 图;(b) 未施加机械振动时镁/铝双金属界面处的应力分布图;(c) 施加机械振动时镁/铝双金属界面处的 IPF 图;(d) 施加机械振动时镁/铝双金属界面处的应力分布图

梯度的降低以及冷却速率的提高,导致凝固过程中固-液界面的生长速率 R 增大,界面前沿的温度梯度 G_L 下降,使得 G_L/R 减小。随着 G_L/R 比值的减小,固-液界面前沿的成分过冷增强,成分过冷区加宽,促进了 Al_3Mg_2 相的形核,从而起到了晶粒细化的作用。

(2) Al_3Mg_2 相晶体生长过程中固-液界面前沿成分过冷的增强破坏了晶体生长过程的稳定性,晶体的生长方式向树枝晶生长转变,叠加机械振动作用和熔体对树枝晶的剪切破碎作用,熔体中的 Al_3Mg_2 相的晶核数量增加。

在这两方面影响的共同作用下,最终界面中的 Al_3Mg_2 相产生了一定的细化。此外,从图 5-3-10(c)中可以看出,施加机械振动后 Al_3Mg_2 相的生长仍存在着明显的方向性,但是其生长方向发生了明显的偏转,这可能是受到了机械振动所导致的强制对流的影响。

图 5-3-10(b)和(d)显示了施加机械振动前后镁/铝双金属界面区域的应力分布。从图中可以看出,界面的 Al_3Mg_2 层中应力集中区域要显著多于界面的其余位置,这可能是 EBSD 测试过程中 Al_3Mg_2 相信号质量较差所导致的误差,

因此在后续的分析过程中排除了这一区域。图 5-3-10(b)和(d)所示结果表明，双金属界面中的晶界位置存在明显的应力集中现象，界面 IMC 层内部也存在大量较小的弥散分布的应力集中区域。这些在 IMC 层内出现的弥散分布的细小的应力集中区域可能是由 Mg_2Si 第二相所导致的。由于 Mg_2Si 相的热膨胀系数为 $7.5\times10^{-6}\ K^{-1}$，显著小于金属间化合物基体的热膨胀系数(Al_3Mg_2 相为 $22.1\times10^{-6}\ K^{-1}$，$Al_{12}Mg_{17}$ 相为 $20.2\times10^{-6}\ K^{-1}$)，因此在界面区会产生相当大的残余应力。

图 5-3-10(b)显示了未施加机械振动时镁/铝双金属界面区域的应力分布。结果表明，在未施加机械振动时，双金属界面的共晶层和 IMC 层之间的过渡区存在应力集中现象，在剪切过程中易成为裂纹扩展的通道，使得镁/铝双金属在剪切测试过程中出现沿 IMC 层和共晶层开裂的情况，如图 5-3-9(a)所示。图 5-3-10(d)为施加机械振动后镁/铝双金属界面区域的应力分布图，从图中可以看出，在施加机械振动后，IMC 层和共晶层之间的过渡区的应力集中现象明显减少。

镁/铝双金属界面共晶层和 IMC 层之间应力集中现象的产生可能与界面中 Mg_2Si 相的分布有关。Mg_2Si 相与基体在热膨胀系数上的差异，使得存在 Mg_2Si 相的区域在冷却之后会产生较大的残余应力。图 5-3-6 显示了不同振幅下镁/铝双金属界面中 Mg_2Si 相的分布情况。结果表明，在未施加机械振动时，双金属界面 IMC 层内析出的 Mg_2Si 相会产生偏析，在远离 A356 基体的 $Al_{12}Mg_{17}$ 基体中 Mg_2Si 相更容易产生聚集，其含量更高，如图 5-3-6(a)所示。因此，未施加机械振动时共晶层和 IMC 层之间应力集中现象产生的主要原因可能是 Mg_2Si 相在这一区域发生了聚集。在施加机械振动后，界面内 Mg_2Si 相分布的均匀性得到改善，如图 5-3-6(b)～(d)所示，使得共晶层和 IMC 层之间应力集中现象减少，如图 5-3-10(d)所示。

图 5-3-11(a)和(b)显示了施加机械振动前后镁/铝双金属界面中 Al_3Mg_2 层的晶粒取向。图 5-3-11(a)和(b)所示结果表明，分布在界面上的不规则 Mg_2Si 相是由多个细小 Mg_2Si 晶粒聚合在一起所形成的。此外，还发现在施加机械振动后双金属界面中 Al_3Mg_2 相的晶粒得到了明显的细化。

图 5-3-12 为镁/铝双金属界面的 TEM 测试结果。图 5-3-12(a)为未施加机械振动时双金属界面的 TEM 明场图像，从中可以观察到基体中大量的析出物

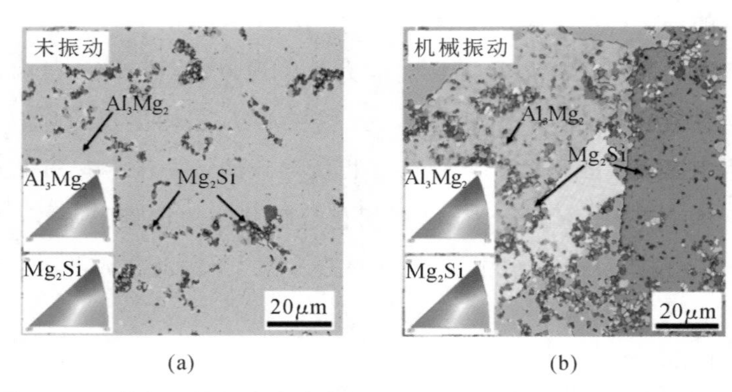

(a) (b)

图 5-3-11 施加机械振动前后镁/铝双金属界面中 Al_3Mg_2 层的 IPF 图：
(a) 未施加机械振动；(b) 施加机械振动

颗粒相互接触，聚集成团，且在颗粒内可以观察到大量的黑色位错缺陷。为了进一步对界面中的相成分，以及各相之间的取向关系进行分析，选择图 5-3-12(b)所示区域进行后续观察。图 5-3-12(c)、(e)、(g)为图 5-3-12(b)中选定区域的 SAED 图像。SAED 结果再次确认了双金属界面中 Al_3Mg_2 相、Mg_2Si 相的存在。此外，在这一区域中还观察到了极少量的 $Al_{18}Mg_3Mn_2$ 相。

图 5-3-12(d)为 Mg_2Si 颗粒相互接触形成 Mg_2Si-Mg_2Si 晶界的高分辨率透射图像(HRTEM)。从图 5-3-12(d)中可以看出，Mg_2Si-Mg_2Si 晶界近似平行于 Mg_2Si-α 晶粒的(100)晶面和 Mg_2Si-β 晶粒的(111)晶面。从结合能的角度考虑，凝固过程中原子更倾向于向具有高结合能的晶面叠合，Mg_2Si 晶粒不同晶面的原子堆积速率顺序从快到慢为{100}，{110}，{111}晶面族。也就是说，在 Mg_2Si 晶粒生长过程中，(100)晶面(即沿着＜100＞晶向)具有最高的生长速度，而(111)晶面(即沿着＜111＞晶向)生长速度最慢。随着晶体的长大，(100)晶面逐渐消失，而密排(111)晶面逐渐显露。因此当 Mg_2Si 晶粒相互聚集、耦合长大时，不同晶粒的(100)晶面与(111)晶面容易产生相互重叠，形成与之接近平行的晶界。

图 5-3-12(f)为 Mg_2Si 相与 Al_3Mg_2 基体间相界位置的高分辨率透射图像，对应于图 5-3-12(b)中标记的区域 B。根据高分辨率透射图像，对 Mg_2Si-Al_3Mg_2 界面的点阵错配度 δ 进行计算，计算公式如下：

$$\delta = \frac{a_\beta - a_\alpha}{a_\alpha} \tag{5-3-2}$$

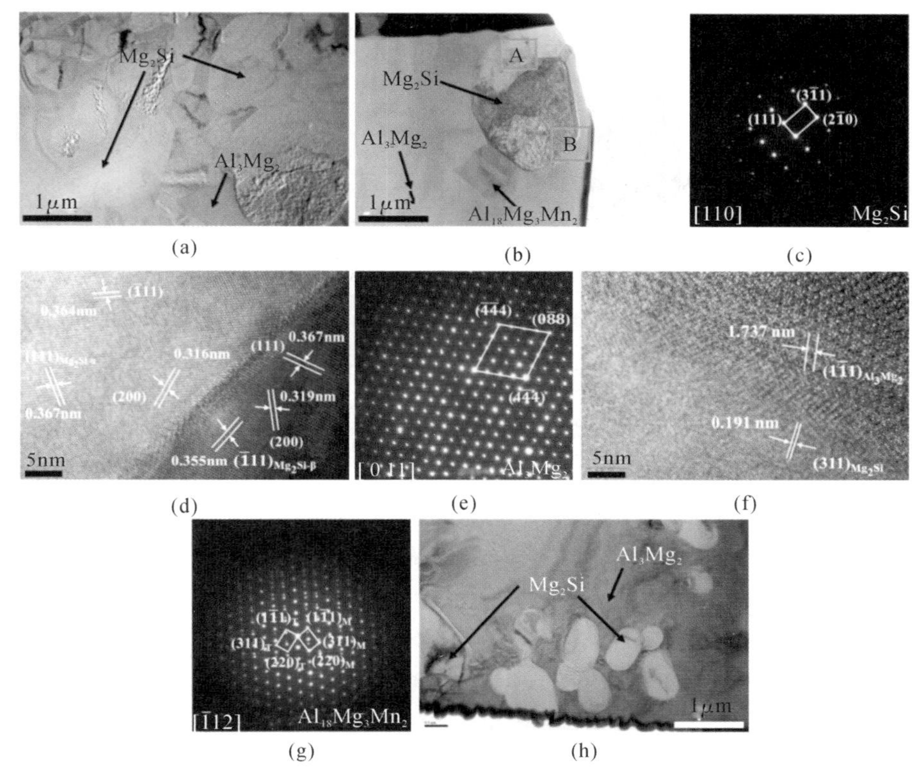

图 5-3-12　镁/铝双金属界面的 TEM 测试结果:(a),(b) 未施加机械振动时的 TEM 明场图;(c),(e),(g) 图 5-3-12(b)中标记的 Al_3Mg_2、Mg_2Si 和 $Al_{18}Mg_3Mn_2$ 相的选区衍射斑点(SAED)图像;(d),(f) 图 5-3-12(b)中区域 A 和 B 的高分辨率透射图像(HRTEM);(h) 施加机械振动后 Al-Mg 金属间化合物层的 TEM 明场图

式中:a_α、a_β分别为 α 和 β 相的点阵常数,此处为晶界位置 Mg_2Si 相和 Al_3Mg_2 相的晶面间距。经过计算,在区域 B 中,$(1\bar{1}\bar{1})_{Al_3Mg_2}$ 晶面与 $(311)_{Mg_2Si}$ 晶面间的错配度 δ 约为 89%,远大于 25%。这一结果表明 Al_3Mg_2 相和 Mg_2Si 相之间的界面为非共格界面,即界面中先形成的 Mg_2Si 相无法作为 Al_3Mg_2 相的异质形核基底,这可能也是双金属界面中 Al-Mg 金属间化合物晶粒粗大的原因之一。

图 5-3-13 为机械振动对镁/铝双金属界面中 Mg_2Si 相尺寸和分布的影响机制的原理图。图 5-3-13(a)显示了镁/铝双金属复合过程中 Si 元素的初始状态。根据 A356 铝合金和 AZ91D 镁合金的化学成分可知,双金属界面 Mg_2Si 相中的 Si 元素来自 A356 铝合金基体中的共晶 Si 相。

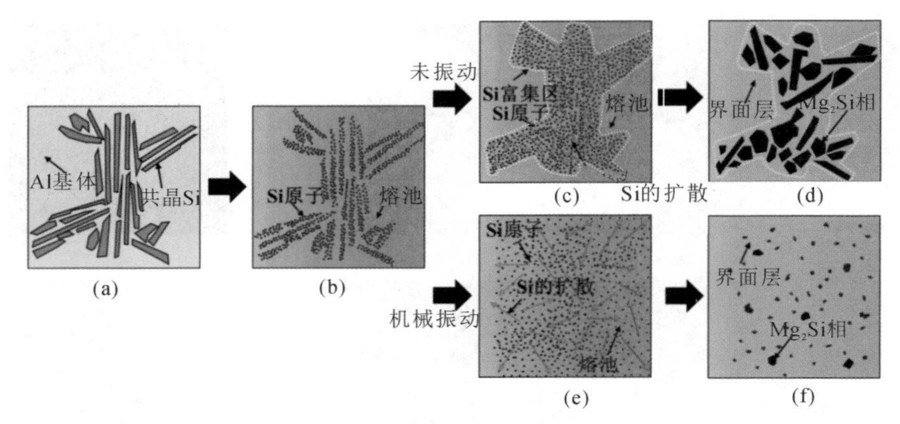

图 5-3-13　机械振动对镁/铝双金属界面中 Mg_2Si 相尺寸和分布的影响机制的原理图：(a) Si 的初始存在状态；(b) A356 嵌体发生熔化形成熔池；(c) 未施加机械振动时 Si 元素在熔池中的扩散；(d) 未施加机械振动时镁/铝双金属界面的凝固组织；(e) 施加机械振动后 Si 元素在熔池中的扩散；(f) 施加机械振动后镁/铝双金属界面的凝固组织

在浇注 AZ91D 镁合金熔体后，熔融的金属液填充并替换泡沫模型的位置，与 A356 固态嵌体接触。根据图 5-3-7 所示的测温结果，在充型和凝固过程中，嵌体表面区域测温得到的最高温度约为 575 ℃，接近 577 ℃的 Al-Si 共晶反应温度。由于保护套的存在，热电偶的测量温度会明显低于实际温度。因此，当 AZ91D 熔体与 A356 嵌体接触时，嵌体表面区域温度可能已经达到了 Al-Si 共晶反应温度，使得低熔点的 Al-Si 共晶组织先一步发生熔化形成熔池。与此同时，在高温条件下铝嵌体和熔融的镁合金之间 Al、Mg 元素会发生相互扩散。在元素扩散的作用下嵌体表面的成分发生改变，降低了嵌体表面区域的熔点，从而促使固态嵌体表面区域高熔点 α-Al 相的熔化，最终，铝嵌体表面熔化并形成熔池，如图 5-3-13(b)所示。

未施加机械振动时，熔池中的 Si 元素在浓度梯度作用下逐渐扩散，如图 5-3-13(c)所示。此时，由于凝固过程中嵌体表面区域熔体较为稳定，流动速率较慢，受到的扰动较小，Si 元素的扩散速率相对较小，扩散距离相对较短，扩散并不充分，Si 元素经过扩散后仍富集在一个较小区域内。随后 Si 元素与扩散至此区域的 Mg 元素相结合生成 Mg_2Si 相。在 Mg_2Si 晶粒生长的过程中，熔体中局部区域相邻的生长单元倾向于相互聚集、耦合，从而降低表面能。最终这些

小的 Mg_2Si 晶粒会聚集生长为大颗粒或长条状的 Mg_2Si 相，同时由于 Si 元素的扩散并不充分，富集在一个较小区域，Mg_2Si 相在这一区域内集中大量析出并形成网状组织，如图 5-3-13(d)所示。

施加机械振动后，机械振动的作用使熔体中原子的热运动加剧，并使得金属液产生强制对流，从而提高了 Si 元素的扩散速率。Si 元素扩散速率的提高，增大了其扩散距离和扩散范围，导致局部区域内 Si 元素浓度降低，从而抑制了 Mg_2Si 晶粒的长大，如图 5-3-13(e)所示。随后，在 Mg_2Si 相的生长过程中，金属熔体的剪切作用促使初生 Mg_2Si 晶粒被分散，抑制了其聚合长大。最终，生成的 Mg_2Si 相得到细化，分布也变得更加均匀，如图 5-3-13(f)所示。而随着机械振动振幅的提高，激振力逐渐增大，机械振动对熔体的扰动作用也会相应增强，金属熔体的剪切作用以及熔体中原子的热运动也逐渐增强，因此界面中的 Mg_2Si 相的细化效果也更加显著。

AZ91D/A356 双金属界面主要包括 IMC 层和共晶层两个重要组成部分。双金属界面中的 IMC 层，主要由 Al_3Mg_2、$Al_{12}Mg_{17}$ 金属间化合物基体和 Mg_2Si 第二相组成，而共晶层除包含 Al-Mg 金属间化合物外，还含有大量的 δ-Mg 相。由于 IMC 层中脆硬 Al-Mg 金属间化合物含量高，其性能较差，通常是断裂发生的主要部位，因此这一区域的组织和性能对镁/铝双金属界面的结合强度有重要的影响。镁/铝双金属界面的 IMC 层主要由 Al_3Mg_2、$Al_{12}Mg_{17}$ 金属间化合物基体和分布在基体上的 Mg_2Si 相组成。相比 A356 和 AZ91D 基体，IMC 层具有更高的硬度和更低的塑性，是界面组织和性能的薄弱区域。因此，其厚度对镁/铝双金属材料的结合强度有重要影响。现有的研究也表明，降低界面中这些脆性相的含量、减小 IMC 层的厚度能够有效提高镁/铝双金属结合强度。

图 5-3-4 显示了不同振幅参数下镁/铝双金属界面平均厚度的测量结果，可以发现，随着振幅的提高，IMC 层厚度呈现出减小的趋势。图 5-3-7 为不同振幅下复合过程中镁/铝双金属界面区域的温度曲线。结果表明，随着振幅的提高，界面处的降温速率呈增大的趋势，形成 IMC 层的界面反应的持续时间则逐渐缩短。

研究表明，机械振动能够使金属液产生强制对流，提高金属液与换热壁面的换热系数，使凝固过程中的冷却速率增大。在双金属材料的制备过程中，随着冷却速率的增大，界面区域降温速率逐渐增大，导致凝固速率加快，从而缩短了界面区域的元素扩散时间，减小了界面处元素相互扩散的距离，使得 IMC 层的厚度减小。因此，在本实验的参数范围内，随着振幅的提高，IMC 层的凝固反应时间以及厚度呈现出同步下降的趋势。

IMC 层厚度的减小意味着镁/铝双金属界面中脆性相的减少，从而使镁/铝双金属界面的剪切性能得到了强化。S. S. S. Afghahi 和 S. M. Emami 等人的研究也显示，随着镁/铝双金属界面厚度的降低，双金属材料的剪切强度逐渐提高，得到了与本实验相似的结果。

图 5-3-14 为施加机械振动前后双金属界面的维氏硬度压痕的 SEM 图像。从图 5-3-14(a)中可以看出，未施加机械振动时，维氏硬度压痕处裂纹的横向扩展长度明显大于纵向扩展长度。其原因可能是，镁/铝双金属界面中的凝固组织生长具有明显的方向性，导致界面组织的性能存在各向异性。

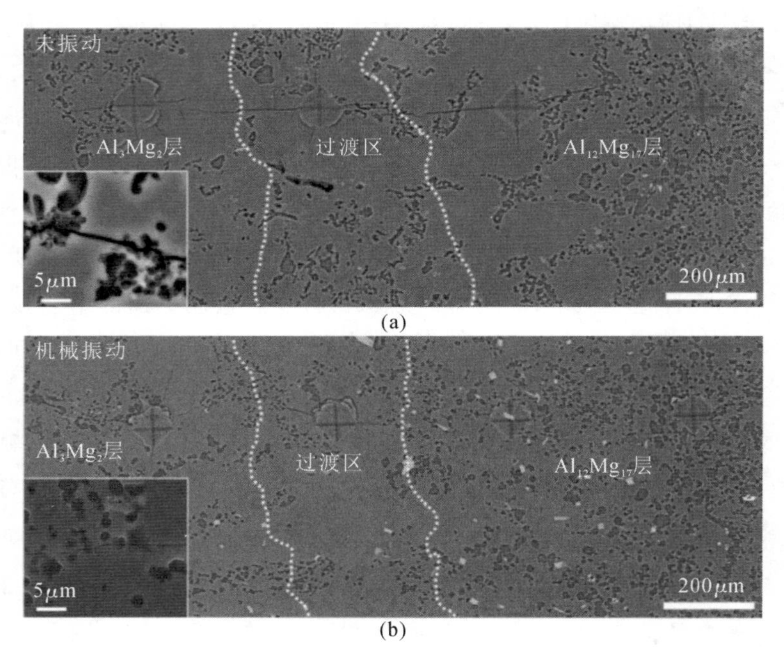

图 5-3-14　施加机械振动前后镁/铝双金属界面的维氏硬度压痕的 SEM 图像：(a) 未施加机械振动；(b) 施加 20 Hz 的机械振动

图 5-3-14(b)为施加机械振动后镁/铝双金属界面中维氏硬度压痕的 SEM 图像。从图 5-3-14(b)中可以看出，施加机械振动后界面组织开裂情况有所改善，裂纹长度明显减小。对于金属间化合物之类的脆性组织，它们对裂纹非常敏感，通过降低组织对裂纹的敏感性可以起到增强组织性能的作用。进一步观

察裂纹的扩展路径，可以发现界面中的 Mg_2Si 相使裂纹扩展路径发生偏转，增加了开裂过程中的能量消耗，从而起到了增强界面结合强度的作用。

图 5-3-15 显示了施加机械振动前后镁/铝双金属材料的断裂机理。在施加机械振动后 Mg_2Si 相的细化和分布均匀性的改善使其在界面中能起到更好的强化作用，从而使双金属界面的性能得到提高。

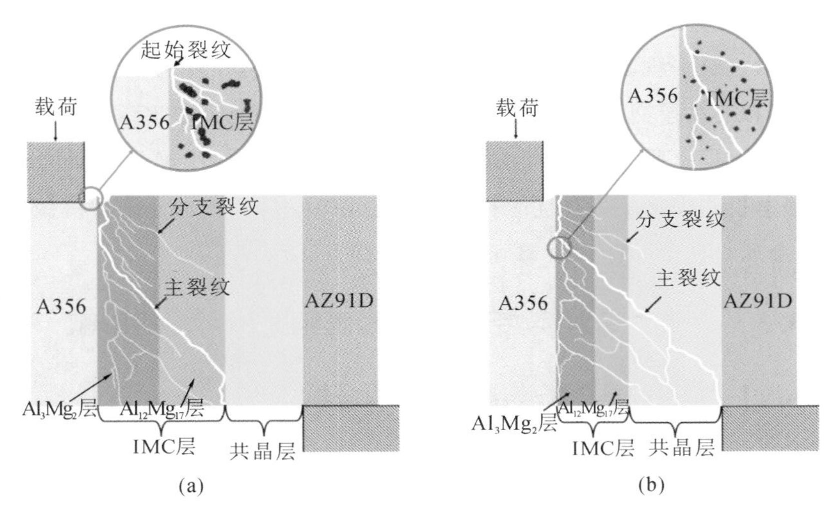

图 5-3-15　施加机械振动前后镁/铝双金属材料的断裂机理：
(a) 未施加机械振动；(b) 施加机械振动

现有研究发现，对于颗粒增强复合材料，颗粒聚集区域是裂缝最容易形成的区域，外部施加的载荷通常从缺乏增强颗粒的区域转移到富含增强颗粒的区域。M. Malek 和 R. Zamani 等人的研究均表明，材料基体中的 Mg_2Si 相的尺寸和形态对材料的性能有重要影响，细化的 Mg_2Si 相有助于提高材料的性能。在 AZ91D/A356 双金属界面中，由于 Mg_2Si 相的热膨胀系数低于 Al_3Mg_2、$Al_{12}Mg_{17}$ 金属间化合物基体，因此 Mg_2Si 相中会产生压应力。大尺寸的 Mg_2Si 相中产生的残余应力更大，其承载外载荷的能力较弱，也更容易发生断裂。在未施加机械振动的情况下，IMC 层中的 Mg_2Si 相由于尺寸更大，其承受外载荷的能力较弱，在剪切过程中更容易开裂而形成裂纹扩展通道，因此其在镁/铝双金属界面中可发挥的强化作用也相对较小。当施加机械振动时，Mg_2Si 相发生细化，其承载外载荷的能力增强，并且能够更充分地发挥 Mg_2Si 相促进裂纹偏转和分叉的作用，在界面中起到更好的强化效果，从而使镁/铝双金属材料的剪切强度提高。

在未施加机械振动时，剪切断裂的初始裂纹从靠近铝基体的 Al_3Mg_2 层一直延展到 IMC 层和共晶层交界的过渡位置，并沿着这一区域继续扩展，较少扩展至共晶层中，如图 5-3-15(a)所示。图 5-3-9(c)和(i)所示的断口形貌图像显示，未施加机械振动时断口表面的共晶组织中 δ-Mg 相未发生明显的塑性变形；而在施加机械振动后，可以观察到断口表面的共晶组织中的 δ-Mg 相发生明显的塑性变形。这一现象也证实了，未施加机械振动时，发现剪切断裂时裂纹沿着 IMC 层和共晶层交界的过渡位置扩展，在施加机械振动之后，断裂区域均开始延伸至共晶层区域，如图 5-3-15(b)所示。由于共晶层中脆性金属间化合物的含量显著低于 IMC 层，其性能相比脆性的 IMC 层更好，因此施加机械振动后镁/铝双金属材料的剪切强度得到了明显的提升。

5.3.3 振动频率对镁/铝双金属界面组织和性能的影响

5.3.3.1 振动频率对镁/铝双金属界面组织的影响

为了研究机械振动的振动频率对消失模铸造镁/铝双金属界面组织及性能的影响，本小节中机械振动的振幅固定为 0.2 mm，振动频率选择 20 Hz、35 Hz 和 50 Hz三个水平。图 5-3-16 为不同振动频率条件下镁/铝双金属界面的整体形貌，图像右侧为 AZ91D 镁合金基体，左侧为 A356 基体，在基体之间存在较宽的过渡界面。图 5-3-16(a)为未施加机械振动时镁/铝双金属界面形貌。从图 5-3-16(a)中可以看出，未施加机械振动时，镁/铝双金属界面共晶层中存在较多沿着垂直于界面方向生长的 $Al_{12}Mg_{17}$ 枝晶。在施加 20 Hz 和 35 Hz 的机械振动后，镁/铝双金属界面中 $Al_{12}Mg_{17}$ 枝晶含量减少，枝晶生长方向出现明显偏转，如图 5-3-16(b)和(c)所示。枝晶生长方向发生偏转可能与机械振动导致的凝固过程中熔体的强制对流有关。当振动频率增加至 50 Hz 时，镁/铝双金属界面中 $Al_{12}Mg_{17}$ 枝晶含量进一步减少，在界面中仅少量分布，如图 5-3-16(d)所示。

为了进一步分析不同振动频率对镁/铝双金属界面微观组织的影响，选取图 5-3-16 中的不同区域(用黄色框标示的区域 1～3)进行详细的观察，结果如图 5-3-17所示。图 5-3-17(a)、(d)、(g)、(j)为不同振动频率下 IMC 层中Al_3Mg_2 基体区的微观组织。从图中可以看出，分布于 Al_3Mg_2 基体中的 Mg_2Si 相易发生团聚形成网状组织，分布并不均匀。随着振动频率的增大，Al_3Mg_2 基体中的

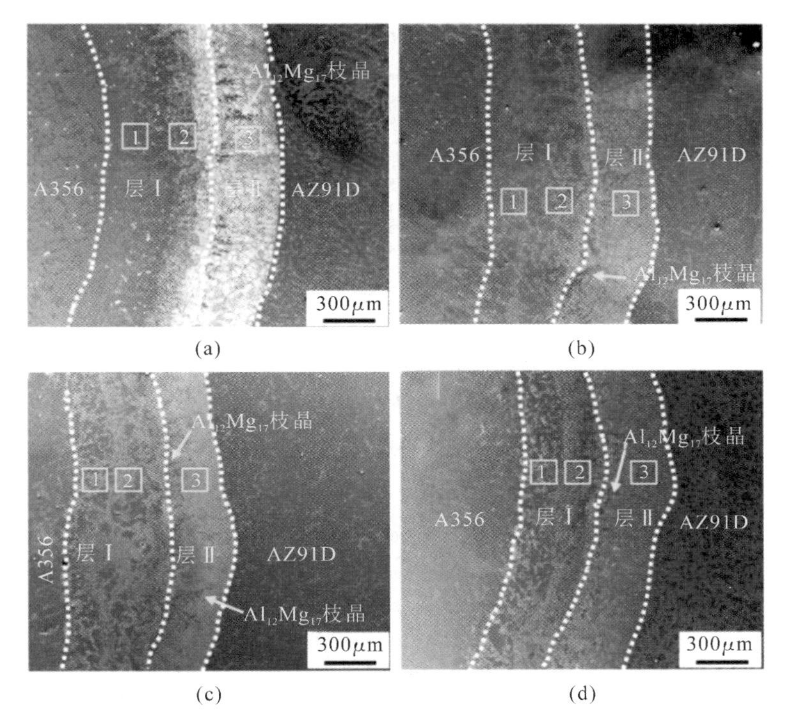

图 5-3-16 不同振动频率下双金属界面的整体形貌:

(a) 0 Hz;(b) 20 Hz;(c) 35 Hz;(d) 50 Hz

Mg_2Si 相尺寸呈逐渐减小的趋势,分布也变得越来越分散。图 5-3-17(b)、(e)、(h)、(k)为不同振动频率下 IMC 层中 $Al_{12}Mg_{17}$ 基体区的微观组织,相比 Al_3Mg_2 基体,$Al_{12}Mg_{17}$ 基体上 Mg_2Si 相的分布更加均匀,其尺寸随着振动频率的增大同样呈逐渐减小的趋势。图 5-3-17(c)、(f)、(i)、(l)为不同振动频率下镁/铝双金属界面共晶层的微观组织,可以看出,在施加不同振动频率的机械振动后,双金属界面共晶层的微观组织变化并不显著。

对不同振动频率下镁/铝双金属界面的厚度分别进行测量,结果如图 5-3-18所示。从图 5-3-18 中可以看出,双金属界面整体厚度随着振动频率的增加而逐渐减小。在未施加机械振动时双金属界面的平均厚度最大,约为 1831 μm。在施加 20 Hz、35 Hz 和 50 Hz 的机械振动后双金属界面平均厚度分别为 1526 μm、1432 μm 和 1348 μm,相比未施加机械振动时,分别下降了约 17%、22%和 26%。

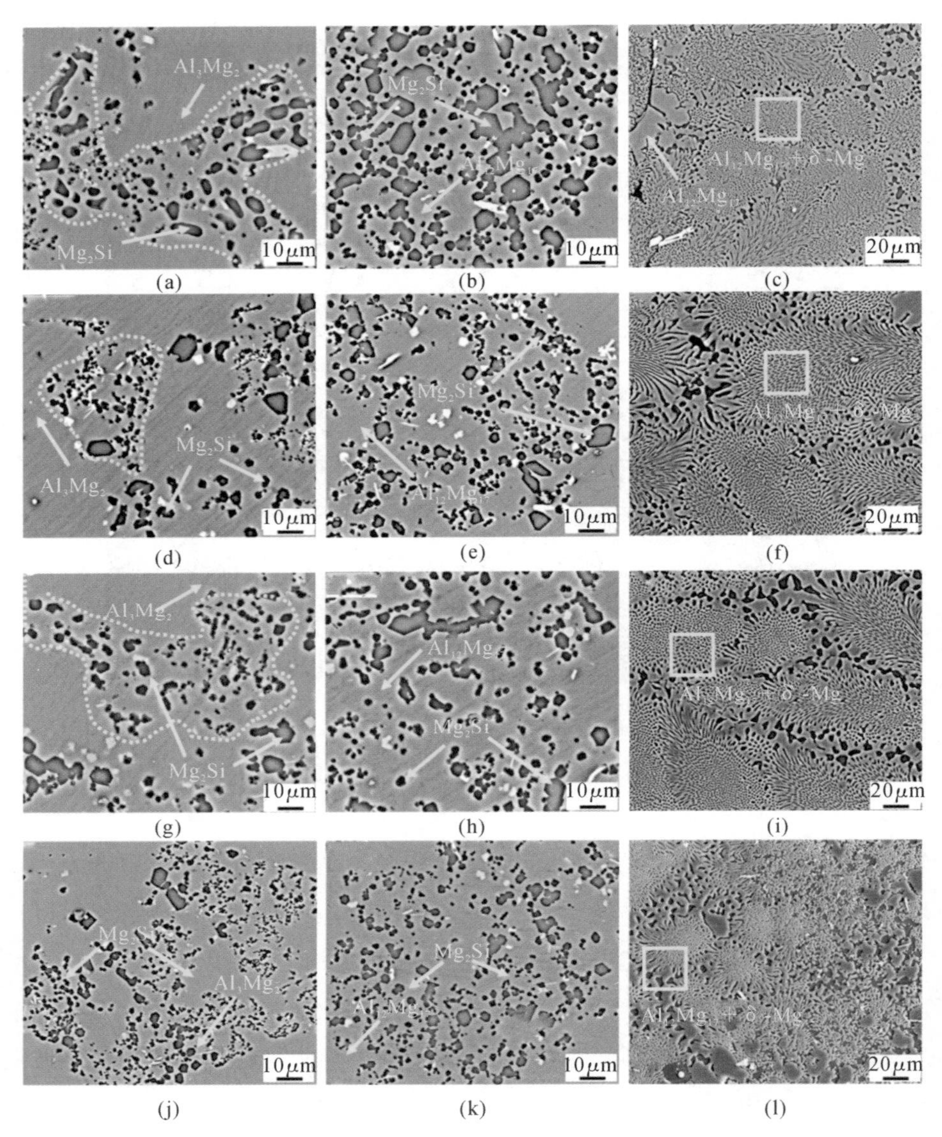

图 5-3-17　不同振动频率下双金属界面不同区域的微观组织：(a)～(c) 0 Hz；(d)～(f) 20 Hz；(g)～(i) 35 Hz；(j)～(l) 50 Hz

对镁/铝双金属界面的共晶层和IMC层的厚度分别进行分析，可见双金属界面的共晶层的平均厚度随着振动频率的增大而先减小后增大。在未施加机械振动时，共晶层厚度为789 μm，随着振动频率的增大，在振动频率为35 Hz时达到最小值527 μm，相比未施加机械振动时减小了33.2％。对于双金属界面的IMC层，

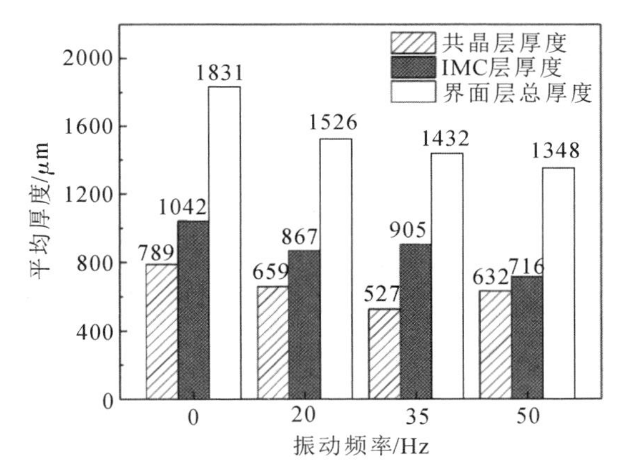

图 5-3-18 不同振动频率下镁/铝双金属界面的平均厚度

其厚度随振动频率的增大总体上呈下降趋势。未施加机械振动时,镁/铝双金属界面 IMC 层的平均厚度为 1042 μm。施加振动频率为 50 Hz 的机械振动时 IMC 层厚度达到最小值 716 μm,相较于未施加机械振动时减小了 31.3%。

图 5-3-19 为 IMC 层内 Al_3Mg_2 基体(区域 1)和 $Al_{12}Mg_{17}$ 基体(区域 2)中 Mg_2Si 相的平均尺寸的测量结果。未施加机械振动时 Al_3Mg_2 基体和 $Al_{12}Mg_{17}$ 基体中的 Mg_2Si 相平均尺寸分别为 4.36 μm 和 4.41 μm。随着振动频率的提升,Mg_2Si 相的平均尺寸总体上呈下降趋势。施加振动频率为 50 Hz 的机械振动时 Al_3Mg_2 基体和 $Al_{12}Mg_{17}$ 基体中的 Mg_2Si 相平均尺寸达到最小值,分别为 1.75 μm 和2.65 μm。这表明机械振动可以使 IMC 层中的 Mg_2Si 相显著细化。

图 5-3-20(a)为不同振动频率下镁/铝双金属界面附近的温度曲线。为了对温度曲线进行更细致的分析,可将其划分为升温阶段、降温阶段、凝固反应阶段三个阶段,分别对应于图 5-3-20(a)中标记的 b、c、d 三个阶段。图 5-3-20(b)为升温阶段的凝固温度曲线及其微分曲线。从微分曲线的变化可以看出,随着振动频率的增大,界面处的升温速率也随之增大。

图 5-3-20(c)为降温阶段的凝固温度曲线及其微分曲线。从图 5-3-20(c)中可以看出,施加机械振动后,镁/铝双金属界面处的冷却速率明显提升了。在 50～200 s这一平稳冷却的时间内,未施加机械振动的冷却速率为 0.481 K/s,而在施加 20 Hz、35 Hz 和 50 Hz 频率的机械振动后,冷却速率分别提升至 0.524 K/s、0.515 K/s 和 0.707 K/s。

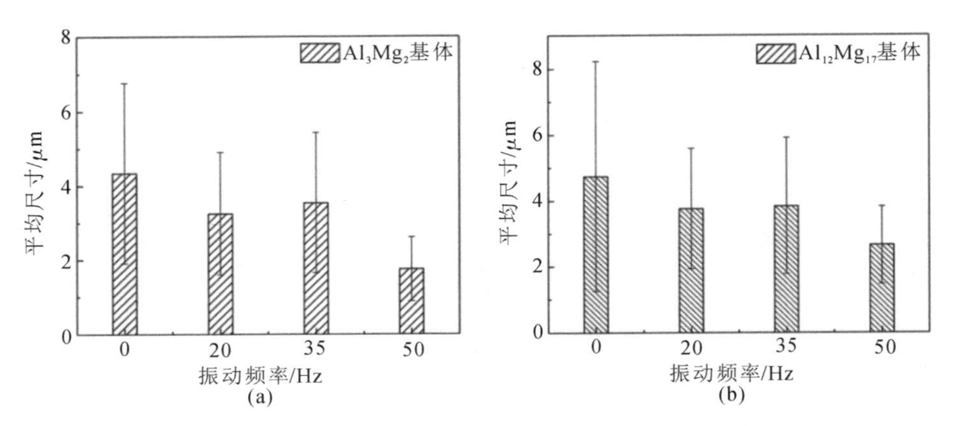

图 5-3-19 不同振动频率下 IMC 层中 Mg_2Si 相的平均尺寸：

(a) Al_3Mg_2 基体；(b) $Al_{12}Mg_{17}$ 基体

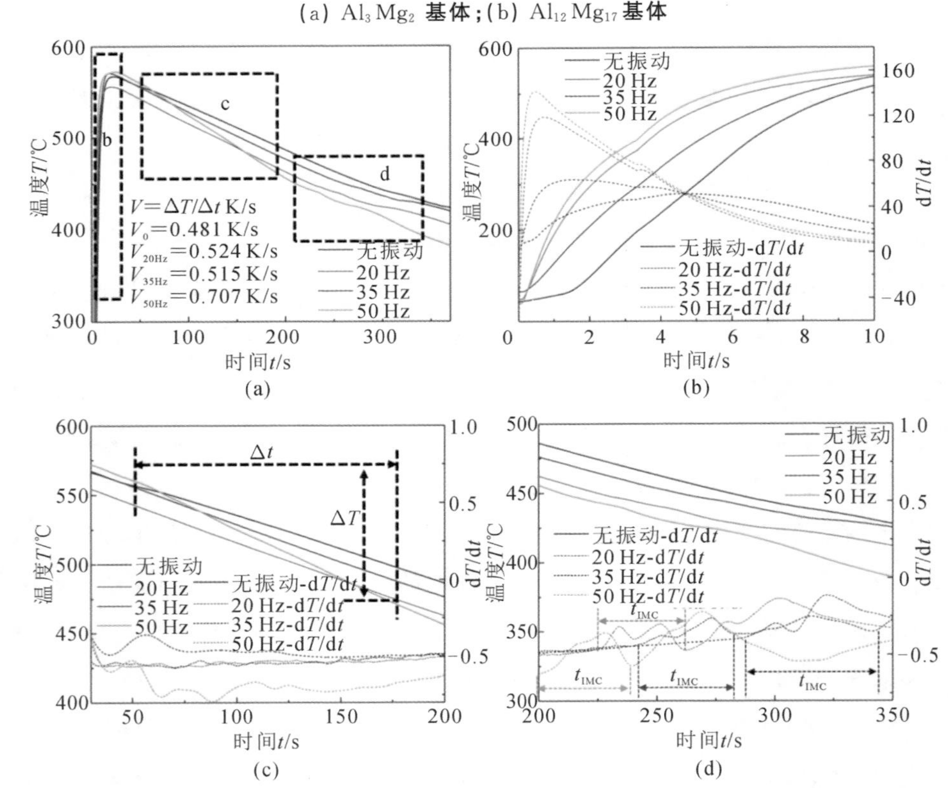

图 5-3-20 不同机械振动频率下镁/铝双金属界面处的测温结果：(a) 复合过程的温度曲线；(b) 升温阶段的凝固温度曲线及其微分曲线；(c) 降温阶段的凝固温度曲线及其微分曲线；(d) 凝固反应阶段的凝固温度曲线及其微分曲线

图 5-3-20(d)为凝固反应阶段的凝固温度曲线及其微分曲线，可以看到，在这一阶段，较为平稳的微分曲线上形成了较多的峰，其产生的原因是界面区域发生了放热的凝固反应，生成了 Al_3Mg_2 相、$Al_{12}Mg_{17}$ 相，以及 $Al_{12}Mg_{17}$ +δ-Mg 共晶组织，从而导致界面处冷却速率下降。测量界面反应的持续时间即可以得到双金属界面 IMC 层的形成时间。经过测量，在没有机械振动的情况下，IMC 层的形成时间(t_{IMC})为 55.78 s。施加频率为 20 Hz、35 Hz、50 Hz 的机械振动后，该时间分别为 41.43 s、43.26 s、39.12 s。该结果表明，t_{IMC} 随着振动频率的增加呈下降趋势，与图 5-3-18 所示的金属间化合层厚度随振动频率变化的趋势恰好吻合。

5.3.3.2 振动频率对镁/铝双金属界面性能的影响

图 5-3-21 为不同振动频率下镁/铝双金属的平均剪切强度测试结果。未施加机械振动时，镁/铝双金属界面的平均剪切强度约为 31.85 MPa，施加频率为 20 Hz、35 Hz 和 50 Hz 的机械振动时镁/铝双金属界面的平均剪切强度分别达到了 41.61 MPa、41.56 MPa、46.83 MPa，相比于未施加机械振动时分别提高了 30.64%、30.49%、47.03%。这表明随着振动频率的增加，镁/铝双金属界面的剪切强度总体呈增加的趋势。

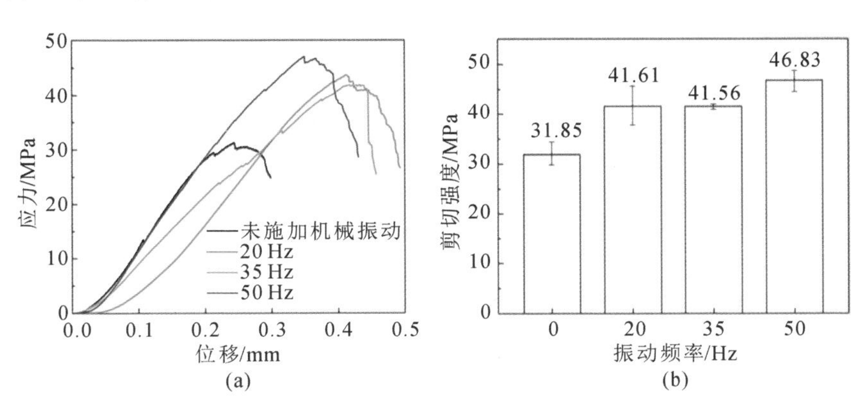

图 5-3-21 不同振动频率下镁/铝双金属的剪切强度测试结果：(a) 应力-位移曲线；(b) 平均剪切强度

图 5-3-22 为不同振动频率下镁/铝双金属剪切试样的纵向断面图。从图中可以看出，施加机械振动后，镁/铝双金属剪切试样断面上裂纹的扩展距离以及扩展范围出现了明显的增大。在未施加机械振动时，断裂裂纹从靠近铝基体的 Al_3Mg_2 层开始延伸，一直延展到 IMC 层和共晶层交界的过渡位置，并沿着这一

区域继续扩展，较少延展至共晶层中。而在施加不同频率的机械振动后，断裂裂纹从靠近铝基体的 Al_3Mg_2 层开始向 AZ91D 基体方向扩展，并穿过 IMC 层和共晶层交界的位置而进入共晶层中。

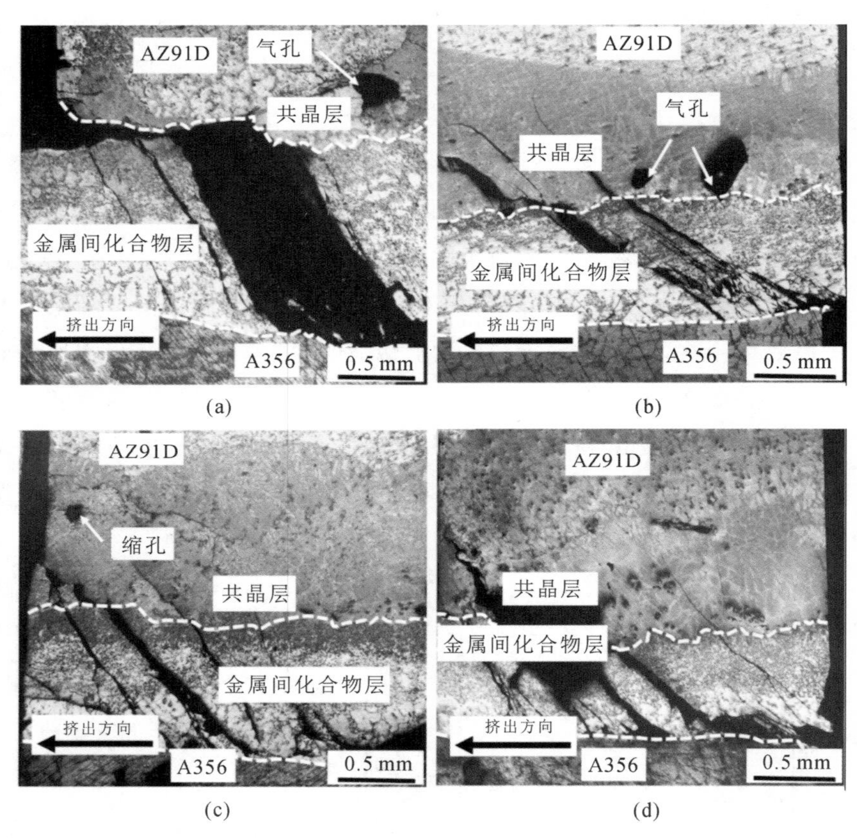

图 5-3-22　镁/铝双金属剪切试样的剖面图：(a) 0 Hz；(b) 20 Hz；(c) 35 Hz；(d) 50 Hz

5.3.3.3　振动频率对镁/铝双金属界面组织和性能的影响机理

对于振动台来说，不同的振动频率反映了冲击力的频率。随着振动频率的增加，熔融 AZ91D 在充型过程以及与 A356 嵌体的结合扩散过程中受到的扰动也会更加频繁和剧烈，在前文我们通过伸入 Al 嵌体表面的热电偶得到的温度曲线及其微分曲线已经验证了振动所带来的扰动的存在。本小节通过测温得到了不同振动频率下镁/铝双金属复合过程的温度和微分曲线，如图 5-3-23 所示。

显而易见，0～10 s 为充型过程的升温阶段；50～200 s 为凝固阶段，此时共晶反应和相析出过程尚未开始，属于降温初始阶段；200 s 之后在结合区 $Al_{12}Mg_{17}$ 和

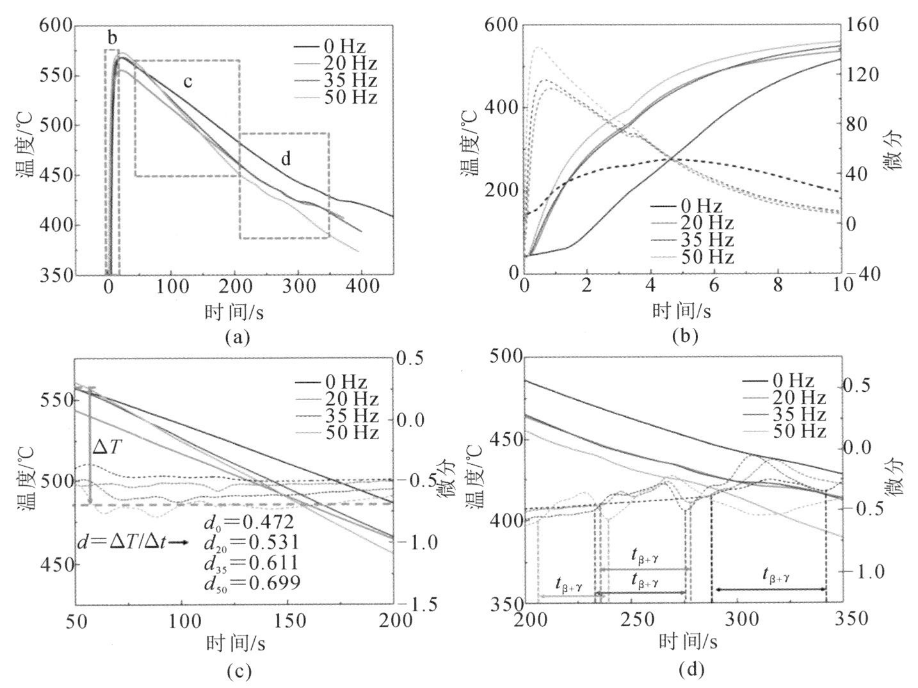

图 5-3-23 AZ91D/A356 双金属凝固阶段的温度和微分曲线:(a) 0～450 s 温度曲线;(b) 0～10 s 温度和微分曲线;(c) 50～200 s 温度和微分曲线;(d) 200～350 s 温度和微分曲线

Al_3Mg_2相开始生成,之后发生共晶反应,$Al_{12}Mg_{17}$+δ-Mg共晶组织形成;300 s时振动结束,温度到达固相线温度,界面反应已经基本结束。

从图5-3-23(a)中可以明显看到降温阶段施加机械振动的温度曲线更低,意味着降温速率更大。对50～200 s的冷却曲线进行计算,得到的结果如图5-3-23(c)所示,其中ΔT为温度差值,Δt为时间差值,冷却速率表示为$d=\Delta T/\Delta t$。可见,随着振动频率的增加,界面层凝固过程的冷却速率从0.472 ℃/s逐渐增加到0.699 ℃/s,不同振动频率下降温速率具有显著的差异,熔体从液相线降温到固相线所需的时间大幅缩短,发生相变的初始时间也因此提前。

将Al_3Mg_2、$Al_{12}Mg_{17}$相形成的时间分别记为t_β、t_γ,经过定量分析,得到不同振动频率下镁/铝双金属界面相变反应时间及持续时间,如图5-3-24(a)所示。由于施加机械振动之后降温更快,发生相变的起始时间和相变的持续时间都有所改变,0、20 Hz、35 Hz、50 Hz对应的金属间化合物层形成总时间分别为60.61 s、42.71 s、45.2 s、35.68 s。

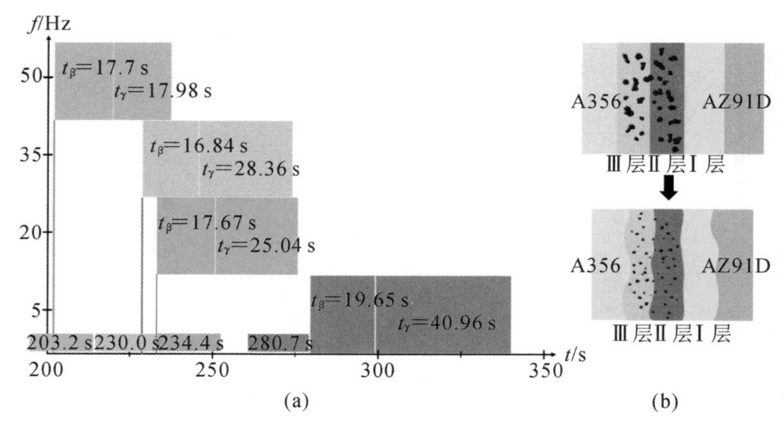

图 5-3-24　振动频率对双金属界面形成的影响：(a) 不同振动频率下 AZ91D/A356 双金属界面相变反应时间及持续时间；(b)振动对结合界面的影响机制示意图

镁/铝双金属界面结合区对流换热的强化是机械振动对冷却速率和界面层厚度影响的主要原因，振动频率的增加，给熔融金属液带来更频繁的对流和冲击，促进了重熔区内部的溶质交换和对流换热，使固、液两相进行更频繁的热交换，从而导致界面结合区的冷却速率增加，因此相变的持续时间缩短，这导致了金属间化合物层的厚度减小，同时也意味着 Al_3Mg_2 和 $Al_{12}Mg_{17}$ 相的含量减少。

界面层的厚度可能还受到元素扩散的影响。得益于振动频率的增加，振动促进了更多的 Al 元素和 Si 元素扩散到界面层与来自 AZ91D 的 Mg 元素进行反应，一定程度上冷却速率的增大与元素扩散的增强对界面层厚度的作用是竞争关系。由于这个原因，施加 35 Hz 的振动相比施加 20 Hz 的振动在界面层厚度的变化上差别不大，但随着振动频率的增加，冷却速率进一步增大，其对界面层厚度减小的影响作用增大，金属间化合物层的厚度进一步减小，所以施加 50 Hz的振动使得镁/铝双金属的界面结合性能更佳。

在界面层的凝固过程中，Mg_2Si 相由从 A356 扩散的 Si 元素和从 AZ91D 扩散的 Mg 元素组合而成，并容易在金属间化合物层中聚集为大块状或条状(见图 5-3-24(b))。随着振动频率的增加，Mg_2Si 颗粒受到更剧烈的垂直振动的冲击而细化，分布从团聚变为分散。当 Mg_2Si 颗粒体积较大且呈团簇状时，团簇状颗粒和大颗粒在应力过程中更容易断裂，这些断裂颗粒也可视为裂纹扩展的通道。复合材料中的裂纹颗粒无法传递任何载荷，因为应力沿着裂纹表面释放，导致复合材料的强度降低。而振动频率的增加，使其细化和分散 Mg_2Si 颗粒的作用增强，Mg_2Si 颗粒的细化和均匀分布对增强镁/铝双金属的力学性能有着显著效果，这是施加机械振动后镁/铝双金属力学性能提高的另一个原因。

5.3.4 振动时间对镁/铝双金属界面组织和性能的影响

5.3.4.1 振动时间对镁/铝双金属界面组织的影响

图 5-3-25 为不同振动时间下获得的镁/铝双金属铸件界面结合区域的 SEM 图像，根据Ⅰ、Ⅱ、Ⅲ层区域的特征并结合 EDS 点分析结果，将界面分为共晶层（Ⅰ层）以及由 $Al_{12}Mg_{17}$ 层（Ⅱ层）和 Al_3Mg_2 层（Ⅲ层）等金属间相组成的金属间化合物（IMC）层。

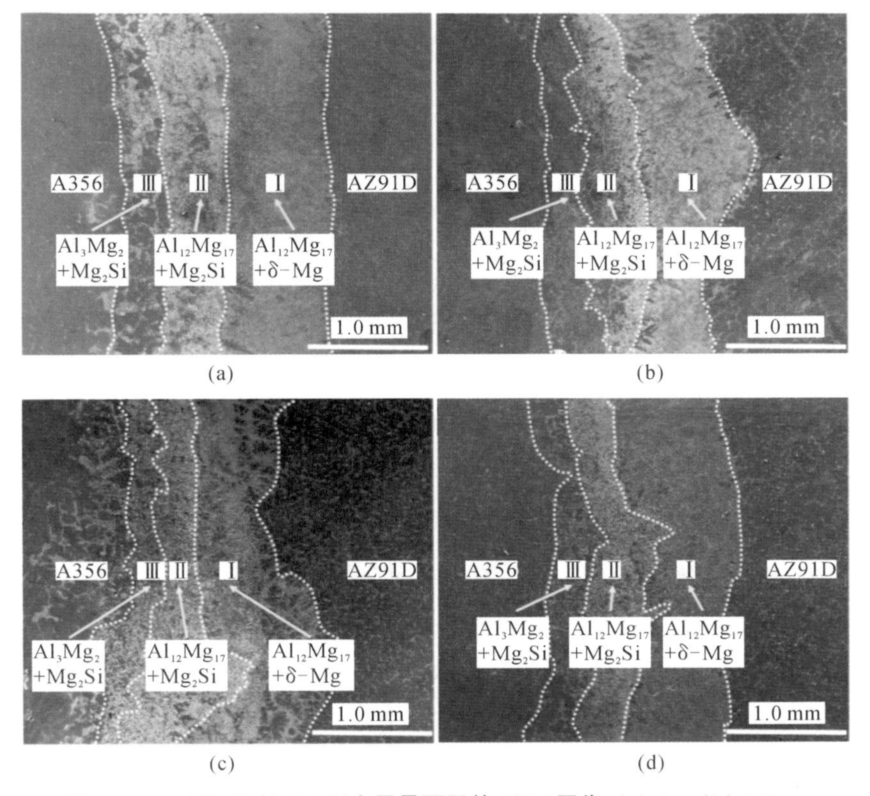

图 5-3-25 AZ91D/A356 双金属界面层的 SEM 图像：(a) 0 s；(b) 150 s；(c) 300 s；(d) 450 s

从上图可以看到，施加机械振动之后，界面层的平均厚度发生明显变化，界面层的三个区域的平均厚度也有明显改变。利用 Image-Pro Plus 软件测量并计算得到界面层区域的平均厚度，发现未施加机械振动一组的共晶层厚度为 844.1 μm，IMC 层厚度为 861.4 μm，而施加机械振动之后的三组试样的共晶层和 IMC 层的平均厚度结果为 717 μm 和 714.4 μm，在振动时间为 300 s 时 IMC 层厚度达到最小值 682.3 μm，相较于未施加机械振动的 IMC 层厚度减小 21%。不同振动时间下双金属界面各层的平均厚度如图 5-3-26 所示。

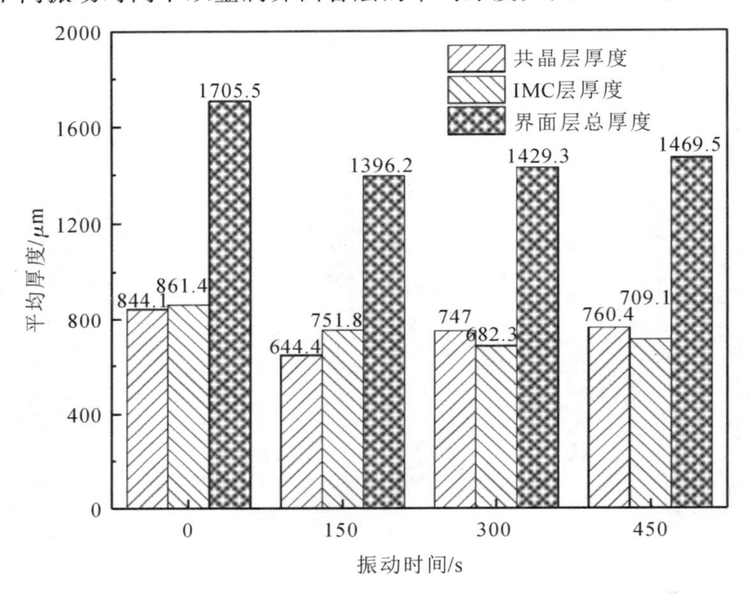

图 5-3-26　不同振动时间下 AZ91D/A356 双金属界面层厚度

由 EPMA 所观察到的 Si 元素界面分布情况发现，振动具有促进元素扩散的作用。从图 5-3-27 中可以看到，相比于未施加机械振动的情况，施加机械振动之后界面 Si 元素颜色更亮，分布范围更大，说明振动使 Si 元素在界面中的含量增加，并且促进了 Si 元素在界面的均匀分布。

图 5-3-28 为铸件界面层不同区域 SEM 图像，图 5-3-28(a)为未施加机械振动的空白组，其 Mg_2Si 颗粒在 IMC 层中呈现出团聚倾向，形貌多为粗大的块状和聚集的长条状。在施加机械振动之后，从Ⅱ、Ⅲ区域的对比可以看出，金属间化合物层 Mg_2Si 的颗粒尺寸明显减小，并且趋于团聚的 Mg_2Si 颗粒得到很好的分散，原在 Al_3Mg_2 层中呈长条状和大块状的 Mg_2Si 颗粒趋于分散、细化，更多以细小颗粒状均匀分散在整个区域中。

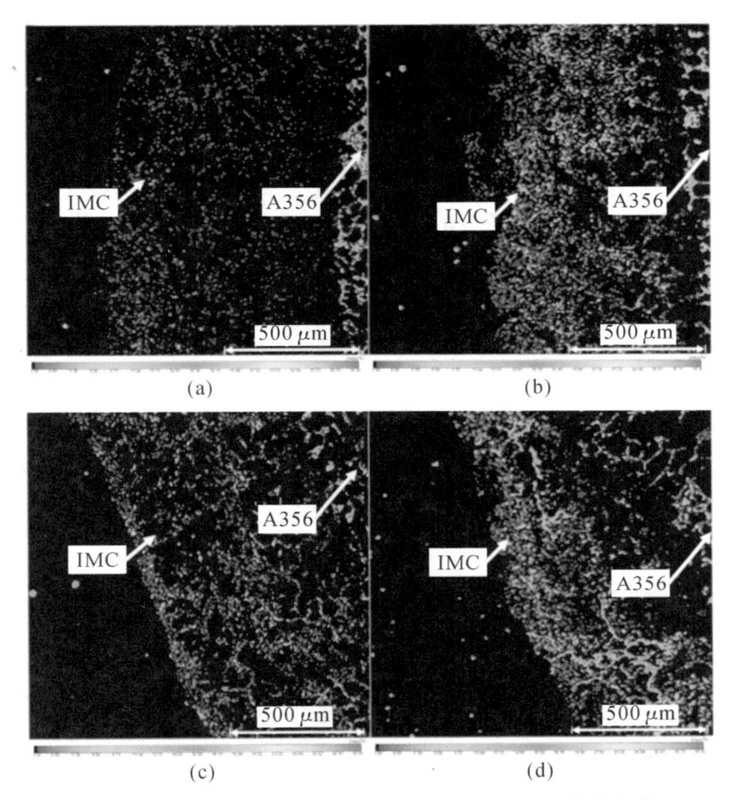

图 5-3-27　不同振动时间下 AZ91D/A356 双金属界面 Si 元素分布的 EPMA 图像：
(a) 0 s;(b) 150 s;(c) 300 s;(d) 450 s

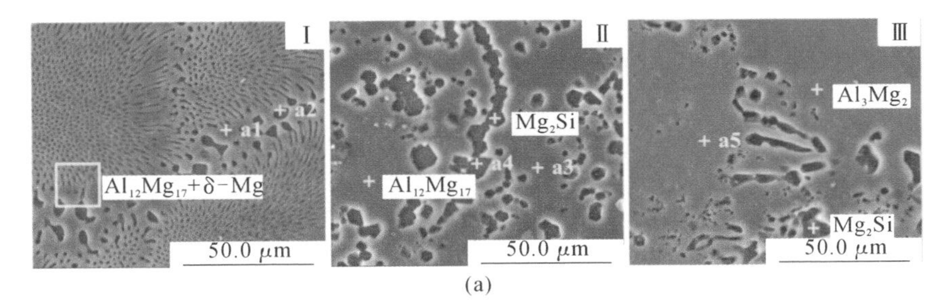

图 5-3-28　AZ91D/A356 双金属界面层不同区域微观 SEM 图像：
(a) 0 s;(b) 150 s;(c) 300 s;(d) 450 s
(Ⅰ:$Al_{12}Mg_{17}$+δ-Mg;Ⅱ:$Al_{12}Mg_{17}$+Mg_2Si;Ⅲ:Al_3Mg_2+Mg_2Si)

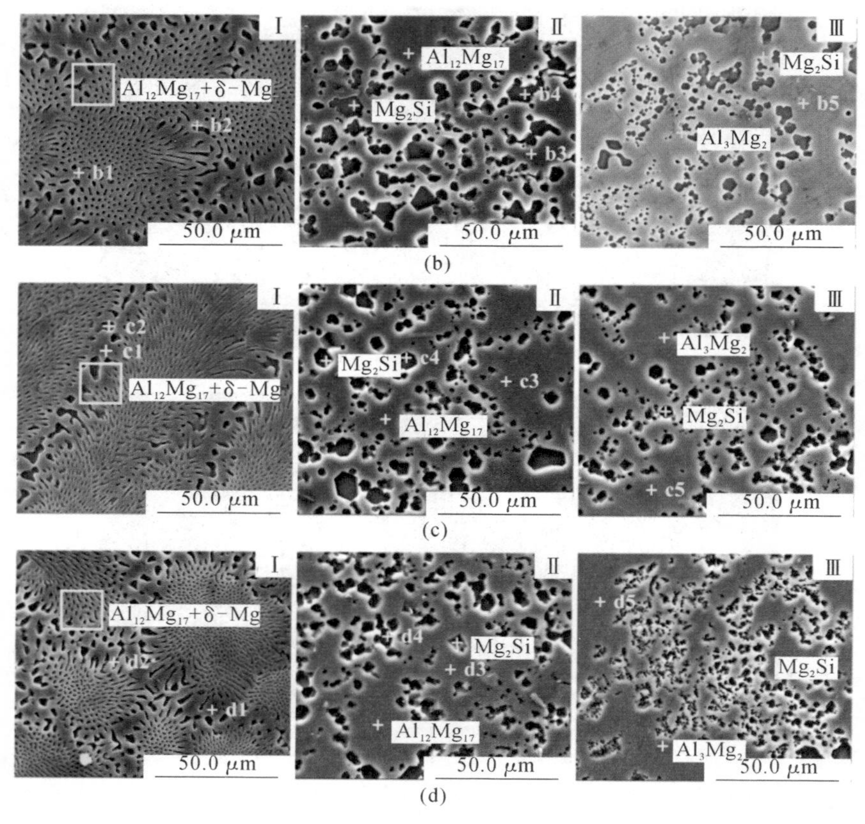

(b)

(c)

(d)

续图 5-3-28

对图 5-3-28 中标示的位置进行 EDS 点分析，结果如表 5-3-3 所示。

表 5-3-3　图 5-3-28 中界面各区域不同位置 EDS 点分析结果

区域序号	元素含量/(at. %)			可能的相
	Al	Mg	Si	
a1	38.93	61.07	—	$Al_{12}Mg_{17}$
a2	16.87	83.13	—	δ-Mg
a3	47.92	52.08	—	$Al_{12}Mg_{17}$
a4	6.94	59.57	33.49	Mg_2Si
a5	62.40	37.60	—	Al_3Mg_2

续表

区域序号	元素含量/(at. %)			可能的相
	Al	Mg	Si	
b1	38.74	61.26	—	$Al_{12}Mg_{17}$
b2	19.97	80.03	—	δ-Mg
b3	44.76	55.24	—	$Al_{12}Mg_{17}$
b4	11.42	59.58	29.00	Mg_2Si
b5	56.24	43.76	—	Al_3Mg_2
c1	33.91	66.09	—	$Al_{12}Mg_{17}$
c2	17.71	82.29	—	δ-Mg
c3	40.72	59.28	—	$Al_{12}Mg_{17}$
c4	—	64.43	35.57	Mg_2Si
c5	53.62	46.38	—	Al_3Mg_2
d1	38.54	61.46	—	$Al_{12}Mg_{17}$
d2	21.43	78.57	—	δ-Mg
d3	41.37	58.63	—	$Al_{12}Mg_{17}$
d4	—	78.03	21.97	Mg_2Si
d5	62.36	37.64	—	Al_3Mg_2

5.3.4.2 振动时间对镁/铝双金属界面性能的影响

图 5-3-29 为不同振动时间下双金属界面的维氏硬度，施加机械振动之后由于界面成分更加均匀，所以Ⅰ层区域的硬度略高于空白组，而Ⅱ层和Ⅲ层区域的硬度比空白组低，且随着振动时间的延长而降低，振动 450 s 时平均硬度最小，为 221 HV，比空白组的 248.46 HV 降低了 11.05%。

图 5-3-30 为不同振动时间下双金属样品的剪切强度，每一个参数水平下的剪切强度均由六个样品分别测试并求平均值所得。从图中可以看到，随着振动时间的增加，双金属的剪切强度不断增加，在振动时间为 300 s 时达到最大值，

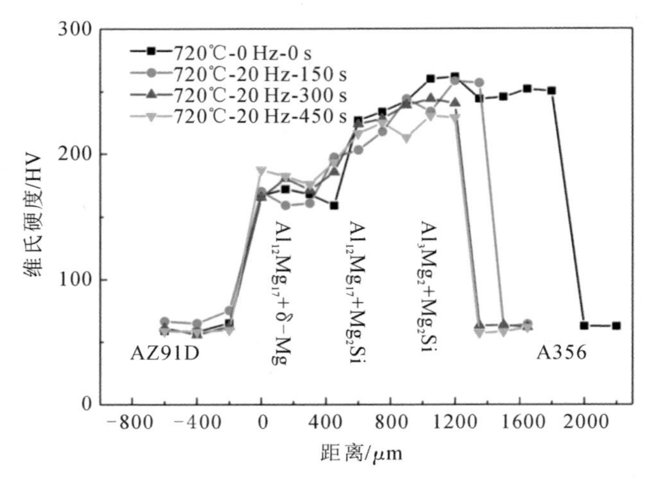

图 5-3-29　不同振动时间下双金属界面的维氏硬度

为47.49 MPa，然后随着振动时间继续增加而略有下降。振动时间为 150 s、300 s、450 s 时双金属剪切强度分别达到 40.89 MPa、47.49 MPa、43.77 MPa，相比于未施加机械振动的空白组分别提高了 29.97%、50.95%、39.13%。

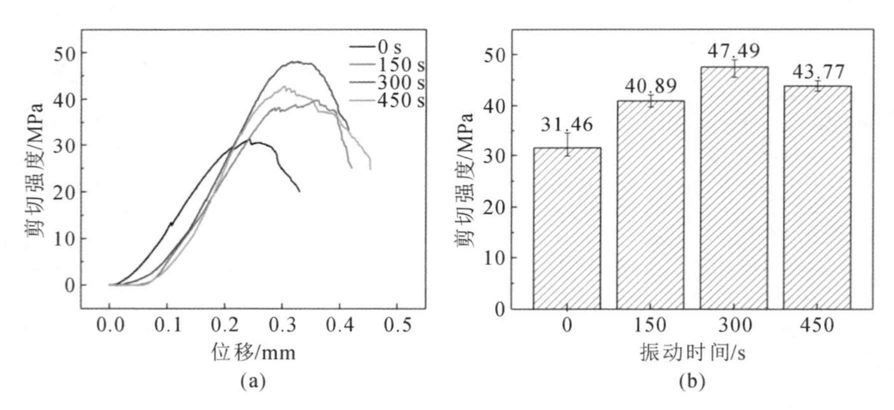

图 5-3-30　(a) **不同振动时间下** AZ91D/A356 **双金属剪切强度-位移曲线；**
(b) **不同振动时间下** AZ91D/A356 **双金属的剪切强度**

图 5-3-31 为不同振动时间下双金属剪切试样纵向断面的金相图，未施加机械振动的断裂位置从 IMC 层开始，由 $Al_3Mg_2+Mg_2Si$ 层延展到 $Al_{12}Mg_{17}+Mg_2Si$ 层和共晶层交界的过渡位置，并未延展到共晶层和基体上，过渡区域因为容易产生气孔等缺陷，裂纹可能优先穿过气孔而导致界面力学性能较差。而

施加机械振动之后，断口裂纹扩展到镁/铝双金属界面区域的每一层。

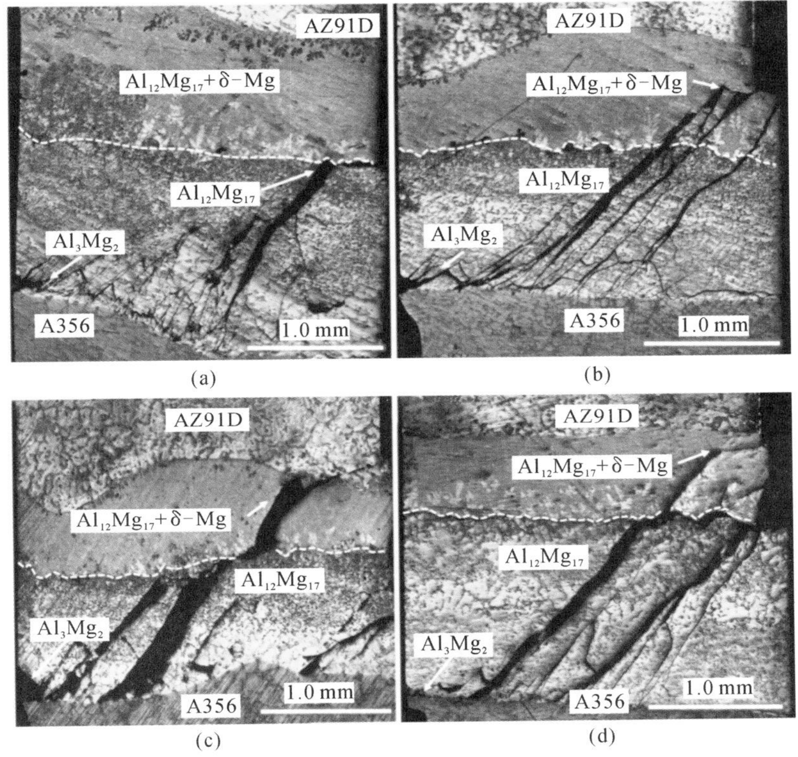

图 5-3-31　不同振动时间下 AZ91D/A356 双金属剪切试样纵向断面的金相图：

(a) 0 s;(b) 150 s;(c) 300 s;(d) 450 s

5.3.4.3　振动时间对镁/铝双金属界面组织和性能的影响机理

Al_3Mg_2 和 $Al_{12}Mg_{17}$ 相是镁/铝双金属 IMC 层的主要相组成。这些相具有比 Al 和 Mg 基体更高的硬度和更低的塑性变形能力。因此，在制备镁/铝双金属的过程中，减少脆性相是提高镁/铝双金属结合强度的关键。在消失模铸造镁/铝双金属的过程中，IMC 层的厚度对双金属材料脆性相的数量和界面的剪切强度有显著影响。

为了解振动时间对双金属铸造过程中界面层厚度变化和凝固组织的影响，采用热电偶测量了 AZ91D 熔体和 A356 嵌体结合区的温度，得到温度曲线和相应的一阶导数曲线，如图 5-3-32 所示，可以看到凝固温度曲线在 150～450 s 之间出现了三个平台，对应的一阶导数曲线出现明显上升又下降的峰，每一个峰对应着一次相变反应，意味着新相的形成。由 Mg-Al 二元相图可知，在 150 s 之前共晶反应尚未开始，处于初始凝固阶段，300 s 正处于 $Al_{12}Mg_{17}$ 和 Al_3Mg_2 生成阶段，共晶层形成于 300 s 之后，直到 450 s 时界面反应已经完全结束，界面完全凝固，这与 G. Y. Li 等人研究得到的消失模铸造 AZ91D/A356 双金属的界面形成机制一致。

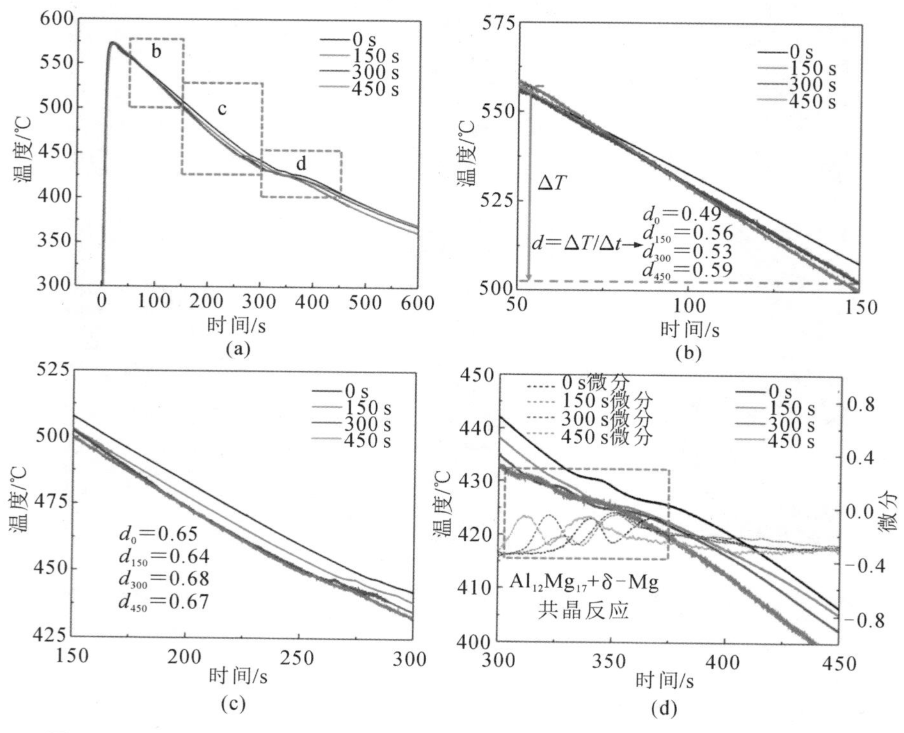

图 5-3-32　不同振动时间下 AZ91D/A356 双金属凝固阶段的温度和微分曲线：
(a) 结合区域充型-凝固过程温度曲线；(b) 50～150 s 温度曲线；
(c) 150～300 s 温度曲线；(d) 300～450 s 温度和微分曲线

从图 5-3-32(a)中可以很明显地看到，施加机械振动之后的温度曲线更低。对 50～150 s 和 150～300 s 的温度曲线分别进行计算，得到曲线斜率，如图 5-3-32(b)和(c)所示，其中 ΔT 和 Δt 分别表示温度差值和时间差值，冷却速率可以用 $d=\Delta T/\Delta t$ 表示。在 50～150 s 阶段，振动组的冷却速率均高于未施加机械振动的空白组，150～300 s 时，由于振动时间为 150 s 的一组振动已经停止，故冷却速率也下降，和空白组基本一致。这说明机械振动的施加导致凝固过程中的冷却速率明显增大，而当振动停止之后，其对冷却速率的影响也消失了。

为了进一步研究振动对凝固过程中温度变化的影响，对振动时间的四个水平的温度曲线和相应的一阶导数曲线进行了分析，如图5-3-32(d)所示。由于施加机械振动后冷却速率更高，每个相变反应的开始时间和持续时间都发生了变化。由于相变过程代表着界面层的形成过程，因此相变的持续时间直接影响IMC层的厚度。由于相变反应的持续时间缩短，界面层的生长和扩散在一定程度上受到了抑制。将Al_3Mg_2相、$Al_{12}Mg_{17}$相和$Al_{12}Mg_{17}+\delta$-Mg共晶组织形成的时间分别记为t_β、t_γ、t_e，总时间为Δt，经过定量分析，相变时间与界面层厚度如表5-3-4所示。

表5-3-4　相变时间与界面层厚度

相变时间/s	空白组	450 s组	差异率/(%)	界面层厚度/μm	空白组	450 s组	差异率/(%)
$t_\beta+t_\gamma$	26	24	−7.69%	$Al_3Mg_2+Al_{12}Mg_{17}$	864.1	709.1	−17.94%
t_e	64	51	−20.31%	$Al_{12}Mg_{17}+\delta$-Mg	844.4	760.4	−9.95%
Δt	90	75	−16.67%	总厚度	1705.5	1469.5	−13.84%

镁/铝双金属结合区热交换的加剧可能是振动对界面层冷却速率和厚度产生影响的主要原因，从温度和微分曲线(见图5-3-33(b)、(c))可以看出，施加机械振动后，微分曲线的波动幅度显著增大，表明振动促进了凝固过程中重熔区的热对流，这使得界面重熔区的元素交换更加活跃和充分，在熔融镁合金和铝嵌体接触的区域首先形成重熔区，振动促进了重熔区内部的溶质交换和对流换热，使固、液两相进行更频繁的热交换，导致冷却速率的增加。处于熔融态的界面重熔区的温度下降变快，缩短了元素扩散时间，溶质交换和元素扩散在液相中的速率远大于在固相中的速率，由于扩散时间的缩短和扩散能力的降低，相变持续时间随之缩短，IMC层的厚度因此而减小。IMC层厚度的减小意味着脆性相的减少，这有助于提高镁/铝双金属结合界面力学性能。

在施加机械振动下，共晶层的厚度除了受到冷却速率改变的影响之外，还可能受到元素扩散的影响。得益于振动时间的延长，振动促进了更多的Al元素和Si元素扩散到共晶层，因此更多的Al元素与来自Mg基体的Mg元素进行反应，在一定程度上导致了共晶层厚度的增加。但是在振动时间达到300 s之后，金属间化合物层的相已经基本形成，尽管延长振动时间对$Al_{12}Mg_{17}+\delta$-

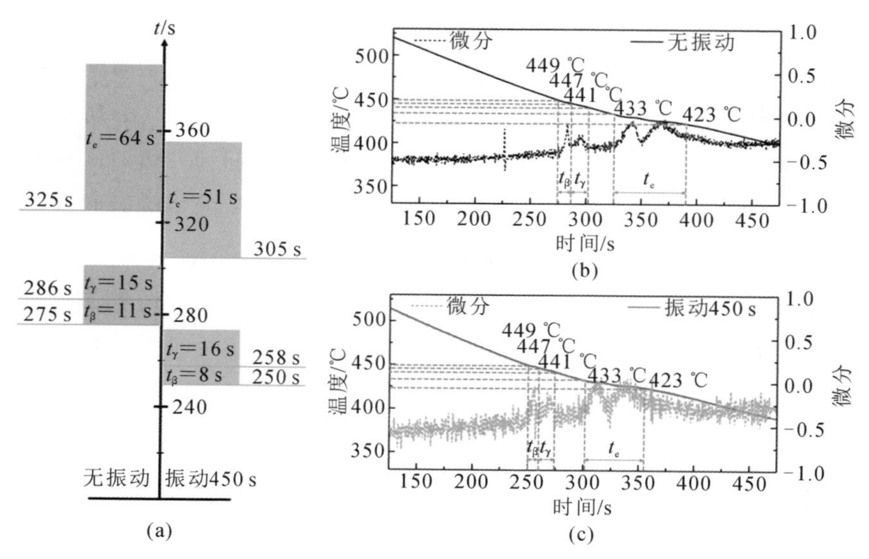

图 5-3-33　振动时间对界面层形成过程和微观结构的影响示意图：

(a) 无振动和振动 450 s 时相变开始时间和持续时间；

(b),(c) 无振动和振动 450 s 时界面区域的温度和微分曲线

Mg 共晶层的形成仍有一定程度的影响，但是其对已经反应结束的 IMC 层的影响已经大大削弱。因此，随着振动时间的延长，双金属界面并没有表现出性能上的提高。可以认为，最佳的振动时间应该在 300 s 左右。

在界面层凝固过程中，Si 元素和 Mg 元素结合生成 Mg_2Si 并发生聚集，形成粗大块状或长条状的 Mg_2Si 团块(见图 5-3-28(a))，在施加机械振动之后，Mg_2Si 在形成过程中受垂直方向的振动冲击，Mg_2Si 被振动冲散(见图 5-3-28(b)～(d))。根据现有颗粒增强复合材料的研究，局部富含颗粒的区域是裂缝最有利的成核位点，外部施加的载荷通常从缺乏增强颗粒的区域转移到富含增强颗粒的区域，颗粒尺寸越大越容易发生断裂，越能促进承受载荷过程中微裂纹的形成而提前形成裂纹扩展通道，导致复合材料性能变差，而细化的 Mg_2Si 颗粒对增强镁/铝双金属的性能具有更好的作用，如图 5-3-34 所示。同时有研究发现，Mg_2Si 颗粒的均匀分布也能够带来更高的强度，因此施加机械振动之后，Mg_2Si的细化与弥散分布是镁/铝双金属的剪切强度提高的另一个原因。

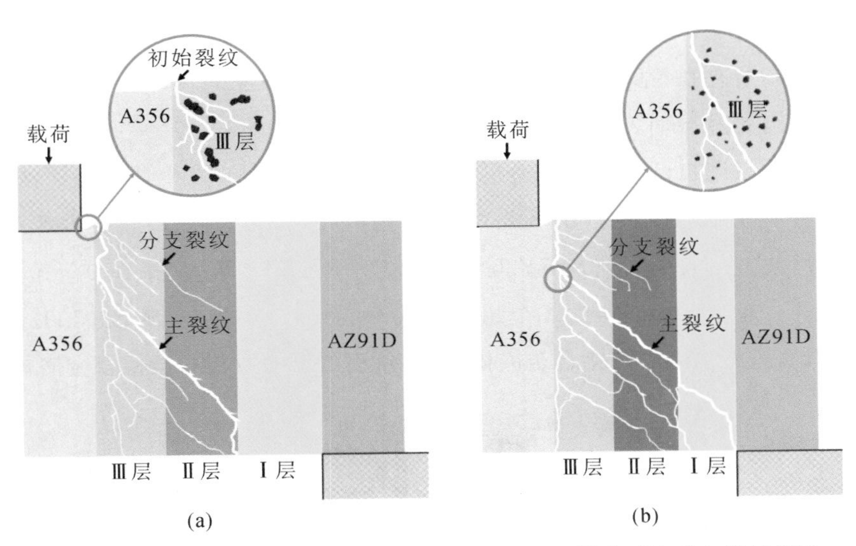

图 5-3-34 AZ91D/A356 **双金属的断裂机理**:(a) **无振动**;(b) **施加机械振动**

5.4 超声振动对镁/铝双金属界面组织和性能的影响

机械振动能够调控双金属界面凝固组织和消除界面中的氧化夹杂物缺陷,较单一调控方法强化效果更好,但是其对界面组织的细化效果以及分布均匀性的改善作用仍有待进一步提高。超声振动是另一种被广泛采用的能够有效改善金属凝固组织的方法,它利用超声空化和声流效应,可起到细化金属的凝固组织、改善第二相分布、除气除杂等作用。在双金属材料的制备领域,超声振动还能够起到破除界面处的氧化膜、促进复合界面形成的作用,但是由于使用条件的限制,其在消失模铸造工艺中还未得到应用。

本节结合消失模固-液复合铸造的特点,设计了一种超声辅助的消失模固-液复合铸造的方法,通过实验对超声振动的可行性进行了验证,并研究了超声振动对消失模固-液复合铸造镁/铝双金属界面组织和性能的调控及强化机理。

5.4.1 超声振动实验过程

本实验仍采用 A356 铝合金作为固态嵌体材料,采用 AZ91D 镁合金作为浇注用的金属。图 5-4-1 为通过超声振动对镁/铝双金属界面组织和性能进行调

控的实验原理图。在采用消失模固-液复合铸造工艺制备镁/铝双金属材料时，复合模型本身存在着固态嵌体，可以方便地作为超声波的传导介质，将其适当延长即可与超声振动装置相连接。

本实验采用自己搭建的简易超声振动装置，由超声波发生器和超声波换能器两部分组成，如图 5-4-1(b)和(c)所示。超声频率为 28 kHz，最大功率为 200 W。超声波发生器采用梵音 FY200M，额定功率为 200 W，功率在 0～100%内数控可调。超声波换能器由 4 个超声波振子(额定功率为 50 W，28 kHz)和底座组成，底座底部能够与铝合金嵌体相连，从而将超声波传导至铝合金嵌体中。

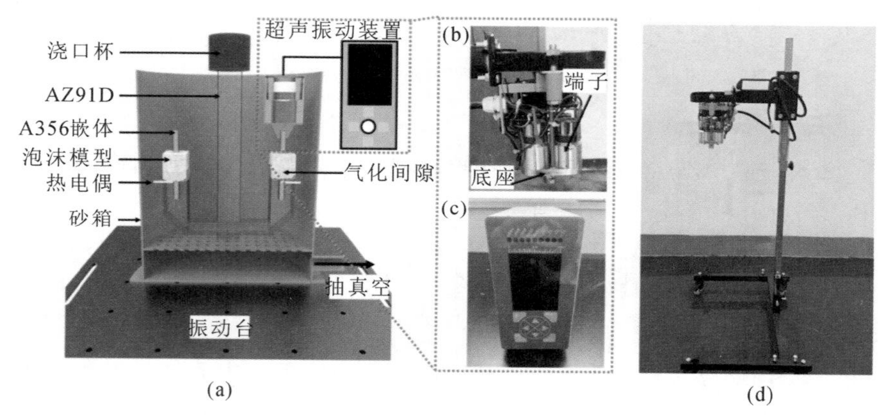

图 5-4-1 实验原理图：(a) 实验原理示意图；(b) 超声波换能器；(c) 超声波发生器；(d) 超声振动装置

超声波发生器的作用是把市电转换成与超声波换能器相匹配的高频交流电信号，驱动超声波换能器工作。超声波换能器的作用则是将输入的电功率转换成机械功率(即超声波)再传递出去，而自身只消耗很少一部分的功率。在超声振动的施加过程中，超声波换能器直接与固态嵌体相连接，超声波由超声波振子发出后，沿着与之相连的底座以及固态嵌体进行传播，最终穿过固态嵌体与金属熔体间的固-液界面进入熔体中，从而将超声波直接作用于界面区域。

实验过程中，首先将超声波换能器通过伸出消失模复合模型的固态嵌体与模型相连接，并随模型一起放置在砂箱中。随后向砂箱中填入干砂后启动砂箱底下的振动台进行振动紧实。填砂完毕后，在砂箱顶部覆上一层塑料薄膜，并抽真空使散砂紧实。最后，安放好浇注用的浇口杯。提前启动超声振动装置，设置输出功率为 50 W,随后进行浇注。

前期的预实验发现,采用 720 ℃浇注温度时,在超声振动的作用下,铝嵌体整体会发生严重的熔化。最终根据预实验结果,确定浇注参数如下:浇注温度为 690 ℃,真空度为 0.03 MPa。浇注完成后继续维持超声振动直至铸件完全凝固。在浇注过程中,使用带有直径为 3 mm 的不锈钢护套的 K 型热电偶(误差值为±0.75%)测量嵌体表面区域温度,热电偶安放位置如图 5-4-1(a)所示。

5.4.2 超声振动对镁/铝双金属界面组织的影响

图 5-4-2 显示了施加超声振动前后镁/铝双金属界面的宏观形貌。图像从左往右依次为 A356 铝合金基体、界面和 AZ91D 镁合金基体。图 5-4-2(a)显示了未施加超声振动时双金属界面的宏观形貌,可以看出,未施加超声振动时,双金属界面的形态规则,厚度也较为均匀。图 5-4-2(b)为施加超声振动后双金属界面的宏观形貌,可以看出,施加超声振动后,双金属的界面形态开始变得不规则,有效地增大了铝、镁基体与双金属界面间的接触面积。

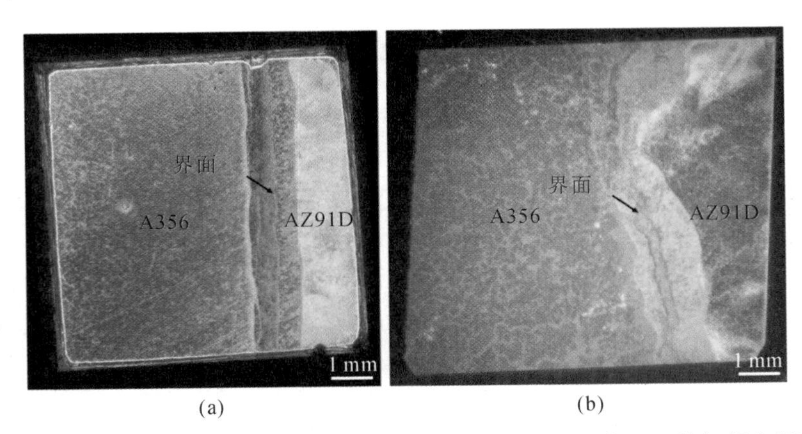

图 5-4-2 镁/铝双金属界面的宏观形貌:(a) 未施加超声振动;(b) 施加超声振动

图 5-4-3 显示了施加超声振动前后镁/铝双金属界面的 SEM 图像和 EDS 面分析结果。未施加超声振动的情况下,双金属界面中存在较多粗大的垂直于界面生长的 $Al_{12}Mg_{17}$ 枝晶,如图 5-4-3(a)所示。施加超声振动后,双金属界面中粗大的枝晶被破碎细化,在界面区域已经较少观察到粗大的枝晶组织,

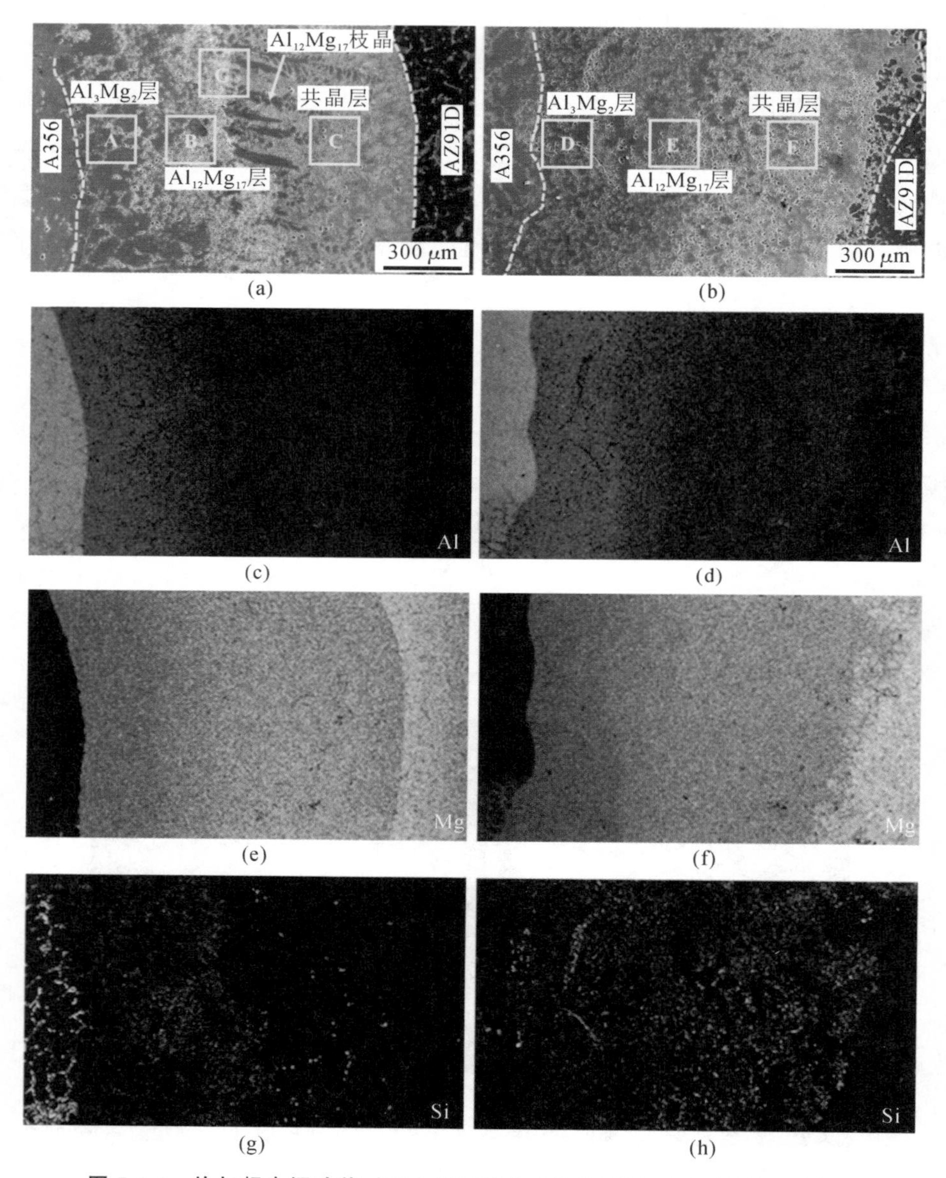

图 5-4-3　施加超声振动前后双金属界面的 SEM 图像和 EDS 面分析结果：
(a) 未施加超声振动时的 SEM 图像；(b) 施加超声振动后的 SEM 图像；
(c)，(e)，(g) 未施加超声振动时双金属界面的 EDS 面分析结果；
(d)，(f)，(h) 施加超声振动后双金属界面的 EDS 面分析结果

如图 5-4-3(b)所示。另外,在未施加超声振动时,双金属界面区域基体上析出相的分布并不均匀,如图 5-4-3(a)中标记的区域 A 和 B 所示,施加超声振动后,双金属界面中组织分布的均匀性得到了大幅改善,如图 5-4-3(b)中区域 D 和 E 所示。

图 5-4-3(c)、(e)和(d)、(f)显示了施加超声振动前后,双金属界面中 Al、Mg 元素的分布情况。结果表明,施加超声振动前后,双金属界面中 Al、Mg 元素的分布未出现显著的变化,均存在明显的浓度梯度。图 5-4-3(g)为未施加超声振动时镁/铝双金属界面中 Si 元素的分布。结合图 5-4-3(a)可以看出,在未施加超声振动时双金属界面中的 Si 元素主要集中于界面的区域 A 和 B 中,而在区域 C 中分布较少。图 5-4-3(h)显示了施加超声振动后镁/铝双金属界面中 Si 元素的分布情况。从图中可以看出,施加超声振动后 Si 元素均匀分布于整个镁/铝双金属界面中,表明超声振动可以显著改善界面中 Si 元素分布的均匀性。

为了进一步分析超声振动对镁/铝双金属界面微观组织的影响,从双金属界面中选择了三个不同的区域进行进一步的观察和分析,结果如图 5-4-4 所示。采用 EDS 点分析对双金属界面不同区域的微观组织进行分析,结果如表 5-4-1 所示。

根据界面不同区域微观组织的差异,镁/铝双金属界面可分为以下三部分:Al_3Mg_2层(主要由 Al_3Mg_2 相和 Mg_2Si 相组成)、$Al_{12}Mg_{17}$层(主要由 $Al_{12}Mg_{17}$ 相和 Mg_2Si 相组成)、共晶层(主要由初生 $Al_{12}Mg_{17}$ 相和 $Al_{12}Mg_{17}+\delta$-Mg 共晶组织组成),其中 Al_3Mg_2 层和 $Al_{12}Mg_{17}$ 层可以统称为金属间化合物层(IMC 层)。未施加超声振动时双金属界面中的 Mg_2Si 相主要分布于界面的 Al_3Mg_2 层和 $Al_{12}Mg_{17}$层中,而在共晶层中分布较少。施加超声振动后,双金属界面的各个区域中均存在大量的 Mg_2Si 相,其在界面中分布的均匀性得到了极大改善,并且改善效果优于机械振动的调控方法。

此外,在施加超声振动后双金属界面 Al_3Mg_2层和 $Al_{12}Mg_{17}$层中的 Mg_2Si 相得到了显著的细化。未施加超声振动时,双金属界面 Al_3Mg_2层和 $Al_{12}Mg_{17}$ 层中存在大量的蠕虫状和大块状的 Mg_2Si 相,如图 5-4-4(a)和(b)所示。施加超声振动后 Mg_2Si 相转变为细小的颗粒状,得到了显著的细化,如图 5-4-4(d)和(e)所示。

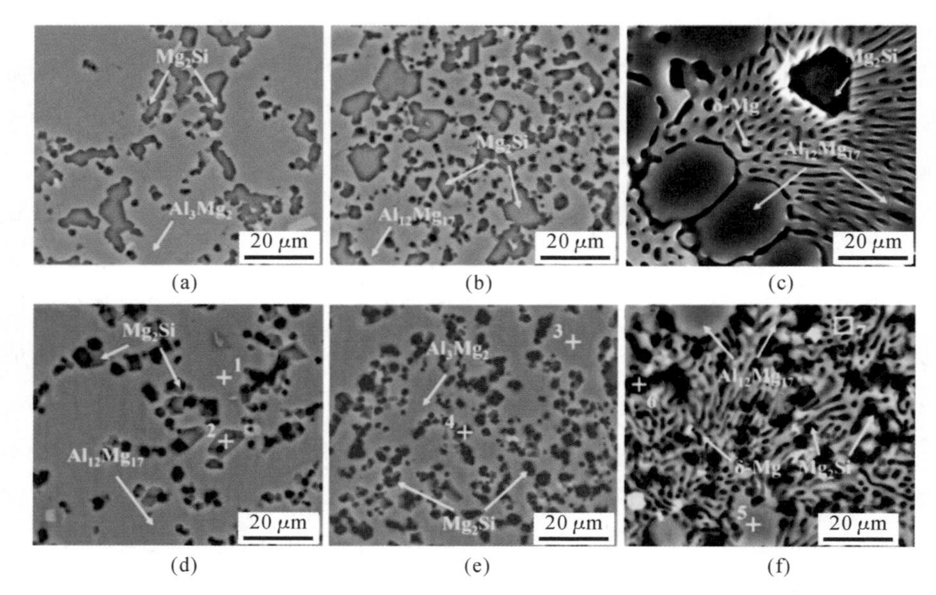

图 5-4-4　施加超声振动前后双金属界面不同区域的 SEM 图像：(a)～(c) 未施加超声振动，对应于图 5-4-3(a)中的区域 A、B、C；(d)～(f) 施加超声振动，对应于图 5-4-3(b)中的区域 D、E、F

表 5-4-1　图 5-4-4(d)～(f)中不同位置的 EDS 点分析结果

序号	元素含量/(at. %)			可能的相
	Al	Mg	Si	
1	63.24	36.76	—	Al_3Mg_2
2	15.96	60.17	23.87	Mg_2Si
3	54.11	45.89	—	$Al_{12}Mg_{17}$
4	15.96	60.17	23.87	Mg_2Si
5	41.82	58.18	—	$Al_{12}Mg_{17}$
6	—	62.89	37.11	Mg_2Si
7	64.10	35.90	—	共晶组织($Al_{12}Mg_{17}$+δ-Mg)

对施加超声振动前后镁/铝双金属界面 Al_3Mg_2 层和 $Al_{12}Mg_{17}$ 层中的 Mg_2Si 相的尺寸分别进行统计，结果如图 5-4-5 所示。统计结果表明，施加超声振动前镁/铝双金属界面 Al_3Mg_2 层和 $Al_{12}Mg_{17}$ 层中 Mg_2Si 相的平均尺寸分别为 8.0 μm 和 6.7 μm，施加超声振动后界面 Al_3Mg_2 层和 $Al_{12}Mg_{17}$ 层中 Mg_2Si

相的平均尺寸分别下降至 4.32 μm 和 2.9 μm。图 5-4-4(c)和(f)显示了施加超声振动前后双金属界面共晶层中的微观组织图像。从图中可以看出,施加超声振动后界面共晶层中 $Al_{12}Mg_{17}$ 和 δ-Mg 共晶组织也出现了显著的细化,如图 5-4-4(f)所示。上述实验结果表明,施加超声振动后双金属界面的相组成未出现明显的变化,但是界面组织出现了显著细化,Mg_2Si 相分布的均匀性也得到了显著改善。

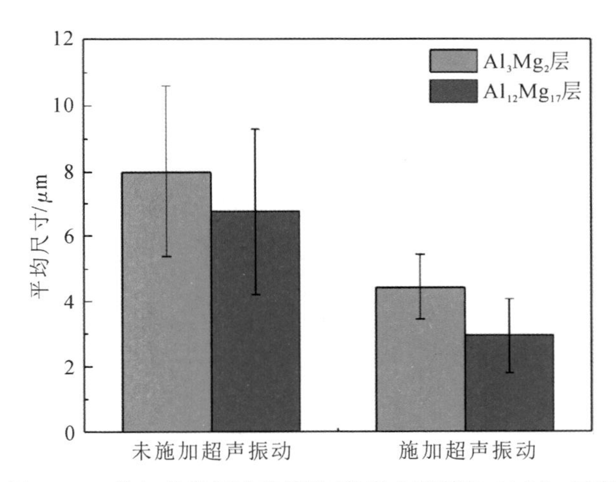

图 5-4-5　施加超声振动前后镁/铝双金属界面 Al_3Mg_2 层和 $Al_{12}Mg_{17}$ 层中 Mg_2Si 相的平均尺寸

图 5-4-6 为施加超声振动前后镁/铝双金属界面的 EBSD 测试结果。未施加超声振动时双金属界面的 IPF 图像如图 5-4-6(a)所示。结果表明,未施加超声振动时双金属界面中的 Al_3Mg_2 相和 $Al_{12}Mg_{17}$ 相的晶粒十分粗大,晶粒的宽度约等于整个区域的宽度。J. L. Wang 等人的研究也发现双金属界面在凝固过程中会形成粗大的 Al_3Mg_2 和 $Al_{12}Mg_{17}$ 柱状晶组织,且晶粒尺寸会随着界面层厚度的增加而增大。

双金属界面处产生这种凝固组织的原因可能是嵌体的激冷作用导致界面处产生了垂直于其表面的温度梯度,使得界面组织在凝固过程中发生了定向的凝固生长。施加超声振动后,双金属界面中 Al_3Mg_2 层的厚度显著减小,且界面中粗大的凝固组织发生了明显的细化,如图 5-4-6(b)所示。

图 5-4-7 为未施加超声振动时镁/铝双金属界面微观组织的 TEM 取样位

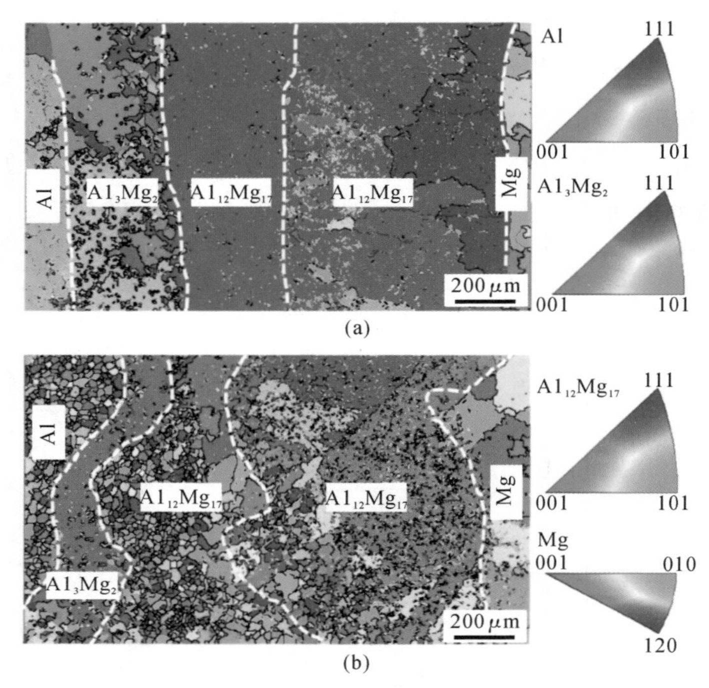

图 5-4-6 施加超声振动前后镁/铝双金属界面的 IPF 图:

(a) 未施加超声振动;(b) 施加超声振动

置及分析结果。图 5-4-7(a)显示了未施加超声振动的情况下镁/铝双金属共晶层和 $Al_{12}Mg_{17}$ 层之间过渡区域的微观组织,对应于图 5-4-3(a)中区域 G。从图 5-4-7(a)中可以看出,双金属界面的共晶层和 $Al_{12}Mg_{17}$ 层之间存在明显的边界,在 $Al_{12}Mg_{17}$ 层中存在大量的 Mg_2Si 相,而在共晶层中则未观察到 Mg_2Si 相颗粒。

图 5-4-7(b)为 TEM 样品形貌图像,TEM 试样的取样位置如图 5-4-7(a)所示。从图 5-4-7(b)中可以看出,在双金属界面的共晶层和 $Al_{12}Mg_{17}$ 层之间存在一层较薄的组织。而图 5-4-7(c)所示的选区衍射分析结果表明,共晶层和 $Al_{12}Mg_{17}$ 层之间的薄层主要由 Al_2O_3 相组成。双金属界面中 Al_2O_3 膜的存在阻碍了 Mg_2Si 相在界面中的迁移和扩散,割裂了双金属界面中的组织,因此可能会对镁/铝双金属界面的结合强度产生不利影响。在施加超声振动后,双金属界面中未观察到明显的氧化膜的存在,Mg_2Si 颗粒弥散分布于整个界面中,双金属界面中组织的均匀性得到了极大的改善。图 5-4-3(g)和(h)显示的双金属

界面中 Si 元素分布的变化也证实了这一结果。施加超声振动后界面中 Si 元素的分布变得更加均匀，原因可能在于界面中连续 Al_2O_3 膜在施加超声振动后发生破碎，不再对 Mg_2Si 相的迁移和扩散起到阻碍作用。

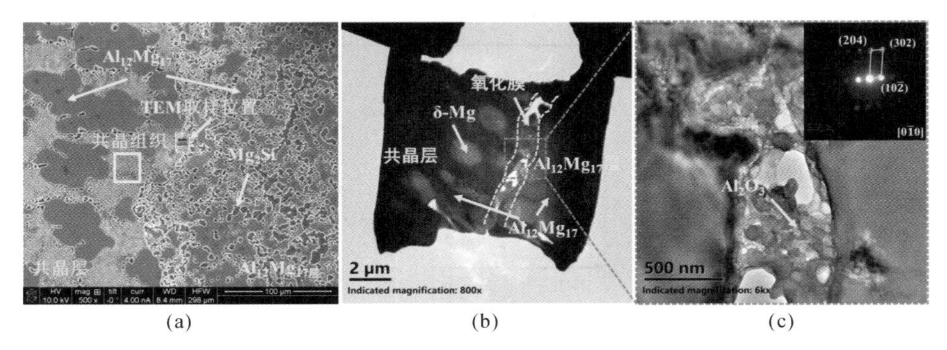

图 5-4-7　镁/铝双金属界面的 TEM 取样位置及分析结果：(a) 未施加超声振动时镁/铝双金属界面微观组织及 TEM 分析的取样位置；(b) TEM 样品形貌；(c) 双金属界面中氧化膜的 TEM 明场图像及其选区衍射(SAED)斑点

5.4.3　超声振动对镁/铝双金属力学性能的影响

图 5-4-8 和图 5-4-9 分别为施加超声振动前后镁/铝双金属的剪切强度和维氏硬度测试结果。图 5-4-8 的结果表明，施加超声振动后双金属界面的剪切强度从 37.04 MPa 大幅提高至 69.23 MPa，增幅约为 86.9%。

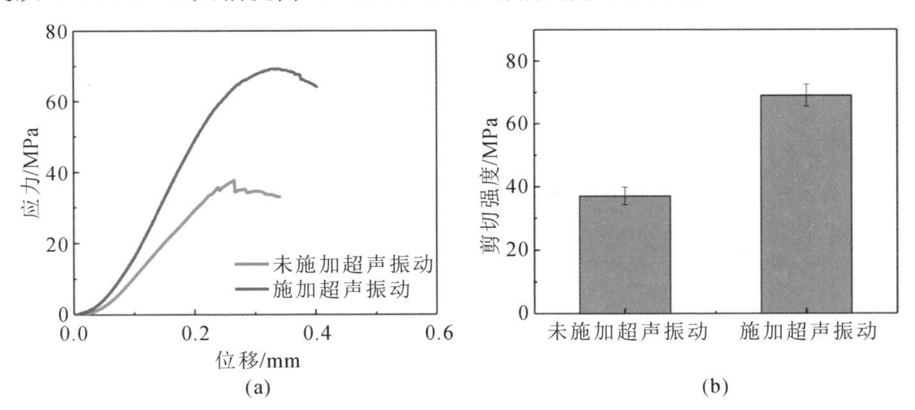

图 5-4-8　施加超声振动前后镁/铝双金属的剪切强度：(a) 应力-位移曲线；(b) 平均剪切强度

从图 5-4-9 中可以看出，双金属界面的维氏硬度为 170～250 HV，远高于铝合金和镁合金基体的硬度(60 HV 左右)。这是由于镁/铝双金属界面中存在大

量的 Al-Mg 金属间化合物，其硬度远高于铝、镁合金基体。

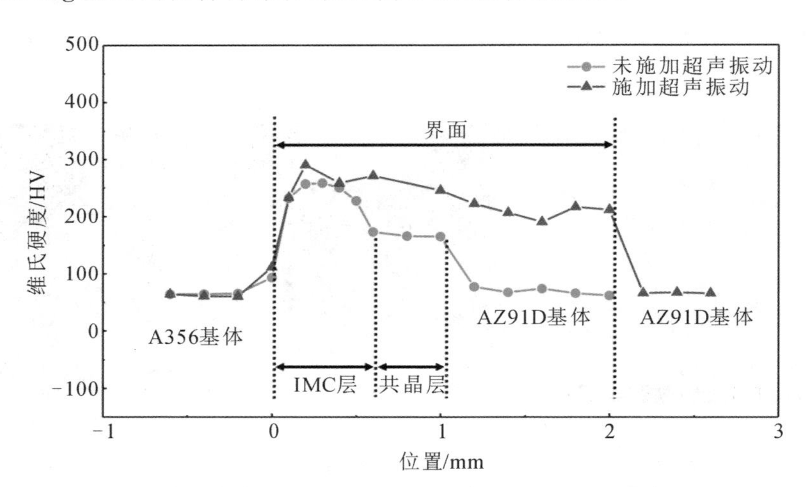

图 5-4-9　施加超声振动前后镁/铝双金属界面的维氏硬度测试结果

图 5-4-10 所示为双金属界面的维氏硬度压痕图像，可以看出，双金属界面中的维氏硬度压痕要明显小于 A356 和 AZ91D 基体上的压痕。此外，从图 5-4-9中可以看出，未施加超声振动时，双金属界面不同区域的硬度存在较大的差异。双金属界面的 IMC 层的维氏硬度约为 250 HV，而共晶层的维氏硬度在 150 HV 左右。在施加超声振动后，整个双金属界面的维氏硬度变得更加均匀，双金属界面的硬度从靠近铝侧向镁侧逐渐降低。产生这一变化的原因是双金属界面的微观组织在超声振动作用下变得更加均匀，Mg_2Si 相不再集中于双金属界面的 IMC 层中，而是均匀分散在整个双金属界面中，其结果就是双金属界面共晶层的硬度显著提升，整个界面的硬度也变得更加均匀。

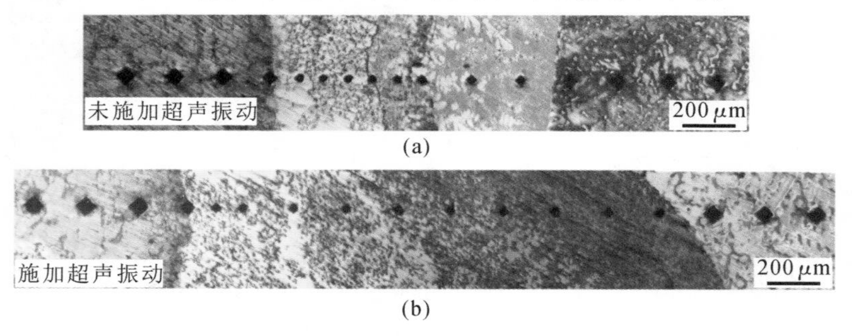

(a)

(b)

图 5-4-10　镁/铝双金属界面维氏硬度压痕的金相照片：

(a) 未施加超声振动；(b)施加超声振动

图 5-4-11 显示了施加超声振动前后镁/铝双金属剪切断口表面的观察结果。如图 5-4-11(a)、(c)、(e)和(g)所示,从施加超声振动前后镁/铝双金属的断口中均观察到了明显的解理面和河流图案,表明镁/铝双金属界面的断裂均属于脆性断裂。对断口表面的相成分进行分析,在断口上检测到了 Al_3Mg_2 和 Mg_2Si 相,如图 5-4-11(b)和(f)所示,以及 $Al_{12}Mg_{17}$ 相和 $Al_{12}Mg_{17}$ + δ-Mg 共晶组织,如图 5-4-11(d)和(h)所示。这一结果表明,剪切测试过程中,镁/铝双金属界面的剪切断裂发生在整个双金属界面中,断裂面穿过了界面层的不同区域。

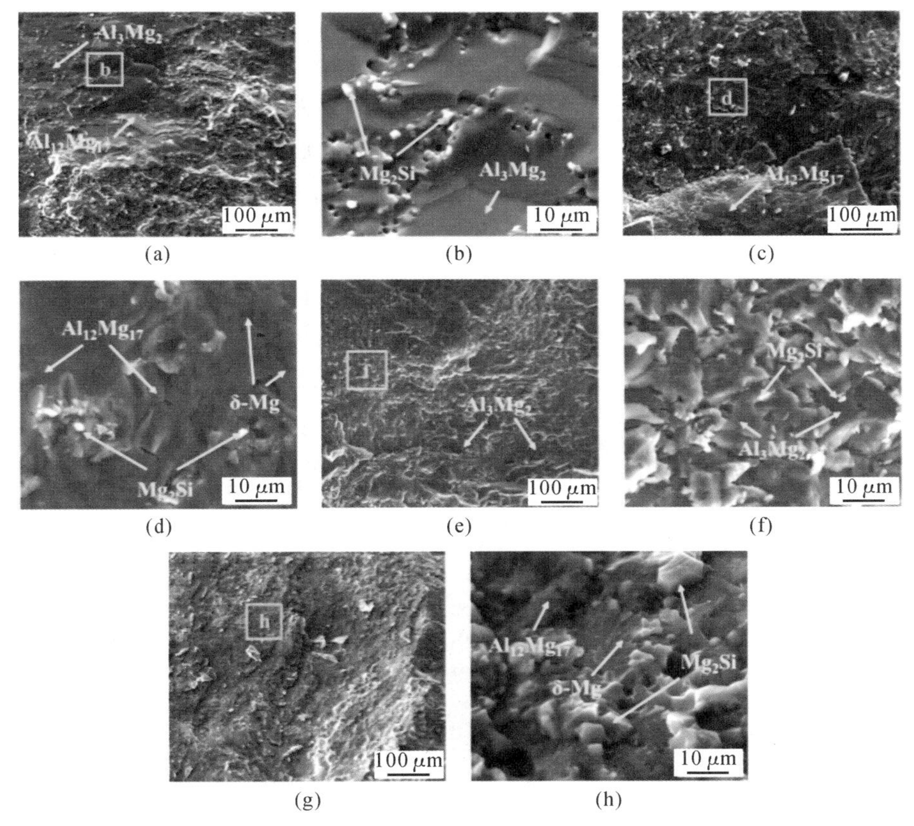

图 5-4-11　施加超声振动前后镁/铝双金属剪切断口形貌的 SEM 图像:(a) 未施加超声振动时铝基体侧断口;(b) 图 5-4-11(a)中区域 b;(c) 未施加超声振动时镁基体侧断口;(d) 图 5-4-11(c)中区域 d;(e) 施加超声振动后铝基体侧断口;(f) 图 5-4-11(e)中区域 f;(g) 施加超声振动后镁基体侧断口;(h) 图 5-4-11(g)中区域 h

施加超声振动后在镁/铝双金属的断口可观察到更多的撕裂脊，解理面显著增多，如图 5-4-11(f)所示。其原因可能是施加超声振动后界面中金属间化合物相的晶粒产生了显著细化。此外，施加超声振动后，在断口表面的共晶组织区域观察到 δ-Mg 相发生明显塑性变形，如图 5-4-11(h)所示，这对于提高镁/铝双金属界面的剪切强度是有利的。

图 5-4-12 显示了镁/铝双金属界面剪切断口的剖面图像，可见双金属界面的断裂首先发生在 Al_3Mg_2 层中，随后裂纹向镁合金基体方向扩展。在未施加超声振动的情况下，当裂纹扩展至界面共晶层的位置时，其扩展趋势发生了变化，开始沿着界面共晶层和 $Al_{12}Mg_{17}$ 层的交界位置进行扩展，形成图 5-4-12(a)所示的断口。根据之前的实验结果，未施加超声振动时共晶层和 $Al_{12}Mg_{17}$ 层交界处存在连续的 Al_2O_3 膜，这可能是断裂过程中裂纹容易从此处扩展的原因。由于断裂过程中裂纹并未扩展至双金属界面的共晶层，即发生剪切断裂时共晶层中的 $Al_{12}Mg_{17}$ + δ-Mg 共晶组织并未发生破碎，因此在图 5-4-11(d)中共晶组织中的 δ-Mg 相未发生明显的塑性变形。在施加超声振动后，剪切断口的形态发生了变化，如图 5-4-12(b)所示。此时，裂纹在整个镁/铝双金属界面各层中扩展，穿过了双金属界面的共晶层，因此在图 5-4-11(h)中观察到 δ-Mg 相发生了明显的塑性变形。

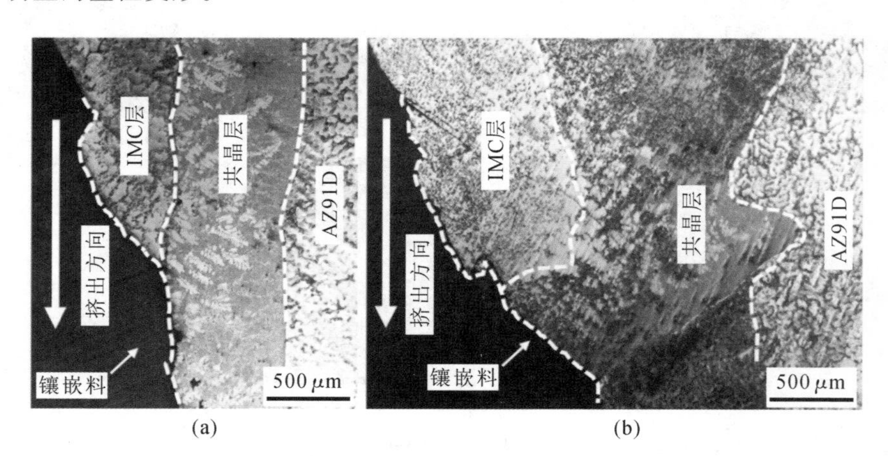

图 5-4-12 施加超声振动前后双金属剪切断口的剖面图像：

(a) 未施加超声振动；(b) 施加超声振动

对镁/铝双金属剪切断裂过程中的裂纹扩展情况进行观察，结果如图 5-4-

13 所示。从图 5-4-13(a)和(b)中可以清晰地看出,双金属界面的断裂首先发生在双金属界面的 Al_3Mg_2 层中,随后裂纹向镁合金基体方向倾斜扩展。对裂纹扩展区进行放大,如图 5-4-13(c)所示,可以观察到界面内弥散分布的细 Mg_2Si 颗粒在裂纹扩展过程中能够起到裂纹偏转和裂纹分叉的作用。

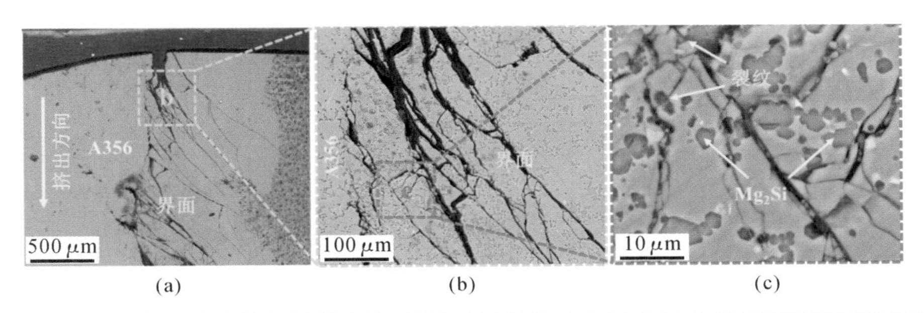

图 5-4-13 镁/铝双金属剪切断裂过程中裂纹扩展图像:(a) 镁/铝双金属界面断裂区域 SEM 图像;(b) 图 5-4-13(a)中区域 b 放大后的图像;(c) 图 5-4-13(b)中区域 c 放大后的图像

5.4.4 超声振动对镁/铝双金属界面组织和性能的影响机理

5.4.4.1 超声振动对镁/铝双金属界面组织的影响机理

对施加超声振动前后镁/铝双金属界面区域的温度进行测量和分析,结果如图 5-4-14 所示。图 5-4-14(a)显示了施加超声振动前后镁/铝双金属界面处的凝固温度曲线。图 5-4-14(b)为镁/铝双金属界面区域升温阶段的凝固温度曲线及其微分曲线。从图 5-4-14(a)和(b)中可以看出,施加超声振动后镁/铝双金属界面区域的升温速率和冷却速率明显增大。

图 5-4-14(c)显示了镁/铝双金属界面区域降温阶段的凝固温度曲线及其微分曲线。I. U. Haq 等人的研究指出凝固温度曲线的微分曲线能够用于分析凝固过程中发生的反应。凝固过程中新相的生成会放热,从而导致冷却速率降低,使微分曲线形成一个上升的峰形,结合相图所示的凝固反应发生的温度即可对凝固过程中发生的反应进行分析。

对图 5-4-14(c)所示的未施加超声振动时镁/铝双金属界面处的凝固温度曲线及其微分曲线进行分析,发现在 190 s 到 220 s(t_{IMC})和 220 s 到 297 s(t_e)这两个区间发生了明显的凝固反应。结合 Mg-Al 二元相图可知,t_{IMC}对应于 Al_3Mg_2 相和 $Al_{12}Mg_{17}$ 相的生成,t_e对应于 $Al_{12}Mg_{17}$+δ-Mg 共晶组织的生成。在 t_{IMC}区

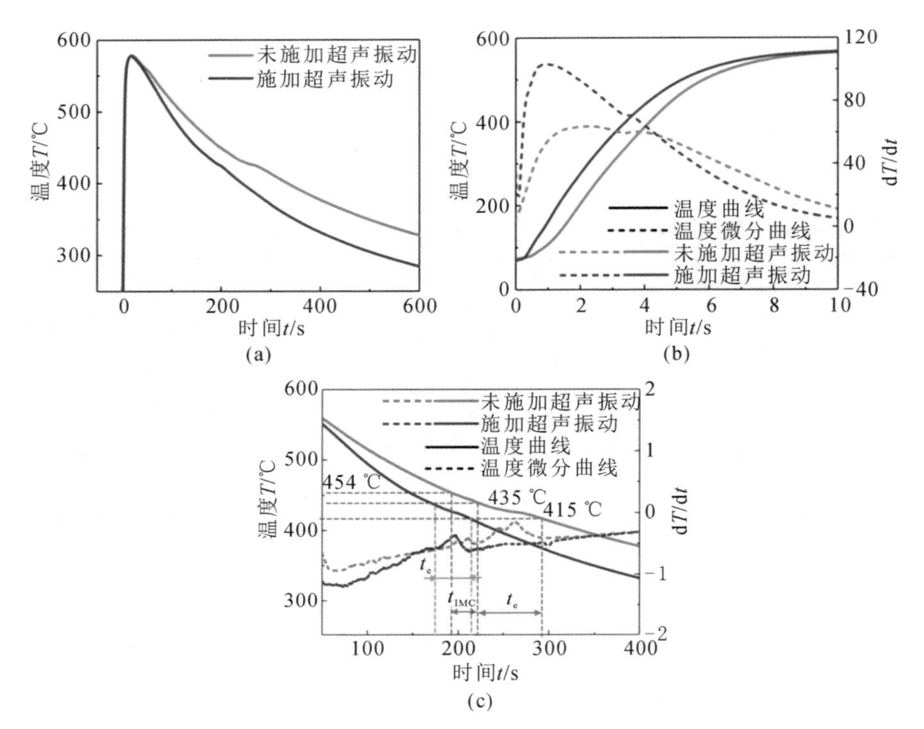

图 5-4-14 施加超声振动前后镁/铝双金属界面处的温度曲线及其微分曲线：(a) 凝固温度曲线；(b) 升温阶段的凝固温度曲线及其微分曲线；(c) 降温阶段的凝固温度曲线及其微分曲线

间可以观察到两个部分重叠的峰，这可能是由于 Al_3Mg_2 相和 $Al_{12}Mg_{17}$ 相的生成时间较为接近。之前的实验结果表明，镁/铝双金属界面 Al_3Mg_2 层主要由 Al_3Mg_2 相和 Mg_2Si 相组成，$Al_{12}Mg_{17}$ 层主要由 $Al_{12}Mg_{17}$ 相和 Mg_2Si 相组成，共晶层主要由 $Al_{12}Mg_{17}+\delta$-Mg 共晶组织组成。因此，t_{IMC} 对应于双金属界面 Al_3Mg_2 层和 $Al_{12}Mg_{17}$ 层的生成，t_e 对应于双金属界面共晶层的生成。在施加超声振动后，从双金属界面处的凝固温度曲线及其微分曲线上不能明显观察到 Al_3Mg_2 相和 $Al_{12}Mg_{17}$ 相的生成反应，仅观察到 $Al_{12}Mg_{17}+\delta$-Mg 共晶反应的发生。施加超声振动后界面区域的热交换和溶质交换明显增强，减轻了凝固反应对界面区域温度变化的影响，加之界面层较薄，反应放热较少，且测量过程受到热电偶测量精度的限制，因此从凝固温度曲线及其微分曲线上难以观察到界面凝固反应的发生。

图 5-4-15 为超声振动对镁/铝双金属界面组织的影响机理示意图。在施加

超声振动时,超声波通过超声波换能器发出,并通过与超声波换能器相连的固态嵌体向下进行传播。在传播过程中超声波穿过固态嵌体与熔融金属液间的固-液界面传递到金属液中,从而对镁/铝双金属界面区域施加超声振动,这一过程如图 5-4-15(a)所示。

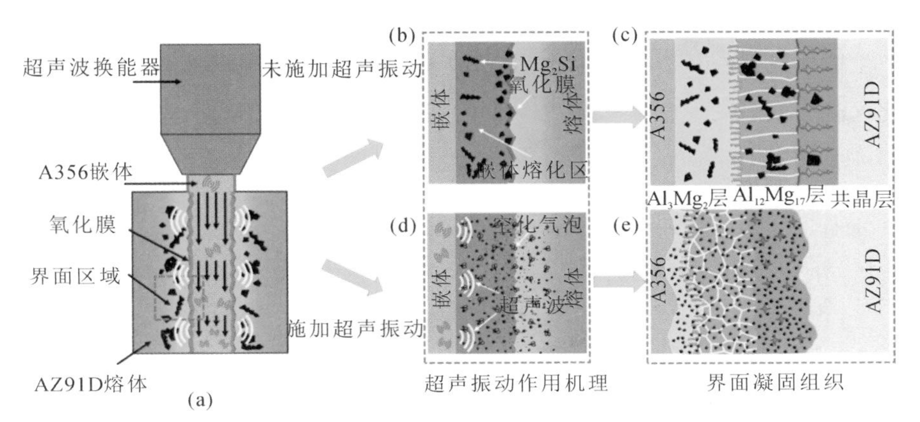

图 5-4-15　超声振动对双金属界面组织的影响机理示意图:(a) 超声振动的作用原理;(b),(c) 未施加超声振动时界面的形成机制及凝固组织;(d),(e) 施加超声振动后界面的形成机制及凝固组织

超声波传递至镁/铝双金属界面处时会在熔体中引起空化和声流效应,从而起到改善镁/铝双金属界面的微观组织的作用。超声波传导至金属熔体中时,在正、负声压的作用下熔体内部会形成空化气泡。超声空化气泡形成后经历长大、压缩、连续振荡至最终崩溃的过程。空化气泡形成时的临界半径的下限与声压幅值之间的关系如式(5-4-1)所示:

$$R_{min}^3 + \frac{2\sigma}{P_0} - \frac{32\,\sigma^3}{27\,(P_m - P_0)^2\,P_0} = 0 \tag{5-4-1}$$

式中:R_{min}为发生空化效应时的最小气泡半径;P_m为声压;σ为液体表面张力;P_0为液体的静压力。A. Ramirez 等人研究发现超声振动产生的空化气泡会从熔体中吸收热量,导致空化气泡周围金属熔体的温度迅速下降,使气泡界面发生局部过冷,导致熔体中形成大量的晶核,从而促进气泡表面区域的形核。有研究指出,对于水而言,随着空化气泡的增大,空化气泡附近的温度降低约 20 ℃,对于汽油来说,温度下降幅度高达 200 ℃。

空化气泡在长大的过程中,当谐振频率高于超声波频率时就会发生崩溃。

空化气泡的谐振频率 f_r 与其半径 R_0 之间的关系如式(5-4-2)所示：

$$f_r = \frac{1}{2\pi R_0}\left[\frac{3\gamma}{\rho}\left(P_0 + \frac{2\sigma}{R_0}\right)\right]^{1/2} \tag{5-4-2}$$

式中：ρ 为液体密度；γ 为空化气泡内微量气体的比热容。

在空化气泡崩溃的瞬间，临近区域会产生瞬时的巨大温度和压力梯度，从而产生微射流、冲击波，其直接作用和改变金属熔体的凝固条件与凝固过程。空化气泡崩溃瞬间在临近区域内产生的高温和高压可以分别通过式(5-4-3)和式(5-4-4)进行计算：

$$T_{max} = T_0\left[\frac{P_m(\gamma-1)}{P_g}\right] \tag{5-4-3}$$

$$P_{max} = P_g\left[\frac{P_m(\gamma-1)}{P_g}\right]^{\frac{\gamma}{\gamma-1}} \tag{5-4-4}$$

式中：T_0 为金属液温度；P_g 为空化气泡内的压力。X. Chen 等人研究发现，当空化气泡破裂时，熔体中会产生瞬时的高温和巨大的冲击力，由于空化现象是持续进行的，生长的晶体在冲击波的作用下被折断、破碎，导致熔体中游离晶核数量增加。

超声振动空化作用的这两种效果可以提高双金属凝固过程中界面区域的晶核数量，从而实现 $Al_{12}Mg_{17}$ 相和 Mg_2Si 相的细化。

此外，超声波在熔体中传播时，熔体因负载阻抗作用而产生声能损耗，在沿着超声波传播方向形成了一定的声压梯度，形成流体喷射，从而引发熔体的强迫流动。这种由声波传播所引起的液体流动现象称为声流，具体来说可以分为三种：第一种，沿固-液分界面或固体边界附近黏性边界层上形成的小涡流；第二种，在辐射杆端面下方形成的强度较大的 Rayleigh 声流；第三种，超声波在铸模壁面发生反射后由声波衰减引发的声流。超声声流效应的搅拌作用也能折断枝晶、抑制晶体的长大，这使晶粒得到细化，同时均匀弥散分布于熔体中。K. Wang等人的研究表明超声振动使熔体中形成声压梯度，引起液体流动而形成声流，能够分散熔体中由异质形核和枝晶破碎所产生的大量晶核，改善凝固组织的均匀性。因此，施加超声振动后，在声流作用下 Mg_2Si 相被分散到整个界面中，如图 5-4-15(d)所示。

类似地，超声空化和声流作用，能够破碎和分散界面中残留的连续 Al_2O_3

膜，从而避免了夹杂缺陷的产生，如图 5-4-15(b)和(d)所示。因此，在施加超声振动后，双金属界面中的连续 Al_2O_3 膜被消除，粗大的凝固组织被细化，界面组织分布的均匀性也得到显著改善，最终双金属界面的微观组织从图 5-4-15(c)向图 5-4-15(e)发生转变。

5.4.4.2 超声振动对镁/铝双金属界面性能的强化机制

图 5-4-16 为镁/铝双金属界面剪切断裂机理示意图。在剪切测试过程中，双金属界面在 Al_3Mg_2 层处首先发生开裂，随后裂纹逐渐向镁合金基体侧扩展。图 5-4-7 所示的微观组织分析结果表明，在未施加超声振动时，界面的 $Al_{12}Mg_{17}$ 层和共晶层交界区域存在连续的 Al_2O_3 膜。由于 Al_2O_3 膜的性能较差，且会割裂镁/铝双金属界面组织，在剪切断裂过程中该处容易成为裂纹扩展通道，因此当裂纹扩展至这一区域时，裂纹会沿着 $Al_{12}Mg_{17}$ 层和共晶层交界区域扩展，形成图 5-4-16(a)所示的裂纹扩展形态。

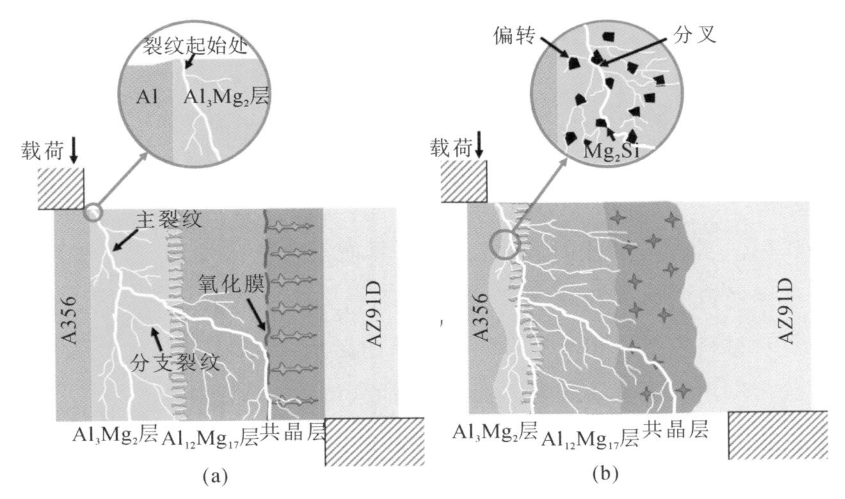

图 5-4-16 镁/铝双金属界面剪切断裂机理示意图：(a) 未施加超声振动；(b) 施加超声振动

在施加超声振动后，镁/铝双金属界面的剪切强度提高，可能有以下四个方面的原因。

(1) 在施加超声振动后，镁/铝双金属界面中的连续氧化夹杂物缺陷被消除，避免了裂纹扩展通道的形成，因此在断裂过程中裂纹扩展至整个镁/铝双金属界面，如图 5-4-16(b)所示，这对改善镁/铝双金属界面的结合强度是有利的。

(2) 在施加超声振动后，双金属界面中粗大的金属间化合物相被显著细化，由于细晶强化的作用，镁/铝双金属界面的剪切强度得到了大幅提高。

(3) 施加超声振动后，镁/铝双金属界面中 Al_3Mg_2 层的厚度大幅度减小。双金属界面中的 Al_3Mg_2 相和 $Al_{12}Mg_{17}$ 相与铝、镁合金基体相比，具有更高的硬度和更低的塑性变形能力。脆性的金属间化合物层在外加载荷作用下更容易发生断裂，是镁/铝双金属界面的薄弱区域。之前的实验结果也表明，镁/铝双金属界面的断裂首先从界面的 Al_3Mg_2 层开始发生。在 S. S. S. Afghahi 等人的研究中也发现了相同的实验现象。根据 E. Hajjari 等人的研究，双金属界面中 IMC 层的厚度对界面的剪切强度会产生显著的影响，随着 IMC 层厚度的减小，镁/铝双金属界面的剪切强度逐渐增大。因此，在施加超声振动后，界面 Al_3Mg_2 层的厚度大幅度减小，这可能是双金属界面结合强度提高的重要原因之一。

(4) 施加超声振动后，界面中 Mg_2Si 相得到了细化，分布的均匀性得到了极大的改善。如图 5-4-16(b)所示，界面中弥散分布的细小 Mg_2Si 相颗粒可以在裂纹扩展过程中起到裂纹偏转和裂纹分叉的作用，使裂纹在扩展过程中消耗更多的能量，从而起到强化界面结合强度的作用。其在界面中的尺寸和分布的均匀性均会影响其对界面结合强度的增强效果。

由于 Mg_2Si 相的热膨胀系数($7.5\times10^{-6}\ K^{-1}$)低于金属间化合物基体(Al_3Mg_2 相：$22\times10^{-6}\ K^{-1}$；$Al_{12}Mg_{17}$ 相：$20.2\times10^{-6}\ K^{-1}$)，其在界面中会受到压应力作用。当 Mg_2Si 相的尺寸较大时，界面很可能自发形成径向微裂纹，导致裂纹扩展通道的形成，对材料强度产生不利影响。D. J. Lloyd 等人研究了颗粒增强复合材料中增强相尺寸对强化效果的影响，同样发现尺寸较大的增强相颗粒在载荷作用下更容易断裂，因此材料的强度相对较低。

在未施加超声振动时由于 Mg_2Si 相的尺寸较大，受到的压应力作用较强，较容易开裂形成裂纹扩展通道，因此其承受外载荷的能力较弱，在镁/铝双金属界面中起到的强化作用也相对较小。此外 Mg_2Si 相的分布同样会对其强化效果产生影响。J. L. Wang 等人的研究表明，改善增强相颗粒在基体中的分布也可以使材料的强度得到提高。在施加超声振动后双金属界面中 Mg_2Si 相得到细化，分布的均匀性得到了大幅改善，更好地发挥了 Mg_2Si 相的强化作用，从而使双金属界面的剪切强度得到了大幅提高。

第6章 稀土元素对镁/铝双金属界面组织和性能的影响

6.1 引言

稀土元素作为元素周期表中电负性较低(约为 1.10)的一种元素,常用于改善铝、镁合金的性能。稀土元素(RE)在 Al(1.61)和 Mg(1.31)元素体系中会优先与电负性较大的 Al 元素结合形成 Al-RE 金属间化合物,阻碍了 Al-Mg 金属间化合物的形成。此外,Al-RE 金属间相可以通过抑制晶粒长大、产生成分过冷并发挥表面活性剂的作用来细化晶粒,从而改善合金的组织和性能。然而,目前关于稀土元素改性的研究主要集中在单一合金上,其在镁/铝双金属界面上的应用鲜有报道。

因此,本章选用 La、Ce、Gd 等稀土元素对应的镁-稀土中间合金,作为镁/铝双金属复合界面稀土合金化的中间材料,通过 SEM、EDS、TEM 以及剪切测试等方法,对引入稀土元素的镁/铝双金属界面的微观组织与力学性能进行系统研究,分析稀土元素对镁/铝双金属界面组织与性能的影响机制。

6.2 实验材料与方法

镁/铝双金属界面中稀土元素的引入主要是在镁熔体中添加镁-稀土中间合金,使用的镁-稀土中间合金(wt. %)如下:Mg-20La(镁镧合金)、Mg-20Ce(镁铈合金)、Mg-20Gd(镁钆合金)。

本实验以向 Mg 熔体中添加的中间合金质量百分数为参考,来设置稀土元素 La、Ce、Gd 的含量梯度(wt. %)。La、Ce 均为 0.7 wt. %、1.0 wt. %、

1.3 wt.%，Gd为0.3 wt.%、0.6 wt.%、0.9 wt.%。为方便后续表述，将未引入稀土元素的镁/铝双金属复合界面组别记为A组；将添加La的镁/铝双金属界面组别分别记为L1、L2、L3组；将引入Ce的镁/铝双金属界面组别分别记为C1、C2、C3组；将添加Gd的镁/铝双金属界面组别分别记为G1、G2、G3组。引入的稀土元素种类和含量如表6-2-1所示。需要注意的是，本章中所提到的“含量”，主要是指稀土元素在镁熔体中的引入量。当镁熔体参与镁/铝双金属复合界面反应时，稀土元素也就随之进入复合界面之中，进而产生相应的作用效果。

表6-2-1　镁/铝双金属中引入的稀土元素种类、引入含量和对应的标记

引入的稀土元素种类	引入含量(wt.%)和对应的标记
空白组	0.0 wt.%(A)
La	0.7 wt.%(L1)、1.0 wt.%(L2)、1.3 wt.%(L3)
Ce	0.7 wt.%(C1)、1.0 wt.%(C2)、1.3 wt.%(C3)
Gd	0.3 wt.%(G1)、0.6 wt.%(G2)、0.9 wt.%(G3)

消失模固-液复合铸造制备镁/铝双金属样品过程主要分为前期泡沫模型与嵌体制备、稀土合金化熔炼以及浇注与后处理三个阶段。除稀土合金化熔炼外，其他阶段的实验方法与第2章相同。

稀土合金化熔炼具体过程如下：将所用AZ91D铸锭以及对应质量的镁-稀土中间合金小块(每块的质量约为10 g)，在200～300 ℃下烘干30 min左右。AZ91D铸锭的质量一方面要满足合金烧损的要求，另一方面要满足整个泡沫铸型系统的需要；而镁-稀土合金块的质量在考虑熔炼条件的基础上，需要考虑稀土元素的烧损量，为15%～25%。实际中可以使用XRF(X-ray fluorescence spectrometer，X射线荧光光谱仪)对浇注出的铸件进行成分测试，再具体确定稀土元素的烧损量。将造型所用30～60目的铝矾土型砂和浇口杯在200 ℃下烘干45 min，烘干后放置在一旁冷却。将熔炼用坩埚、坩埚钳以及K型热电偶测温计等需要接触到镁合金熔体的器具，涂刷上耐火涂料。耐火涂料由质量比为4∶2∶1的清水、ZnO粉末(沪试)以及模数为2.29的水玻璃混合制备而成。

本实验采用井式马弗炉进行稀土合金化熔炼，并全程通入体积比为20∶1的CO_2与SF_6混合气对液态镁熔体进行保护。将装有AZ91D铸锭的坩埚放入炉中加热，待铸锭熔化且其温度稳定在750 ℃左右时，使用打渣勺对镁熔体的表面进行除渣处理，并让熔体保温 20 min。使用镊子夹起镁-稀土中间合金小块，小心地将其加入熔体中，全部添加完毕后，保温 15 min。首次保温结束后，使用不锈钢搅拌器手动充分搅拌熔体 5 min，并在间隔 10 min 后再次进行搅拌与保温。第二次保温结束后，关闭加热炉，待熔体缓慢降温。

6.3 La 对镁/铝双金属界面组织和性能的影响

镧(La) 属于轻稀土元素系列，原子序数为 57，物理、化学性质十分活泼。单质纯稀土元素 La 在空气中极易被氧化为 La_2O_3。La 与 Al、Mg 等元素形成的稀土相具有比 Al-Mg 金属间化合物更低的形成焓，形成时会在基体组织中优先析出，进而对微观组织起到抑制生长、细化晶粒等作用。本节通过 Mg-La 稀土中间合金的合金化，向镁/铝双金属复合界面引入 0.7 wt.%、1.0 wt.%以及 1.3 wt.%含量的稀土元素 La(各组别分别标记为 L1、L2、L3，未添加的对照组别标记为 A)，以系统研究轻稀土元素 La 对复合铸造镁/铝双金属界面微观组织形成以及力学性能的影响。

6.3.1 无稀土元素时镁/铝双金属界面的微观组织

未引入稀土元素的镁/铝双金属复合界面的整体形貌如图 6-3-1(a)所示，标记为 A 组别。经过测量，A 组界面的平均厚度约为 1489 μm。结合图 6-3-1(b)所示的 EDS 线扫描分析结果，镁/铝双金属复合界面在靠近 Al 基体侧和 Mg 基体侧时会有明显的原子浓度跳变，使得镁/铝双金属复合界面与两侧的基体具有明显的组织分界。Al、Mg 原子浓度分别从 Al、Mg 基体侧向对侧呈下降趋势。按照镁/铝双金属界面不同区域 Al、Mg 原子比的差异，并结合图 6-3-2 的微观组织形貌、表 6-3-1 的 EDS 点分析结果以及 Al-Mg 二元相图，将镁/铝双金属复合界面划分为两个主要的组成区域——共晶区域(eutectic area，E 区)与金属间化合物区(intermetallic compounds area，IMC 区)，同时两个主要区域之间存在较为狭窄的过渡区域 E-IMC 区。

图 6-3-2 给出了未引入稀土元素的镁/铝双金属复合界面的微观组织形貌，表 6-3-1 对应给出了界面组织的 EDS 点分析结果。镁/铝双金属界面的 E 区靠近 Mg 基体侧，具有由共晶 Mg 固溶体与共晶 $\gamma(Al_{12}Mg_{17})$ 组成的典型共晶组

织。更细致地，可以将 E 区划分为靠近 Mg 基体侧的共晶层和靠近 E-IMC 过渡区的初生 γ 层。如图 6-3-2(a)和(b)所示，共晶层的微观组织主要是团状的共晶组织以及共晶组织间脱溶析出或者离异偏聚形成的具有不规则形状的二次 γ 相。而初生 γ 层的微观组织除了共晶组织与二次 γ 相以外，还有明显的呈树枝形状的粗大初生 γ 枝晶，如图 6-3-2(c)、(d)所示。尽管初生 γ 相在 Al、Mg 元素组成比例上和二次 γ 相的区别不大，但是它们的形成过程、形状以及分布特征都是有较明显区别的。

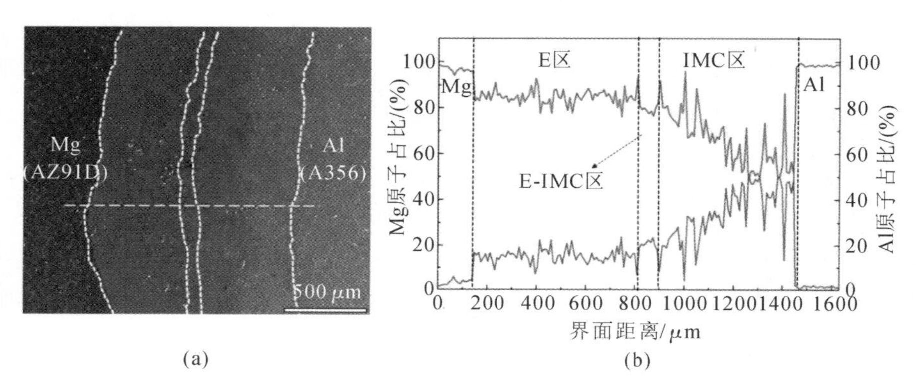

图 6-3-1　A 组镁/铝双金属复合界面整体分析：(a) 镁/铝双金属界面的整体 SEM 形貌；(b) 图 6-3-1(a)中横线处的 EDS 线扫描分析图像

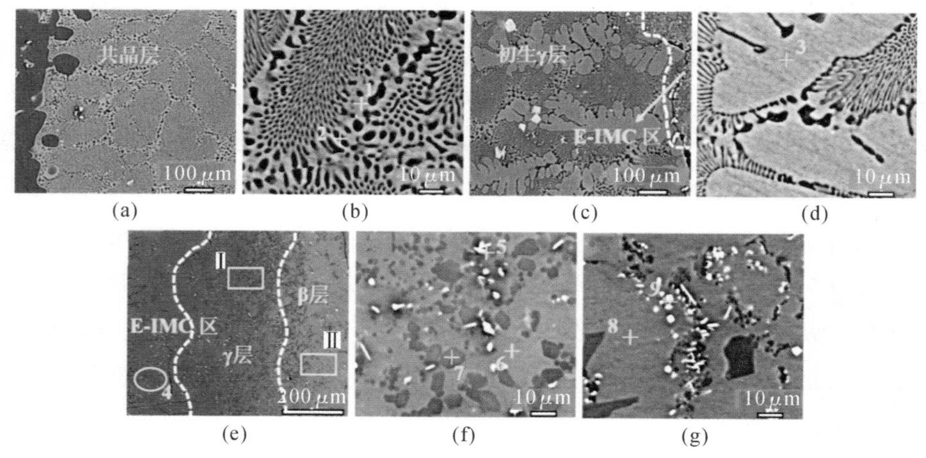

图 6-3-2　A 组镁/铝双金属界面微观组织形貌：(a)，(b) E 区的共晶层及其高倍微观组织形貌；(c)，(d) E 区的初生 γ 层及其高倍微观组织形貌；(e) E-IMC 区及 IMC 区的微观组织形貌；(f) γ 层的高倍微观组织形貌；(g) β 层的高倍微观组织形貌

表 6-3-1 A组镁/铝双金属复合界面的 EDS 点分析结果

序号	元素含量/(at. %)					物相
	Mg	Al	Si	Fe	Ti	
1	63.15	36.85	—	—	—	二次 γ
2	81.55	18.45	—	—	—	δ-Mg
3	60.41	39.59	—	—	—	初生 γ
4	—	83.28	7.53	9.19	—	φ*
5	—	86.93	—	13.07	—	$Al_{13}Fe_4$(φ)
6	47.09	52.91		—	—	γ
7	61.36	7.23	31.41	—	—	Mg_2Si
8	38.69	61.31	—	—	—	β
9	—	82.67	—	—	17.33	Al_3Ti(φ)

*：φ 相包含了镁/铝双金属复合界面中由多种元素组成且对界面微观组织影响不大的颗粒，为了统一与后续对比，将 $Al_{13}Fe_4$、Al_3Ti 也归为 φ 相。

作为 E 区与 IMC 区之间的相对狭小的过渡区域，E-IMC 区以共晶组织、γ 层以及 Mg_2Si 作为基体组织，并伴随亮白色的细小颗粒析出。这些亮白色小颗粒具有较为复杂的组成，而且对界面基体组织没有太大的影响。为了方便后续的对比分析，这里统一归为 φ 相。如图 6-3-2(e)～(g)所示，在镁/铝双金属复合界面的 IMC 区中，共晶组织完全不复存在，取而代之的是各种金属间化合物，这其中又以 γ($Al_{12}Mg_{17}$)、β(Al_3Mg_2) 和 Mg_2Si 为主要组成。IMC 区靠 E-IMC 区的为 γ 层，主要组成是散乱的 Mg_2Si 和被其分开的 γ 相。IMC 区靠近 Al 侧的为 β 层，因为更靠近 Al 侧，β 层的 Al-Mg 金属间化合物转变为 Al 含量更高的且连续分布的 β 相，以及些许连续分布的 Mg_2Si。

需要提前说明的是，出于 E-IMC 区跨度没有其他两个区域大，对整个镁/铝双金属复合界面的影响不是很明显的考虑，在后续讨论中将有选择性地略去关于 E-IMC 区的描述。

6.3.2 La 对镁/铝双金属复合界面微观组织的影响

6.3.2.1 微观组织的 SEM 与 EDS 分析

在引入不同含量 La 后，L1、L2、L3 三组镁/铝双金属结合界面的整体形貌分别如图 6-3-3(a)、(b)、(c)所示。经测量,三组结合界面的平均厚度分别为 1792 μm、1795 μm、1780 μm,相较于对照组 A 组结合界面的厚度有所增加,但随着含量的改变,厚度变化并不明显。另外,随着稀土元素 La 含量的升高,在镁/铝双金属复合界面尤其是 E 区,亮白色颗粒析出越来越多。

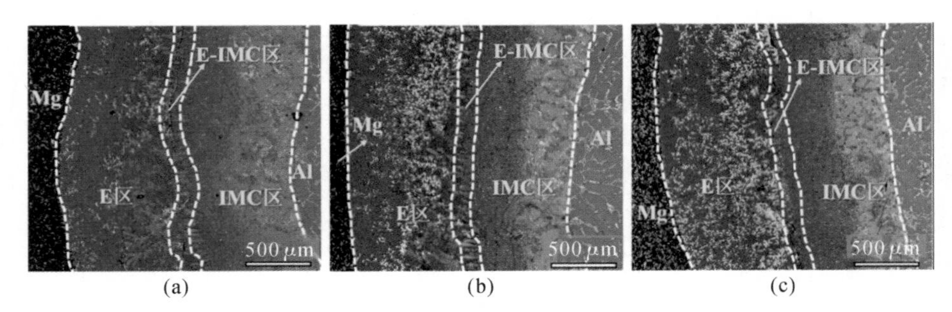

图 6-3-3　添加不同含量稀土元素 La 后镁/铝双金属界面整体形貌:(a) L1 组复合界面(0.7 wt.%);(b) L2 组复合界面(1.0 wt.%);(c) L3 组复合界面(1.3 wt.%)

L1 组镁/铝双金属复合界面的微观组织形貌及 EDS 点分析结果如图 6-3-4 与表 6-3-2 所示。图 6-3-4(a)和(b)为 E 区和 E-IMC 区的微观组织形貌,图 6-3-4(c)是图 6-3-4(b)中矩形区域的放大图。相比于 A 组,在引入稀土元素 La 后,镁/铝双金属复合界面的 E 区开始析出新物相。如表 6-3-2 的分析结果所示,新物相主要是短杆状的 $Al_{11}La_3$ 和团絮状的 Al_8Mn_4La,这两种稀土相析出的位置较为相近。同时,原先的团状共晶组织开始变小,原来粗大的初生 γ 枝晶也明显细化,颗粒化程度增加。L1 组 E-IMC 区的基体组织与 A 组的相比,没有明显变化,析出的白色颗粒经 EDS 点扫描成分分析,为含 La 的多元混合相,记为 φ_{La}。φ_{La} 与 φ 的区别就在于是否包含 La 元素,它们对界面的基体组织也没有明显的影响。图 6-3-4(d)为 IMC 区的微观组织,图 6-3-4(e)和(f)分别是 γ 层与 β 层的高倍组织形貌图。相较于 A 组,引入 La 后的 IMC 区基体组织没有明显改变,但是析出相包含了 φ_{La} 相。这说明 La 元素扩散到了 IMC 区,但是含量不多。

图 6-3-5 为 La 含量升高的 L2 组复合界面的微观组织 SEM 图像。根据图 6-3-5(a)～(c)以及表 6-3-2 中的分析结果可以看出,此时 E 区的白色析出相要比 L1 组多且相对均匀,在成分上与 L1 组相比没有发生改变,仍然是稀土相 $Al_{11}La_3$ 和 Al_8Mn_4La。团状共晶组织和初生 γ 相相较于 A 组发生了明显细化,但是相较于 L1 组则没有显著的区别。图 6-3-5(d)～(f)为 IMC 区的微观组织

形貌，相较于 L1 组，同样没有显著变化。

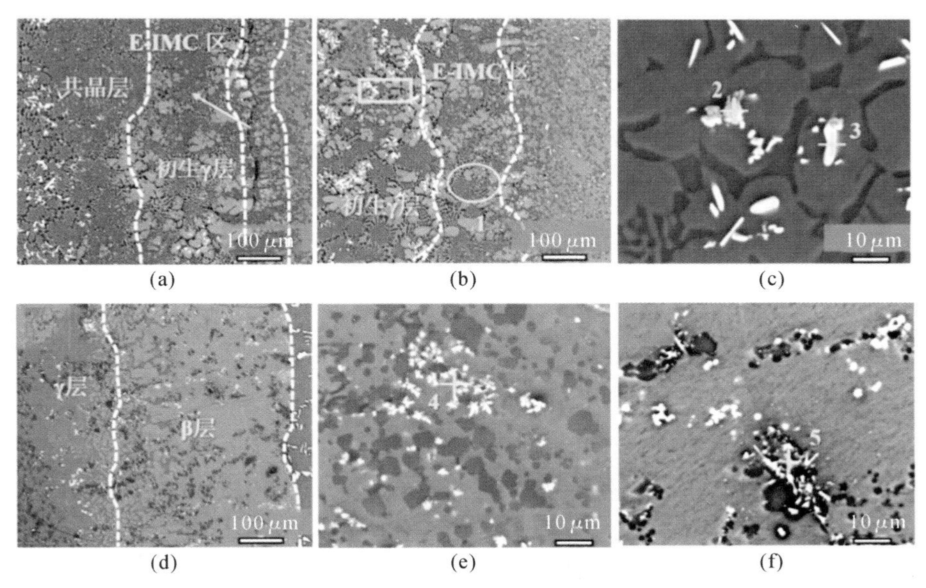

图 6-3-4 L1 组镁/铝双金属界面微观组织形貌：(a)，(b) E 区与 E-IMC 区微观组织形貌；(c) 图 6-3-4(b)中矩形区域的放大图；(d) IMC 区微观组织；(e) γ 层高倍组织形貌；(f) β 层高倍组织形貌

表 6-3-2 L1～L3 组镁/铝双金属复合界面 EDS 点分析结果

序号	元素含量/(at. %)						物相分析
	Al	La	Mn	Si	Fe	Ti	
1	70.83	4.79	—	7.58	16.80	—	φ_{La}
2	71.22	6.42	22.36	—	—	—	Al_8Mn_4La
3	77.68	22.32	—	—	—	—	$Al_{11}La_3$
4	89.59	3.67	—	—	—	6.74	φ_{La}
5	80.32	—	—	—	19.68	—	φ
6	72.43	3.79	—	8.53	15.25	—	φ_{La}
7	80.56	19.44	—	—	—	—	$Al_{11}La_3$
8	73.35	6.18	20.47	—	—	—	Al_8Mn_4La
9	78.80	—	—	—	21.20	—	φ

续表

序号	元素含量/(at.%)						物相分析
	Al	La	Mn	Si	Fe	Ti	
10	88.29	4.58	—	—	—	7.13	φ_{La}
11	69.42	4.58	—	7.63	18.37	—	φ_{La}
12	79.65	20.35	—	—	—	—	$Al_{11}La_3$
13	69.41	7.18	23.41	—	—	—	Al_8Mn_4La
14	87.17	4.86	—	—	—	7.97	φ_{La}
15	82.19	—	—	—	17.81	—	φ

注：与 φ 不同，φ_{La} 包含了稀土元素 La。

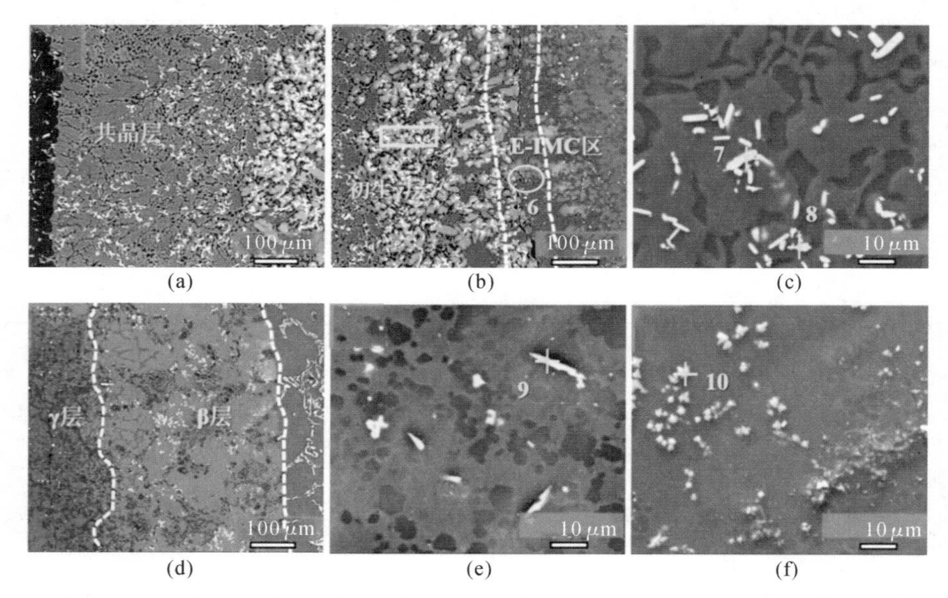

图 6-3-5 L2 组镁/铝双金属界面微观组织形貌：(a)，(b) E 区与 E-IMC 区微观组织形貌；(c) 图 6-3-5(b) 中矩形区域的放大图；(d) IMC 区微观组织形貌；(e) γ 层高倍组织形貌；(f) β 层高倍组织形貌

L3 组结合界面的微观组织如图 6-3-6 所示。图 6-3-6(a)～(c) 为 E 区与 E-IMC 区的微观组织形貌。结合表 6-3-2 的分析可以看出，随着 La 含量的进一步升高，镁/铝双金属复合界面的 E 区形成了比 L1、L2 组都要多的短杆状

$Al_{11}La_3$ 和 Al_8Mn_4La，而且呈现出相对更为聚集的分布特征。共晶组织的细化程度以及初生 γ 枝晶颗粒的细化程度相较于 L2 组没有明显改变。图 6-3-6(d)～(f)为 IMC 区的微观组织形貌。结合 EDS 点成分分析结果，IMC 区的组织与析出相成分相比于 L1、L2 组没有太大的改变，析出相仍然有含 La 元素的 φ_{La} 相。

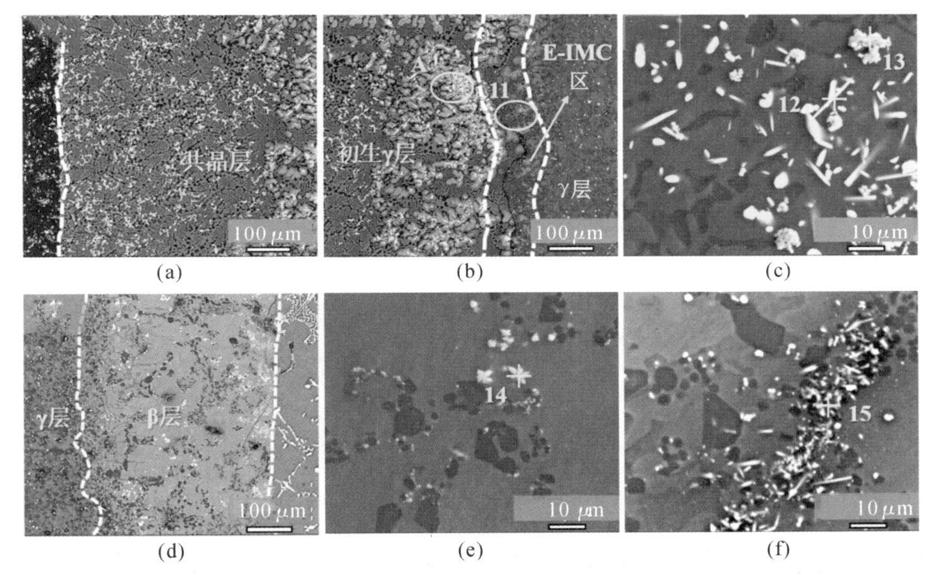

图 6-3-6　L3 组镁/铝双金属界面微观组织形貌：(a)，(b) E 区与 E-IMC 区微观组织形貌；(c) 图 6-3-6(b)中 A 区域的放大图；(d) IMC 区微观组织；(e) γ 层高倍组织形貌；(f) β 层高倍组织形貌

根据 SEM 的初步分析，在 La 引入镁/铝双金属界面后，E 区相比 IMC 区的微观组织具有更大的变化，团状共晶组织与初生 γ 枝晶发生明显的细化。界面基体组织析出了含 La 稀土相，并随着 La 含量的升高，稀土相逐渐增多且呈现出相对聚集分布的特征。

6.3.2.2　微观组织的 EPMA 分析

使用配备电子显微探针的波谱仪对引入稀土元素 La 前后的镁/铝双金属复合界面进行面扫描分析，以观察各元素的扩散情况。A 组结合界面各元素的 EPMA 面扫描结果如图 6-3-7 所示，图 6-3-7(a)展示的是面扫描取样位置，图 6-3-7(b)～(g)为各元素的扩散分布图。元素分布图使用不同颜色来表示百分含量，元素含量较少的位置趋于蓝黑色，而较多的地方则趋于橙红色。可以看出，Al、Mg 元素分别由基体侧向另一侧扩散，含量逐渐下降。在结合界面里，来自 Mg 熔体的 Mn 元素主要分布在 E 区。Si 元素除了分布在 IMC 区和 E-IMC区外，在 E 区还有少量分布，主要是与 Mg 结合后以 Mg_2Si 的形式存在。来自 Al 嵌体的 Fe、Ti 元素均扩散到了 E-IMC 区，之前的 EDS 点扫描没有测到 Ti 元素，可能是扫描分析的位置数量有限所致。

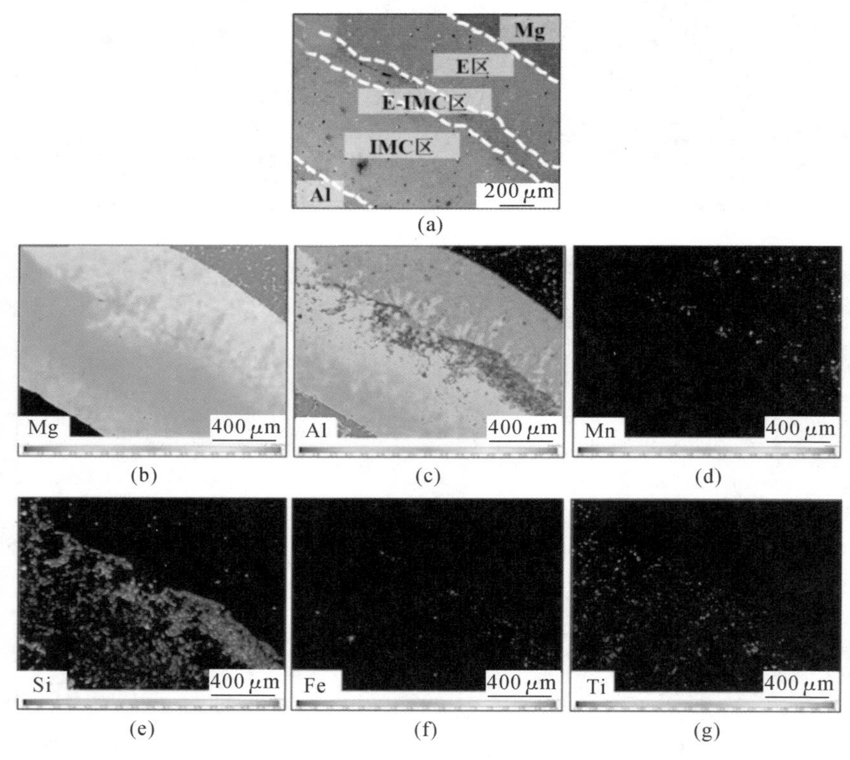

图 6-3-7　A 组镁/铝双金属界面各元素扩散分布情况：
(a) A 组面扫描分析取样位置；(b)～(g) 各元素的扩散分布情况

图 6-3-8 展示了添加 La 元素后 Al、Mg 等元素的扩散分布情况。为了相对定量地考察 La 对 Al、Mg 两侧元素扩散情况的影响，约定 Mn 以 Mg 侧最远端为起始基准（扫描取样位置的右上顶点），Si、Fe、Ti 以 Al 侧最远端为起始基准（扫描取样位置的左下顶点），沿直线方向向另一对角点进行牵引，元素分布最远端即扩散终点。在减去基体侧包含的线段长度后，使用元素各自对应的牵引

线段长度来表征元素的扩散距离。添加 La 元素前后各元素扩散的比较结果如图 6-3-9 所示。

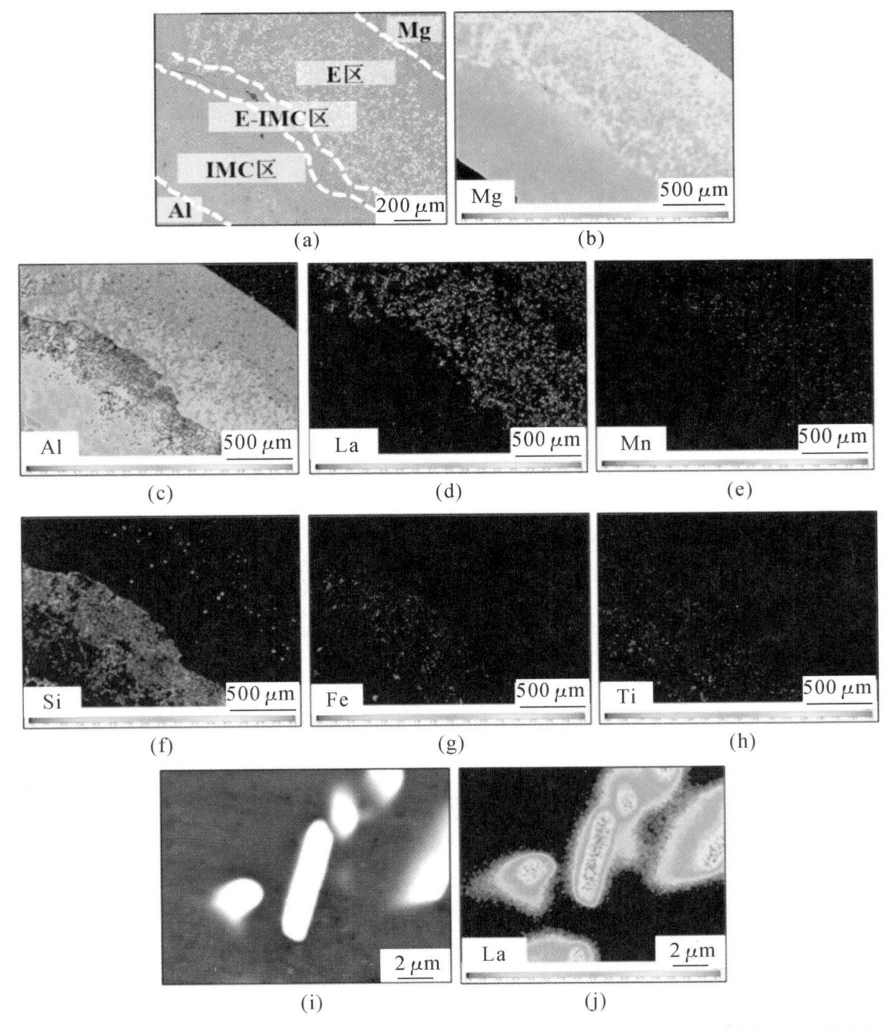

(a) (b) (c) (d) (e) (f) (g) (h) (i) (j)

图 6-3-8 L3 组镁/铝双金属界面各元素扩散分布情况:(a) L3 组面扫描分析取样位置;(b)～(h) 界面中各元素的扩散分布情况;(i),(j) 含 La 稀土相的 La 元素分布情况

可以发现,在添加 La 元素后,Al、Mg 元素的分布情况与 A 组相似,但是 Mn、Si 等来自两侧基体的少量元素扩散距离有所增加,这说明 La 具有促进元素扩散与结合的作用。来自 Mg 基体侧的 Mn 元素扩散距离增长最为明显,这

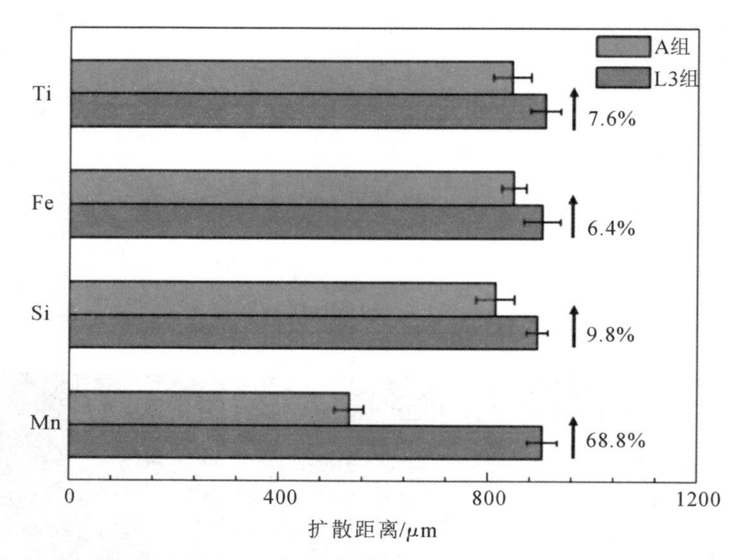

图 6-3-9　引入稀土元素 La 前后镁/铝双金属界面各元素扩散分布情况对比

是由于在界面形成时，Mg 基体主要为液相状态，与固相状态的 Al 基体相比，对原子扩散的阻力要小得多。从 La 元素的分布情况可以观察到，结合界面的 La 元素主要分布在 E 区且分布较为均一，而在 IMC 区只有少量分布。这意味着 La 元素对 IMC 区的影响要比对 E 区的小，同时也证明了 IMC 区的基体组织相对于未添加 La 元素时变化不大。

图 6-3-8(i)、(j)展示了添加 La 后 E 区局部 La 元素的分布情况。图 6-3-8(i)中的亮白色稀土相颗粒为 $Al_{11}La_3$，基体组织为初生 γ 相。颗粒周围模糊的浅白色区域并不是图像不清晰造成的，而是 La 元素在扩散时的成分过渡部分。

6.3.2.3　微观组织的 TEM 分析

按照原子比，稀土相 $Al_{11}La_3$ 和 Al_8Mn_4La 中 La 的占比应为 21.4% 和 7.8%，这与表 6-3-2 中 EDS 点分析结果存在一定偏差。实际上，EDS 分析只是半定性半定量的分析技术，最为准确的物相分析手段还是 TEM 透射分析。现使用透射电镜对稀土相进行物相鉴定，并分析稀土相与界面基体组织物相间的晶体学位向关系。

图 6-3-10(a)、(b)所示为镁/铝双金属结合界面 E 区稀土相颗粒的明场低倍图像，其 A、B(E)、D 三个区域的选区电子衍射标定结果分别如图 6-3-10(c)～(e)所示。分析可知，虽然 EDS 点扫描得出的原子占比与标准的物相组成

有偏差，但对应区域的由电子衍射得到的晶体学数据与标准物相是相符的。

图 6-3-10(a)中 C 区域是 $Al_{11}La_3$ 和 γ 的相界面，其电子衍射标定结果如图 6-3-10(f)所示。$Al_{11}La_3$ 和 γ 所标定的晶带轴分别为 $[\bar{1}\ \bar{1}\ 1]$、$[\bar{5}\ 11\ \bar{7}]$，经计算两晶带轴间的夹角为 122.51°，衍射斑点并不重合，所以两相并不存在共格关系。图 6-3-10(g)所示为图 6-3-10(a)中 C 区域对应的明场高分辨率图像，两相晶面夹角为 71.94°，没有明显的平行关系。图 6-3-10(b)中 F 区域为 Al_8Mn_4La 和 γ 的相界面，其电子衍射标定结果如图 6-3-10(h)所示。两物相标定的晶带

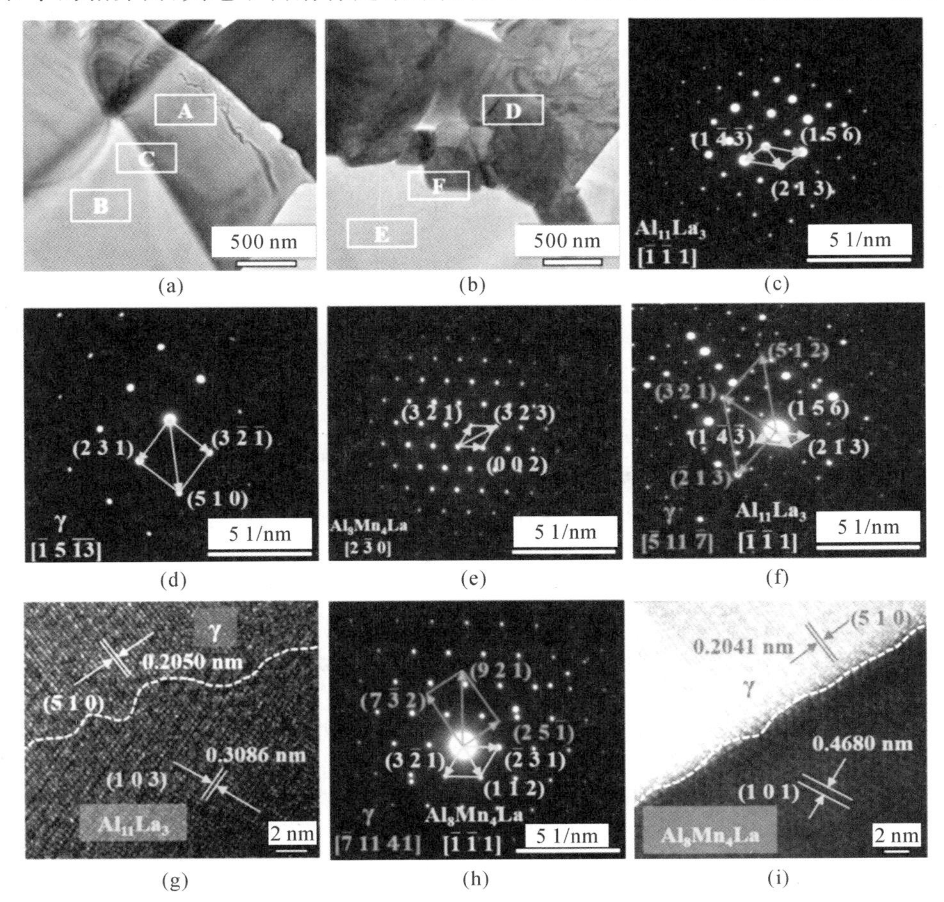

图 6-3-10 E 区稀土相 TEM 分析：(a)，(b) 稀土相透射明场图像，C、F 区域均为稀土相与界面基体组织的相界面；(c)～(e) 稀土相与基体相的选区电子衍射分析，(c)图对应(a)图中的 A 区域，(d)图对应(a)图和(b)图中的 B、E 区域，(e)图对应(b)图中的 D 区域；(f)，(g) 相界面 C 区域的衍射分析与高分辨率图像；(h)，(i) 相界面 F 区域的衍射分析与高分辨率图像

轴分别为[$\bar{1}\ \bar{1}$ 1]、[$\bar{7}$ 11 41]，经计算两晶带轴间的夹角为 60.23°，衍射斑点不重合，所以两相之间亦不存在晶体学的共格关系。

6.3.3 La 对镁/铝双金属复合界面力学性能的影响

6.3.3.1 硬度分布

使用维氏硬度测量仪器对添加 La 前后的镁/铝双金属复合界面的硬度进行测试，结果如图 6-3-11 所示。镁/铝双金属界面的主要区域 E 区和 IMC 区，以及两侧的 Al、Mg 基体在图 6-3-11 中进行了区分标记。黑色标识为对照组 A 组的分区，红色标识为添加 La 元素后 L1 组的分区。同时，使用金相显微镜对硬度分布测试后的硬度点进行观察，如图 6-3-12 所示。两图中的点 1 与点 2 互相对应，这两个点分布在 Al 侧基体与 IMC 区交界处，所以硬度值低于 IMC 区的一般测量值。界面硬度测试点相互间隔约 150 μm。

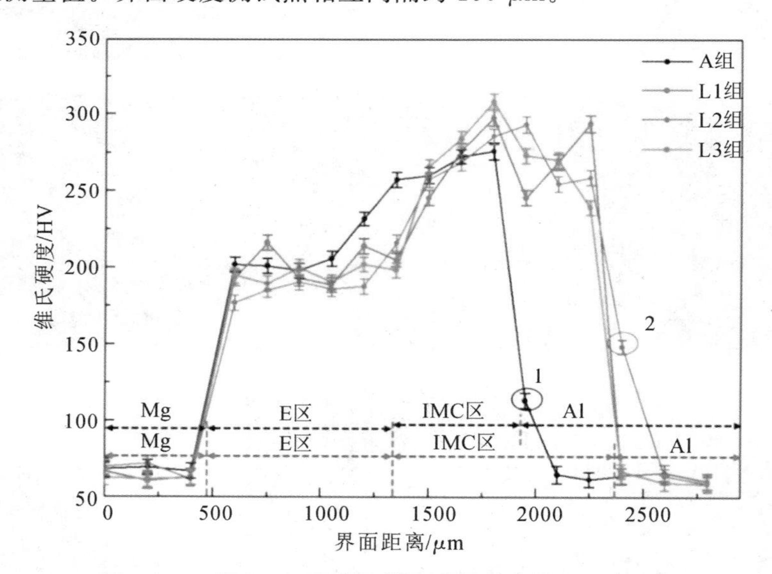

图 6-3-11 引入 La 前后镁/铝双金属复合界面硬度分布

镁/铝双金属结合界面的基体组织主要由 Al-Mg 金属间化合物组成，而界面的两侧基体主要以 Al、Mg 固溶体为基体组织，这使得结合界面的硬度要高于两侧基体。结合界面 E 区的金属间化合物含量比 IMC 区的少，而且共晶 Mg 固溶体是 E 区共晶组织的组成部分，所以结合界面的 E 区整体硬度要低于 IMC 区。可以看出，在引入 La 元素后，镁/铝双金属复合界面的硬度分布趋势与 A 组保持一

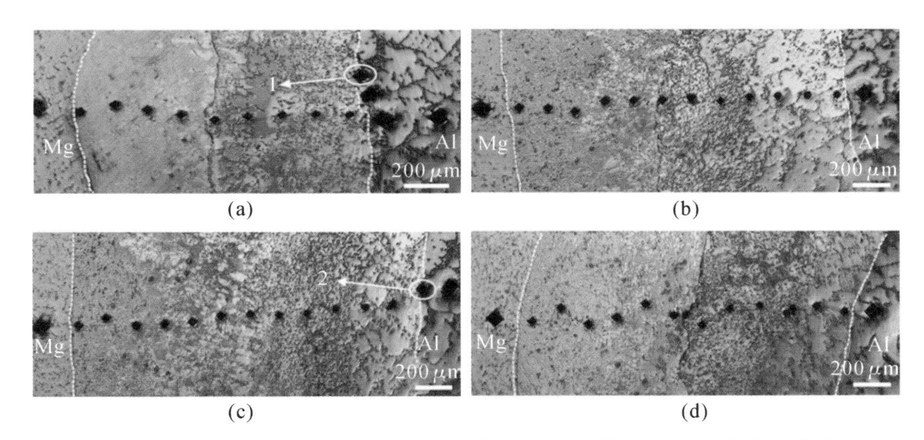

图 6-3-12 镁/铝双金属界面硬度测试点金相形貌图：(a) A 组硬度点分布，点 1 与图 6-3-11 中点 1 对应；(b) L1 组硬度点分布；(c) L2 组硬度点分布，点 2 与图 6-3-11 中点 2 对应；(d) L3 组硬度点分布

致。同时，改变 La 的含量，结合界面硬度分布的变化也不太明显。

6.3.3.2 剪切强度

图 6-3-13 为对各组样品进行剪切测试(结合强度测试)的数据分析结果。随着 La 含量的增加，剪切强度呈现出先升高后降低的走向。当 La 添加量达到 1.0 wt. %时，镁/铝双金属样品的平均剪切强度最高，为 51.54 MPa，比 A 组提高了 30.95%。而 L3 组(含 1.3 wt. %的 La 的样品)的平均剪切强度相较于 L2 组出现明显下降，相较于 A 组基本没有明显改变。

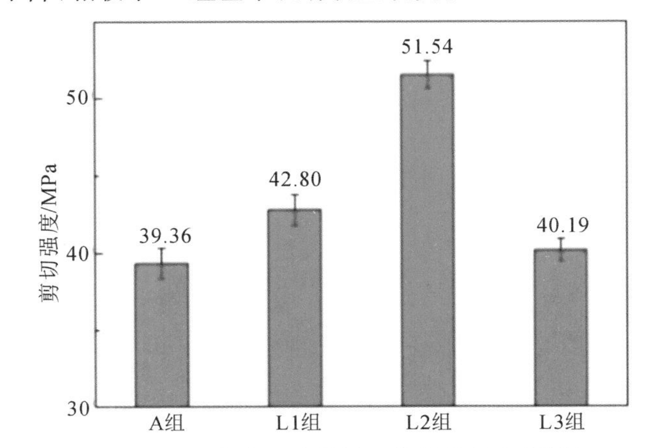

图 6-3-13 镁/铝双金属界面结合强度测试数据

一个较为普遍的认识是，镁/铝双金属复合界面因为存在着大量 Al-Mg 金属间化合物，所以成为镁/铝双金属的薄弱区域。因此，在界面结合良好的情况下，镁/铝双金属界面厚度越小越好。虽然引入 La 后复合界面厚度有所增加，但同时原有的微观组织在种类、形态以及分布特征等方面也发生了明显改变，所以引入 La 后镁/铝双金属复合界面的结合强度与厚度之间并没有必然的联系。

6.3.3.3 界面断裂特征

对结合强度测试后的样品断口形貌进行观察并对相关区域进行 EDS 成分分析，结果如图 6-3-14 所示。图 6-3-14(a)～(c)所示为 A 组的断口形貌，可见 A 组的断口既有以大范围平直解理面为基本特征的解理断裂(见图 6-3-14(a)、(b))，又包含以冰糖状花样为基本特征的沿晶断裂(见图 6-3-14(c))，这些均属于脆性断裂，没有发现韧性断裂的形貌特征。结合成分分析结果，A 组样品断裂位置的分布以 IMC 区的 β 层为主，并达到了 γ 层，但基本没有在 E 区分布。

图 6-3-14(d)～(f)为 L1 组的断口形貌。相比于 A 组，L1 组断口的解理面变小，并出现小凹坑形状的断裂形貌。经成分分析，小凹坑的成分为共晶 δ-Mg，而固溶体为软韧相，与硬脆的金属间化合物刚好相反，这里的小凹坑形貌是韧性断裂的标志性形貌。所以 L1 组的断裂是以脆性断裂为主的混合型断裂，既有解理脆性断裂的特征形貌，又带有些许韧性断裂的断裂特点。经分析可知，L1 组的断裂位置主要分布在 IMC 区的 γ 层，并开始扩展到 E 区。图 6-3-14(g)～(i)为 L2 组的断口形貌。结合成分分析可知，此时解理面比 L1 组的凹陷程度大，解理脆性断裂的特征不明显，Mg 固溶体小凹坑仍然存在，甚至出现了共晶组织，因而能推测出 L2 组发生的也是混合型断裂，但解理脆性断裂的特征变得相对不明显，E 区的初生 γ 层在断裂位置分布中成为主要部分。图 6-3-14(j)～(l)为 L3 组的断口形貌。相比于 L2 组，其局部区域的解理面趋于平直，凹陷程度减小，小凹坑的数量减少。因此，L3 组与 L1 组一样，断裂以解理脆性断裂为主，包含一定程度的韧性断裂的特征形貌。在 L3 组的断口中检测到 β 相，而且其解理面增大，说明其断裂分布的位置相比 L2 组向 IMC 区出现了偏移。

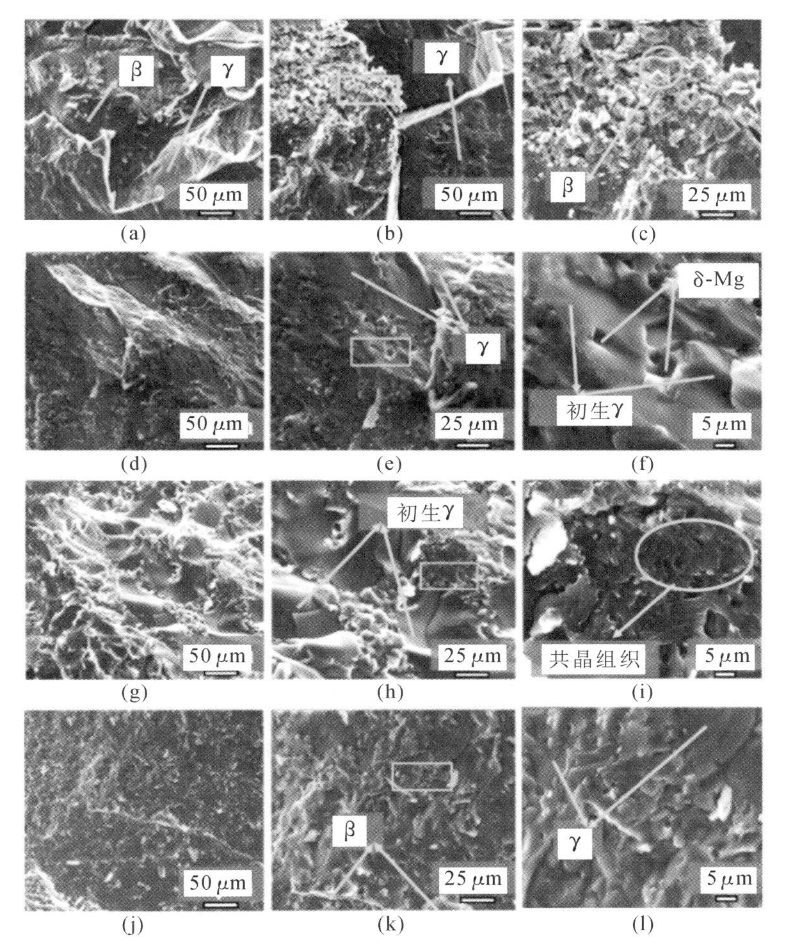

图 6-3-14 镁/铝双金属复合界面断裂形貌:(a),(b) A 组结合界面断裂特征;(c) 图 6-3-14(b)中矩形区域的高倍图像;(d),(e) L1 组结合界面断裂特征;(f) 图 6-3-14(e)中矩形区域的高倍图像;(g),(h) L2 组结合界面断裂特征;(i) 图 6-3-14(h)中矩形区域的高倍图像;(j),(k) L3 组结合界面断裂特征;(l) 图 6-3-14(k)中矩形区域的高倍图像

6.3.4 La 作用下界面的物相析出及强化分析

6.3.4.1 界面形成与物相析出

在浇注过程中由于与空气对流换热,受到泡沫分解吸热和铸型壁吸热以及常温固态 Al 嵌体的激冷作用,金属液在 1~2 s 的时间内温度快速降低。根据已有的测温数据,此时 AZ91D 镁合金熔体温度由 720 ℃降到 580 ℃左右,冷却

速度高达93.3 ℃/s，具有较大过冷度。高温Mg熔体在接触到Al嵌体表面后，以其为基底形成表面激冷区，而Al嵌体在温度场的作用下，发生局部熔化形成局部熔化区。值得注意的是，在消失模固-液复合铸造工艺中，Al嵌体因处于泡沫铸型中而无法预热，因此Al嵌体给高温金属液带来的激冷作用是此制备工艺中不可避免的。根据相关合金凝固计算软件的模拟，表面激冷区的相组成以初生Mg固溶体晶核为主，还带有一定数量的液相，距离Mg熔体侧越近液相越多，而局部熔化区主要是Al固溶体晶核，如图6-3-15(a)所示。

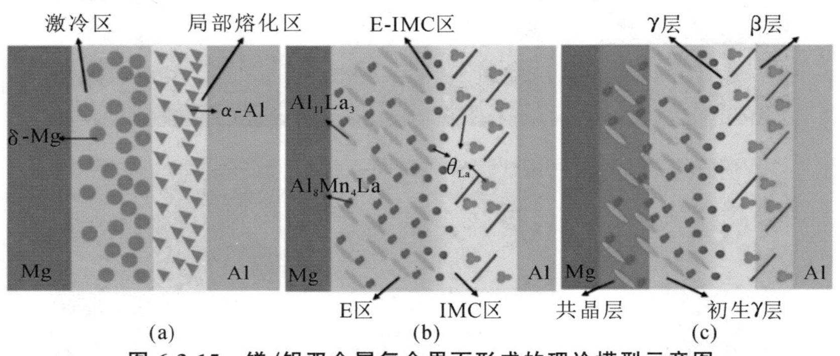

图6-3-15　镁/铝双金属复合界面形成的理论模型示意图

根据相关物相的热力学分析和表6-3-3列出的相关物相的计算形成焓数据，可以了解到稀土相如$Al_{11}La_3$，要比Mg_2Si、$Al_{12}Mg_{17}$、Al_3Mg_2等析出相具有更低的形成焓。因此，随着温度的降低和过冷度的增大，形成焓更低的稀土相会优先形核。

表6-3-3　相关物相的计算形成焓数据

物相	$Al_{11}La_3$	$Al_{12}Mg_{17}$	Mg_2Si	Al_3Mg_2
计算形成焓 ΔH_c/(kJ·mol^{-1})	−540	−81	−78	45

注：数据摘自Materials Project数据库。Al_3Mg_2也可用$Al_{30}Mg_{23}$近似代替，其形成焓为206 kJ·mol^{-1}。

Hume-Rothery准则如式(6-3-1)所示：

$$\delta=\left(\frac{|r_A-r_B|}{r_A}\right)\times 100\% > 14\% \sim 15\% \tag{6-3-1}$$

式中，r_A、r_B分别表示溶剂、溶质组元的原子半径，若两者相差超过14%～15%，则固溶度极为有限。La原子与Mg原子的半径差为16.88%，根据式(6-3-1)所示的Hume-Rothery规则，稀土元素La原子在Mg晶格中的固溶度极为有限。实际上，La在Mg晶格中的极限固溶度仅为0.79%。

上述分析表明，在 Mg 晶格中只需要少量 La 原子就能形成过饱和置换式固溶体。La 在 Mg 晶格中的固溶让 La 原子周围的晶格畸变增加，这给 La 原子周围的空位提供了形成条件，使得 La 原子能通过空位扩散机制向晶界迁移偏聚，从而优先同与其电负性相差更大的 Al、Mn 等元素结合(电负性：La 为 1.10，Mg 为 1.31，Mn 为 1.55，Al 为 1.61)，形成稀土相 $Al_{11}La_3$、Al_8Mn_4La，如图 6-3-16 所示。同时 La 在晶界偏聚，也能够吸引 Mg 熔体侧元素，从而促进其扩散，使得表面激冷区扩大，形成 E 区的雏形。在激冷区液相还较多的时候，扩散到局部熔化区的 La，促进 Al 嵌体侧的元素向局部熔化区扩散，形成 φ_{La} 相，进而使得局部熔化区扩大，形成 IMC 区的雏形，如图 6-3-15(b)所示。

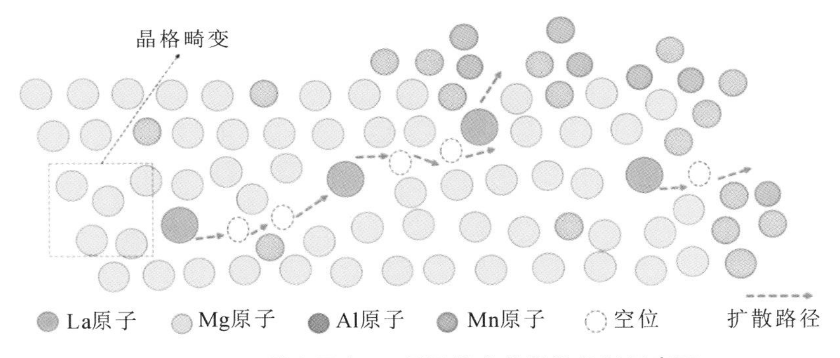

图 6-3-16　稀土元素 La 原子的空位扩散机制示意图

随着温度的降低，液相越来越少，使得 La 元素自 Mg 侧向 Al 侧的扩散能力显著降低，进而使得 La 元素分布形成了以 E 区为主、IMC 区相对少的特点。同时，Mg_2Si 与 Al-Mg 中间相这些形成焓相对稀土相更高的物相开始析出。IMC 区在近 Al 侧主要为 β 相，在近 E 区主要为 γ 相。初生 γ 枝晶从 E-IMC 区开始形核，向 E 区生长，之后二次 γ 相在 E 区开始脱溶析出或在共晶组织离异化偏聚的作用下形成。IMC 区的 La 由于分布较少，因此析出的细小稀土相颗粒对基体组织影响不大。主要分布在镁/铝双金属界面 E 区的 La，通过在晶核前沿产生成分过冷和充当表面活性剂的作用，来促进形核并抑制其过度生长，从而细化初生 γ 枝晶以及团状的共晶组织。此外，新析出的含 La 稀土相也作为异质颗粒抑制着界面微观组织的生长。最终的镁/铝双金属界面组成如图 6-3-15(c)所示。

前文较为详细地介绍了镁/铝双金属界面的形成过程以及稀土相的析出机

制。此外，还有一个方面是稀土元素La促进其他元素扩散的相关机理。La作为镁/铝双金属复合界面体系中的第三组元，其促进元素进行固相扩散的机制较为复杂，这里以稀土元素La促进Al基体侧的元素扩散为例，给出一种较为合理的解释。与C、H、O等具有较小半径的原子进行间隙扩散不同，Al、Si、Fe、Ti等较大原子在晶格内的扩散机制主要是空位扩散，而空位形成的能量来源之一是晶格畸变产生的畸变能。但是La在Al晶格中的固溶度小到几乎可以忽略不计，无法自发固溶进入Al晶格，这使得La促进晶格内原子的空位扩散变得很不现实。然而，位于元素周期表第六周期的La具有很低的电负性，很容易与其周围的原子结合形成金属化合物，金属化合物的形成不仅增加了相界面，还可作为新析出的第二相细化晶粒，进而使得稀土元素La原子周围的晶界增加。短路扩散以晶界、位错等大尺度缺陷为迁移通道。界面的增多，使得Al-Mg扩散体系中的界面能升高，从而促进短路扩散。由于第三组元La的作用，界面外侧原子的短路扩散受到促进，加快了向界面的扩散进程，如图6-3-17所示。此外，应该注意到，稀土元素La促进元素短路扩散这一过程是在镁/铝双金属复合界面还存在大量固溶体晶核的阶段，并不是在Al-Mg金属间化合物开始析出以后，因为温度的下降对元素扩散迁移能力的抑制作用是十分明显的。

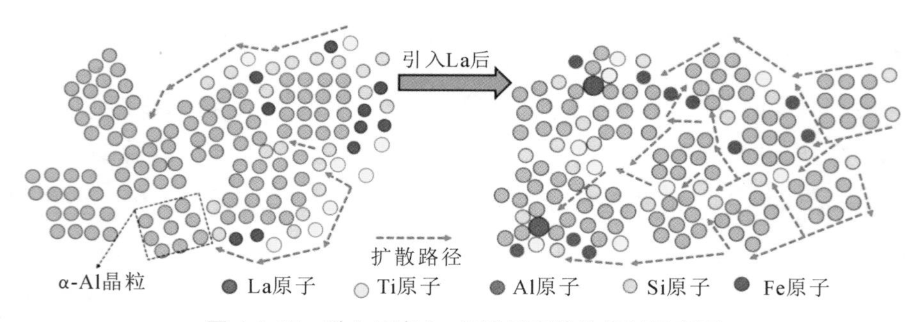

图6-3-17　稀土元素La促进元素扩散机制示意图

6.3.4.2　界面强化与断裂分析

材料的宏观力学性能受到材料中具有不同结构的微观组织的影响。本小节从结合界面微观组织的改变来建立La元素的添加与镁/铝双金属结合界面强化效果的关联机制，从而对相关性能的改变给出合理解释。

根据前文对镁/铝双金属结合界面形成机制的分析，La主要作用于界面的E区，使得E区组织发生显著改变。而在界面微观组织改变时，存在两种主要的强化机制。第一种是细晶强化或者组织细化强化。E 区的团状共晶组织以及初生 γ 层的初生 γ 枝晶，由于受到优先析出的稀土相的促进形核与抑制生长的作用而发生组织细化。利用测量软件对 A 组和 L2 组的 E 区团状共晶晶粒和初生 γ 晶粒的尺寸进行测量，结果如图 6-3-18 所示。结合界面原有的团状共晶组织与初生 γ 枝晶发生显著细化，变化幅度分别为 53.45%、36.35%。晶粒细化可以使得位错在塑性变形时，运动到晶界的距离变短。位错的聚集可以阻碍晶体滑移，进而提升结合强度。

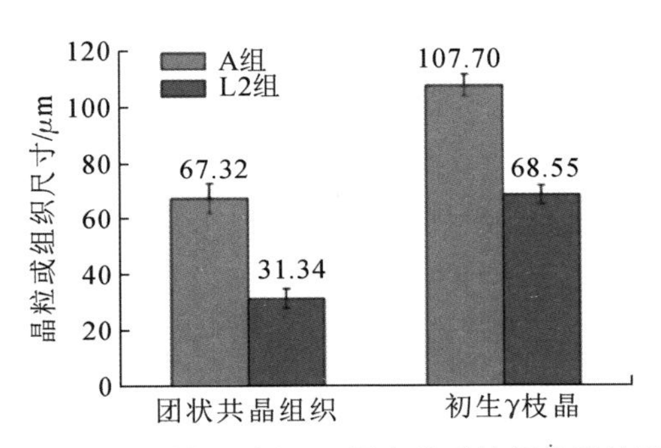

图 6-3-18　镁/铝双金属界面引入 La 元素前后的相关晶粒平均尺寸变化

第二种是第二相颗粒析出带来的沉淀强化。在添加了 La 元素的镁/铝双金属结合界面，尤其是 E 区中，新析出的稀土相颗粒显著增多。根据前文对透射数据的分析，这些对 E 区基体组织有细化作用的第二相硬质颗粒与基体组织不具有共格关系，但在塑性变形时能阻碍位错运动，从而对基体组织产生位错强化效果。

E 区在上述两种机制的综合作用下发生强化，进而使整个镁/铝双金属复合界面结合强度提升。

此外，镁/铝双金属复合界面的结合强度的改善，也与稀土元素改善镁熔体充型流动性、吸收铝嵌体表面氧化膜的氧，以及增强液相表面活性有一定关系。

但是当稀土元素 La 的添加量过多时，稀土相在结合界面发生聚集。这种大面积的聚集尽管仍可能起到促进形核等作用，但是对于本身就是硬脆金属间化合物的 γ 相而言，是一种不好的状态。聚集的稀土相颗粒对界面基体组织会产生割裂作用，削弱 E 区的强化作用，增加脆性断裂的可能性。这就是 L3 组的结合性能相比 L2 组急剧下降的原因。

镁/铝双金属复合界面E区微观组织的细化伴随着晶界增多，一方面能让界面在变形时承受的应力被更好地分散，另一方面也让一些沿晶界产生的裂纹的扩展路径增加，进而使得断裂纹路的分布发生一定程度的改变。基于图6-3-14的断口形貌与成分特点，图6-3-19给出了添加La元素前后镁/铝双金属复合界面断裂位置分布变化的示意图。随着La含量的增加，组织细化作用增强，E区的强化效果相对提高，对裂纹扩散具有一定的牵拉作用，使得裂纹能分布到结合界面的E区。但是当La含量进一步提升时，聚集析出的稀土相严重割裂了界面的基体组织，E区的强化效果没有给整个界面带来明显的强化提升，反而削弱了界面的结合强度。

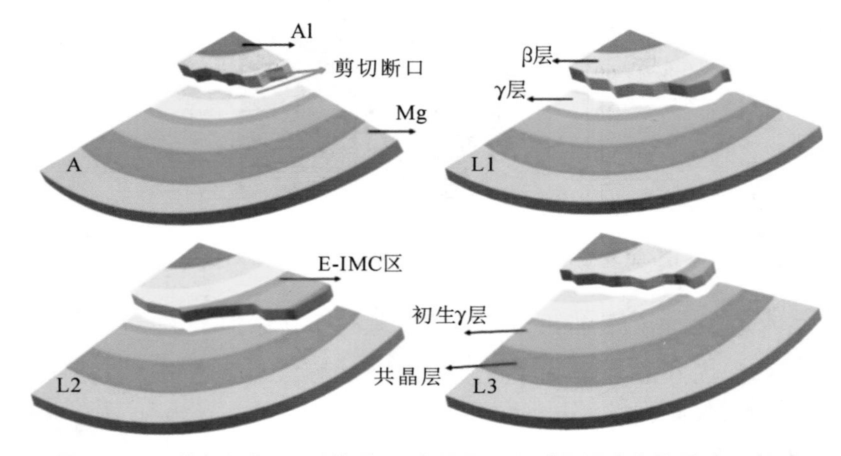

图6-3-19　稀土元素La对镁/铝双金属界面断裂位置分布的影响示意图

6.4　Ce对镁/铝双金属界面组织和性能的影响

铈(Ce)与La一样属于轻稀土元素系列，原子序数为58，具有相当活泼的理化性质。单质Ce在空气中首先被氧化为Ce_2O_3，然后被进一步氧化为CeO_2。Ce具有较低的电负性值(1.12)，与Al、Mg等元素处于同一体系时，会优先同与其电负性相差更大的Al结合，形成含Ce稀土相。本节以Mg-Ce稀土中间合金的合金化方式，向镁/铝双金属复合界面引入0.7 wt.%、1.0 wt.%以及1.3 wt.%的稀土元素Ce(分别标记为C1、C2、C3组)，以系统地研究Ce元素对复合铸造镁/铝双金属界面微观组织形成以及力学性能的影响，并在最后将典型轻稀土元素La、Ce对复合铸造镁/铝双金属界面的影响特点进行对比分析。

6.4.1 Ce 对镁/铝双金属复合界面微观组织的影响

6.4.1.1 微观组织的 SEM 与 EDS 分析

图 6-4-1 展示了 C1、C2、C3 组镁/铝双金属复合界面的整体形貌，对应界面的平均厚度分别约为 1746 μm、1809 μm 和 1720 μm。对比未引入任何新组元的 A 组，在引入稀土元素 Ce 后，镁/铝双金属界面的平均厚度有所增加，这也反映了 Al、Mg 元素之间的扩散反应，与引入 La 之后的变化相似，都受到了一定程度的促进作用。但是随着 Ce 含量的增加，镁/铝双金属界面厚度的变化趋势并不是特别明显，可能的一个原因是界面厚度不仅受界面中新组元含量的影响，也受到在消失模固-液复合铸造工艺中充型流动场与温度场的综合作用。

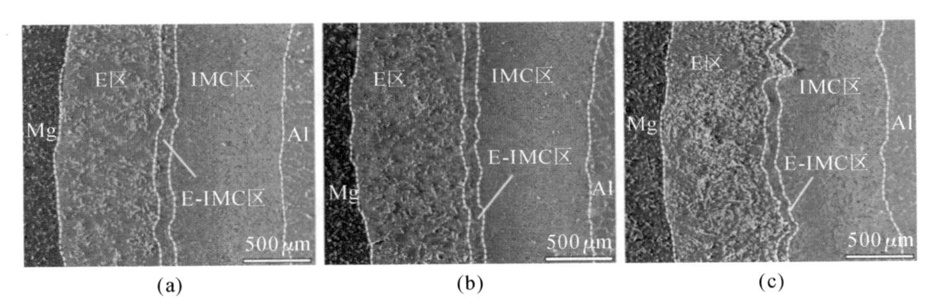

图 6-4-1 添加不同含量 Ce 后镁/铝双金属界面整体形貌：(a) C1 **组复合界面**(0.7 wt.%)；(b) C2 **组复合界面**(1.0 wt.%)；(c) C3 **组复合界面**(1.3 wt.%)

在镁/铝双金属界面引入 Ce 后，依然是 E 区的变化最为明显，如图 6-4-2(a)～(f)所示。最为明显的是杆状和团块状的新相的析出。根据表 6-4-1 所示的 EDS 点扫描结果、相关相图的初步分析，杆状相为 $Al_{11}Ce_3$，细小团块状相为 Al_8Mn_4Ce。同时，网络状的共晶团簇尺寸相比 A 组的有所减小，不规则形状的二次 γ 相析出变多且更分散，有些二次 γ 相在共晶组织间形成间隔分布的状态。另外，原有的粗大初生 γ 枝晶也发生明显细化，转变为断续的团状分布。如图 6-4-2(g)～(k)所示，镁/铝双金属复合界面在添加稀土元素 Ce 后，尽管 IMC 区有多种含 Ce 的稀土相析出，但是 IMC 区的基本组织组成及其分布状态并没有明显改变。同样地，考虑到这些细小稀土相组成复杂，并且对镁/铝双金属界面的组织没有明显影响，所以将它们统称为 φ_{Ce} 相。

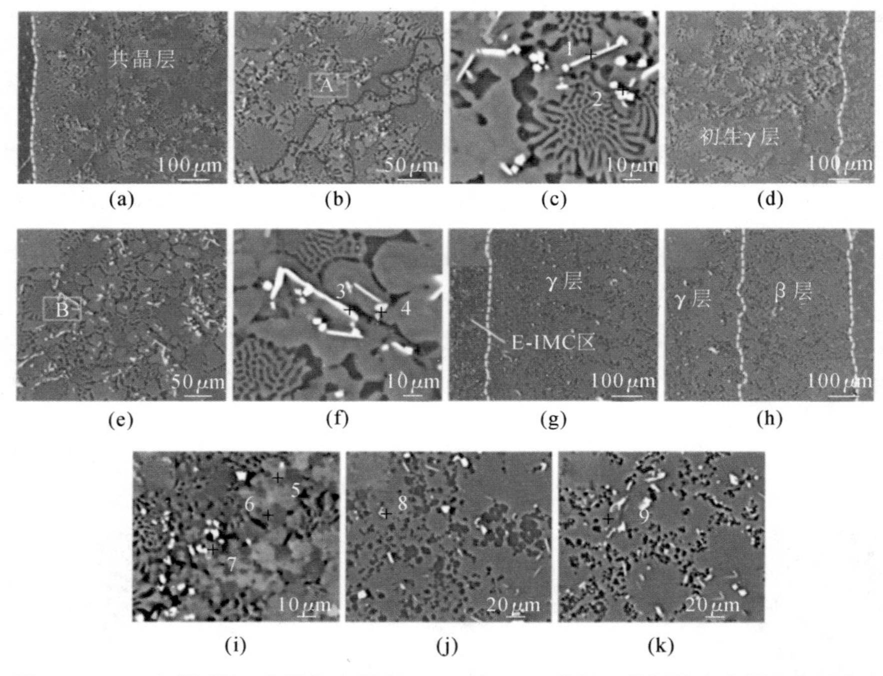

图 6-4-2 C1 组镁/铝双金属复合界面:(a),(b) E 区共晶层的低倍和高倍组织图像;(c) 图 6-4-2(b)中 A 区域的放大图;(d),(e) E 区初生 γ 层的低倍和高倍组织图像;(f) 图 6-4-2(e)中 B 区域的放大图;(g),(h) E-IMC 区与 IMC 区低倍组织图像;(i)～(k) E-IMC 区以及 IMC 区 γ 层、β 层的高倍图像

表 6-4-1 C1～C3 组 EDS 点扫描分析结果

序号	元素占比/(at. %)					推测物相
	Mg	Al	Ce	Mn	Si	
1	—	88.14	11.86	—	—	$Al_{11}Ce_3$
2	—	72.75	7.32	19.93	—	Al_8Mn_4Ce
3	—	84.85	15.15	—	—	$Al_{11}Ce_3$
4	—	78.45	6.33	15.22	—	Al_8Mn_4Ce
5	61.92	38.08	—	—	—	γ
6	66.40	—	—	—	33.60	Mg_2Si
7	5 种元素混合相(Al、Ce、Mn、Si、Fe)					φ_{Ce}
8	4 种元素混合相(Al、Ce、Mn、Si)					
9	5 种元素混合相(Al、Ce、Mn、Si、Fe)					

续表

序号	元素占比/(at. %)					推测物相
	Mg	Al	Ce	Mn	Si	
10	—	70.49	7.46	22.05	—	Al_8Mn_4Ce
11	—	80.54	19.46	—	—	$Al_{11}Ce_3$
12	4种元素混合相(Al、Ce、Mn、Si)					φ_{Ce}
13	—	82.37	17.63	—	—	$Al_{11}Ce_3$
14	—	72.38	7.43	20.19	—	Al_8Mn_4Ce
15	3种元素混合相(Al、Ce、Ti)					φ_{Ce}

注：φ_{Ce}与前一节对应，依然为含稀土元素Ce的复杂混合物相。

值得注意的是，在以往研究中关于低Ce含量的Al-Ce稀土相，除了$Al_{11}Ce_3$（属于斜方晶系）外，还有另一种Al_4Ce相也被提及，这是一种属于正方晶系的Al-Ce稀土相，具有与$Al_{11}Ce_3$不一样的晶格参数。Y. B. Kang等人在对Al-Ce二元系统的热力学评估中提及了这一问题。对于La、Ce、Pr这样的典型轻稀土元素，低稀土元素含量的Al-RE相一般常见的形式是$Al_{11}RE_3$，但更准确的形式应该是α-$Al_{11}RE_3$，具有体心斜方结构。当温度升高时，α-$Al_{11}RE_3$会发生类似于铁素体转变为奥氏体的同素异构转变，成为具有体心正方结构的高温稀土相β-$Al_{11}RE_3$，这一类物相的统一参考标准均为Al_4Ba相。所以，β-$Al_{11}Ce_3$使用Al_4Ce的形式更为合理。而在本研究中，首先β-$Al_{11}Ce_3$相存在的高温范围没有达到，其次在金属液充型凝固过程中冷却速度较为平稳，而且相关分析显示Al_4Ce为亚稳定稀土相，在过冷或过热的亚稳状态会发生分解，产生α-$Al_{11}Ce_3$和Al。因此，本研究将$Al_{11}Ce_3$均考虑为常温稳定相α-$Al_{11}Ce_3$，这一结果也将在后续的TEM透射分析中被证实。

图6-4-3为C2组镁/铝双金属复合界面的微观组织，相关EDS成分分析结果依然在表6-4-1中进行展示。分析可知，Ce含量增加之后，与稀土元素La添加量增多后相似的是，杆状$Al_{11}Ce_3$和团块状Al_8Mn_4Ce的析出量增多，但是也有一些不同之处，一些针状的$Al_{11}Ce_3$相开始在E区析出，如图6-4-3(a)～(f)所示。而相较于C1组，C2组共晶区主要基体组织则没有明显变化。同时，在IMC区虽然有φ_{Ce}析出，但是此区域微观组织的分布状态依然没有出现明显的变化。

图6-4-4展示了C3组镁/铝双金属复合界面的微观组织形貌。此时针状或杆状的$Al_{11}Ce_3$以及团块状Al_8Mn_4Ce的析出量进一步增加，在E区呈现出比L3组

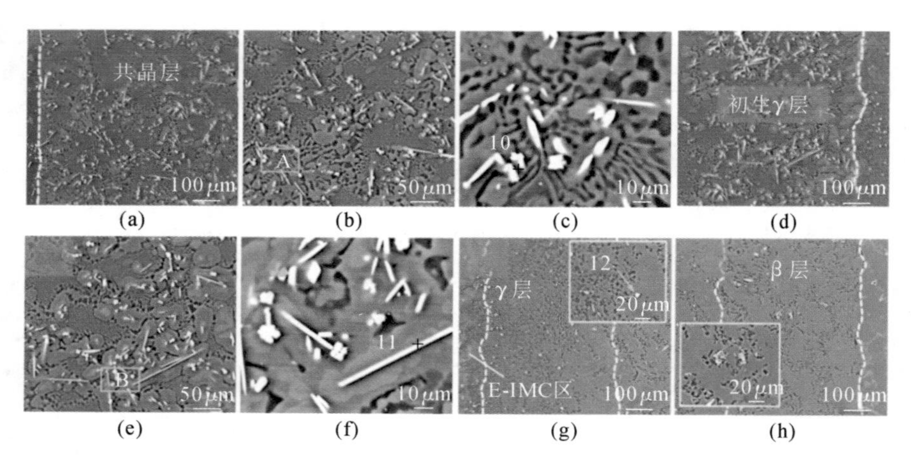

图 6-4-3 C2 组镁/铝双金属复合界面：(a)，(b) E 区共晶层的低倍和高倍组织图像；(c) 图 6-4-3(b)中 A 区域的放大图；(d)，(e) E 区初生 γ 层的低倍和高倍组织图像；(f) 图 6-4-3(e)中 B 区域的放大图；(g)，(h) IMC 区 γ 与 β 层的低倍与高倍组织形貌

更为明显的聚集状态，局部区域的针状 $Al_{11}Ce_3$ 有粗化现象，共晶组织的网状结构明显缩小，相应的二次 γ 相增多，主要考虑为离异共晶化加剧的结果，如图 6-4-4(a)～(c)所示。此外，如图 6-4-4(d)～(f)所示，E 区的初生 γ 枝晶由初始的聚集状态变得相对分散，考虑由在生长过程中被大量析出的含 Ce 的稀土相分割所致。但类似于 C1 和 C2 组，IMC 区微观组织仍没有明显的改变。

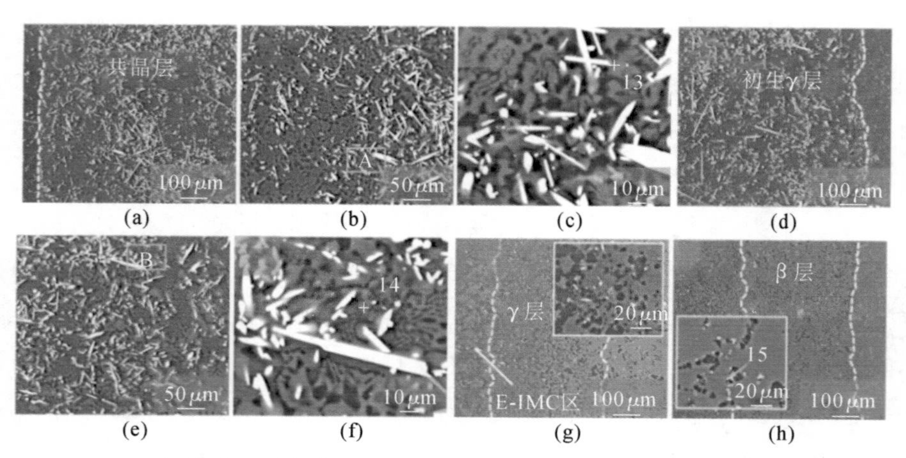

图 6-4-4 C3 组镁/铝双金属复合界面：(a)，(b) E 区共晶层的低倍和高倍组织图像；(c) 图 6-4-4(b)中 A 区域的放大图；(d)，(e) E 区初生 γ 层的低倍和高倍组织图像；(f) 图 6-4-4(e)中 B 区域的放大图；(g)，(h) IMC 区 γ 与 β 层的低倍与高倍组织图像

稀土元素Ce在Mg基体和镁/铝双金属复合界面E区因形成稀土相而被消耗，温度下降对元素的扩散能力会产生强烈的抑制作用，以及稀土元素在晶格中的扩散要慢于常见的非稀土元素，如Al、Zn等，以上这些因素成为镁/铝双金属复合界面在添加稀土元素Ce(稀土元素La也类似）后没有使IMC区微观组织发生明显变化的原因。

6.4.1.2 微观组织的TEM分析

图6-4-5是镁/铝双金属复合界面含Ce的稀土相析出区域的透射分析取样位置和相关元素的面扫描图像。图6-4-5(a)显示了使用聚焦离子束系统制备透射分析样品的E区稀土相析出区域取样位置。先在红色框选区域纵切深入8～10 μm，再不断地使用离子束减薄，从而得到所需的透射分析样品。图6-4-5(b)为析出稀土相区域的纵深剖面暗场形貌。根据图6-4-5(c)～(f)的高精度面扫描结果可推测出，在立体的镁/铝双金属复合界面，$Al_{11}Ce_3$和Al_8Mn_4Ce等稀土相分别以圆柱棒状或针状以及方形团状“浸润”在Al-Mg金属间化合物中。

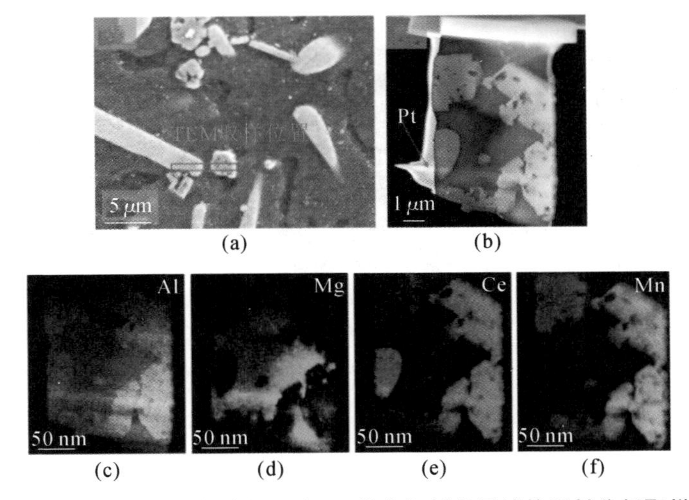

图6-4-5 镁/铝双金属复合界面含Ce稀土相析出区域的透射分析取样位置和相关元素的面扫描结果：(a) 透射分析取样位置；(b) 透射分析样品暗场图像；(c)～(f) 透射分析样品面扫描的元素分布图像

进一步，通过选区电子衍射分析来从晶体学参数的角度确定稀土相的准确成分，以及其与界面基体组织的相界面关系。图6-4-6(a)～(c)为稀土相$Al_{11}Ce_3$的晶体学标定、与金属间化合物γ的相界面衍射分析以及相界面的高分辨率图像。由计算分析可知，$Al_{11}Ce_3$的晶带轴[3 $\bar{1}$ 1]与 γ 晶带轴[5 $\bar{7}$ $\bar{3}$]间的夹角为 54.04 °，从而可以得出两种物相属于非共格关系，它们的衍射斑点并没有明显的重合。同时从图 6-4-6(c)中也能看出两相在原子排列方向上存在差异。图 6-4-6(d)～(f)为稀土相 Al_8Mn_4Ce 的晶体学标定、与 γ 的晶体学取向关系分析以及相界面的高分辨率图像。由计算分析可知，Al_8Mn_4Ce 的晶带轴[1 $\bar{1}$ 1]与 γ 晶带轴[$\bar{1}$ $\bar{5}$ 6]间的夹角为 43.33 °，可以得出两种物相也不属于典型的晶体学共格关系。此外，图 6-4-6(e)中出现了非晶圆环，可能是因为在使用聚焦离子束对透射分析样品加工时晶体点阵的某些部分发生了非晶化。

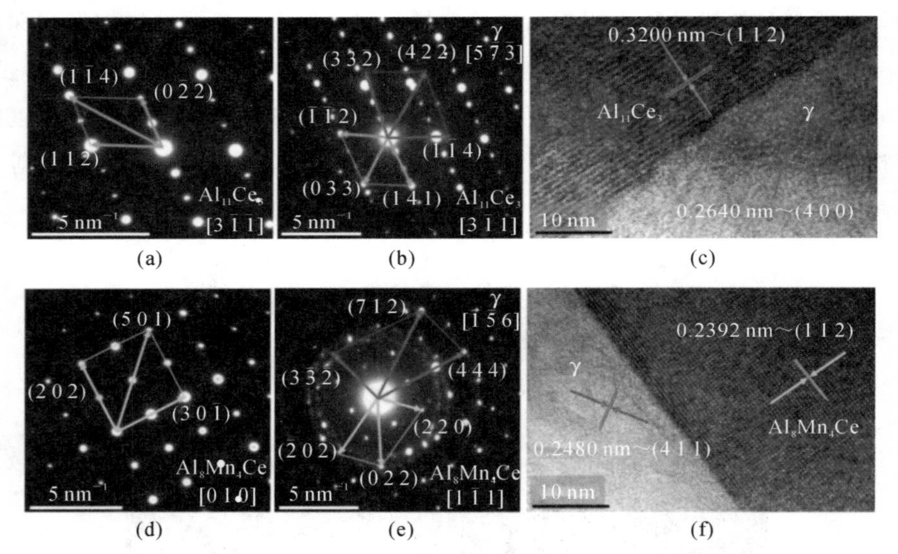

图 6-4-6　透射分析结果：(a) $Al_{11}Ce_3$ 的选区电子衍射花样标定；(b) $Al_{11}Ce_3$ 与 γ 的晶体学取向关系分析；(c) $Al_{11}Ce_3$ 与 γ 的相界面的高分辨率图像；(d) Al_8Mn_4Ce 的选区电子衍射花样标定；(e) Al_8Mn_4Ce 与 γ 的晶体学取向关系分析；(f) Al_8Mn_4Ce 与 γ 的相界面的高分辨率图像

6.4.1.3　微观组织的 EBSD 分析

在 6.3 节中提到，稀土元素 La 的过量添加，导致含 La 稀土相在镁/铝双金属复合界面大量析出，带来了割裂基体组织、影响界面结合强度的危害。相似地，在引入的 Ce 含量达到 1.3 wt.%(C3 组) 时，镁/铝双金属复合界面的稀土相大量聚集析出，并且 $Al_{11}Ce_3$ 针状化、粗化明显。为观察连续分布的稀土相对复合界面基体组织的影响，本小节使用背散射电子衍射(EBSD) 来进行相关分析，分析对象选择的是 C3 组。

图 6-4-7 展示了镁/铝双金属复合界面引入稀土元素 Ce 前后的 EBSD 分析结果。需要说明的是，受到 EBSD 扫描分析步长的限制，尺寸较小的 Al_8Mn_4Ce 析出相颗粒未被纳入分析。图 6-4-7(a)～(c)分别展示了未引入 Ce 的 E 区微观组织的相分布、取向分布以及应力分布(KAM 分析模式)。可以看出，E 区组织中 Mg 和 γ 的取向均具有各向异性，且应力分布较为均匀，未出现明显的集中情况。而在大量添加稀土元素 Ce 之后，含有析出相 $Al_{11}Ce_3$ 的界面区域具有较大的取向分布差异，如图 6-4-7(d)、(e)所示。更重要的是，在稀土相的位置产生了一定程度的应力集中，如图 6-4-7(f)中偏红色区域所示。这证实了大量稀土相的聚集分布确实具有割裂基体组织的负面影响，降低了复合界面结合性能。

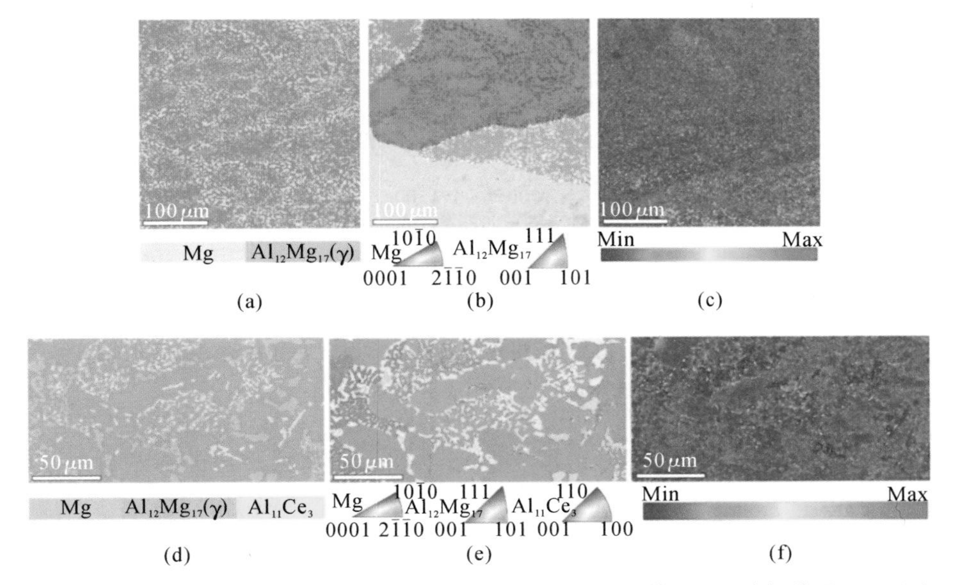

图 6-4-7 引入稀土元素 Ce 前后镁/铝双金属复合界面 E 区的 EBSD 分析结果：(a)，(d) 相关物相的分布；(b)，(e) 对应区域的取向分布；(c)，(f) 对应区域的应力分布

6.4.2 Ce 对镁/铝双金属复合界面力学性能的影响

6.4.2.1 硬度分布

镁/铝双金属复合界面微观硬度分布如图 6-4-8 所示。对于未引入稀土元素 Ce 的 A 组，其镁/铝双金属复合界面的整体硬度保持着高于界面两侧的 Al、

Mg 基体的特点。在镁/铝双金属界面内部，IMC 区因为有更多的金属间化合物聚集，属于高硬度值的硬脆相，从而拥有比 E 区更高的硬度，这与 6.3 节中的结果是吻合的。在引入稀土元素 Ce 后，镁/铝双金属复合界面整体微观硬度分布同样保持着与 A 组一致的趋势。随着 Ce 含量的升高，镁/铝双金属界面的硬度分布没有出现明显的变化。E 区和 IMC 区的显微硬度值分别分布在 190～230 HV 和 260～280 HV 的范围。

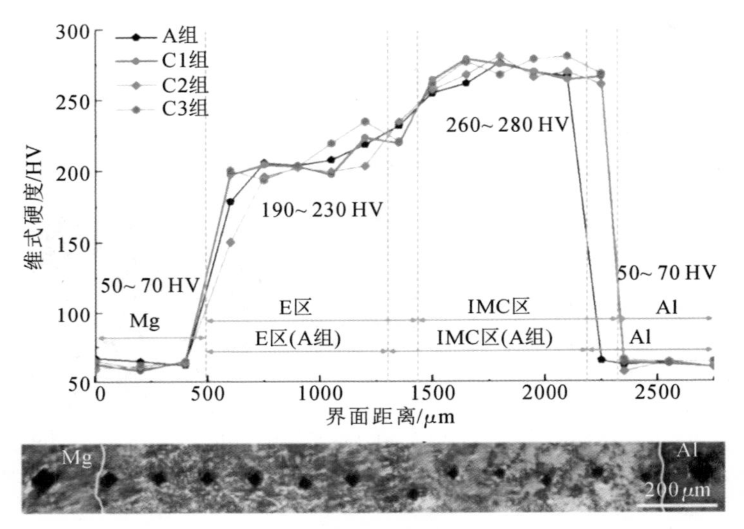

图 6-4-8　引入 Ce 前后镁/铝双金属复合界面硬度分布测试结果

（各个硬度点的硬度为平均硬度）

不管是添加 La 还是引入 Ce，镁/铝双金属界面的显微硬度分布似乎并没有特别明显的变化。除了仪器测试本身带来的误差外，新析出的稀土相的硬度值与原有化合物相没有显著的差别也可能是一个原因。如图 6-4-8 中金相硬度点所示，镁/铝双金属界面硬度测试的菱形取样范围在 30～40 μm，这显然是大于相对细小的析出相颗粒的（宽度大概在 5 μm 以内）。这就可能使得稀土相的硬度在测试时被平均化在区域基体组织的硬度值当中，从而导致双金属界面硬度没有明显的变化。

6.4.2.2　剪切强度

图 6-4-9(a)显示的是不同组别的镁/铝双金属界面平均剪切强度，图 6-4-9(b)是从不同组别中任意选取的测试样品的应力-应变曲线。A 组的剪切强度

测试值为最新一次测得的，所以与6.3节中的A组剪切性能数值存在一定的差别。

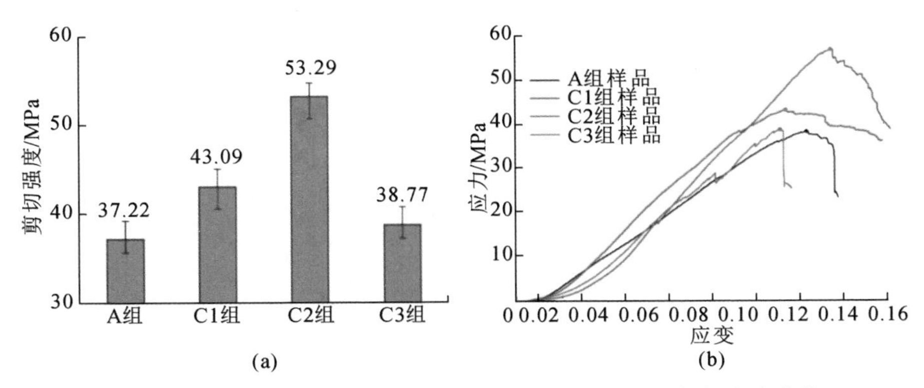

图6-4-9　不同组别的镁/铝双金属界面平均剪切强度和应力-应变曲线：

(a)界面剪切强度测试结果；(b)界面剪切性能测试中选取的应力-应变曲线

随着稀土元素Ce的引入，镁/铝双金属复合界面的剪切强度升高，幅度为15.77％。Ce含量升高到1.0 wt.％时，镁/铝双金属复合界面的剪切强度达到最大值53.29 MPa，相比A组的37.22 MPa，提高了43.18％。然而，随着Ce含量的进一步升高，双金属结合界面的剪切强度却急剧下降，下降到38.77 MPa。

6.4.2.3　界面断裂特征

在剪切强度测试后对镁/铝双金属复合界面的断口形貌进行SEM观察，并进行EDS成分分析。图6-4-10分别给出了各组别断口的高倍、低倍形貌特征以及相应的EDS成分分析结果。图6-4-10(a)和(b)为A组新拍摄的断口形貌特征，可以发现断口整体仍为具有脆性断裂特征的平滑解理面，局部带有在剪切过程中从β层剥落的γ凹陷形貌，与6.3节的A组的特征保持一致。其断裂位置主要位于IMC区的β层。

随着稀土元素Ce的添加，镁/铝双金属断口中原有的解理面变得不明显，而且局部出现从初生γ基体剥落的成分为δ-Mg的小凹坑，如图6-4-10(c)和(d)所示，这与稀土元素La在引入复合界面后具有相似的规律特征，说明在Ce开始引入镁/铝双金属复合界面后，断裂也开始具有了一些韧性特征，断裂的主要分布位置也转变为初生γ层附近。C2组的界面断口形貌由图6-4-10(e)和(f)给出。此时的断口显得更加平整，局部出现的δ-Mg小凹坑也变多，说明韧

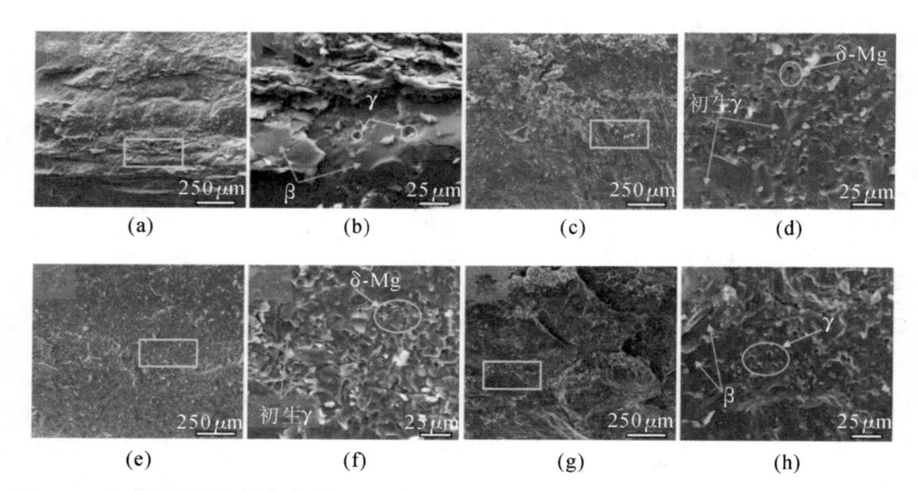

图 6-4-10　镁/铝双金属复合界面断裂形貌：(a) A 组断口形貌特征；(b) 图 6-4-10(a)中的矩形区域放大图；(c) C1 组断口形貌特征；(d) 图 6-4-10(c)中的矩形区域放大图；(e) C2 组断口形貌特征；(f) 图 6-4-10(e)中的矩形区域放大图；(g) C3 组断口形貌特征；(h) 图 6-4-10(g)中的矩形区域放大图

性特征更明显了。然而当 Ce 含量进一步升高后，镁/铝双金属复合界面的断口形貌又出现了明显的脆性断裂解理面，此时的凹陷形貌也变为剥落的 γ 凹陷，断裂的主要分布位置又向复合界面的 IMC 区迁移。

6.4.3　Ce 作用下界面的微观组织演化及强化分析

6.4.3.1　界面微观组织演化

6.3 节在相关机制分析中，给出了稀土元素 La 引入镁/铝双金属复合界面后，结合界面的形成过程以及含 La 稀土相的形成析出过程。在此部分的分析中，基于实验观察，在继续分析强化镁/铝双金属复合界面的形成模型之外，还将对复合界面，尤其是 E 区的微观组织演化进行详细分析。在经典成分过冷形成模型的基础上，分析含 Ce 稀土相对微观组织细化的相关机理作用。

图 6-4-11 示意性地展示了镁/铝双金属复合界面形成的两个主要阶段：(1) Mg熔体充型与激冷区的形成；(2) 各物相的析出与镁/铝双金属复合界面主要区域的扩展。在金属液进入泡沫模型后，随着 EPS 泡沫的吸热分解与排出，Mg 熔体填充模型。高温金属液在受到常温固态嵌体的激冷作用后，在嵌体

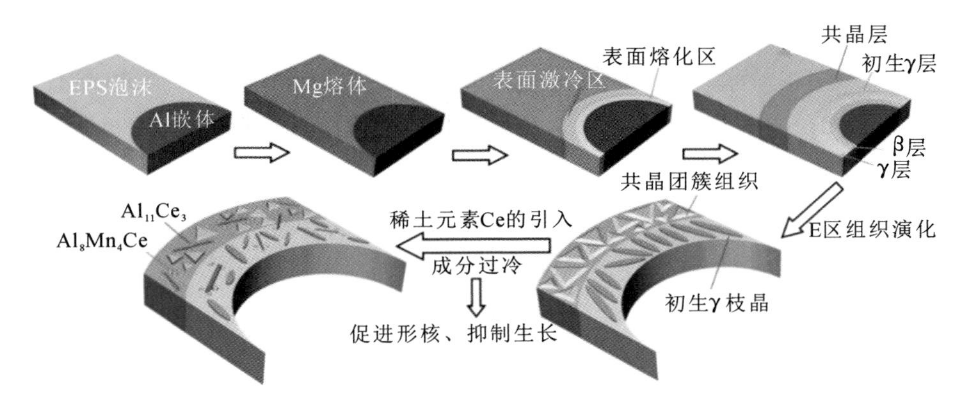

图 6-4-11　含稀土元素 Ce 的镁/铝双金属界面形成过程与组织演化示意图

表面形成 Mg 激冷区。经由相关凝固软件对镁合金凝固进行分析可知,首先大量析出的是 δ-Mg 晶粒,如图 6-4-12 所示。同时,由于熔体温度高于共晶反应线的温度,A356 固态嵌体局部发生熔化,形成以 α-Al 为主的 Al 熔化区。

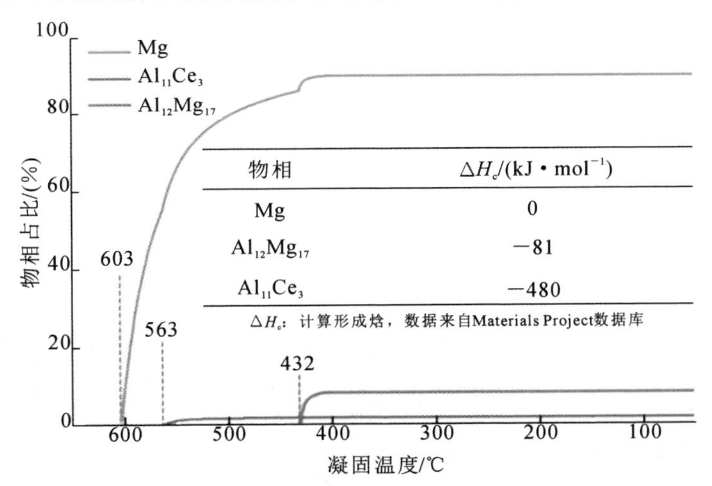

物相	ΔH_c/(kJ·mol^{-1})
Mg	0
$Al_{12}Mg_{17}$	−81
$Al_{11}Ce_3$	−480

图 6-4-12　镁合金中代表性物相的凝固曲线(以 Mg-8.30Al-1.00Ce-0.55Zn-0.15Mn 为例,含量以质量百分数(wt.%)计)

随着温度的下降,原有的 Mg 激冷区与 Al 熔化区在原子扩散反应的过程中开始扩展,演化为镁/铝双金属复合界面的雏形。在演化进程中,各种物相开始析出。在含有稀土元素 Ce 的镁/铝双金属界面中,具有大原子半径的 Ce 凭借其低电负性,在晶格畸变的驱动下,从 Mg 晶格中通过空位扩散机制脱溶,并优先同与其具有更大电负性差值的元素结合,从而形成含 Ce 稀土相。而由电负性差值相对较小的Al、Mg原子结合形成的$Al_{12}Mg_{17}$等Al-Mg金属间化合物会较晚形成。更深层次的原因是含Ce稀土相有着更低的物相形成能，这种能量的来源之一就是过冷度(ΔT_n)。更低的形成能意味着晶粒形核、生长所需要的过冷度更小。所以，如图6-4-12所示，拥有更低形成能的$Al_{11}Ce_3$，相较于$Al_{12}Mg_{17}$具有更高的析出温度。总的来说，稀土相的形成会优先于Al-Mg金属间化合物，这是后续组织演化机制分析的基础。

根据Al-Mg二元相图，在具有低形成能的物相析出后，在430～460 ℃的温度范围内，以γ相为主的IMC区的γ层、以β相为主的IMC区的β层、带有初生γ枝晶的E区的初生γ层以及以共晶组织为主的E区的共晶层依次形成。图6-4-13展示的是镁/铝双金属复合界面在一定加热工艺下的微观组织变化。E区在437 ℃时发生明显的表面形态改变，在表层受热膨胀之后，随着温度的升高呈现明显的液相状态。β层在450～455 ℃的范围内发生形态改变，并且在区域表层发生膨胀后产生液化塌陷。γ层在465 ℃之后发生形态改变，但是没有发生明显塌陷现象，考虑是γ层中高熔点Mg_2Si呈分散分布状态的原因。以逆向的顺序(从高温到低温)分析图6-4-13，即从实验层面分析镁/铝双金属复合界面主要区域的形成顺序，结果与之前的理论分析相一致。然而更精确的温度匹配较为困难，主要是镁/铝双金属样品表面的氧化以及应力层会对温度的测量有一定的影响。

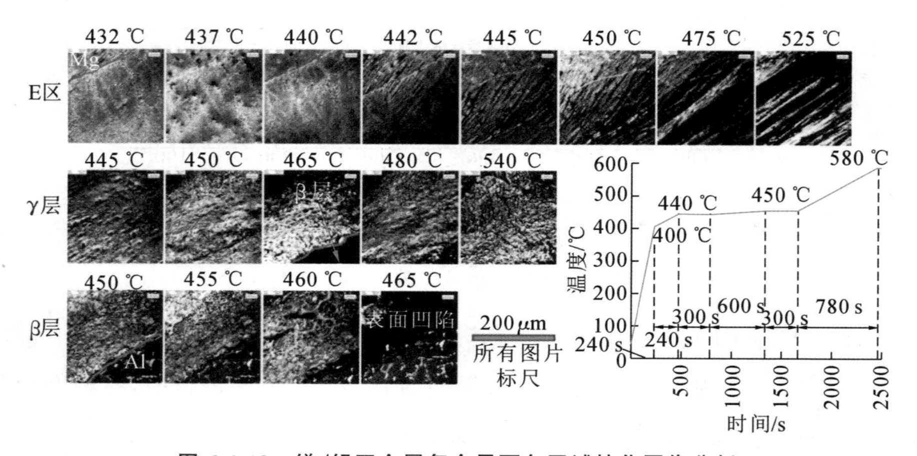

图6-4-13　镁/铝双金属复合界面各区域熔化图像分析

在前文关于镁/铝双金属复合界面微观组织的分析中已经提到，由于扩散速率、析出消耗等因素的影响，IMC区的组织未见明显变化。因此，本节关于组织演化机制的讨论，会集中于镁/铝双金属界面的E区，如图6-4-11第二行的模型所示。为了更好地理解组织演化机制，一个经典模型有必要被提及。D. H. StJohn等人，为了挑选出更为高效的晶粒孕育剂而提出了相互依存理论。此理论在成分过冷形成与扩展的基础上，将晶粒的形核与生长过程联系在一起。我们对文献中已经建立的模型进行引用与翻译，如图6-4-14所示，用于深入的理解和分析。

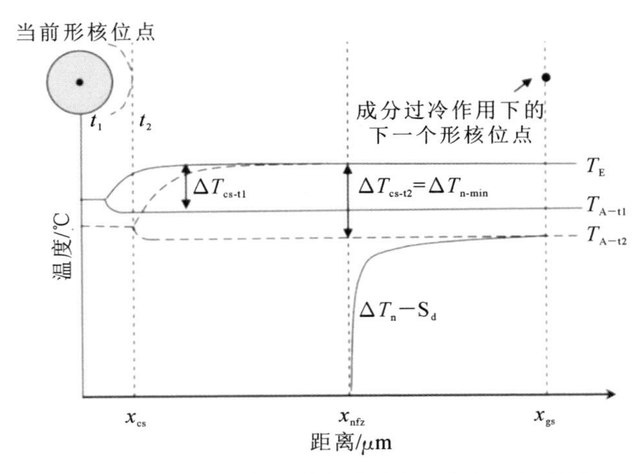

图6-4-14　经典晶粒形核与生长相互依存理论模型

t_i：时间，s；$\Delta T_{cs\text{-}ti}$：t_i时形成的成分过冷量，℃；$\Delta T_{n\text{-}min}$：新晶粒形核所需要的最小成分过冷量，℃；S_d：平均晶粒颗粒大小，μm；T_E：液相线温度，℃；$T_{A\text{-}ti}$：t_i时固-液界面前沿的实际温度，℃；x_{cs}：新晶核形核所需要的生长距离，μm；x_{nfz}：自由形核区域的长度，μm；x_{gs}：先前晶核到下一晶核形核点的距离，μm

晶粒的形核可以理解为，各种无序的液相原子按一定比例组成有序阵列，并排出多余的原子。这里的排出多余的原子包含晶粒开始形核后溶质再分配机制调节下的溶质原子的排出。被排出的溶质在液相中的扩散并不是理想的平衡状态，无法及时在液相中扩散均匀，这使得溶质在固-液(S-L)界面前沿会随着晶粒的生长而不断积累，进而形成溶质富集。溶质富集区域的成分与平衡相图的液相线对应成分并不一致，这是因为这一区域本该充满着无序的液相原子，这就使得溶质富集区域的温度低于理想液相线对应的温度。在这种差异下，成分过冷便在晶粒的固-液(S-L)界面前沿形成，对应着图6-4-14中的t_1时刻。而此时原有颗粒所形成的成分过冷量$\Delta T_{cs\text{-}ti}$还不足以作为下一晶粒开始形核的驱动力，需要原有颗粒继续生长。随着原有晶粒的生长，溶质原子继续在固-液(S-L)界面前沿富集，成分过冷量进一步增大。当晶粒生长到 t_2 时刻，固-液(S-L)界面前沿一定范围(x_{nfz})内的成分过冷量($\Delta T_{n\text{-}min}$) 正好成为下一晶粒形核所需的驱动力，使得新的晶粒开始形核与生长。这便是先前晶粒形成中成分过冷促进形核过程的基础理解。这里的先前晶粒可以是优先析出的物相，如本节中比 Al-Mg 金属间化合物优先析出的含 Ce 稀土相，也可以是与新晶粒有良好晶格匹配的形核基底。另外，在成分过冷作用下新形成的晶粒同时也抑制了原有晶粒的生长，进而产生一定的细化晶粒的效果。

根据前面的分析，具有低形成能的含 Ce 稀土相在镁/铝双金属复合界面形成过程中优先析出，并在其固-液(S-L)界面前沿富集相关的溶质原子，进而形成成分过冷。这一作用使得 E 区后续形成的初生 γ 枝晶、共晶组织的形核过程被促进。同时，形核的增多以及稀土相作为第二相而存在，使得组织的生长受到抑制。此外，Ce 和 La 一样为轻稀土元素，也能作为表面活性剂来为组织的细化发挥作用。同时，还有两点需要说明：(1) 基于图 6-4-6 关于含 Ce 稀土相与界面基体组织晶体学关系的分析，含 Ce 稀土相，尤其是二元稀土相是无法作为良好的 γ 相的异质形核基底来促进其形核的；(2) 区域中先析出的物相 A(稀土相) 所产生的成分过冷是否能对物相 B(Al-Mg 金属间化合物) 起到类似的作用还需要验证。此部分所分析的优先析出的含 Ce 稀土相与后来析出的含 γ 成分的物相组织(共晶组织中的共晶 γ 与初生 γ，在晶体结构上不存在差别，与 γ 层中的 γ 均属于体心立方结构)，并不是前述相互依存理论模型中所定义的相同结构的物相。但是含 Ce 稀土相在溶质富集过程中，排出的多余原子包含 Al、Mg 原子，这些都是 γ 相乃至后续形成的共晶组织的构成原子，具有溶质交互的效果。这些不同物相在形核和生长过程中，相近区域的成分起伏、能量起伏等也具有一定的相互影响效果。因此，含 Ce 稀土相在优先析出的过程中形成的成分过冷，对后续共晶组织、初生 γ 枝晶的形核与生长有一定程度的影响，这种理解是具有一定合理性的。

除了共晶团簇组织与初生 γ 枝晶的细化外，镁/铝双金属界面在引入 Ce 后，还存在二次 γ 相析出的增多。产生这一现象的原因主要是 Al 元素的扩散受到稀土元素 Ce 的促进，使其在 Mg 基体中的固溶量增加，区域中 Al 含量偏向 Al-Mg 相图中共晶点右侧(γ 侧)。在共晶组织形成后，过量的 Al 以二次 γ

的形式析出，加剧共晶团簇组织的离异程度。

总的来说，镁/铝双金属复合界面的组织演化以含 Ce 稀土相的优先析出为基础，一方面通过其形成的成分过冷来推动后续析出物相的形核过程，另一方面在成分过冷以及稀土相作为第二相的综合作用下，其对晶粒的生长进行限制。

6.4.3.2 界面强化分析

根据镁/铝双金属复合界面组织演化机制的分析，含 Ce 稀土相的优先析出为镁/铝双金属界面带来的改变，一方面是原有组织的细化，另一方面是其作为第二相在界面析出。这与含 La 稀土相对镁/铝双金属复合界面的作用是相似的。Hall-Petch 公式如式(6-4-1)所示：

$$\sigma_s = \sigma_0 + K\frac{1}{\sqrt{d}} \tag{6-4-1}$$

式中：σ_0 和 K 为常数，d 为晶粒的平均直径，σ_s 为材料的屈服强度。当材料的组织发生晶粒细化时，材料的强度会提高。在材料受力变形时，一方面，细化后微观组织能更好地分散集中的应力；另一方面，细化后微观组织的界面变多，这很好地阻碍了变形中位错的运动，从而使得材料能承受更大的外力。与 6.3 节类似，图 6-4-15 在数据层面给出了镁/铝双金属界面在添加 Ce 后微观组织的细化情况，共晶团簇和初生 γ 枝晶出现幅度分别为 24.68％和 35.42％的组织细化。结合组织演化的分析，证明了镁/铝双金属复合界面的强化机制是包含细化强化的。这里 A 组的相关数据均进行了重新的采集与汇总。

含 Ce 稀土相和 $Al_{11}Ce_3$、Al_8Mn_4Ce 等相，作为镁/铝双金属界面中析出的第二相，会给界面带来析出强化的效果。因此，镁/铝双金属复合界面的强化机制也包含第二相析出强化。如图 6-4-7 所示，稀土相会给周围组织带来一定程度的应力集中，这使得当稀土相大量析出时，会加剧对界面中基体组织的割裂作用，从而给材料的力学性能带来危害。这就是当 Ce 大量添加(C3 组)时复合界面的结合性能并不会继续升高，反而急剧下降的原因。

关于添加稀土元素 Ce 的镁/铝双金属复合界面的断裂形貌与分布位置的分析，与 6.3 节是大致相同的，这里不再赘述。

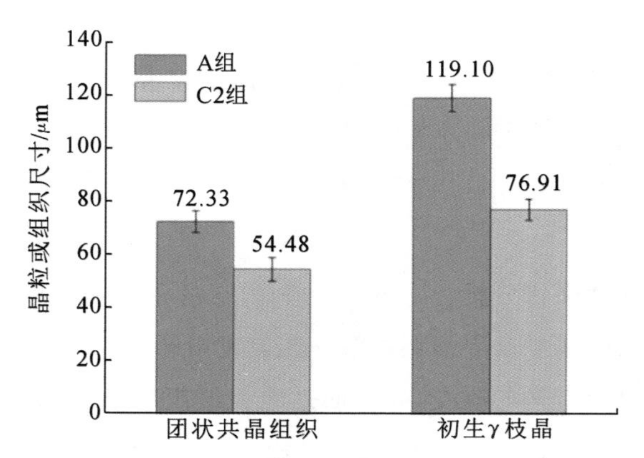

图 6-4-15　引入 Ce 后镁/铝双金属界面主要组织细化分析结果

6.5　Gd 对镁/铝双金属界面组织和性能的影响

6.4 节研究了稀土元素 Ce 对镁/铝双金属组织和性能的影响。本节研究重稀土元素 Gd 对镁/铝双金属组织和性能的影响。Gd 能够细化镁合金的凝固组织，且具有强的脱氧作用，能够与熔体中的氧化物发生反应，起到净化熔体的作用。由于双金属界面的共晶层在位置上与镁合金基体相连，复合过程中镁合金熔体内的 Gd 元素能够扩散至共晶层区域，起到细化共晶层凝固组织的作用。此外，Gd 具有强脱氧作用，能破碎和消除双金属界面中的氧化夹杂物缺陷，通过稀土元素 Gd 的复合，有望实现对双金属界面组织的调控。因此，本节采用稀土元素 Gd 对镁合金熔体进行合金化，通过稀土元素强化方法进一步调控镁/铝双金属界面组织，以提高界面结合强度；同时研究了稀土元素 Gd 作用下镁/铝双金属界面组织和性能的调控机理及强化机制。

6.5.1　Gd 对镁/铝双金属界面组织的影响

图 6-5-1 为添加不同含量的稀土元素 Gd 后镁/铝双金属界面的整体形貌。添加稀土元素 Gd 后，双金属界面及镁合金基体中出现了亮白色析出相，随着稀土元素 Gd 添加量的增加，亮白色析出相的数量也逐渐增加，其在界面中的偏析也变得更加明显。

添加 0.3 wt. %的 Gd 时，双金属界面中亮白色析出相含量较少，且未观察到

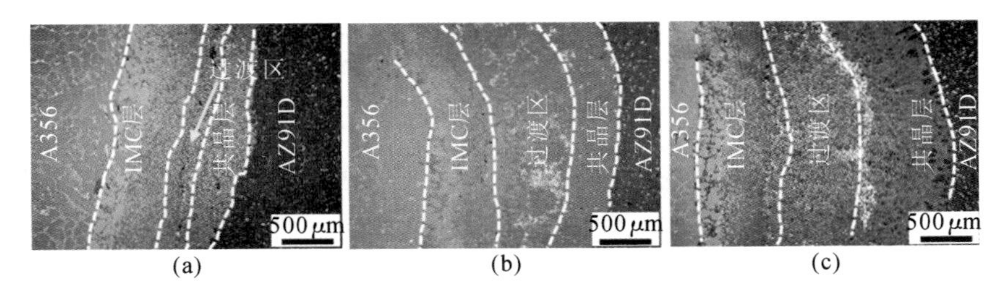

图 6-5-1　添加不同含量的稀土元素 Gd 后镁/铝双金属界面形貌：
(a) 0.3 wt.%；(b) 0.6 wt.%；(c) 0.9 wt.%

明显的团聚现象，如图 6-5-1(a)所示。在添加 0.6 wt.%的 Gd 时，双金属界面中亮白色析出相含量明显增多，且在局部区域出现团聚现象，如图 6-5-1(b)所示。随着 Gd 的添加量的进一步提高，在添加 0.9 wt.%的 Gd 后，双金属界面中亮白色析出相的偏析更加严重，团聚现象变得更加明显，如图 6-5-1(c)所示。

图 6-5-2 为添加 0.3 wt.%的 Gd(G1 组)时镁/铝双金属界面不同区域的微观组织。采用 EDS 点分析对图 6-5-2 中数字标记位置的组织成分进行分析，结果如表 6-5-1 所示。图 6-5-2(a)～(c)为 G1 组镁/铝双金属界面 IMC 层的微观组织。结果表明，双金属界面 IMC 层的组织主要由 Al_3Mg_2 和 $Al_{12}Mg_{17}$ 相基体与基体上的 Mg_2Si 相组成，此外还包含少量的 Al-Mg-Ti 和 Al-Mg-Fe 三元相，与未添加稀土元素 Gd 时相比，这一区域的微观组织未发生明显变化。

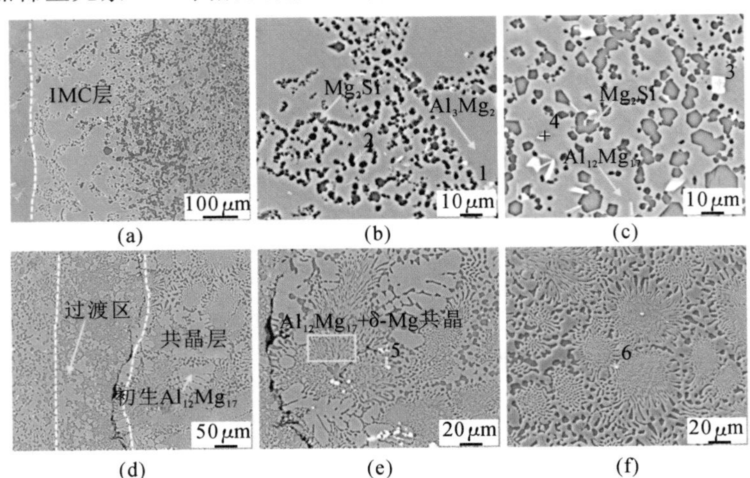

图 6-5-2　G1 组(添加 0.3 wt.%的 Gd)镁/铝双金属界面的微观组织：(a) IMC 层；(b) Al_3Mg_2 层；(c) IMC 层中的 $Al_{12}Mg_{17}$ 层；(d) 过渡区；(e) 过渡区与共晶层的接触区域；(f) 共晶层

表 6-5-1　图 6-5-2 中不同位置的 EDS 点分析结果

序号	元素含量/(at. %)							可能的相
	Al	Mg	Si	Fe	Ti	Mn	Gd	
1	67.46	30.23	—	—	2.31	—	—	Al-Mg-Ti
2	63.37	31.54	—	5.09	—	—	—	Al-Mg-Fe
3	73.47	20.01	—	—	6.52	—	—	Al-Mg-Ti
4	65.45	19.82	—	14.73	—	—	—	Al-Mg-Fe
5	60.39	11.39	—	—	—	21.26	6.96	Al-Mg-Mn-Gd(富 Gd 相)
6	54.90	20.83	—	—	—	18.16	6.11	Al-Mg-Mn-Gd

图 6-5-2(d)和(e)显示了镁/铝双金属界面过渡区的微观组织。结果表明，添加 0.3 wt.%的 Gd 后，在过渡区和共晶层的交界位置仍存在明显的氧化夹杂物，过渡区微观组织未发生明显变化。图 6-5-2(e)和(f)为 G1 组双金属界面共晶层的微观组织。从图 6-5-2(e)和(f)中可以看出，添加 0.3 wt.%的 Gd 后共晶层中的 $Al_{12}Mg_{17}$ 枝晶发生了细化，且在这一区域观察到了富 Gd 相(Al-Mg-Mn-Gd 相)的存在。

图 6-5-3 为添加 0.6 wt.%的 Gd(G2 组)时镁/铝双金属界面不同区域的微观组织。采用 EDS 点分析对图 6-5-3 中数字标记位置的组织成分进行分析，结果如表 6-5-2 所示。图 6-5-2(a)～(c)为双金属界面 IMC 层的微观组织。结果表明，添加 0.6 wt.%的 Gd 后，在双金属界面 IMC 层中未检测到 Gd 元素的存在，与未添加稀土元素 Gd 时相比，界面 IMC 层的微观组织未发生明显变化。

图 6-5-3(d)为 G2 组双金属界面过渡区附近微观组织图像。与未添加 Gd 时相比，在双金属界面这一区域内，初生 $Al_{12}Mg_{17}$ 相形态由树枝状转变为花瓣状，过渡区的宽度大幅增加，且过渡区与共晶层间过渡连续，未出现明显的边界，即未观察到明显的氧化夹杂物。图 6-5-3(e)为 G2 组双金属界面过渡区在高倍数下的微观组织图像。相比 G1 组，在添加 0.6 wt.%的 Gd 后，过渡区中除 Mg_2Si、$Al_{12}Mg_{17}$ 和 δ-Mg 相外，还观察到了富 Gd 相的存在。

图 6-5-3(f)为 G2 组双金属界面共晶层的微观组织图像。从图像中可以看出，相比 G1 组，添加 0.6 wt.%的 Gd 后，双金属界面共晶层中富 Gd 相的含量大幅增加，$Al_{12}Mg_{17}$+δ-Mg 共晶层出现了明显细化。采用 EDS 对界面中的富

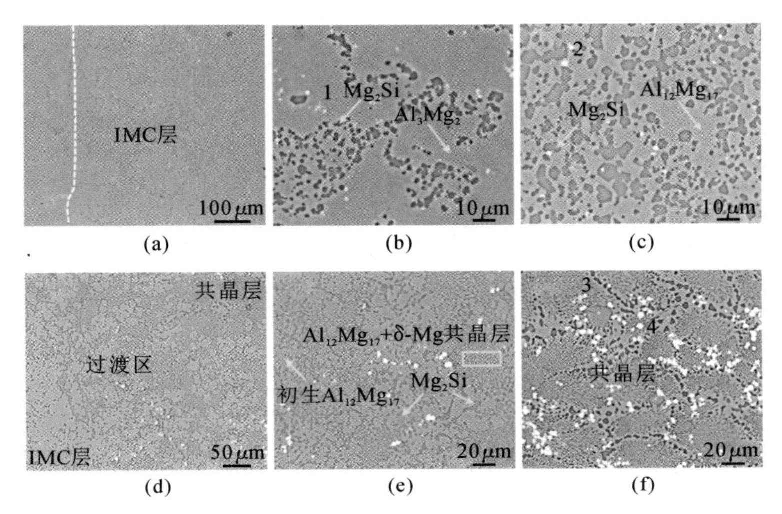

图 6-5-3 G2 组(添加 0.6 wt.%的 Gd)镁/铝双金属界面的微观组织:(a) IMC 层;(b) Al_3Mg_2 层;(c) $Al_{12}Mg_{17}$ 层;(d) 过渡区;(e) 高倍数下过渡区微观组织图像;(f) 高倍数下共晶层微观组织图像

表 6-5-2 图 6-5-3 中不同位置的 EDS 点分析结果

序号	元素含量/(at.%)							可能的相
	Al	Mg	Si	Fe	Ti	Mn	Gd	
1	66.67	30.76	—	—	2.57	—	—	Al-Mg-Ti
2	69.96	25.51			4.53			Al-Mg-Ti
3	75.57	—	—	—	—	—	24.43	Al-Gd(富 Gd 相)
4	54.86	24.32	—	—	—	4.84	15.98	Al-Mg-Mn-Gd(富 Gd 相)

Gd 相的成分进行分析,除 Al-Mg-Mn-Gd 相外,还检测到了 Al-Gd 相。

图 6-5-4 为添加 0.9 wt.%的 Gd(G3 组)时镁/铝双金属界面的微观组织,采用 EDS 点分析对界面中析出相的成分进行分析,结果如表 6-5-3 所示。图 6-5-4(a)~(c)为双金属界面 IMC 层的微观组织。结果表明,添加 0.9 wt.%的 Gd 后,IMC 层中检测到了少量的 Gd 元素,主要存在于 IMC 层中的富 Ti、富 Fe 相中。图 6-5-4(d)和(e)为双金属界面过渡区附近微观组织,与 A 组相比,双金属界面这一区域中的 $Al_{12}Mg_{17}$ 枝晶得到了显著细化,双金属界面过渡区的范围大幅增加,且在过渡区与共晶层之间同样未观察到明显的氧化夹杂物。图 6-5-

4(f)为G3组双金属界面共晶层的微观组织图像。结果显示，相比G2组，G3组中富Gd相的分布更加集中，更容易发生团聚。

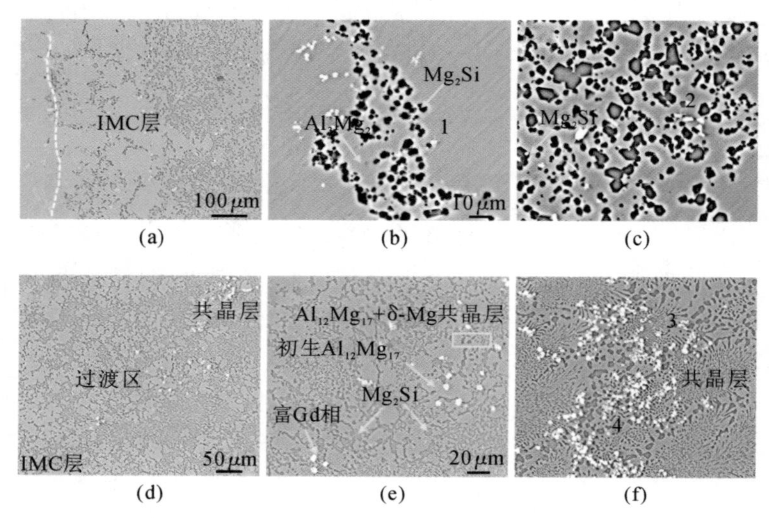

图 6-5-4 G3组(添加0.9 wt.%的Gd)镁/铝双金属界面的微观组织：(a) IMC层；(b) Al_3Mg_2层；(c) IMC层中的$Al_{12}Mg_{17}$层；(d) 过渡区；(e) 高倍数下过渡区微观组织图像；(f) 共晶层

表 6-5-3 图 6-5-4 中不同位置的 EDS 点分析结果

序号	元素含量/(at.%)							可能的相
	Al	Mg	Si	Fe	Ti	Mn	Gd	
1	67.04	28.97	—	—	2.8	—	1.19	Al-Mg-Ti-Gd
2	54.56	35.62	—	4.46	—	2.14	3.22	Al-Mg-Mn-Fe-Gd
3	72.79	—	—	—	—	—	27.21	Al-Gd(富Gd相)
4	54.01	30.32	—	—	—	4.91	10.76	Al-Mg-Mn-Gd(富Gd相)

图6-5-5为添加不同含量的稀土元素Gd时镁/铝双金属界面处的元素分布。图6-5-5(a)、(b)、(c)分别为G1、G2、G3组中双金属界面处Al元素的分布图，可见双金属界面IMC层中Al元素存在明显的浓度梯度，在靠近铝基体侧可观察到Al元素浓度较高的绿色区域。结合界面微观组织的观察结果可知，这一区域对应于双金属界面中的Al_3Mg_2层。图6-5-5(d)为G1组双金属界面中的O元素分布图，界面中仍可观察到带状连续的O元素聚集区域。随着稀

土元素 Gd 添加量的增加，在 G2 和 G3 组中 O 元素聚集区域显著减少，如图 6-5-5(e)和(f)所示。

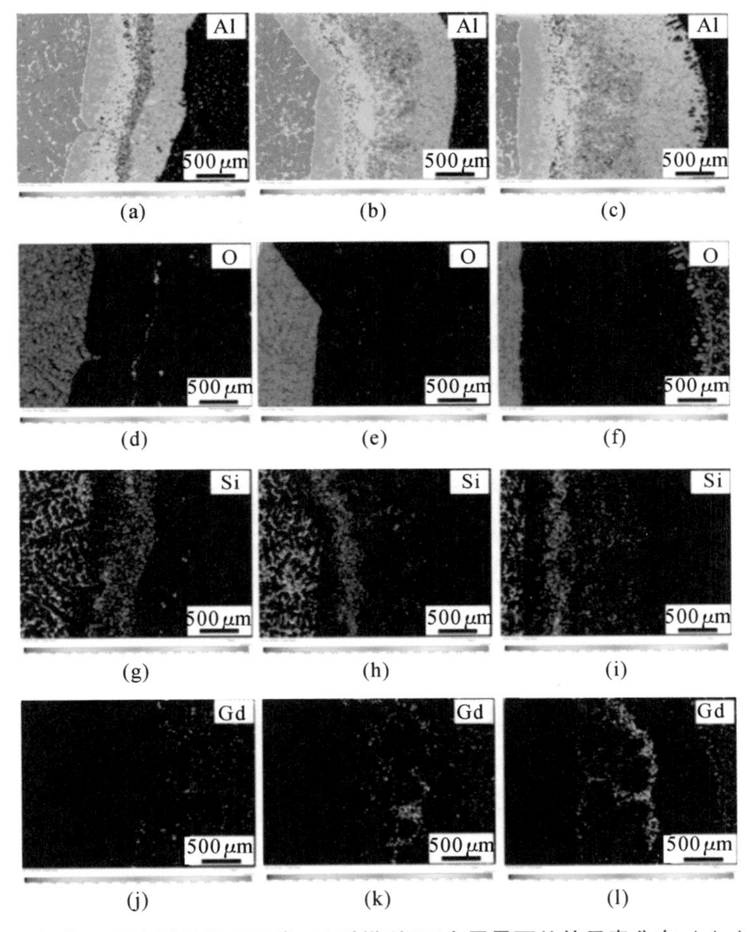

图 6-5-5　添加不同含量的稀土元素 Gd 时镁/铝双金属界面处的元素分布：(a)，(d)，(g)，(j) G1 **组**(0.3 wt.%)；(b)，(e)，(h)，(k) G2 **组**(0.6 wt.%)；(c)，(f)，(i)，(l) G3 **组**(0.9 wt.%)

图 6-5-5(g)为 G1 组双金属界面处的 Si 元素分布图。此时双金属界面中的 Si 元素主要聚集在 IMC 层中，且 Si 元素聚集区的边界与图 6-5-5(d)所示界面中的 O 元素聚集区高度重合。图 6-5-5(h)和(i)分别为 G2 和 G3 组双金属界面处的 Si 元素分布图。结果表明，在 G2 和 G3 组中，界面内 Si 元素扩散层的厚度出现了明显的增大。在 G1 组 Si 元素扩散层的基础上，G2 和 G3 组靠近 A356 基体的高 Si 元素含量区域的右侧出现了一个范围较宽的低 Si 元素含量

区域。

根据图 6-5-3 和图 6-5-4 所示的双金属界面微观组织的分析结果，可知在 G2 和 G3 组中双金属界面的过渡区厚度显著增加，而过渡区的微观组织中含有一定的 Mg_2Si 相。因此，这一低 Si 元素含量区域对应于双金属界面的过渡区。

图 6-5-5(j)显示了 G1 组镁/铝双金属界面区域的 Gd 元素的分布，此时 Gd 元素的含量较少但分布较为均匀。图 6-5-5(k)为 G2 组双金属界面处 Gd 元素的分布图。从图 6-5-5(k)中可以看出，G2 组界面内 Gd 元素的含量比 G1 组高，分布的均匀性也更差，区域 Gd 元素已经开始出现偏析。图 6-5-5(l)为 G3 组双金属界面处 Gd 元素的分布图。从图 6-5-5(l)中可以看出，在 G3 组中 Gd 元素的偏析程度进一步加剧。这些结果表明，随着稀土元素 Gd 添加量的增加，界面处 Gd 元素的含量在增加，但其在界面中的分布也逐渐变得不均匀。

为了进一步分析添加 Gd 后镁/铝双金属界面中析出的富 Gd 相的成分，采用 TEM 对其进行分析，结果如图 6-5-6 所示。图 6-5-6(a)为双金属界面中富 Gd 相的 TEM 明场图像，可见从扫描电镜图像中观察到的富 Gd 相并不是一个单独的颗粒，其中含有大量的长条状晶粒。图 6-5-6(b)为图 6-5-6(a)中区域 b 放大后的图像。对这一区域进行 EDS 面分析，结果如图 6-5-6(c)～(h)所示，可见双金属界面中的富 Gd 相颗粒可能由 3 种不同的相组成。图 6-5-6(i)为图 6-5-6(b)中区域 i 放大后的图像，结合 EDS 面分析结果，从中选择 j、k 和 l 三个区域进行选区电子衍射分析，以确定富 Gd 相颗粒的相组成，获得的选区电子衍射图如图 6-5-6(j)～(l)所示。对选区电子衍射图像进行分析，结果表明，加入 Gd 元素后双金属界面中析出的富 Gd 相颗粒由 Al_8Mn_4Gd、Al_2Gd 和 Al_6Mn 三相组成。

为了进一步确认镁/铝双金属界面中氧化膜的组成成分，采用 TEM 对这一区域进行观察和分析。图 6-5-7(a)显示了双金属界面中氧化膜附近的微观组织。氧化膜的左侧为双金属界面的过渡层，存在大量的 Mg_2Si 相，右侧为双金属界面的共晶层，在这一区域未观察到 Mg_2Si 相，表明双金属界面中氧化膜的存在极大地影响了界面中 Mg_2Si 相的分布，严重割裂了界面组织。利用 FIB 对双金属界面中氧化膜存在的区域进行取样，取样位置如图 6-5-7(a)所示，并采用 TEM 对样品进行观察分析。

图 6-5-7(b)为氧化膜区域的 TEM 明场图像。由于 FIB 加工过程中的破

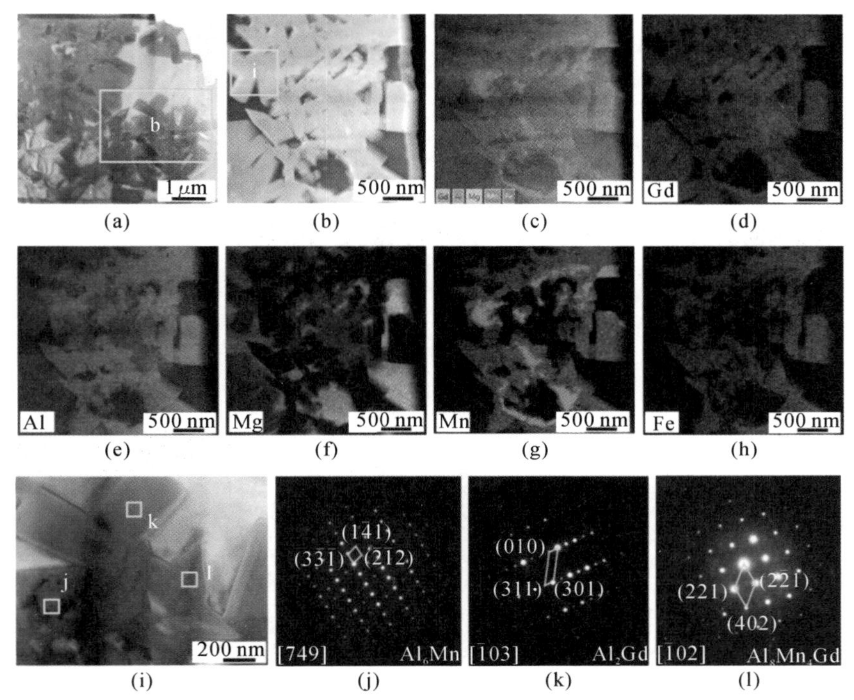

(a) (b) (c) (d)

(e) (f) (g) (h)

(i) (j) (k) (l)

图 6-5-6　添加稀土元素 Gd 后的双金属界面中富 Gd 相的 TEM 测试结果：(a) 明场图像；(b) 图 6-5-6(a)中区域 b 的高倍图像；(c)～(h) 图 6-5-6(a)中区域 b 的 EDS 面分析结果；(i) 图 6-5-6(b)中区域 i 的高倍图像；(j)～(l) 图 6-5-6(i)中区域 j、k、l 的选区衍射(SAED)斑点

坏，图像中区域 c 位置的氧化膜出现了严重的破损。图 6-5-7(c)～(h)显示了图 6-5-7(b)中区域 c 的 EDS 面分析结果。结果显示，孔洞边缘处的组织中含有大量的 Al、Mg、O 元素，表明氧化膜可能是由 Al_2O_3 和 MgO 组成。

图 6-5-7(i)为氧化膜组织放大后的图像，可以看出双金属界面中的氧化膜由大量细小的晶粒组成。由于氧化膜的晶粒尺寸小，难以获得清晰的选区衍射(SAED)斑点，因此选择通过高分辨率图像(HRTEM)对其进行成分分析。图 6-5-7(j)为双金属界面中氧化膜的高分辨率图像，采用傅里叶变换(FFT)对区域 k 的图像进行处理，得到图 6-5-7(k)所示的衍射斑点。对衍射斑点进行标定，发现其成分为 Al_2O_3 相，其来源可能是铝合金嵌体表面氧化形成的 Al_2O_3 薄膜。至于氧化膜中存在的 Mg 元素，可能是高温下镁合金熔体与铝合金嵌体表面的 Al_2O_3 膜发生了反应。式(6-5-1)为高温下 Mg 和 Al_2O_3 发生反应的过程和

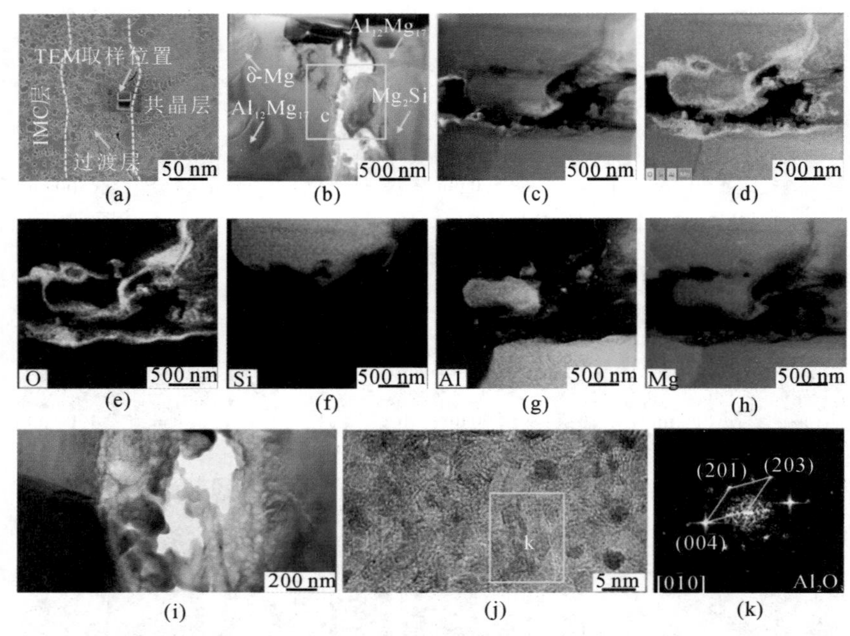

图 6-5-7　镁/铝双金属界面中氧化膜的 TEM 取样及分析结果：(a) TEM 取样位置；(b) 氧化膜处明场图像；(c)～(h) 图 6-5-7(b)中区域 c 的 EDS 面分析结果；(i) 氧化膜的高倍图像；(j) 氧化膜的 TEM 高分辨率图像(HRTEM)；(k) 对图 6-5-7(j)中区域 k 进行 FFT 变换得到的衍射斑点

反应的吉布斯自由能。从热力学角度考虑，由于这一反应的吉布斯自由能为负数，因此在高温下能够发生。

$$\begin{cases} Mg(l) + \frac{1}{3}Al_2O_3 \longrightarrow MgO(s) + \frac{2}{3}Al(l) \\ \Delta G^0 = -39\ kJ/mol \quad (T = 1000\ K) \end{cases} \tag{6-5-1}$$

6.5.2　Gd 对镁/铝双金属界面力学性能的影响

图 6-5-8 显示了添加不同含量的 Gd 时镁/铝双金属的剪切测试结果。未添加 Gd 的镁/铝双金属(A 组)的剪切强度为 33.01 MPa。随着 Gd 含量的提高，镁/铝双金属的剪切强度呈先上升后下降的趋势。G2 组(添加 0.6 wt.% 的 Gd)镁/铝双金属的剪切强度达到最高值 46.30 MPa，相比未添加 Gd 时提高了约 40.3%。当 Gd 的添加量提高至 0.9 wt.%时，G3 组镁/铝双金属的剪切强

度降低了，下降至 38 MPa。

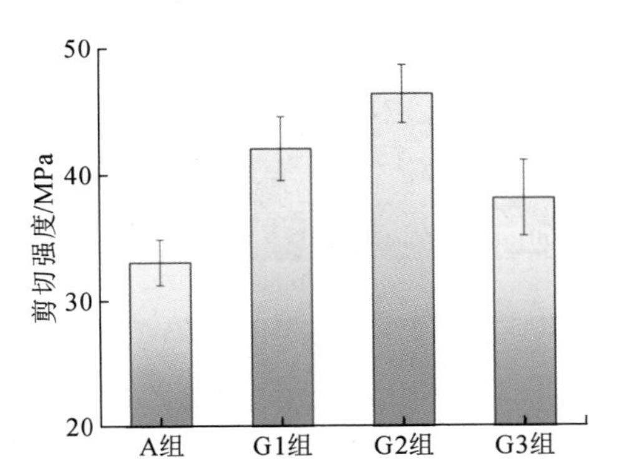

图 6-5-8 添加不同含量的稀土元素 Gd 时镁/铝双金属的剪切强度

图 6-5-9 为添加不同含量的稀土元素 Gd 时镁/铝双金属剪切试样镁合金基体侧断口的 SEM 图像。从图 6-5-9(b)、(e)、(h)和(k)所示断口表面的图像中可以观察到明显的解理平面和河流状纹路等脆性断裂特征，这表明添加不同含量的稀土元素 Gd 时双金属界面的断裂模式均属于脆性断裂。

图 6-5-9(a)为 A 组双金属断口的宏观图像。在断口的下部存在一个明显的坡度，而上部则基本保持垂直，对这两个区域放大后分别进行观察，结果如图 6-5-9(b)和(c)所示。从图 6-5-9(b)所示图像可以看出，断口 b 区的组织主要包括 Al_3Mg_2 相和 Mg_2Si 相，表明这一区域属于双金属界面的 IMC 层。在图 6-5-9(c)所示 c 区中则发现了 $Al_{12}Mg_{17}$ 相和 δ-Mg 相，表明 c 区属于双金属界面的共晶层。综合以上结果，镁/铝双金属在剪切测试过程中会从界面的多个区域发生断裂。

此外，从图 6-5-9(c)中可以看出，c 区处断口表面较为平坦，表明这一区域 δ-Mg 相在断裂过程中未发生明显的塑性变形。出现这一现象的原因可能是，双金属界面 IMC 层和共晶层间的氧化膜对界面组织起到了割裂作用，使得这一区域性能较为薄弱，剪切断裂过程中裂纹沿氧化膜分布区域发生扩展，导致断裂过程中裂纹未扩展至双金属界面的共晶层，因此断口表面较为平整。

图 6-5-9(d)～(l)显示了添加稀土元素 Gd 后镁/铝双金属剪切断口的 SEM 图像。从图像中可以看出，添加稀土元素 Gd 后在 G1、G2 和 G3 组的断口表面同样观察到界面不同区域的微观组织，但是断口表面部分区域微观组织的形貌

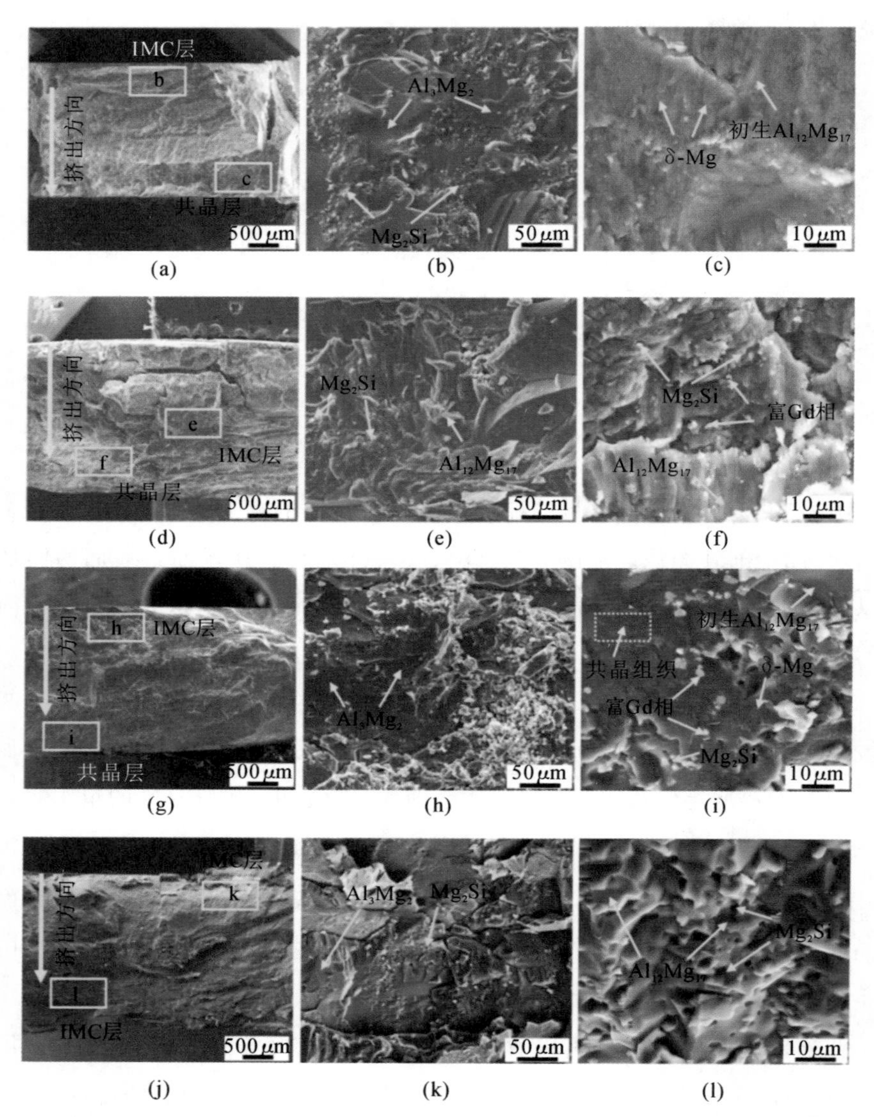

图 6-5-9　各组别镁/铝双金属剪切试样镁合金基体侧剪切断口的 SEM 图像：(a) A 组断口的宏观形貌；(b) 图 6-5-9(a)中 b 区放大图；(c) 图 6-5-9(a)中 c 区放大图；(d) G1 组断口的宏观形貌；(e) 图 6-5-9(d)中 e 区放大图；(f) 图 6-5-9(d)中 f 区放大图；(g) G2 组断口的宏观形貌；(h) 图 6-5-9(g)中 h 区放大图；(i) 图 6-5-9(g)中 i 区放大图；(j) G3 组断口的宏观形貌；(k) 图 6-5-9(j)中 k 区放大图；(l) 图 6-5-9(j)中 l 区放大图

发生了明显的改变。图 6-5-9(i)为 G2 组镁/铝双金属剪切断口 i 区的微观组织，在这一区域同样观察到 $Al_{12}Mg_{17}$ + δ-Mg 共晶组织，相较于图 6-5-9(c)，在图 6-5-9(i)所示图像中可观察到许多小的解离平面，且 δ-Mg 相发生了明显的塑性变形，表明 G2 组镁/铝双金属发生断裂时裂纹已经扩展至双金属界面的共晶层。

6.5.3 Gd 对镁/铝双金属界面组织的影响机理

图 6-5-10 为 Gd 元素对 AZ91D/A356 双金属界面微观组织影响机理的示意图。A356 是 Al-Si 铝合金，基体中存在大量的共晶硅相。当嵌体表面发生氧化时，铝基体表面会形成致密 Al_2O_3 膜，而嵌体表面的 Si 不易发生氧化，最终使得嵌体表面形成不连续的 Al_2O_3 膜，如图 6-5-10(a)所示。浇注完成后，AZ91D 镁合金熔体与 A356 嵌体表面接触，形成图 6-5-10(a)所示的接触界面。

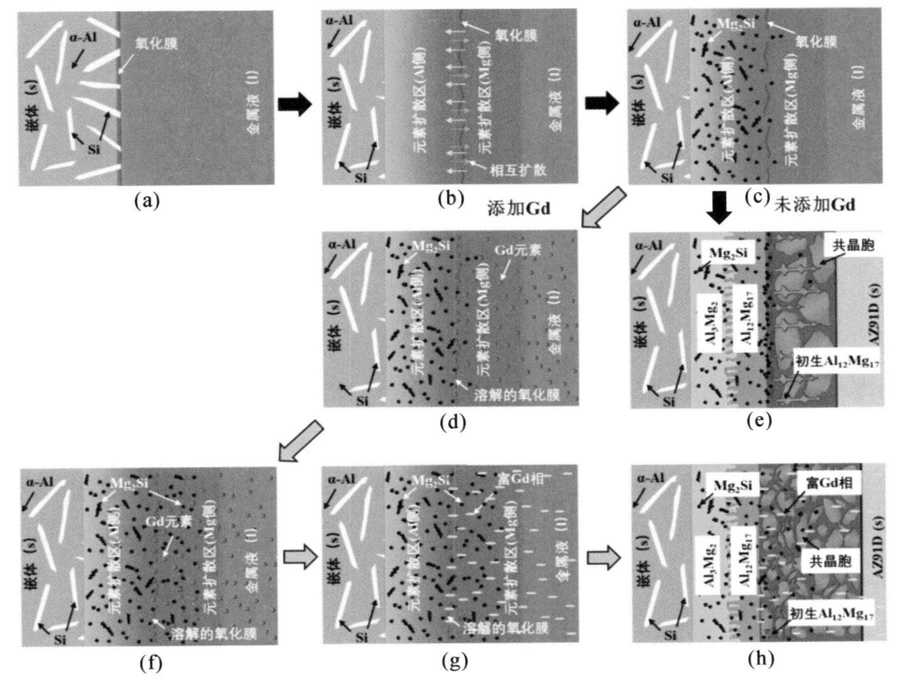

图 6-5-10 稀土元素 Gd 对 AZ91D/A356 双金属界面微观组织的影响机理：(a) 镁熔体与固态嵌体接触；(b) 嵌体表面发生熔化；(c) Mg_2Si 相开始生成；(d) 界面中氧化膜的破碎和消除；(e) 未添加稀土元素 Gd 时镁/铝双金属界面的凝固组织；(f) Mg_2Si 相的扩散迁移；(g) 富 Gd 相开始析出；(h) 添加稀土元素 Gd 后镁/铝双金属界面的凝固组织

根据 Al-Si 二元相图可知，Al-Si 二元体系中，共晶反应温度为 577 ℃。测温结果表明，在镁/铝双金属复合过程中嵌体表面区域测得的最高温度约为 574 ℃，接近 577 ℃的 Al-Si 共晶反应温度。嵌体表面区域的实际温度通常高于实测温度，因此当 AZ91D 熔体与 A356 嵌体接触时，嵌体表面局部区域会发生熔化形成熔池。嵌体表面的 Al_2O_3 薄膜熔点在 2000 ℃以上，故其会残留在界面区的熔体中，并且由于其结构并不连续，铝、镁合金熔体间仍然会发生元素的相互扩散，并在 Al_2O_3 两侧形成图 6-5-10(b)所示的元素扩散区。

根据 Mg-Si 二元相图可知，Mg_2Si 相的最低形成温度为 637 ℃，显著高于复合过程中嵌体表面区域的最高温度 574 ℃。因此，当镁合金熔体中的 Mg 元素向铝合金熔体侧扩散时，会立即与熔体中的 Si 元素结合，在铝合金熔体的元素扩散区生成大量的 Mg_2Si 相，如图 6-5-10(c)所示。在未添加 Gd 元素时，已经析出的 Mg_2Si 相难以穿过熔体中残留的 Al_2O_3 膜，因而在界面凝固后 Mg_2Si 相主要集中于界面的 IMC 层中，并最终形成图 6-5-10(e)所示的镁/铝双金属界面组织。

图 6-5-10(d)～(h)显示了镁合金熔体中加入稀土元素 Gd 后对镁/铝双金属界面形成的影响。式(6-5-2)显示了高温下稀土元素 Gd 与 Al_2O_3 可能发生的反应，可以看出稀土元素 Gd 与 Al_2O_3 反应的吉布斯自由能明显低于 Mg 元素与 Al_2O_3 反应的吉布斯自由能，这表明在高温下稀土元素 Gd 比 Mg 元素更容易与 Al_2O_3 反应。当镁合金熔体中的稀土元素 Gd 与 Al_2O_3 发生反应时，致密的氧化膜逐渐变得疏松，并导致氧化膜强度降低，使得氧化膜更容易在液流的作用下破碎，并被液流冲走，从而实现了界面区域氧化夹杂物的消除。当氧化膜破裂后，Mg_2Si 相的迁移不再受到阻碍，扩散至镁合金侧的元素扩散区，如图 6-5-10(f)所示。随着熔体温度的降低，双金属界面中高熔点的富 Gd 相开始析出，如图 6-5-10(g)所示。

$$\left.\begin{array}{l} Gd(l) + \frac{1}{2}Al_2O_3 \longrightarrow \frac{1}{2}Gd_2O_3(s) + Al(l) \\ \Delta G^0 = -96\ kJ/mol \quad (T = 1000\ K) \end{array}\right\} \tag{6-5-2}$$

当熔体的温度继续降低时，双金属界面中的初生 $Al_{12}Mg_{17}$ 相以及 $Al_{12}Mg_{17}$ + δ-Mg 共晶组织开始形成。如图 6-5-11 所示，添加 0.6 wt.%的 Gd 后，初生 $Al_{12}Mg_{17}$ 相的平均尺寸由 131 μm 减小至 75 μm，减小了约 42.7%，而 $Al_{12}Mg_{17}$ +

δ-Mg 共晶胞尺寸从 89 μm 减小至 49 μm，减小了约 44.9%。其原因在于，添加稀土元素 Gd 后，凝固过程中先析出的富 Gd 相可以作为 $Al_{12}Mg_{17}$ 相和 δ-Mg 相的异相形核基底，增大了形核率，且熔体中分散的 Mg_2Si 相和富 Gd 相会聚集在晶粒的生长前沿，起到钉扎晶界、阻碍晶粒长大的作用。最终，在稀土元素 Gd 的作用下，双金属界面中的初生 $Al_{12}Mg_{17}$ 相和 $Al_{12}Mg_{17}$ + δ-Mg 共晶胞发生细化，并形成图 6-5-10(h)所示的凝固组织。

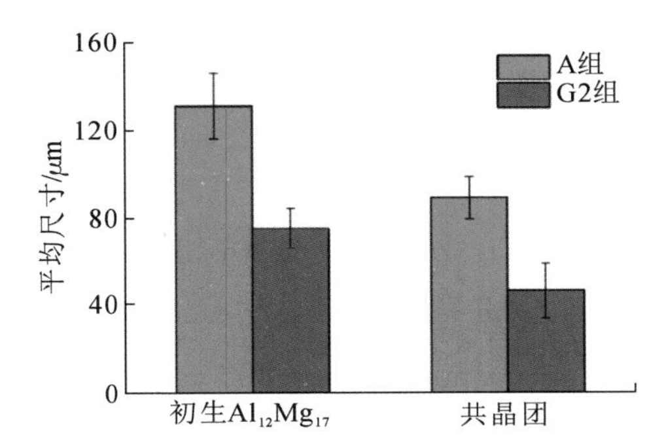

图 6-5-11　镁/铝双金属界面中初生 $Al_{12}Mg_{17}$ 相和 $Al_{12}Mg_{17}$ + δ-Mg 共晶胞的平均尺寸

参考文献

［1］GUAN F, JIANG W M, ZHANG Z, et al. Interfacial microstructure, mechanical properties and strengthening mechanism of Mg/Al bimetallic composites produced by a novel compound casting with the addition of Gd［J］. Materials Characterization,2023, 200:112898.

［2］LI G Y, GUAN F, JIANG W M, et al. Effects of mechanical vibration on filling and solidification behavior, microstructure and performance of Al/Mg bimetal by lost foam compound casting［J/OL］.［2023-07-20］. https://link.springer.com/content/pdf/10.1007/s41230-023-2168-5.pdf?pdf=button.

［3］ZHANG Z, JIANG W M, GUAN F, et al. Interface formation and strengthening mechanisms of Al/Mg bimetallic composite via compound casting with rare earth Ce introduction［J］. Materials Science and Engineering:A, 2022, 854:143830.

［4］ZHANG Z, JIANG W M, GUAN F, et al. Understanding the microstructural evolution and strengthening mechanism of Al/Mg bimetallic interface via the introduction of Y［J］. Materials Science and Engineering: A, 2022, 840:142974.

［5］ZHANG Z, JIANG W M, LI G Y, et al. Effect of La on microstructure, mechanical properties and fracture behavior of Al/Mg bimetallic interface manufactured by compound casting［J］. Journal of Materials Science &

Technology, 2022, 105:214-225.
[6] LI G Y, JIANG W M, GUAN F, et al. Interfacial characteristics, mechanical properties and fracture behaviour of Al/Mg bimetallic composites by compound casting with different morphologies of Al insert[J]. International Journal of Cast Metals Research, 2022,35(4):84-101.
[7] GUAN F, JIANG W M, WANG J L, et al. Development of high strength Mg/Al bimetal by a novel ultrasonic vibration aided compound casting process [J]. Journal of Materials Processing Technology, 2022, 300:117441.
[8] LI G Y, JIANG W M, GUAN F, et al. Design and achievement of metallurgical bonding of Mg/Al interface prepared by liquid-liquid compound casting via a co-deposited Cu-Ni alloy coating[J]. Metallurgical and Materials Transactions A, Physical Metallurgy and Materials Science, 2022, 53(10):3520-3527.
[9] LI G Y, JIANG W M, GUAN F, et al. Microstructure evolution, mechanical properties and fracture behavior of Al-xSi/AZ91D bimetallic composites prepared by a compound casting[J/OL]. [2023-07-20]. https://www.sciencedirect.com/science/article/pii/S221395672200202X? via%3Dihub.
[10] GUAN F, FAN S, WANG J L, et al. Effect of vibration acceleration on interface microstructure and bonding strength of Mg-Al bimetal produced by compound casting[J]. Metals,2022, 12(5):766.
[11] LI G Y, JIANG W M, GUAN F, et al. Improving mechanical properties of AZ91D magnesium/A356 aluminum bimetal prepared by compound casting via a high velocity oxygen fuel sprayed Ni coating[J]. Journal of Magnesium and Alloys, 2022, 10(4):1075-1085.
[12] LI G Y, JIANG W M, GUAN F, et al. Microstructure, mechanical properties and corrosion resistance of A356 aluminum/AZ91D magnesium bimetal prepared by a compound casting combined with a novel Ni-Cu composite interlayer[J]. Journal of Materials Processing Technology, 2021, 288:116874.
[13] JIANG W M, ZHU J W, LI G Y, et al. Enhanced mechanical properties

of 6082 aluminum alloy via SiC addition combined with squeeze casting [J]. Journal of Materials Science & Technology, 2021, 88:119-131.

[14] JIANG W M, LI G Y, GUAN F, et al. Preparation of Al_2O_3/AZ91D Mg interpenetrating composites using lost foam casting combined with layered extrusion forming[J]. Metals and Materials International, 2022, 28:1047-1052.

[15] ZHANG Z, JIANG W M, LI G Y, et al. Improved interface bonding of Al/Mg bimetal fabricated by compound casting with Nd addition[J]. Materials Science and Engineering:A, 2021, 826:141998.

[16] GUAN F, JIANG W M, LI G Y, et al. Effect of vibration on interfacial microstructure and mechanical properties of Mg/Al bimetal prepared by a novel compound casting[J]. Journal of Magnesium and Alloys, 2022, 10 (8):2296-2309.

[17] WANG J L, GUAN F, JIANG W M, et al. The role of vibration time in interfacial microstructure and mechanical properties of Al/Mg bimetallic composites produced by a novel compound casting[J]. Journal of Materials Research and Technology, 2021, 15:3867-3879.

[18] YUAN B, LIAO D M, JIANG W M, et al. Investigation on corrosion mechanism of stirring paddles of different iron-based materials in ZL101 aluminum melt[J]. Journal of Materials Research and Technology, 2021, 13: 1992-2005.

[19] LI G Y, JIANG W M, GUAN F, et al. Effect of different Ni interlayers on interfacial microstructure and bonding properties of Al/Mg bimetal using a novel compound casting[J]. Journal of Manufacturing Processes, 2020, 50:614-628.

[20] ZHU J W, JIANG W M, LI G Y, et al. Microstructure and mechanical properties of SiC_{np}/Al 6082 aluminum matrix composites prepared by squeeze casting combined with stir casting[J]. Journal of Materials Processing Technology, 2020, 283:116699.

[21] JIANG W M, JIANG H X, LI G Y, et al. Microstructure, mechanical

properties and fracture behavior of magnesium/steel bimetal using compound casting assisted with hot-dip aluminizing[J]. Metals and Materials International，2021，27(8):2977-2988.

[22] LI G Y，JIANG W M，GUAN F，et al. Effect of insert materials on microstructure and mechanical properties of Al/Mg bimetal produced by a novel solid-liquid compound process [J]. Journal of Manufacturing Processes，2019，47:62-73.

[23] LI G Y，YANG W C，JIANG W M，et al. The role of vacuum degree in the bonding of Al/Mg bimetal prepared by a compound casting process [J]. Journal of Materials Processing Technology，2019，265:112-121.

[24] HU Q，JIANG Z L，JIANG W M，et al. Interface characteristics of Mg/Al bimetal produced by a novel liquid-liquid compound casting process with an Al interlayer[J]. The International Journal of Advanced Manufacturing Technology，2019，101(5-8):1125-1132.

[25] GUAN F，JIANG W M，LI G Y，et al. Interfacial bonding mechanism and pouring temperature effect on Al/Cu bimetal prepared by a novel compound casting process[J]. Materials Research Express，2019，6(9): 96529.

[26] JIANG W M，GUAN F，LI G Y，et al. Processing of Al/Cu bimetal via a novel compound casting method[J]. Materials and Manufacturing Processes，2019，34(9):1016-1025.

[27] JIANG Z L，FAN Z T，JIANG W M，et al. Interfacial microstructures and mechanical properties of Mg/Al bimetal produced by a novel liquid-liquid compound casting process[J]. Journal of Materials Processing Technology，2018，261:149-158.

[28] JIANG W M，FAN Z T，LI G Y. Characteristics and formation mechanism of the interface of Mg/Al bimetallic composites prepared by lost foam casting[J]. Materials Science Forum，2018，941:2054-2059.

[29] JIANG W M，LI G Y，WU Y，et al. Effect of heat treatment on bonding strength of aluminum/steel bimetal produced by a compound casting[J].

Journal of Materials Processing Technology, 2018, 258:239-250.

[30] JIANG W M, LI G Y, JIANG Z L, et al. Effect of heat treatment on microstructures and mechanical properties of Al/Fe bimetal[J]. Materials Science and Technology, 2018, 34(12):1519-1528.

[31] JIANG W M, JIANG Z L, LI G Y, et al. Microstructure of Al/Al bimetallic composites by lost foam casting with Zn interlayer[J]. Materials Science and Technology, 2018, 34(4):487-492.

[32] LI G Y, JIANG W M, YANG W C, et al. New insights into the characterization and formation of the interface of A356/AZ91D bimetallic composites fabricated by compound casting[J]. Metallurgical and Materials Transactions A, 2019, 50(2):1076-1090.

[33] JIANG W M, FAN Z T. Novel technologies for the lost foam casting process[J]. Frontiers of Mechanical Engineering, 2018, 13(1):37-47.

[34] LI G Y, JIANG W M, FAN Z T, et al. Effects of pouring temperature on microstructure, mechanical properties, and fracture behavior of Al/Mg bimetallic composites produced by lost foam casting process[J]. The International Journal of Advanced Manufacturing Technology, 2017, 91(1-4):1355-1368.

[35] FAN S, JIANG W M, LI G Y, et al. Fabrication and microstructure evolution of Al/Mg bimetal using a near-net forming process[J]. Materials and Manufacturing Processes, 2017, 32(12):1391-1397.

[36] JIANG W M, FAN Z T, LI G Y, et al. Effects of melt-to-solid insert volume ratio on the microstructures and mechanical properties of Al/Mg bimetallic castings produced by lost foam casting[J]. Metallurgical and Materials Transactions A, Physical Metallurgy and Materials Science, 2016, 47(12):6487-6497.

[37] JIANG W M, FAN Z T, LI G Y, et al. Effects of zinc coating on interfacial microstructures and mechanical properties of aluminum/steel bimetallic composites[J]. Journal of Alloys and Compounds, 2016, 678:249-257.

[38] JIANG W M, LI G Y, FAN Z T, et al. Investigation on the interface characteristics of Al/Mg bimetallic castings processed by lost foam casting[J]. Metallurgical and Materials Transactions A, Physical Metallurgy and Materials Science, 2016, 47(5):2462-2470.

[39] JIANG W M, FAN Z T, LI G Y, et al. Effects of hot-dip galvanizing and aluminizing on interfacial microstructures and mechanical properties of aluminum/iron bimetallic composites[J]. Journal of Alloys and Compounds, 2016, 688(12):742-751.

[40] GUAN F, JIANG W M, ZHANG Z, et al. Significantly enhanced Mg/Al bimetallic interface by compound casting via combination of Gd addition and vibration[J]. Metallurgical and Materials Transactions A, 2023, 54:3389-3399.

[41] LI Q Q, GUAN F, XU Y C, et al. Development of Al/Mg bimetal processed by ultrasonic vibration assisted compound casting:effects of ultrasonic vibration treatment duration time[J]. Materials, 2023, 16(14):5009.

[42] 王俊龙,蒋文明,管峰,等. 振动对消失模铸造 Al-18Si/AZ91D 双合金界面组织和力学性能的影响[J]. 中国铸造装备与技术, 2022, 57(4):5-16.

[43] 王俊龙,蒋文明,管峰,等. 振动频率对消失模铸造 Al/Mg 复合材料界面组织和力学性能的影响[J]. 特种铸造及有色合金, 2022, 42(6):672-677.

[44] 李广宇. 消失模铸造铝/镁固-液复合界面的调控及强化研究[D]. 武汉:华中科技大学, 2020.

[45] 蒋文明,李广宇,管峰,等. 热处理对消失模铸造固-液复合 Al/Mg 双金属界面组织的影响[J]. 特种铸造及有色合金, 2020, 40(10):1050-1056.

[46] 管峰,蒋文明,樊自田,等. 液-固体积比对消失模铸造 Al/Cu 双金属界面组织性能的影响[J]. 中国有色金属学报, 2020, 30(2):316-325.

[47] 张政,蒋文明,李广宇,等. 浇注温度和 Ni 涂层对消失模铸造 Al/Mg 双金属界面组织的影响[J]. 特种铸造及有色合金, 2020, 40(5):539-543.

[48] 蒋海啸. 镁/钢液-固复合铸造工艺及界面组织性能研究[D]. 武汉:华中科技大学, 2019.

[49] 江再良. 消失模铸造液-液复合 Al/Mg 双合金的界面研究[D]. 武汉:华中科技大学, 2018.

[50] 江再良,樊自田,蒋文明,等. 消失模铸造液-液复合 Al/Mg 双合金界面特征研究[J]. 特种铸造及有色合金, 2018, 38(6):632-636.

[51] 李广宇. 消失模铸造固-液复合 Al/Mg 双合金组织性能研究[D]. 武汉:华中科技大学, 2017.

[52] 李广宇,樊自田,蒋文明,等. 浇注温度对消失模铸造固-液复合 Al-Mg 双合金界面层的影响[J]. 特种铸造及有色合金, 2017, 37(5):527-531.

[53] 管峰. 振动和稀土 Gd 对消失模铸造镁/铝双金属界面的调控及强化机理[D]. 武汉:华中科技大学, 2023.

[54] 张政. 稀土元素对复合铸造 Al/Mg 双金属界面微观组织及性能的影响[D]. 武汉:华中科技大学, 2023.

[55] 王俊龙. 振动对消失模铸造 Al/Mg 双合金界面组织及力学性能的影响[D]. 武汉:华中科技大学, 2022.

[56] 吴耀. 嵌体表面处理对消失模铸造固-液复合 Al/Mg 双合金组织性能的影响[D]. 武汉:华中科技大学, 2018.

[57] ZHANG H, LI L F, CHEN Y Q, et al. Interface formation in magnesium/aluminium bimetallic castings with a nickel interlayer[J]. International Journal of Cast Metals Research, 2016, 29(5):338-343.

[58] MA L K, CHEN Y Q, LIU L H, et al. Effect of Ca addition and heat treatment on the A390(S)/AM60(L) interface microstructure[J]. Journal of Wuhan University of Technology—Mater. Sci., 2016, 31(5):1117-1122.

[59] LIU Y N, CHEN Y Q, YANG C H. A study on atomic diffusion behaviours in an Al-Mg compound casting process[J]. AIP Advances, 2015, 5(8):87147.

[60] ZHANG H, CHEN Y Q, LUO A A. A novel aluminum surface treatment for improved bonding in magnesium/aluminum bimetallic castings[J]. Scripta Materialia, 2014, 86:52-55.

[61] ZHANG H, CHEN Y Q, LUO A A. Improved interfacial bonding in

magnesium/aluminum overcasting systems by aluminum surface treatments[J]. Metallurgical and Materials Transactions B, 2014, 45(6): 2495-2503.
[62] XU G C, LUO A A, CHEN Y Q, et al. Interfacial phenomena in magnesium/aluminum bi-metallic castings[J]. Materials Science and Engineering:A, 2014, 595:154-158.
[63] CHEN Y Q,ZHANG H, LUO A A,et al. Aluminum surface treatment for improved bonding of magnesium/aluminum bi-metallic casting[J]. Journal of Material Science & Engineering, 2012, 1(2):1-4.
[64] 刘永宁. Mg/Al 液固扩散连接界面特性的数值计算[D]. 合肥:合肥工业大学, 2017.
[65] 胡焕冬. Si 含量对 AM60/AlSi 液固复合焊接界面组织性能影响的研究[D]. 合肥:合肥工业大学, 2017.
[66] 胡焕冬,陈翌庆,朱子昂,等. Si 含量对 AM60/AlSi 液固焊接界面组织性能的影响[J]. 特种铸造及有色合金, 2017, 37(6):654-658.
[67] 徐光晨. AM60/A390 液/固复合双金属材料的界面结合研究[D]. 合肥:合肥工业大学, 2015.
[68] 马立坤. AM60/6061、AM60/A390 液固复合工艺与界面组织性能的研究[D]. 合肥:合肥工业大学, 2015.
[69] 房虹姣. Sn 对 AM60/6061 合金液-固复合界面组织与性能的影响[D]. 合肥:合肥工业大学, 2015.
[70] 张辉. 铝镁异种金属液固复合铸造及界面组织性能研究[D]. 合肥:合肥工业大学, 2015.
[71] 占小奇. 镁/铝双金属液固复合界面组织结构和性能研究[D]. 合肥:合肥工业大学, 2015.
[72] 房虹姣,陈翌庆,刘丽华,等. Sn 变质对 AM60/6061 液固复合界面组织和性能的影响[J]. 特种铸造及有色合金, 2015, 35(5):544-547.
[73] 张博铭. AZ91D/6061Al 液固复合工艺及界面组织性能研究[D]. 合肥:合肥工业大学, 2014.
[74] 徐光晨,陈翌庆,刘丽华,等. La 对镁/铝液固扩散连接界面组织及性能的

影响[J]. 中国有色金属学报,2014, 24(11):2743-2748.

[75] 徐光晨,陈翌庆,LUO A,等. 铝合金表面处理对 AM60/A390 液固扩散连接界面组织及性能的影响[J]. 中国有色金属学报,2014, 24(4):855-862.

[76] 陈翌庆,占小奇,徐光晨,等. 一种抑制镁/铝双金属液固复合界面脆性化合物的方法:CN201410312010.9[P]. 2016-08-17.

[77] 张博铭,陈翌庆,张辉,等. 异种金属 Mg-Al 液固扩散焊工艺及其界面组织与性能[J]. 特种铸造及有色合金, 2014, 34(6):647-650.

[78] 陈达. 铝/钢液-固复合铸造工艺及其组织性能研究[D]. 合肥:合肥工业大学, 2013.

[79] 张浩. AM60/6061Al 液固复合工艺及界面组织性能研究[D]. 合肥:合肥工业大学, 2012.

[80] 陈翌庆,张浩,徐光晨,等. AM60 镁合金/6061 铝合金液固复合工艺及组织性能[C]//第三届空间材料及其应用技术学术交流会论文集,2011.

[81] MOLA R, BUCKI T, GWOŹDZIK M. The effect of a zinc interlayer on the microstructure and mechanical properties of a magnesium alloy (AZ31)-aluminum alloy(6060) joint produced by liquid-solid compound casting[J]. JOM, 2019, 71(6):2078-2086.

[82] 刘彦峰,代卫丽,王静,等. 镁/铝双金属固液复合界面的研究[J]. 兵器材料科学与工程, 2018, 41(5):31-35.

[83] SARVARI M, DIVANDARI M. Effects of melt/solid volume ratio and rotational speed on the interface of Al/Mg bimetal in centrifugal casting [J]. Journal of Advanced Materials in Engineering, 2016, 35(2):83-94.

[84] HE K, ZHAO J H, LI P, et al. Investigation on microstructures and properties of arc-sprayed-Al/AZ91D bimetallic material by solid-liquid compound casting[J]. Materials & Design, 2016, 112:553-564.

[85] REN Q S, ZHAO C Z, LI Z B, et al. Microstructure and mechanical properties of Mg/Al bimetallic composite fabricated by compound casting [J]. Materials Research Innovations, 2015, 19(sup4):S73-S78.

[86] LIU J C, HU J, NIE X Y, et al. The interface bonding mechanism and related mechanical properties of Mg/Al compound materials fabricated by

insert molding[J]. Materials Science and Engineering：A，2015，635：70-76.

[87] 刘平，刘腾，王渠东. 固液双金属复合铸造研究进展[J]. 材料导报，2014，28(1)：26-30.

[88] 付莹. 铸造双金属复层材料制备技术及界面研究[D]. 大连：大连理工大学，2014.

[89] GULER K A，KISASÖZ A，KARAASLAN A. Fabrication of Al/Mg bimetal compound casting by lost foam technique and liquid-solid process [J]. Materials Testing，2014，56(9)：700-702.

[90] 赵成志，李增贝，张贺新，等. Mg/Al 液固双金属复合材料的界面及相组成[J]. 哈尔滨工程大学学报，2014，35(11)：1446-1450.

[91] EMAMI S M，DIVANDARI M，HAJJARI E，et al. Comparison between conventional and lost foam compound casting of Al/Mg light metals[J]. International Journal of Cast Metals Research，2013，26(1)：43-50.

[92] EMAMI S M，DIVANDARI M，ARABI H，et al. Effect of melt-to-solid insert volume ratio on Mg/Al dissimilar metals bonding[J]. Journal of Materials Engineering and Performance，2013，22(1)：123-130.

[93] 李坊平. 铸造复合及热轧包铝镁合金的组织与性能[D]. 重庆：西南大学，2012.

[94] TAYAL R K，SINGH V，KUMAR S，et al. Compound casting—a literature review[C]. [2023-07-20]. https：//paperzz.com/doc/8307235/compound-casting---a-literature-review.

[95] HAJJARI E，DIVANDARI M，RAZAVI S H，et al. Intermetallic compounds and antiphase domains in Al/Mg compound casting[J]. Intermetallics，2012，23：182-186.

[96] HAJJARI E，DIVANDARI M，RAZAVI S H，et al. Microstructure characteristics and mechanical properties of Al 413/Mg joint in compound casting process[J]. Metallurgical and Materials Transactions A，2012，43(12)：4667-4677.

[97] HAJJARI E, DIVANDARI M, RAZAVI S H, et al. Dissimilar joining of Al/Mg light metals by compound casting process[J]. Journal of Materials Science, 2011, 46(20):6491-6499.

[98] LIU N, LIU C C, LIANG C L, et al. Influence of Ni interlayer on microstructure and mechanical properties of Mg/Al bimetallic castings[J]. Metallurgical and Materials Transactions A, 2018, 49(8):3556-3564.

[99] CHEN L, FU Y, YIN F X, et al. Microstructure and mechanical properties of Mg/Al clad bars with Ni interlayer processed by compound castings and multi-pass caliber rolling[J]. Metals, 2018, 8(9):704.

[100] ZHANG H, CHEN Y Q, LUO A A. Removing the oxide layer on the A380 substrate of AM60/A380 bimetallic castings by the zincate process followed with galvanizing[J]. Vacuum, 2018, 148:127-130.

[101] OLIVEIRA J P, PANTON B, ZENG Z, et al. Laser joining of NiTi to Ti6Al4V using a niobium interlayer[J]. Acta Materialia, 2016, 105:9-15.

[102] PAPIS K J M, LOEFFLER J F, UGGOWITZER P J. Light metal compound casting[J]. Science in China Series E: Technological Sciences, 2009, 52(1):46-51.